U0480776

清华STS四十周年纪念暨学科发展研讨会合影留念

清华大学科学技术与社会研究所所庆暨首次校友聚会合影留念

第十二届东亚科学技术与社会网络学术会议合影留念

科学技术与社会研究中心在清华大学深圳国际研究生院挂牌合影留念

清华STS文丛

总主编 杨 舰 吴 彤
　　　 刘 兵 李正风

科学技术史与科学技术传播

主编 刘 兵 鲍 鸥

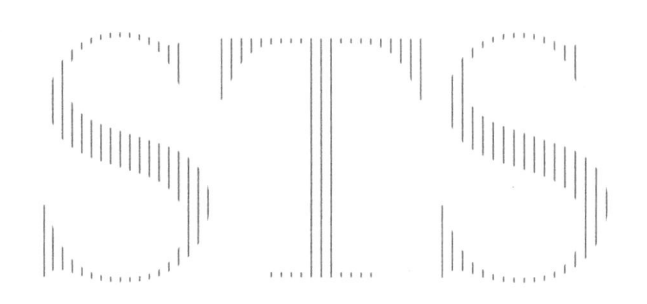

科学出版社

北　京

内 容 简 介

本书基于清华大学科学技术与社会研究所的师生们在科学技术史和科学技术传播方面有代表性的研究成果，主要内容包括科学编史学、科学史与科学方法，中国近现代科技史研究，中外交流科技史研究，科学技术传播理论研究和科学技术传播案例研究等。

本书可供相关研究领域的教师和学者，以及对科学技术与社会、科学技术史和科学技术传播感兴趣的读者阅读参考。

图书在版编目（CIP）数据

科学技术史与科学技术传播 / 刘兵，鲍鸥主编. 北京：科学出版社，2024.11. --（清华 STS 文丛 / 杨舰等总主编）. -- ISBN 978-7-03-078978-5

Ⅰ. N092-53；G219.2-53

中国国家版本馆 CIP 数据核字第 2024A0C515 号

责任编辑：邹 聪 刘 琦 刘巧巧 / 责任校对：贾伟娟
责任印制：师艳茹 / 封面设计：有道文化

科学出版社 出版
北京东黄城根北街 16 号
邮政编码：100717
http://www.sciencep.com
北京中科印刷有限公司印刷
科学出版社发行 各地新华书店经销
*
2024 年 11 月第 一 版 开本：720×1000 1/16
2024 年 11 月第一次印刷 印张：30 1/4 插页：1
字数：524 000
定价：228.00 元
（如有印装质量问题，我社负责调换）

"清华 STS 文丛"编辑委员会

总主编：杨 舰 吴 彤 刘 兵 李正风

委 员（按姓氏笔画排序）：

王 巍　王程韡　王蒲生　邓 亮
冯立昇　刘 立　刘 兵　李 平
李正风　杨 舰　肖广岭　吴 彤
吴金希　张成岗　洪 伟　高 瑄
高亮华　曹南燕　蒋劲松　游战洪
雷 毅　鲍 鸥　戴吾三

总　序

出版"清华 STS 文丛"的想法缘起于 2018 年。那一年的春季，来自四面八方的校友聚在一起，庆祝清华 STS 的 40 周年。清华大学副校长杨斌在致辞中说："40 周年是一个值得纪念的日子……"

众所周知，科学技术与社会（STS）是第二次世界大战以后人们开始高度关注的跨学科交叉领域。随着科学技术迅猛发展且广泛深入地作用于社会的方方面面，同时科学技术的进步也越来越受到政治、经济和文化因素的影响，科学技术与社会的关系成为重要的理论与实践问题。中国的 STS 与马克思主义经典理论自然辩证法的传播有着密切的关联。在中国 STS 领域中，于光远、查汝强、李昌、龚育之、何祚庥、邱仁宗、孙小礼等著名学者都出自清华大学。清华大学 STS 的建制化发轫于 1978 年春季。顺应世界科技革命的历史潮流和"文化大革命"后拨乱反正的新形势，清华大学成立了以高达声为主任，由卓韵裳、曾晓萱、寇世琪、丁厚德、魏宏森、姚慧华、汪广仁、范德清、刘元亮等中年教师组成的自然辩证法教研组（后更名为自然辩证法教研室）。教研组成立伊始，便参加了教育部组织的全国理工科研究生公共课程"自然辩证法"的教材编写工作；同年秋季，即面向改革开放以后第一批走入校园的理工科硕士研究生开设了自然辩证法课程。接下来，又开设了面向全校博士研究生的课程——现代科技革命与马克思主义。伴随着教学工作的开展，教研室同仁在科学技术哲学、科学技术史和科技与社会等相关学科领域展开了学术研究。1984 年，曹南燕、肖广岭作为改革开放以后新一代的研究生，加入到清华大学自然辩证法教师的队伍中。与之前的教师大都出自清华大学本科的各专业不同，他们是第一批自然辩证法专业的研究生。紧接着，王彦佳（1985年）、宿良（1985年）、刘求实（1988年）、单青龙（1988年）、张来举（1990年）、周继红（1992）等新生力量也加入进来。1985年，自然辩证法教研室获得硕士学位授予权，并开始招收自然辩证法专业的硕士研究生。

随着教学科研力量的不断壮大，着眼于推动我国 STS 的协调发展，魏宏森、范德清、丁厚德三位教师于 1984 年向学校提交了成立清华大学科学技术与社会研究室的报告，并于 1985 年获得了校长办公会议的批准，这是中国第一个以 STS 命名的教学科研机构（据丁厚德老师说，科学技术与社会研究室这一名称，最后是由高景德校长敲定的），魏宏森担任研究室主任。1986年，研究室开始招收 STS 方向的研究生。

1993 年，为迎接 21 世纪到来，造就理工与人文社会科学相融合的综合型人才，创办世界一流大学，清华大学决定成立人文社会科学学院。自然辩证法教研室和科学技术与社会研究室升格为科学技术与社会研究所。魏宏森担任所长，曾晓萱担任副所长。科学技术与社会研究所作为清华大学文科复建中创办最早的机构之一，借用清华大学人文社会科学学院老院长胡显章的话说：科学技术与社会研究所是当初建院时的一个有特色的机构，它秉承了清华大学"中西融会、古今贯通、文理渗透"的办学理念与风格，同时又鲜明地展现了新时期清华大学人文社会科学发展的方向和特色。

来到世纪之交，清华大学 STS 迎来了新的发展。1995 年秋季学期以后，随着作为创业者的八位教授逐渐退出教学一线，科学技术与社会研究所由曾国屏（常务副所长，所长）、曹南燕（副所长）、肖广岭（党支部书记）组成了新一代领导集体。接下来高亮华（1995 年）、李正风（1995 年）、方在庆（1995 年）、蒋劲松（1996 年）、王巍（1996 年）、王丰年（1997 年）、王蒲生（1998 年）、吴彤（1999 年）、刘兵（1999 年）、雷毅（1999 年）、杨舰（2000 年）、张成岗（2002 年）、刘立（2003 年）、鲍鸥（2004 年）、吴金希（2005 年）、洪伟（2010 年）、王程韡（2012 年）等各位教师陆续进入科学技术与社会研究所。2000 年，科学技术与社会研究所获得了科学技术哲学博士学位的授予权；2003 年，科学技术与社会研究所获得了科学技术史学科的硕士学位授予权；2015 年，科学技术与社会研究所又进一步获得了社会学博士学位的授予权，由此强化了研究所自身交叉学科平台的属性。2003 年，科学技术与社会研究所建立了清华大学人文社会科学学院最早的博士后科研流动站。2008 年，清华大学"科学技术与社会"获评为北京市重点学科

（交叉学科类）。2009年，随着曾国屏所长将学术活动的重心转向清华大学深圳国际研究生院，吴彤（所长）、李正风（副所长）、杨舰（副所长）、王巍（党支部书记）开始主持研究所的工作。2015年，研究所换届，杨舰担任所长，李正风和雷毅担任副所长，王巍担任党支部书记。

2000年，清华大学以人文社会科学学院科学技术与社会研究所为依托，成立了跨学科的校级研究中心——清华大学科学技术与社会研究中心，清华大学党委副书记、人文社会科学学院院长胡显章担任中心名誉主任，曾国屏担任中心主任，曹南燕、吴彤、李正风先后担任了中心副主任。中心作为清华大学STS的重要交叉学科平台，旨在借助清华大学多学科的资源，对日益重要且复杂的科技与社会关系问题展开跨学科研究，促进STS交叉学科建设，推进STS人才培养，提升清华大学乃至中国学界在STS领域的活力和影响。科学技术与社会研究中心先后聘请校内外专家蔡曙山、刘大椿、邱仁宗、罗宾·威廉姆斯（Robin Williams）、约翰·齐曼（John Ziman）、马尔科姆·福斯特（Malcolm Forster）、山崎正胜、徐善衍、刘闯、刘钝、曲德林、崔保国、苏峻、梁波、郑美红等担任兼职或特聘教授，而清华大学科技史暨古文献研究所和清华大学深圳国际研究生院人文研究所等共建单位的高瑄、戴吾三、冯立昇、游战洪、邓亮、*蔡德麟*、杨君游、李平等同仁，也都成为清华大学STS的中坚力量。此外，清华大学科学技术与社会研究中心还参与了中国科协-清华大学科技传播与普及研究中心的创建（2005年），并将该方向上的工作系统地纳入清华大学STS教学与研究当中，成为研究生招生的一个方向。曾国屏、刘兵先后担任该中心的主任。受中国科学院学部的委托，清华大学科学技术与社会研究中心参与了中国科学院学部-清华大学科学与社会协同发展研究中心的创建（2012年，李正风担任主任），进而强化了清华大学STS在国家科技战略咨询方面的探索和作用。清华大学科学技术与社会研究中心为了大力推动STS的发展，于2007年成立了科学技术与产业文化研究中心，主任先后由曾国屏、高亮华担任；于2012年成立了新兴战略产业研究中心，主任由吴金希担任；于2013年成立了社会创新与风险管理研究中心，主任由张成岗担任。伴随着STS研究的实践转型，2019年成立了能源转型与社会发展研究中心，担任中心主任的是科学技术与社会研究所培养的何继江博士。

清华大学STS经过多年的建设和发展，在教学和科研中取得了丰硕的成果。同仁致力于从哲学、历史和社会科学这三大维度上推进中国STS问题的综合研究，并在中国科学技术的创新、传播和风险治理等重大战略和政策问题上，打破学科壁垒，开展卓有成效的工作。清华大学同仁独自或参与编写的教材中，有多项获奖，或者成为精品教材。受众最多的自然辩证法课程，长期以来连续被评为学校的精品课程，而面向博士研究生开设的现代科技革命与马克思主义课程，则获得了北京市优秀教学一等奖（1993年）和国家教育委员会颁发的优秀教学成果奖二等奖（1993年）。据2011—2013年的统计，科学技术与社会研究所教师共开设课程57门，其中全校公共课24门，本所研究生专业课（多数向其他专业学生开放）33门。在回应国家和社会发展需求与学术前沿的理论探索中，本所同仁也做了大量的工作。其中前者如参与和独自承担了一大批国家科技攻关计划、国家星火计划、国家科技政策研究等重大课题，如国务院发展研究中心主持的"九十年代中国西部地区经济发展战略"研究、"关于我国科技投入统一口径和投资体系的研究"（获国家科学技术进步奖）、《国家中长期科学和技术发展规划纲要（2006—2020年）》的起草和制定（获重要贡献奖）、《全民科学素质行动规划纲要（2021—2035年）》的研究、《清华大学教师学术道德守则》和《研究生学术规范》相关文件的研究和起草、中国科学技术协会《科学道德与学风建设宣讲参考大纲》和《科学道德和学风建设读本》的编写、《中国科技发展研究报告》的编写、《中国区域创新能力报告》和中俄总理定期会晤委员会项目《中俄科技改革对比研究》报告的编写、《中华人民共和国科学技术进步法》的修订，等等；后者体现为承担了多项国家自然科学基金和国家社会科学基金课题、教育部人文社会科学面上研究项目，诸如"基于全球创新网络的中国产业生态体系进化机理研究""同行评议中的'非共识'问题研究""深层生态学的阐释与重构""特殊科学哲学前沿研究""空气污染的常人认识论"，以及国家社会科学基金重大课题项目"科学实践哲学与地方性知识研究""新形势下我国科技创新治理体系现代化研究"等。在多年的探索中，清华大学STS获国家、部委、地方及学校奖励百余项。出版中外文著作数百部，在国内外学术期刊上发表论文千余篇，主持"新视野丛书""清华科技与社会丛书""科教兴国译丛""清华大学科技哲学文丛""中国科协-清华大学科技传播与普及研究中心文丛""理解科学文丛"等多套丛书，参与主办重要学术期刊《科学学研究》。清华大学STS举办的科学技术与哲学沙龙已过百期，科学社会学与政策学沙龙、科技史和科学文化沙龙也已持续多年。

  清华大学STS坚持开放和国际化的理念与方针。面向社会的广泛需求，同仁在参与清华大学各院系工程硕士教学的同时，还独自或合作举办了多种类型的培训项目、国际联合培养项目和双学位项目。作为支撑机构，清华大学科学技术与社会研究中心在推动清华大学-日本东京工业大学联合培养研究生（双学位）项目的进展方面贡献突出；清华大学 STS 与多所海外大学和研究机构的同行建立了合作关系，包括哈佛大学、康奈尔大学、匹兹堡大学、佛罗里达大学、伦敦政治经济学院、爱丁堡大学、俄罗斯科学院自然科学与技术史研究所、莫斯科大学、慕尼黑工业大学、宾夕法尼亚大学、芝加哥大学、明尼苏达大学、早稻田大学等。清华大学 STS 与海外机构联合举办的清华大学暑期学校已持续多年，如"清华-匹大科学哲学暑期学院""清华-LSE 社会科学工作坊""清华-MIT STS 研讨班"等，在人才培养方面取得了良好的效果。此外，清华大学 STS 是东亚 STS 网络（学会）的发起单位，是该网络（学会）首届会议和第 12 届会议的组织者；主办了"第 13 届国际逻辑学、方法论与科学哲学大会"，以及中俄、中日等多个多边和双边国际学术会议。

最让清华大学 STS 同仁深感骄傲和自豪的还是这个学科背景各异、关注重心有别、争论不断却不失温情的群体，以及从这里陆续走向四面八方的朝气蓬勃的学生。他们一批又一批地来到清华园中，不断增添了清华大学 STS 的活力。三十几年中，从清华大学 STS 走出了数百名硕士研究生、博士研究生和博士后研究人员，还有数以千计的各类培训班学员。如今，他们活跃在海内外的高等院校、科研机构、政府部门、社团和企业，彰显着清华大学 STS 事业的希望和意义……

40 年是一个值得纪念的日子，对于一个人来说，40 岁正处在精力充沛、人生鼎盛的时期。在清华大学 STS 迎来自己的 40 周年之际，2018 年，因一级学科评估等原因，学校撤销了作为实体机构的清华大学科学技术与社会研究所。面对突如其来的变化，同仁一致认为，在科学、技术与社会的关系日益紧密，以及新兴技术带来日益增多的价值、规范、伦理挑战的时刻，我们应该以一如既往地努力和坚持，建设好被保留下来的清华大学科学技术与社会研究中心。与此同时，同仁一致决定编辑出版本文丛。这不仅是为了向过往的 40 年中几代人不懈的努力和求索致敬，更是为了在对过往的回顾和总结中，展望未来，探索新的发展路径。

最后，再简单地介绍一下清华大学 STS 最近的发展和动态。2021 年秋季，清华大学科学技术与社会研究中心进行了换届，李正风接替杨舰担任主任，副主任由王巍、王蒲生、洪伟担任。根据新修订的《清华大学科研机构管理规定》，该中心成立了新的管理委员会，其成员由清华大学社会科学学院、清华大学图书馆和清华大学深圳国际研究生院三家共建单位的负责人组成，中心成员坚持在服务国家的重大战略研究和 STS 相关的基础理论研究等方面积极努力地开展工作。其中包括 2019 年参与邱勇院士牵头的"克服'系统失灵',全面构建面向 2050 的国家创新体系"的中国科学院院士咨询项目(获国家领导人重要批示);2022 年参与邱勇院士牵头的"突破'卡脖子'关键技术问题的总体思路与针对性的体制机制建议"的国家科技咨询任务(获国家领导人重要批示),以及主持国家社会科学基金重大项目"深入推进科技体制改革与完善国家科技治理体系研究"、面上项目"社会科学方法论前沿问题研究"(2021 年)、国家自然科学基金专项"科研诚信知识读本"及"中美负责任创新跨文化比较研究"(2021 年)等。2023 年 8 月,清华大学科学技术与社会研究中心在清华园内召开了"清华大学 STS 论坛 2023",各地校友线上线下 200 多人再次汇聚到一起,就"STS 视角下的中国式现代化"问题展开了热烈的讨论。在同年 11 月举办的"第十五届深圳学术年会学科学术研讨会"上,清华大学科学技术与社会研究中心举办了深圳挂牌仪式,并与深圳市社会科学院签订协议,在该院主办的《深圳社会科学》上共建"科技与社会"栏目。2023 年 12 月,清华大学科学技术与社会研究中心在清华三亚国际数学论坛举办工作坊,三家共建单位(清华大学社会科学学院、清华大学图书馆和清华大学深圳国际研究生院)的代表共聚一堂,商讨未来的发展大业……在 2024 年,清华大学科学技术与社会研究中心将在清华园中继续举办"清华-匹大科学哲学暑期学院""清华-LSE 社会科学工作坊""清华大学-宾夕法尼亚大学生命科学史与哲学""清华大学 STS 国际工作坊",除此之外,还将与哈佛燕京学社联合举办为期 9 天的 STS 研习营,围绕数字时代科学技术与社会前沿的理论与实践问题,展开深入的学习和探讨。已经成为中国和东亚 STS 学术重镇的清华大学科学技术与社会研究中心,正在一如既往地开展工作……

本文丛由四个分册构成,分别是《科学技术哲学与自然辩证法》《科学技术史与科学技术传播》《科学社会学与科学技术政策》《我与清华 STS 研究所》。前三册基于清华大学科学技术与社会研究所的三个支撑学科——"科学技术哲学"、"科学技术史"和"科学社会学"之划分,也是当初自然辩证法教研室成立以来同仁即重点关注的学科领域。第四册的文章选自清华大学 STS 30 周年和 40 周年时,新老教师和各地校友的投稿。关于各个分册的内容架构和编辑方针,各分册的主编已有介绍,不再赘述。有人建议对同仁的工作做一概括性的介绍,那实非笔者功力所及,而且,对于同仁在 STS 领域所开展的不同维度的讨论,丛书编委们的工作对上述需求已做出了初步的回应。新冠疫情 3 年,打乱了原定的工作节奏。感谢各分册编辑,如果没有他们的坚持和努力，很难想象这项工作能够圆满完成。众所周知，科学出版社一贯坚持高质量的工作方针，这就要求同仁在对书稿的审校中格外用心，付出更多的时间和精力。感谢邹聪编辑、刘琦编辑以及在初期做了大量工作的刘红晋编辑和原科学技术与社会研究所办公室秘书李瑶，同时也要感谢那些从未谋面，但在幕后一丝不苟地工作、细致入微的文案编辑们。没有他们的严格把关和具体指导，书稿的整理和加工很难达到眼下这个程度。读到这一篇篇的文章，无疑会让人回想起一路走来的岁月。说到岁月，同仁都不会忘记以陈宜瑾老师为代表的办公室工作团队。上述工作的点点滴滴，离不开他们的参与和支撑，在此一并表示衷心的谢意。当然，尽管同仁已格外努力，但文丛中还是会留下一些不尽如人意的地方，在此恳请读者不吝赐教的同时，也多多包涵。

最后，值"清华 STS 文丛"出版之际，愿同仁面向未来，继续以积极的姿态关注来自现实的需求，并向海内外同行不断发出学术探索中的清华声音。

杨 舰

2024 年 3 月于深圳大学城

前　言

在清华大学科学技术与社会研究所的发展中，在对学生的培养教育方面，以及在教师的学术研究方面，科学技术史这门学科，历来都是突出地被关注的。而科学技术传播，则既是作为科学技术史，也是作为科技哲学的研究方向，同样是清华大学科学技术与社会研究所学术研究的重点之一。

实际上，科学技术史和科学技术传播这两者，与科学技术与社会的关系也是密切且复杂的。在最新的学科目录中，科学技术与社会成为科学技术史的二级学科，科技传播与教育也成为科学技术史之下的二级学科。但在国际上的研究中，科学传播（或称公众理解科学）又是科学技术与社会研究领域中的重要主题或者方向之一。

本文集汇集了清华大学科学技术与社会研究所多年来在科学技术史和科学技术传播领域中有代表性的成果，主要有以下五个部分。

前三个部分属于科学技术史的范畴。因为科学技术史本身是一个极大的研究领域，在最新的学科目录中，有多达8个二级学科。清华大学科学技术与社会研究所的师生们的研究分别突出关注了其中的几个重点研究领域，本文集主要涉及科学技术史的三个子领域。

其一是科学编史学、科学史与科学方法。此部分的论文主要涉及的是关于科学技术史的一些基础理论问题，即科学编史学研究，同时也有几篇涉及比较一般性的科学史研究，尤其是科学家人物研究，以及结合科技史并体现出某种科技哲学特色的科学方法论研究。

其二是中国近现代科技史研究，此部分既涉及国别，也涉及研究对象的时代。从本文集所选的论文可以看出，这些研究既有特色，例如像抗日战争时期的科学史，也更多地体现出在相关科学史的研究中对于像北京大学、清华大学、中央研究院等中国近现代史上的教育机构和科学研究机构的关注。

其三是中外交流科技史研究。这部分的论文与清华大学科学技术与社会研究所教师的背景有关，涉及俄罗斯和日本内容的研究成为其特色。

在科学技术传播研究方面，本卷只分成了理论研究和案例研究两部分，虽然分类简单，但内容很丰富，既有国际方面的内容，也非常关注国内的科学技术传播现实，既有理论性的研究，也有关于具体的实践问题的分析。

总体来看，这些论文虽然分属于具体的科学技术史和科学技术传播研究，但却有着鲜明的科学技术与社会研究范式的烙印，在选题、研究对象和理论分析等方面，都呈现出视野广阔的交叉性和跨学科特点，而这也正是科学技术与社会研究以及清华大学科学技术与社会研究所的学术研究的重要特色。

希望这些研究能为国内科学技术与社会的研究提供有益的学术积累和借鉴。

刘　兵

2024 年 2 月 14 日

北京清华园荷清苑

目 录

总序 / i

前言 / ix

科学编史学、科学史与科学方法

"李约瑟问题"与中国科技史 / 3

科学史中"内史"与"外史"划分的消解——从科学知识社会学的立场看 / 29

科学史研究中的地方性知识与文化相对主义 / 39

布鲁诺再认识——耶兹的有关研究及其启示 / 48

照相石印技术与连环图画的兴起 / 60

科学研究中的创造性思维与方法——以袁隆平"三系法"杂交水稻为例 / 71

中国环境科学研究热点及其演化——基于文献计量学方法的量化分析 / 80

中国科学家学术思想的传承与创新：概念、特征与方法 / 91

中国近现代科技史研究

丁燮林关于"新摆"和"重力秤"的研究
　　——中央研究院物理研究所早期研究工作的个案分析 / 107

民国初期科学研究在高等教育中的体制化开端
　　——北京大学理科研究所的创建 / 122

北京大学早期的物理教授张大椿 / 142

现代建筑声学在中国的奠基
　　——以清华大礼堂听音问题校正为中心的考察 / 153

国立清华大学工学院的创建 / 169

沈同在抗日战争时期的营养学研究 / 190

中外交流科技史研究

苏联对"切尔诺贝利事故"应急处理的启示 / 207

When Overseas Education Meets a Changing Local Context: The Role of Tokyo Higher Technical School in the Industrial Modernisation of China in the Early Twentieth Century / 230

Compatible Humanists: Yuen Ren Chao Meets George Sarton / 262

Process and Impact of Niels Bohr's Visit to Japan and China in 1937: A Comparative Perspective / 282

科学技术传播理论研究

国家创新系统视野中的科学传播与普及 / 309

公民科学素质的本土化探索 / 316

生活科学与公民科学素质建设 / 325

关于提高我国全民科学素质的战略思考 / 338

关于科普文化产业几个问题的思考 / 348

科学素质与经济增长关系评述 / 359

科学体制化的文化诉求与文化冲突——论科学的功利性与自主性 / 370

科学技术传播案例研究

日本的 PUS 及其相关概念研究 / 381

关于文化产业成为主导产业的投入产出分析 / 389

生物技术与公众理解科学——以英国为例的分析 / 398

蒙古族公众理解中的"赫依"
  ——一项有关蒙医的公众理解科学定性研究 / 412

科学传播应用者的局限性及内省性
  ——对内蒙古某县测土配方施肥技术推广的案例研究 / 433

关于中药"毒"性争论的科学传播及其问题 / 444

中美科幻电影数量比较及对我国科幻电影发展的几点思考 / 454

科学编史学、科学史与科学方法

"李约瑟问题"与中国科技史

| 刘　兵 |

一、引言

在科学史的研究中，除了最常见的实证研究之外，亦有一些理论性的研究非常重要。关于科学史的理论研究，也可被称作科学编史学（historiography of science）研究。其中，对一些重要理论与问题的争议，不仅可以引发人们深刻的思考，而且对具体的科学史实证研究具有重要的影响。像科学史的"辉格解释"问题、"默顿命题"等就属此列。针对中国科学史的研究，产生于20世纪上半叶的"李约瑟问题"（有时亦被称为"李约瑟难题""李约瑟之谜"）也是这类带来诸多争议的问题之一。对于"李约瑟问题"的思考和争论，不仅让科学史家对中国科学史的研究有了更明确的立场和取向，其影响也扩展到中国科学史之外，甚至超出东亚科学史研究的范围，与更为一般的"元编史学""科学哲学"，乃至于像"后殖民主义"等当代的文化思潮密切相关[1]。从一个特定的视角和切入点切入，让人们对何为科学、何为科学革命、何为科学史等一些最基本的问题进行深入的反思。

按李约瑟的说法："大约在 1938 年，我开始酝酿写一部系统的、客观的、权威性的专著，以论述中国文化区的科学史、科学思想史、技术史及医学史。当时我注意到的重要问题是：为什么现代科学只在欧洲文明中发展，而未在中国（或印度）文明中成长？"[2] "李约瑟问题"可以说是李约瑟进行中国科学史研究的一个重要的出发点。实际上，在不同的时候，李约瑟曾以略有不同的方式表述过我们后来所称的"李约瑟问题",但在这里,我们还是选择他在《大滴定》一书中对"李约瑟问题"所作的经典表述,这就是:

> ……为什么现代科学只在欧洲而没有在中国文明(或印度文明)中发展起来?……为什么在公元前1世纪至公元15世纪之间,中国文明在应用人类关于自然的知识于人类的实际需求方面比西方文明要有效得多?[3]

从中我们可以看到,"李约瑟问题"是由两部分构成的,而且这两部分又相互联系。它的核心点在于将中国的科学(包括技术、"人类关于自然的知识")与西方的科学,以及产生中国科学的中国文明与产生西方科学的西方文明相对比。作为一位西方的学者,就像后面我们所要分析的那样,他的科学观其实在深层上是处于西方立场的,但在提出"李约瑟问题"的倾向上,他对中国和中国科学的关心和偏爱却又是无可置疑的。

"李约瑟问题"提出后,几乎可以说在全世界关心非西方科学的发展的科学史研究者当中引发了热烈的讨论。不过在论述"李约瑟问题"后来的反响、争论与发展之前,为了更好地理解这一问题的提出,我们还是先来看看李约瑟的工作以及他提出这一命题的一些重要背景。

二、李约瑟的中国科学史研究的立场、倾向与"李约瑟问题"

李约瑟(J. Needham,1900—1995,图 1)生于伦敦一个有教养的苏格兰中产阶级家庭,早年在剑桥大学受教育,1924 年获得博士学位。随后在剑桥大学冈维尔与凯斯学院从事研究工作。李约瑟受其实验室的中国留学生的影响,对中国科学和文化产生了兴趣。1942~1946 年,受英国政府的委任,李约瑟来到中国,在重庆任中英科学合作馆馆长,有机会接触和了解许多中国科学家和学者,也有机会收集到大量的中国科学技术史文献,并游历了中国其他一些地方。1946 年,他赴巴黎任联合国教育、科学及文化组织(UNESCO)自然科学部主任一职,两年后离任重返剑桥大学,并开始了系统研究中国科学史、撰写多卷本《中国科学技术史》系列巨著的工作。1954 年,李约瑟《中国科学技术史》第一卷正式出版,旋即引起轰动。

图 1　李约瑟半身铜像（现立于剑桥大学李约瑟研究所门前）

　　李约瑟早年在科学领域主要从事生物化学、胚胎学研究，并取得了重要成就，出版了《化学胚胎学》《生物化学与形态发生》等著作，并成为英国皇家学会会员，但大约从 20 世纪 30 年代末开始，他就已经开始对中国科学史产生浓厚的兴趣，开始学习中文，并撰写相关论文，到后来则彻底实现了从科学研究向中国科学史研究的巨大转向，并将其后半生精力都致力于中国科学史的研究。

　　一般地讲，在西方，大约在 18 世纪，科学史这门学科开始形成了一些专业学科的学科史，到 19 世纪，综合性科学史开始成形。到了 20 世纪，有关的研究更加深入，特别是 20 世纪 60 年代左右美国科学史领域的职业化发展，使得科学史的建制化和学术化走向成熟。但是在这个过程中，西方科学史家们主要的研究领域仍是"主流"的西方科学史，对古代科学史的研究也大多是在与西方近代科学发展相联系的视角下进行的。因此，其他"非主流"的、被认为与西方近代科学发展无关的其他国家和地区的科学史长期处于被忽视的状态，中国科学史也基本属于此列。

　　在此阶段，西方当然也有少量关于中国科学史的著作，以及一些汉学家们的工作成果，但汉学家们的主要兴趣并不在科学方面。中国科学史研究在西方的发展因李约瑟的出现而发生重要的转折。

　　如果略去再早些的准备阶段，从 20 世纪 50 年代起，李约瑟的《中国科学技术史》（按其英文标题应为《中国的科学与文明》，而英文标题与其内容更为吻合）开始出版。这部后来在规模上又有了极大的扩展，而且至今仍未出完的多卷巨著，极大地改变了西方中国科学史研究的局面。从技术性的内容来说，它极大地丰富了东方与西方的各种参考文献，更为重要的是，它的出现首次向西方的学者们展示了中国科学史的丰富内容，使中国的科学在西方受到了尊重，使中国历史上科学的成就在国际历史学界得到了承认，使西方人意识到中国有其自身重要的科学与技术的传统。

李约瑟在中国科学史研究中的成就，使其在世界科学史界甚至世界科学界之外都成为一位功不可没的传奇人物。正如美国研究中国科学史的权威学者席文（N. Sivin）所评论的，李约瑟对中国科学、技术与医学高屋建瓴的考察，首次使西欧和美国受过教育的人意识到过去时代中国的成就。

李约瑟在其后半生将研究方向从职业科学家转向中国科学史，我们可以从各种背景中去研究其转变研究方向的动力。在他后来多次的表述中可以看到，如今经常被我们称为"李约瑟问题"，以及穷其后半生的努力来尝试找到对这一问题的回答，是其进行中国科学史研究的重要的动力之一。法国研究中国科学史的学者詹嘉玲（Catherine Jami）就曾指出，李约瑟的贡献不仅是提出了"李约瑟问题"，而且是把它变成撰写一部比较科学史的动力[4]。或者更弱化一点地讲，回答这一问题的努力，始终作为一种明显的背景存在于李约瑟大量的研究之中。关于这一点，李约瑟在其1954年出版的《中国科学技术史》第一卷的序言中也有明确的表述：

> 在不同的历史时期，即在古代和中古代，中国人对于科学、科学思想和技术的发展，究竟作出了什么贡献？虽然从耶稣会士17世纪初来到北京以后，中国的科学就已经逐步融合在近代科学的整体之中，但是，人们仍然可以问：中国人在这以后的各个时期有些什么贡献？广义地说，中国的科学为什么持续停留在经验阶段？并且只有原始型的或中古型的理论？如果事情确实是这样，那末在科学技术发明的许多重要方面，中国人又怎样成功地走在那些创造出"希腊奇迹"的传奇式人物的前面，和拥有古代西方世界全部文化财富的阿拉伯人并驾齐驱，并在3到13世纪之间保持一个西方所望尘莫及的科学知识水平？中国在理论和几何学方法体系方面所存在的弱点，为什么并没有妨碍各种科学发现和技术发明的涌现？中国的这些发明和发现往往远远超过同时代的欧洲，特别是在15

世纪之前更是如此（关于这一点可以毫不费力地加以证明）。欧洲在16世纪以后就诞生了近代科学，这种科学已被证明是形成近代世界秩序的基本因素之一，而中国文明却未能在亚洲产生与此相似的近代科学，其阻碍因素是什么？另一方面，又是什么因素使得科学在中国早期社会中比在欧洲中古社会中更容易得到应用？最后，为什么中国在科学理论方面虽然比较落后，但却能产生出有机的自然观？这种自然观虽然在不同的学派那里有不同形式的解释，但它和近代科学经过机械唯物论统治的三个世纪之后被迫采纳的自然观非常相似。这些问题是本书想要讨论的问题的一部分。[5]

然而，如果站在今天的立场上来审视的话，我们会发现李约瑟的著作是建构在一些最初的假定之上的。1988年，席文曾总结了其中最重要的8条假定[6]，具体如下。

（1）人类是一个大家庭，科学的世界观明显地位于所有不同的种族、肤色和宗教文化之上。

（2）科学和技术是不可分离的，跨文化的综合应把这两者都包括在内。

（3）只有通过对科学之外的因素的关注（其范围包括从经济到宗教的广泛领域），才能理解科学变革的原动力。

（4）在公元前1世纪到公元15世纪之间，中国文明与西方相比，在应用人类关于自然的知识于人类实践需求方面要更为有效，这种优势反映了更为高度发展的科学与技术。

（5）为什么尽管有这种优势，但近代科学却没有在中国文明（或印度文明）中发展起来，而只是在欧洲发展起来，这成为一个核心的编史学问题（"科学革命问题"）。

（6）虽然非世袭的儒文化国家的"官僚封建主义"非常有利于前文艺复兴时期的自然科学的成长，但它最终阻碍了向近代类型科学的转变。

（7）早期道家著作中的处世态度，鼓励了对自然的无功利的经验观察，所以在各个历史阶段，"道家"在很大程度上对科学和技术的发展起了作用。这种情况延续下来，即使社会经济体制"抑制了自然科学的萌芽"，把道家原始的科学实验转变为算命和乡村巫术。

（8）在权衡对科学革命问题有影响的众多因素时，外部因素占更大权重。对中国与西欧之间社会和经济模式差别的分析，将最终说明——就任何可能带来的新见解而言——中国科学在早期的突出地位,以及后来近代科学仅在欧洲兴起的原因。

席文对李约瑟的工作假定的总结已经很全面了。如果要详细地理解李约瑟的工作,则有必要对其中的一些假定和概念进一步做些分析。而雷斯蒂沃(S. Restivo)则对其中的假说与要点做了更为全面的梳理,包括理论基础和积极因素假说、消极因素假说、社会文化总假说(及有选择的子假说)、世界观等,其中值得注意的是,他指出了在李约瑟的研究中的某些混乱,如"近代科学"和"科学革命"这两个概念在使用上的含混[7]。

三、"李约瑟问题"中的关键之一:对"科学"的理解

"李约瑟问题"的提出引起了人们很多的关注,其中中国科学史家对这一问题的解答尤为热衷,经过大量的研究工作给出了形形色色的"答案",如涉及政治体制的原因、经济发展模式的原因、文化结构的原因(包括科举制)、语言的原因(如中文是否适合于表述科学问题)、逻辑传统的原因,等等,这里不拟一一详细列举和介绍。但是,正如中国科学史家刘钝所说的:"与国内热衷于回答'李约瑟难题'不同,国外学者很少以解题为宗旨展开自己的探讨。"[8] 席文甚至比较极端地得出了两个"结论":"首先,历史学研究并不能回答科学革命为什么没有在中国发生这个问题,而是要探讨导致人们提出这个问题的种种谬误。其次,按照科学史家的标准,18世纪的中国曾有过一场科学革命,然而,它没有取得我们认为科学革命所应该取得的社会效果。这就是说,现有的关于这个问题的各种各样的假设都是错误的。"[9]关于后一个结论,其实在学术界也仍有许多争论,而且涉及关于何为科学革命以及如何界定科学革命问题的科学编史学研究,这里暂不予讨论。至于第一个结论,虽然也有争议,但却还是颇有新意的,是从历史学的本质上来讲,认为像"为什么没有发生"这样的问题并非历史学所应研究的。

类似地,香港学者陈方正也认为:"'李约瑟问题'其实不是问题,不是寻求解答的疑问(question),而是一个论题(thesis),一套观点。所以我们并不需要为这所谓问题寻求答案,而是应该考究'李约瑟论题'的内涵和根据。"[10]

但不可否认的事实是,"李约瑟问题"的提出带来了某种学术的繁荣。

但也正是由于上述原因,我们不打算一一述评对"李约瑟问题"的各种解答及其得失,而是转向研究其"内涵和根据"。其一就是这个命题背后所依据的"科学"概念。因为李约瑟理解的科学概念,不仅与他提出的"李约瑟问题"相关,更与以他的方式所从事的中国科学史研究的"合法性"有着密切的关系。

李约瑟的巨著,不论是按现在的译法译为《中国科学技术史》,还是按其英文原名译成《中国的科学与文明》,其中为首的核心概念都是"科学"。事实上,对于任何科学史的研究,虽然对"科学"概念的定义可能不会像科学哲学中要求得那么严格,但每个科学史家对之都有自己的理解,并将这种理解贯穿在其历史研究中。

如果说,在研究和撰写伽利略时代之前的西方古代与中世纪科学史时,虽然所研究的时代还没有近代科学的出现,但在一种与后来近代科学的出现有联系,或者说,至少是有假定的逻辑联系的意义上,科学史家可以把他们所研究的"科学"(或按其原来的名称作为"自然哲学")视为近代科学的前身,从而使"科学"史的研究合法化,那么,对于那些在西方近代科学主流发展脉络之外的非西方古代科学的研究,所涉及的对"科学"概念的理解,则要更加微妙,也更需要论证。在国内的学术界也曾有多轮关于中国古代是否有科学的争论。但在晚近的争论中,值得注意的主要的代表性观点是以作为西方科学革命的产物的近代科学的概念来理解科学,在这种意义上,中国古代当然不会有科学。而与这种观点相对立的代表性的看法则是在扩充了对科学的概念规定的前提下,认为中国古代有科学存在,尽管按照科学哲学的标准,其科学的定义还极为模糊。但无论如何,这场新的争论却也部分地表明了在中国科学史这种非西方古代科学史的研究领域中,科学的定义对其研究之意义与合法性的迫切需要。

但李约瑟对"科学"的定义和理解是比较清楚的。虽然在其 1954 年问世的《中国科学技术史》第一卷导言中,他还就与中国古代科学相区分的意义上用了"西方近代科学"一词,几年后,他在《中国科学技术史》第三卷中明确地指出:

> 在今天至关重要的是世界应该承认 17 世纪的欧洲并没有产生在本质上是"欧洲的"或者"近代的"科学,而是产生了普适有效的世界科学,也就是说,相对于古代和中世纪科学的"近代"科学。[11]

但在大约 10 年后,李约瑟在他的另一本重要著作《大滴定》(*The Grand*

Titration）（图2）①中，对"科学"的概念又提出了更为明确的扩展的说法。他认为在通常的科学史研究中，"所隐含的对科学的定义过于狭窄了。确实，力学是近代科学中的先驱者，所有其他的科学都寻求仿效'机械论'的范式，对于作为其基础的希腊演绎几何学的强调也是有道理的。但这并不等同于说几何式的运动学就是科学的一切。近代科学本身并非总是维持在笛卡儿式的限度之内，因为物理学中的场论和生物学中的有机概念已经深刻地修改了更早些时候的力学的世界图景"[12]19。

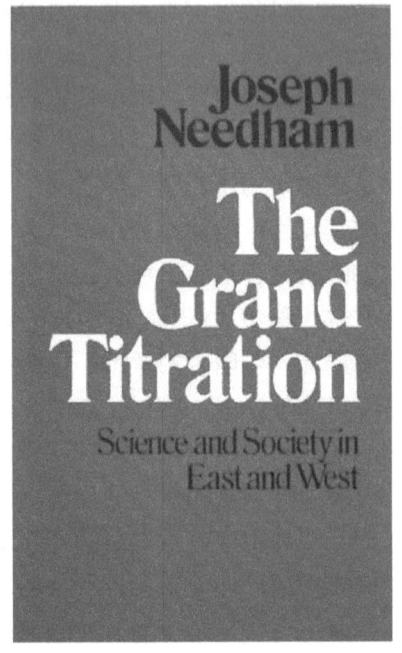

图2 《大滴定》英文版封面

基于其"普适的"科学的概念，用席文的说法，李约瑟又使用了"水利学的隐喻"一词。虽然他并不否认希腊人的贡献是近代科学基础的一个本质性的部分，但他想要说的是，"近代精密的自然科学要比欧几里得几何学和托勒密的天文学要广大宽泛得多。不只是这两条河流，还有更多的河流汇入其海洋之中"[12]50。对于这种普适的科学在中国科学史中的应用，李约瑟撰

---

①《大滴定》一书的书名是李约瑟的一个重要隐喻，此隐喻与其作为生物化学家的出身有关。在化学反应中，把已知含量的试剂从可计量的滴管中滴到要测试的溶液中，直至产生中和反应，使溶液变色。因试剂的滴出量为已知，所以就可知被测溶液中某种成分的未知量。李约瑟用此隐喻，指他对科学史的研究，就像对东方与西方文明的滴定，以确定某人最先做出某事或理解某事的时刻。但因此过程是对人类历史和文明的"滴定"，故称为"大滴定"。

写《中国科学技术史》的合作者之一白馥兰（Francesca Bray）就曾说过，就其意义而言，《中国科学技术史》使中国科学在西方受到尊重。但是，李约瑟是按照那个时期所熟悉的常规科学史来制订其计划的，也就是说，是根据走向普适真理的进步来制订的。而其新颖之处也正在于其前提，即中国对科学中"普适的"进步有重要的贡献[13]。

具体到中国古代的科学来说，李约瑟认为：

> 因此，关于中国的"遗产"，我们必须考虑到三种不同的价值。一种是有直接有助于对伽利略式的突破产生影响的价值，一种是后来汇合到近代科学之中的价值，最后一种但绝非不重要的价值，是没有可追溯的影响，但却使得中国的科学和技术与欧洲的科学和技术相比同样值得研究和赞美的价值。一切都取决于对遗产继承者的规定——仅仅是欧洲，或者是近代普适的科学，或是全人类。我所极力主张的是，事实上没有道理要求每一种科学和技术的活动都应对欧洲文化领域的进步有所贡献，甚至也不需要表明每一种科学和技术活动都构成了近代普适的科学的建筑材料。科学史不应仅仅是依据一种把相关的影响串起来的线索而写成的。难道就没有一种世界性的关于人类对自然的思考与认识的历史，在其中所有的努力都有其一席之地，而不管它是接受了还是产生了影响？这难道不就是所有人类努力的唯一真正继承者——普适的科学的历史和哲学吗？[12]61

由此我们可以看到，李约瑟首先将"近代科学"的概念独立出来，并与古代、中世纪以及像中国这样的非西方传统的复数名词的"科学"相区分，但又相信科学终将发展成为一种超越"近代科学"的"普适的科学"。如果说在上述引文所谈到的第一种价值对于中国科学的遗产来说并不存在的话，那么，无论是在第二种还是在第三种价值的意义上，都可以找到研究中国古代科学史的内在合法性，从而这种对于科学概念的理解也构成了他提出"李约瑟问题"的前提。就像他在《大滴定》一书中所说的，诞生于伽利略时代的是世界性的智慧女神，是对不分种族、肤色、信仰或祖国的全人类有益的启蒙运动，在这里，所有的人都有资格，都能参与，尽管他依然没有像当代科学哲学家们那样对这种含义更为宽泛的复数的科学概念给出明确的划界定义。

四、李约瑟的历史观与"李约瑟问题"

且不说"李约瑟问题"自身的意义,以及由之引出的热烈的学术争论,因为任何从事如此规模研究的学者都自然会面对来自许多方面的攻击,"从第一卷问世起,李约瑟就因他的方法论、他的马克思主义前提、他对中国文化的理解,以及他对科学与技术的等同的坚持而受到批判"[14]。仅就李约瑟的中国科学史研究,以及这种研究背后的潜在假定来说,从"李约瑟问题"中也可以看出一点值得注意的地方,即在"李约瑟问题"的第二个表述中,首先,潜在地预设了欧洲或者说西方作为一个参照物,其次,在这种预设的参照物的对比下,他更加关心发现的优先权问题。

对此,一些国外的学者也有值得注意的论述。例如,日本科学史家中山茂就将研究者当中的"现代化主义者"(modernizer)定义为:这些人在评价他们的课题时,是以这些课题如何接近西方的科学实践与建制为标准的。与此不同的是"现代研究者"(modernist),这只指那些研究近现代的人,而现代化主义者则指把这种意识形态立场用于历史的人。如果我们注意到"客观的和价值中立的学术在科学史中比在任何其他领域中都更不可能"的话,我们就会看到,"直到(20世纪)60年代,对于现代化主义者们用来衡量非西方科学的成就的判据是否有效,几乎没有任何疑问提出。在这类研究中,关键的问题是:亚洲的科学家是否比其欧洲对手更早达到了现代知识的某些部分。可以确信,李约瑟扭转了早先利用优先权来论证亚洲文化低下的倾向。他依靠对中国文献的广泛掌握,来说服西方读者:在近代以前,东方的技术比西方人的技术更为创新。但问题仍然是优先权问题。李约瑟用近代欧洲的标准来评价古代中国科学的策略,自相矛盾地鼓励了世界各地的他的大多数追随者,包括那些在中国的追随者来无批判地接受现代化的观点。这损害了他自己对比较研究的热情的典范的价值"[15]。澳大利亚的科学史家洛(M. F. Low)在为其主编的以"超越李约瑟:东亚与东南亚的科学、技术与医学"为主题的《俄赛里斯》(*Osiris*)专号所写的导言中也谈道:

> 李约瑟并未将现代科学等同于西方科学。相反,他认为它是一种世界性的科学、地域性的传统科学,特别是中国的科学,汇入其中。李约瑟想要通过做出机器和装置从欧洲引入到中国以及相反过程的资产负债表,向我们揭示西方文明极大地受惠于中国。他的历史植根于一种偏离当前的世界观。这些历史深究过去,并展示了一

种西方人也发现很难忽视的遗产……在李约瑟的著作之前，科学史家经常把"科学"解释为"西方科学"。而其他知识的生产者的贡献，尤其是在亚洲的贡献，则倾向于被边缘化。李约瑟开辟了研究非西方科学的道路……为什么我们要高度评价亚洲科学技术与医学史的价值呢？在过去，一种理由是：亚洲科学类似于西方科学，并以某种方式对之作出了贡献。显然，科学技术可以超越文化的差别，为已有知识的共享储水池加料，但社会语境（context）对如何接纳各种观点有所影响……如果我们确实想要超越李约瑟和单一的科学，我们还需要打破由现代化研究所强加的框架。近来的经验表明，进步可以不是线性的。……在撰写全球科学及其进步的线性的历史的倾向背后，是对于西方科学取代了传统的、更地域性的知识形式的信仰。……以这种方式写亚洲科学史，我们就是假定了在西方科学中的某种连续性和在亚洲科学中的不连续性。在李约瑟的方案中，地方土生土长的知识的重要性，是倾向于以其在多大程度上对现在我们所称的科学的形成有贡献来衡量的。[16]

这也就是说，李约瑟即使是在其比较科学史的研究过程中，选定的用于比较的参照标准，在某种程度上，也还是基于辉格式历史观的。事实上，在某些分析中，人们有时是把过去西方中心论的科学编史学观念视为带有某种种族主义色彩的，因而有人论证说："李约瑟因为未能把他自己与西方科学及其方法的优越与不可或缺性的概念分离开，所以他没有成功地带来对欧洲种族主义的明确突破。"[17]

与这种参照标准相关的是科学史研究中对优先权问题的关注程度与关注方式。李约瑟的工作包括了对中国众多科学技术的优先权的发现，一方面，我们应该充分承认这些发现极大地改变了中国科学技术史在世界上的形象；另一方面，我们也可以说，当中国科学技术史的研究深入到某种程度，发展到某个阶段之后，优先权的发现固然重要，但却已经不是唯一重要的内容了。这个问题对于中国学者的中国科学史研究也是需要注意的重要问题。正如20世纪80年代末席文在谈及中国天文学史研究时所说过的，中国天文学史家们当时主要关心的是对中国优先权的确立，发现目前的天文学知识的先驱者，尽管随着新的方法论，新的像考古学之类的学科通过通信或个人的接触而被引进，这种强调已经开始有变化。当然，从世界范围科学史的发展来看，自50年代起，按照科学内部史的兴趣之所在，科学史经常成为对今天的常规智慧的先驱者的寻猎。但随着这样的工作的继续进行，或迟或早，总会产生先驱者的先驱者问题[6]。

一个值得注意的可以比较的例子是，对于同是东亚科学史的研究工作，韩国科学史家金永植在总结韩国的科学史研究时，曾这样讲过：

> 关于韩国科学史的较早期工作的最突出的特征，就是其对韩国科学成就的创造性和原创性的强调。突出了韩国科学的这些特征的论题被研究，而其他的论题则被忽略。这种强调，是对日本殖民时期的殖民主义编史学的自然反应。……这种倾向在科学史中持久……它过分强调技术与人造物，而不是观念与建制，因为前者倾向于表明韩国成就的创造性和独创性，以及它们比其他国家的优先和优越。[18]

当然，早期韩国科学史家对韩国科学史的研究有其特殊的背景，其编史学问题也并不完全等同于目前中国科学史研究中存在的编史学问题。不过，类似这样的反思却是很值得中国科学史研究者借鉴的。至少，在研究的价值取向上，其间还是存在某种类似之处的。

总之，我们可以看出，就"李约瑟问题"的提出来说，作为其基础的历史观仍然是一种辉格式的历史观，因为将西方的科学和技术的式样作为参考的标准，这是其重要的前提之一。

五、李约瑟之后的一些反思

李约瑟研究中国科学史的成就与功绩是毋庸置疑的。然而，像其他的学科一样，科学史一直处在发展中，中国科学史的研究也是一样。当人们回过头来重新审视李约瑟及其中国科学史研究时，自然也会提出新的、对未来的发展有意义的见解。当然，也有人会从李约瑟的著作中找出一些细节上的技术性错误。但如果说技术性的、细节的错误，这几乎是在任何科学史研究者的工作中都会存在的，更不用说像李约瑟这样一位外国研究者，再加上其成果超乎寻常地丰富，其功绩甚至在相当的程度上可以与那些错误相抵。这更属于枝节性的问题。我们需要关注的更重要的问题，则是在李约瑟去世之后，国际上一些研究中国科学史的权威人士所表现出来的在科学观和研究方法、研究进路上的变化。

首先，依然可以从科学的概念谈起。李约瑟所信奉的那种将走向统一的、普适的科学观念，以及与之相关的中国古代科学对之的汇入，以及像对自然界的有机论的态度等，从开始到现在一直不是科学史研究中的主流。美国一位将李约瑟著作中的宗教与伦理作为研究内容的博士论文的作者，甚至从其所关心的问题以及处理这些问题的方法出发，将李约瑟归入19世纪浪漫主义学者的行列[19]。也正如白馥兰在李约瑟逝世时所写的短文中所指出的：

> 现在，李约瑟的计划处于一种悖论的境地。后现代对西方至上的元叙述的批判，从对思想的内史论研究到向社会和文化的解释的转向，以及对实践的强调，这一切都（至少在理论上）给非西方世界在主流科学史中带来了合法的空间。然而，这种修正主义的硬币的另一面，是对作为普适的知识形式的"科学"这一概念提出异议。[13]

但是这种对李约瑟的科学概念的质疑，其实并未给中国科学史研究的合法性问题带来实践上的困难。虽然科学哲学界对科学概念的规定仍然充满争议，但在科学史和科学社会学等领域的实践中，发展中的科学概念依然可以应付实用的目的。对于科学概念的理解上的变化来说，另一个可以参照的例子是，剑桥大学科学史家谢弗（S. Schaffer）在其一篇面向公众介绍科学概念的文章中，关于20世纪的科学定义有多种不同说法，他说：

> 用纲要性的术语来说，科学可以看作统一的或形形色色的，可以看作是在人类的能力中共同具有的世俗的方面，或是罕见的、与众不同的活动，可以看作是非个人的现代化的力量，或是人类劳动和社会群体的技能形式。在这些看法中，一种突出的看法断言说，各种科学都具有关于日常生活实践的常识。关于科学态度，也没有什么特殊之处；科学提出的问题，是那些向所有的人表现出来的问题。人们争辩说，在使其成功的过程中，科学家只不过是以一种与其同伴相类似的方式来观察、计算和提出理论，只不过偶尔地更加细心。[20]

席文则说得更明确："如果科学的概念宽泛到能包容欧洲从早期到目前对自然的思考的演化，那么这个概念就必定可以用于多种多样的中国的经历。"[6] 这使得中国科学史研究的合法性自然继续存在。当然，这是在将宽泛的科学概念与更狭义的西方近代科学概念有明确区分的前提下。就像有学者在论述科学教育时所言：

> 长久以来，教育者把科学或是看作凭其自身的资格而成为的一种文化，或者是超越文化的。更近一段时间以来，许多教育者都开始把科学看作是文化的若干方面中的一个。在这种观点中，谈论西方科学是合适的，因为西方是近代科学的历史家园，讲近代是在一种假说-演绎的、实验的研究科学的方法的意义上。……如果"科学"指通过简单的观察来对自然的因果研究，那么，当然所有时代的所有文化都有其科学。然而，有恰当的理由将这种对科学的看法与近代科学区分开来。[21]

相应于这种多元化意义上的科学概念，对任何社会中科学史的研究来说可以采用的基本原则就成为："正是关于实力与弱点、关注与忽视的模式，以及关于各种科学学科及其与社会-经济史和文化史的关联，可以给出在一特定社会中的科学史一种具有其自身特色的特征。"李约瑟强调的是普适的科学的概念，目前尽管存在地域性的研究科学的途径，但是应如何把这样的地域性的途径与本质上普适的特征相协调呢？有人相信，"答案是简单的：普适性的问题只有当人们充分广泛地看到了分化的历史时才会提出。当只有单一的乐器时，人们不能谈论和谐。此时，更重要的是获得更多的乐器"。

李约瑟去世后，在有关中国科学史的研究中，除了"科学"的概念之外，在研究的参照系、标准以及与之相关的目的与方法上，也同样出现了新的思考方式。英国著名科学史家、研究科学革命的重要权威霍尔（A. R. Hall）就曾在大力赞扬了李约瑟的成就的同时，也指出了其中的一些倾向问题。例如，他曾举出几个《中国科学技术史》一书中的具体例子，说明李约瑟将中国的发明与西方的发明做的联系和不恰当的比较。尤其是：

> 从一开始，正如我们所见的，李约瑟的主要目的是展示中国科学与技术的丰富多产；与西方的比较对于西方的读者来说是有启发性的（其实对其自身也是回报），但却没有中国材料固有的魅力那么重要。[22]

在与李约瑟的研究以及与"李约瑟问题"相关的参照标准上，还可以看到有其他一些重要的论述出现。白馥兰在充分肯定李约瑟的工作是由一位科学家对非西方科学与技术的最初严肃的历史研究之后，认为它在对非西方社会的非历史的表述的挑战中绝对是基础性的。但与此同时，白馥兰也指出它所构成的是第一步，而不是一场批判性的革命。在李约瑟的策略中，中国的知识被区分为近代西方纯粹与应用的各学科分支，其中技术是应用科学，如天文学被分类为应用数学，工程学被分类为应用物理学，炼丹术被分类为应用化学，农业被分类为应用植物学，等等。但重要的是：

> 李约瑟的计划中的目的论带来了两个严重的问题。首先，接受一种知识谱系的革命模式，其各分支对应于近代科学的各学科，这可以让李约瑟辨识出近代科学与技术的中国祖先或者说先驱，但代价却是使其脱离了它们的文化和历史语境。……这种对"发现"和"创新"的强调，是一种很可能会歪曲对这个时期的技能和知识的更广泛语境的理解的方式。它把注意力从其他一些现在看来似乎是没有出路的、非理性的、不那么有效的或在智力上不那么激动人心的要素中引开，而这些东西在当时却可能是更为重要、传播更广或有影响力的。
>
> 其次，在把科学革命和工业革命作为人类进步的一种自然结果的情况下，我们在判断所有技能与知识的历史系统时，使用了从这种特殊的欧洲经验中导出的判据。资本主义的兴起、近代科学的诞生，以及工业革命，在我们的思想中是如此紧密地缠绕在一起，我们发现很难把技术与科学分开，很难想象在工程的复杂精致、规模经济或增加产出之外强调其他判据的技术发展轨迹。于是，任何偏离这条窄路的行为都必须用失败、用受制停滞的历史来解释。那些无可否认地产生了精致复杂的技术储备，但却没有沿着欧洲发展道路达到同样结论的社会，例如中世纪的伊斯兰、印加帝国或中华帝国，便会遇到所谓的"李约瑟问题"以及与之相关的问题：为什么它们没有继续产生本土的现代性形式？出了什么问题？缺失了什么？这种文化在智力或特性上的缺点是什么？[23]

在这种分析中，联系到对李约瑟采用的参照框架，也即科学技术在欧洲发展道路的分析，实际上在某种意义上消解了作为李约瑟的研究出发点的"李约瑟问题"。或者说，当我们采取了新的、不将欧洲的近代科学作为参照标准，而是以一种非辉格式的立场，更关注非西方科学的本土语境及其意义时，"李约瑟问题"也就不再成为一个必然的研究出发点，不再是采取这种立场的科学史家首要关心的核心问题了。这正如埃岑加（A. Elzinga）在对"李约瑟问题"的重新估价与分析中所说的那样：

> 更新近的科学编史学中产生了文化倾向，以及科学的跨文化研究计划与对现代性更激进的批判之间的联系（这种批判主要集中在基本范畴的表示方式和文化同一性政策）。在这种强调知识的本土性质、鼓吹基于文化的陈述与同一性的交叉的论述中，"李约瑟难题"核心问题的基础变得荒唐可笑。一个人不会问：为什么，又何以在某些文化背景中的科学知识更成功，而在另一些背景中的科学知识却不那么成功。因此，"李约瑟难题"以及它所依赖的进化论和剩余唯科学论的基础已是昭然若揭。[24]

关于这些与李约瑟的传统观点不同的、认识上和研究理念上的新变化，法国的中国科学史研究者詹嘉玲更明确地指出，现在"许多研究传统中国科学的西方科学史家批评了李约瑟陈述他的核心问题的方式。他们选择了不同的研究进路，关心对于思维模式的更深入的理解胜于关心中国对当今科学知识的贡献的清单的补充。在这一领域中，目前被认为是最为创新的研究集中关注在中国的科学传统中发现了什么，而不是缺失了什么"。虽然关注缺失的传统仍然还有影响，但也是在努力摆脱它的过程中。科学史家们近来的研究力求正面的描述，努力给原来那些由"崇拜西方"的同事们提出的问题找出替代者。替代的问题经常被表述为"中国科学是否做出了……"或"中国人怎样对待……"等。不过，"寻找这种替代的问题，并不意味着文化的相对主义：对普适有效模型的研究并不能避免对我们的研究工具提出疑问"[4]。

从另一个方面讲，白馥兰甚至提出这样的出发点所带来的另一种后果："自相矛盾的是，科学技术史家们能够继续忽视在其他社会中发生的事情，恰恰是因为像李约瑟这样的学者们的先驱性的工作，因为他们就中国，或印度，或伊斯兰提出的那些要予以回答的问题，是用主导叙事（master narrative）所确立的术语来框定的……在技术史学科内，在欧洲与中国或其他非西方社会之间的差别，不是被当作一种恢复带有不同目标和价值的知识与力量的其他文化的挑战，而只是作为对西方才真正是能动的并因而值得研究的观点的证明。"[23] 美国科学史家罗杰·哈特（Roger Hart）站在更加后现代立场上的分析，也提出了类似的看法："尤其是在过去 20 年中，批判研究中的探索,已经对科学与文明的这些宏大叙事提出了疑问。"他还进一步突出了李约瑟的范式与对西方科学的参照之间的关系,发现那些对李约瑟的批评者"看到李约瑟过分夸大地试图为中国科学恢复名誉,却忽视了他最终把近代科学视为西方特有的看法的再度确认"[25]。

从上述并不完备的引述中,我们足以看出,这些科学史家们在李约瑟之后对李约瑟的观点、立场、研究方法以及"李约瑟问题"本身进行了深刻的反思,提出了不同于李约瑟的问题。其中,对于传统的(也是李约瑟所持有的那种)科学概念的放弃和对新的、更多元的科学概念的接受,对于更加反辉格式的历史观的接受,以及与后现代立场相对更一致的那种强调语境、强调地方性知识、强调对中国科学史中更有中国特点的问题的研究,而不是把中国古代的科学与近代西方的科学强行拉在一起进行比较,所有这一切都表明了某种对于"李约瑟问题"的解构,或者说是放弃也不为过。当放弃了这种更传统、更古旧的观点、立场和研究方法之后,新的研究进路也就随之出现了,为中国科学史的研究带来了更有新意的成果。

六、超越"李约瑟问题"的研究实例两则

这里主要讲两则研究实例,意在说明,当科学史家的立场超越了"李约瑟问题"的约束,会带来什么样与传统不同的中国科学史研究的新成果。

(一)席文编辑的《中国科学技术史·第6卷(生物学及相关技术)第6分册(医学)》

与那些更有后现代意味的分析相比,在一种稍缓和的意义上就对于李约瑟的研究范式的超越来说,由席文负责编辑整理的《中国科学技术史·第6卷(生物学及相关技术)第6分册(医学)》(图3)在李约瑟去世后于2000年的出版,可以说是一个很有象征意义的事件。此卷此分册与《中国科学技术史》其他已经出版了的各卷各分册有明显的不同。席文将此书编成仅有李约瑟几篇早期作品的文集。对于席文编辑处理李约瑟文稿的方式,学界有不同的看法。不过,席文的做法确也明显地表现出他与李约瑟在研究观念等方面的不同。他在为此书所写的长篇导论中系统地总结了李约瑟对中国科学技术史与医学史的研究成果与问题,并对目前这一领域的研究做了全面的综述,提出了诸多新颖的见解。按照席文的判断,实证主义渗透在李约瑟对于

什么才是恰当的科学与医学史的判断之中。但是，今天的历史学家则比李约瑟和他的同代人更可能以对他们所研究的时期和地点的技术现象的整体理解为目标，并随其目标的要求而规定他们的判据。这一转向极大地限制了李约瑟的方法论对于年轻学者的影响。而席文本人的科学与科学史观则是和大多数今天研究科学史的西方学者一样，不认为知识（不论在什么地方）是会聚于一个预先确定的国家，不是将今天的知识看作一个终点，他在导论中谈到了自己的认识：

> 我在研究中的经历，使我把科学看作是某种人们一点一点发明和再发明的东西，永远不会受到已经存在了的东西的彻底制约，永远不为某种不可改变的目标所牵制，经常犯错误，而且总是处在被废弃的边缘。这种观点使它的历史不是作为一连串预定的成功，而是作为一种曲折的旅程，它的方向经常改变，没有终点，而是在给定的时间在某处产生出来。尽管科学有惊人的严格和力量，在这种开放性的演化的意义上，它就像人类所经历的所有其他事情的历史一样。像其他的人文学家一样，我认为错误的步骤和失败就像成功一样吸引人和具有教益。问题不是 A 或 B 怎样出现在现代的 Z 之前，而是人们如何从 A 走到 B，以及我们可以从这种历史变化的进程中学到什么。[26]

图3 《中国科学技术史·第6卷（生物学及相关技术）第6分册（医学）》封面

席文的这篇导论是值得我们注意的。它表现出与李约瑟有所不同的一种更新的编史学立场。席文考查了李约瑟的研究中从一般性基础、假定，到具体的观念框架与方法中存在的问题，总结了中国科学技术史研究，特别是中国医学史研究的历史与现状，乃至展望了未来研究的发展和未来研究的课题。在这里虽然不太可能一一详细总结转述，但其中有两个值得关注的问题。

其一是在中国科学史研究中已经有许多人注意到的"考证"方法的意义与局限的问题。席文指出：

> 仍然还有大量类似的工作需要专家去做文本研究（考证）。问题是，对于世界其他地方（甚至非洲）的医学的研究，不再依赖于这种狭隘的方法论基础。随着从历史学、社会学、人类学、民俗学研究和其他学科采用的新的分析方法得到的结果，其范围在迅速地改变着。对这种更广泛的视野的无知，使东亚的历史孤立起来，并使得它对医学史的影响比它应该有的影响要小得多。
>
> 少数有进取心的研究东亚医学的年轻学者已经开始了对技能与研究问题的必要扩充。他们开始自由地汲取新洞察力的源泉，其中包括知识社会学、符号人类学、文化史和文学解构等。我将不在更特殊的研究，像民族志方法论、话语分析和其他他们正在学习的研究方法的力量与弱点方面停留。我只想呼吁大家关注中国问题，这些问题可以通过这些新方法带来新的见解。[26]

另一个这里想点到为止的问题是，在这篇导论中，席文还专门提到了中国医学史研究与性别的问题，而且认为在医学史中，一般来说，性别的问题已不再只是一个女性主义的主题。它们与保健的最基本的特征有关。妇女特有的疾病不仅是生理学的概念，它们还是社会控制的工具等，并指出关于性别的洞见将对医学的所有方面，对于男人以及女人都带来新见解。

关于中国科学技术与医学史及性别研究的问题，由于稍稍偏离主题，这里不拟展开讨论。但从中也可以看到，这样一个主题出现在最新出版的《中国科学技术史》中，确实是有着鲜明的象征意义的。

（二）科学人类学与白馥兰的研究

在李约瑟之后，像整个国际科学史学科的发展一样，虽然在国际范围内中国科学史的研究还远远没有成为主流，但其研究的内容、视角、方法和指导思想已经发生了巨大的变化，形成了对李约瑟的某种超越。这种超越是多方面的，包括可以从人类学、后现代、地方性知识和多元的科学观的立场来看待中国科学技术史的研究。正如小怀特（L. White，Jr.）在20世纪80年代中期就已经指出的那样：

> 我怀疑，极少有（至少是更年轻的）科学史家在今天还具有李约瑟的那种对于在巴洛克时期在欧洲出现的科学风格的全部的信心。其原因不仅仅是一种偶然性的意识对于我们大部分思考的渗透，或是对如此令人兴奋的库恩的"范式"的争论，或近来对"迷信"——这个最令人误解的词——在17世纪科学的滋养中的作用的公正承认。主要的原因是一种对于科学的生态的深刻兴趣的出现，也就是说，对于在任何阶段和地区的理论科学怎样形成了其总体的语境，以及客观存在怎样由其环境、文化和其他因素所相互形成的兴趣。近代科学的历史不是对利用伽利略的方法而得到的一个无限系列的对绝对真理的发现之记录的成功过程，它与所有其他的历史成为整体，在类型上决非与所有其他种类的人类经验有所差别。[27]

而席文也在他那篇为他编辑的《中国科学技术史·第6卷（生物学及相关技术）第6分册（医学）》所写的重要的导论中指出：

> 由于对相互关系之注重的革新，内部史和外部史渐渐隐退。在（20世纪）80年代，最有影响的科学史家，以及那些与他们接近的医学史家，承认在思想和社会关系之间的二分法使得人们不可能把任何历史的境遇作为一个整体来看待。在这种努力中，他们极大地得到了从人类学和社会学借用来的工具和洞察力的帮助。举最明显的例子来说，文化的观念就提供了一种对概念、价值和社会相互作用的整体的看法。[26]

其实，早在20世纪80年代以前，席文就已经谈到了在中国科学史的研究方法与观念上"跨越边界"的问题。他认为，对科学史研究已经在三个边界的探索中被实践着。其中，第一个边界是科学史与科学实践的边界，第二个边界是科学史与历史和哲学的边界，而第三个边界则是科学史与社会科学，主要是人类学和社会学的边界。跨越这三个边界的研究领域分别出现于不同的时期。尤其是第三个边界，它是与人类学和社会学共有的，直到20

世纪 60 年代末 70 年代初才从迷雾中出现。而它的出现也部分的是由于历史学家受到法国年鉴学派的启发。它也逐渐进一步地由结构人类学家和符号人类学家(他们用非常新的方式来解释人类动机和行为的模式)所描绘出轮廓。而事实上,新的人类学是如此地有力量,在十来年的时间里,它已经彻底削弱了人类学和社会学之间的壁垒。虽然在过去的观点中,通常认为人类学家研究他们所称的原始人,而社会学家研究"我们"当代人,但随着人类学和社会学的合流,同样的方法、见解和理论体系的拓展,几乎可以应用于所有的人。可以注意到的是,在席文倡导将人类学方法用于科学史研究的看法中,带有比较鲜明的社会建构论的背景。席文本人也明确地认为,"也许,历史学家从社会科学那里得来的最有影响的见解,必须涉及所谓的'对实在的社会建构'"。作为科学史研究的对象的那些人,是用他们从周围的人那里继承来的素材而使其经验有意义的。"我们所见的他们的世界观或宇宙观或科学,只是人们随着其长大而建构的单一实在的一个组成部分。作为更大的结构的一部分,宇宙观不是外来的。他们在他们与其他人的关系中观察到的秩序的概念使宇宙观形成。他们所采纳的社会秩序,是他们所知道的会使社会之外杂乱的现象有意义——否则就会没有意义。"[28]

确实,无论就一般科学史还是就中国科学史研究目前的发展来说,与人类学的结合是诸多发展方向中非常突出的值得重视的方向之一。白馥兰的一个近来的研究实例也恰恰说明人类学方法是中国科学史研究的具体表现形式。

就是那位作为李约瑟写作《中国科学技术史》的合作者之一的白馥兰,在《俄赛里斯》题为"超越李约瑟:东亚与东南亚的科学、技术与医学"专号中,发表了一篇有关中国技术文化史的论文[29]。这篇论文的出发点就是将中国科学技术史的研究与人类学方法结合起来。白馥兰认为,在 1000~1800 年这段被称为"中华晚期帝国"(late Imperial China)的社会语境下,可将家居建筑视为一种技术,其重要性可与 19 世纪美国的机床设计相比。在以往人们研究包括中国科学技术史在内的技术史时,都是关注那些与现代世界相联系的前现代技术,如工程、计时、能量的转化,以及像金属、食品和丝织等日用品的生产。换言之,也就是关注那些在我们看来似乎最重要的领域,因为它们构成了工业化的资本主义世界,从而认为西方所走的道路仍然是最"自然的"。与之相反,在所有非西方的社会中(包括中国),技术进步的自然能力以某种方式被阻止了走上这条自然的道路。所用的隐喻则是障碍、刹车(制动、闸),或是陷阱。非西方的经验于是被表述为一种未能建立成就的失败，这种失败需要解释，于是通常受到责备的就是在认识论或建制形式上的文化。她指出，李约瑟批判了利用科学来支撑西方至上的做法，但像他那一代的其他科学家一样，他也充分地具有"辉格立场"的目的论。《中国科学技术史》把技术分类为应用科学，而李约瑟对技术进步的道路的绘制，仍然是按照标准观点的判据，就在技术史中，这种标准观点把工业化的资本主义的范畴强加在非西方的社会上，然后，它就通过辨认其未能走西方道路的原因来不恰当地表述它们。在对比中，我们可以联想到，在一篇从社会学角度评论"李约瑟问题"的经常被人们引用的文章中，就有人总结说，在"李约瑟问题"背后的社会文化总假说，即主要是想在同西方从封建主义到资本主义发展的对比中，用社会与经济的因素来进行说明[7]。

在这种指导思想下，当辨别重要的技术时，对于那些对社会的本性的形成最有贡献的技术，中国技术史家通常沿袭西方历史学家的样子，关注带来工业世界的日常用品的技术——冶金、农业、丝织。然而，白馥兰看到，晚期帝制的中国不是资本主义，它具有特征的社会秩序的组织，并不是按现代主义的目标和价值构成的。在建制中最本质地形成了晚期帝国的社会与文化的是等级联系。因此，她认为人们完全可以把建筑设计作为一种"生活的机器"（machines for living）来看待，它反映了特定的生活方式和价值。人类学和文化批评研究者表明，建筑不是中性的。房子是一种文化的寺院，生活在其中的人，被培养着基本的知识、技能以及这个社会特定的价值观。因此，她选择家居建筑中的宗祠作为中国技术史研究的对象，这一对象把所有阶级的家庭联系到历史和更广泛的政策中，它将特殊的意识形态与社会秩序结晶化，规范了晚期帝国的社会。在对中国家居建筑的具体研究中，她主要是根据朱熹的著作以及《鲁班经》等文献进行分析，她发现，家祠是一种家族联系与价值的物质符号。从宋朝开始，中国的知识与政治精英们利用以宗祠为中心的仪式与礼节，将人口中范围广泛的圈子合并到正统的信仰群体中，并提出作为一种物质的人造物，宗祠包含了不明确的意义，对应于道德的流变，帮助其成功地传播，并使它成为一种在面对潜在的破坏力量时使社会秩序重新产生的有力工具。总之，抛开具体的结论，关键点在于，白馥兰所关注的是那些在传统中被认为是"非生产性"技术起改变作用的影响，以便提出一种更为有机的、人类学的研究技术及其表现的方法。应用这样的新观念、新方法和新视角来重新思考非西方的技术史，就带来了一系列全新的理解过去的可能性，以及新的与其他历史和文化研究的分支对话的可能性。

然而，像这样的研究兴趣所要解决的问题，就不再是像"李约瑟问题"之类的预设了。在这种新的视野中，无论科学观还是历史观都已经是全新的了。

七、结语

对于"李约瑟问题"的考察，可以让我们对李约瑟的研究、他的科学观与历史观、他的研究方法论等有所认识，这实际上是一种科学编史学的考察。而对李约瑟及《中国科学技术史》的研究进行必要的编史学思考，既是一种有意义的反思和总结，也可以反过来对过去与现状获得某种理解，并在此基础上对未来有所展望。

基于有关西方学者对中国科学史研究的编史学研究，特别是对李约瑟的中国科学史研究中的概念、假定和指导思想中的问题的研究，以及在李约瑟之后一些学者的反思的考察，在此可以简要地作如下总结。

（1）李约瑟对中国科学史研究的重大贡献与意义，主要在于他通过对中国科学史多方面多学科的系统考察，最先使西方人在某种程度上改变了对中国科学史的态度，为中国科学史的研究在科学史界奠定了基础，也为到他完成其著作时为止的相关文献做了系统的整理与总结，构建了他的中国古代科技史的架构。这也是他提出的"李约瑟问题"能引起广泛反响的前提。

（2）李约瑟的中国科学史研究是以解决其提出的"李约瑟问题"为主要动力与目标的。其基础性的科学概念是一种与"西方近代科学"有别的、有机的、普适的世界性科学，他认为中国古代科学的发展将汇流到这种科学之中。这种普适的科学的概念以及中国古代的成就与其之间的关系，使得中国古代科学史的研究得到了合法化的地位。

（3）在李约瑟的研究中以及作为"李约瑟问题"提出的前提，相当程度上仍是以西方近代科学的成就作为潜在的参照标准，在这方面依然有某种辉格式历史的倾向。

（4）基于李约瑟的前提概念与假定，在其工作中展示中国古代科学发现的优先权问题是一项重要的内容。与之相关或者间接相关的，早期其他西方学者以及更多中国学者对中国古代科学史的研究，或更一般地讲，在许多非西方科学史的研究的早期,都有类似的对优先权的发现的极度关注,连带考证的方法也得到了重视。

(5)随着国际科学史学科的发展,以及当代科学哲学与科学社会学研究的发展,李约瑟的科学概念、科学史观中的参照标准以及对中国发现的优先权的注意和强调,已经是一些可以讨论的问题。对这些问题的讨论将为中国科学史的研究带来变化。以"科学"的概念为例,在西方的学者中,现在持李约瑟的那种普适的科学的概念的科学史家为数不多。在与西方近代科学明确区分的前提下,在更关注观念、建制、文化等关联时,对非西方科学(甚至于对某些西方科学)的历史研究中,在对不同地域和文化的具体历史研究中,"科学"的概念的泛化或多元化已是一种现实,并为众多科学史家所接受。

(6)中国科学史家对"李约瑟问题"的特别关注,尤其是对解答"李约瑟问题"的热情,在特定的历史背景中是可以理解的,毕竟对于自己的民族和国家的发展的关心可以成为科学史研究的一种维度。但显然不应把这种理解方式作为看待和研究"李约瑟问题"的唯一方式,这种理解只是对中国古代科技史的认识中的一种而已,其他的认识方式也是可以成立的。

(7)虽然"李约瑟问题"对中国科学史研究的发展起到过重要的、不可否认的促进作用,带来了研究话题的增加和学术的繁荣,但基于新的对李约瑟的前提假定的看法与立场的变化,"李约瑟问题"的重要性已不像以前那样,而是在相当的程度上被"解构",至少不再是一部分西方研究中国科学史的学者所首要关注的核心问题。

(8)随着对中国科学编史学的研究的发展,在国际科学史学科发展的大背景和总趋势下,除了基本观念和指导思想之外,相应地在研究方法上,一些西方学者在对中国科学史的研究中也表现出变化。在诸多的变化中,学者们将与社会建构论有某种相关性的将人类学方法引入科学史,是值得注意的发展之一,与之相关的一些具体研究成果是非常有新意义和有启发性的。这也与西方学者们离开,或者说超越"李约瑟问题"是有关系的。而这些重要的进展对中国科学史家对中国科学技术史的研究,是有着重要的借鉴意义的。

(本文原载于江晓原《中国科学技术通史Ⅴ:旧命维新》,上海交通大学出版社,2015年版,第756-792页。)

参 考 文 献

[1] 刘钝, 王扬宗. 中国科学与科学革命: 李约瑟难题及其相关问题研究论著选. 沈阳: 辽宁教育出版社, 2002: 721-758.

[2] 刘钝, 王扬宗. 中国科学与科学革命: 李约瑟难题及其相关问题研究论著选. 沈阳: 辽宁教育出版社, 2002: 83-101.

[3] Needham J. The Grand Titration: Science and Society in East and West. London: George Allen & Unwin, 1969: 190.

[4] Jami C. Joseph Needham and the Historiography of Chinese Mathematics//Habib I S, Raina D. Situating the History of Science: Dialogues with Joseph Needham. Oxford: Oxford University Press, 1999: 261-278.

[5] 李约瑟. 中国科学技术史·第一卷. 北京: 科学出版社; 上海: 上海古籍出版社, 1990: 1-2.

[6] Sivin N. Science and medicine in imperial China—the state of the field. The Journal of Asian Studies, 1988, 47(1): 41-90.

[7] 刘钝, 王扬宗. 中国科学与科学革命: 李约瑟难题及其相关问题研究论著选. 沈阳: 辽宁教育出版社, 2002: 179-213.

[8] 刘钝. 前言//刘钝, 王扬宗. 中国科学与科学革命: 李约瑟难题及其相关问题研究论著选. 沈阳: 辽宁教育出版社, 2002: 1-10.

[9] 席文. 为什么科学革命没有在中国发生——是否没有发生? //刘钝, 王扬宗. 中国科学与科学革命: 李约瑟难题及其相关问题研究论著选. 沈阳: 辽宁教育出版社, 2002: 499-515.

[10] 陈方正. 一个传统, 两次革命: 论现代科学的渊源与李约瑟问题. 科学文化评论, 2009, 6(2): 5-25.

[11] Needham J. Science and Civilisation in China: Volume 1: Introductory Orientations. Cambridge: Cambridge University Press, 1956.

[12] Needham J. The Grand Titration: Science and Society in East ans West. London: George Allen & Unwin, 1969.

[13] Bray F. An appreciation of Joseph Needham. Chinese Science, 1995, (12): 164-165.

[14] Finlay R. China, the West, and world history in Joseph Needham's "science and civilisation in China". Journal of World History, 2000, 11: 265-303.

[15] Shigeru N. History of East Asian science: needs and opportunities. Osiris, 1995, 10: 80-94.

[16] Low M. Beyond Joseph Needham: science, technology, and medicine in East and Southeast Asia. Osiris, 1998, 13: 1-8.

[17] Bajaj J K. Francis Bacon, the first philosopher of modern science: a non vestern view//Nandy A. Science, Hegemony and Violence: A Requiem for Modernity. Oxford: Oxford University Press, 1990: 56-60; 转引自: Chacraverti S. The modern Western historiography of science and Joseph Needham//Mukherjee S K, Ghosh A. The Life and Works of Joseph Needham. Calcutta: The Asiatic Society, 1997: 56-66.

[18] Kim Y S. Problems and possibilities in the study of the history of Korean science. Osiris, 1998, 13: 48-79.
[19] Buettner L S. Science, religin, and ethics in the writing of Joseph Needham. A Dissertation of University of Southern California, 1987.
[20] Schaffer S. What is Science, in Science in the Twentieth Century. Krige J, et al.(eds.). Amsterdam: Harwood Academic Publishers, 1997: 27-42.
[21] Cobern W W. Science and a social constructivist view of science education//Cobern W W. Socio-Cultural Perspectives on Science Education. Dordrecht: Springer, 1998: 7-23.
[22] Hall A R. A window on the East. Notes and Records of the Royal Society of London, 1990, 44: 101-110.
[23] Bray F. Technology and Gender: Fabrics of Power in Late Imperial China. Berkeley: University of California Press, 1997.
[24] 埃岑加. 重估"李约瑟问题"?//刘钝, 王扬宗. 中国科学与科学革命: 李约瑟难题及其相关问题研究论著选. 沈阳: 辽宁教育出版社, 2002: 562-563.
[25] Hart R. Beyond science and civilization: a Post-Needham critique. East Asian Science, Technology, and Medicine, 1999, 16: 88-114.
[26] Sivin N. Editor's introduction//Needham J, Gwei-Djen L. Science and Civilisation in China: Vol.6, Biology and Biological Technology, Part VI: Medicine. Cambridge University Press, 2000: 1-37.
[27] White L, Jr. Review symposia. Isis, 1984, 75: 171-179.
[28] Sivin N. Over the borders: technical history, philosophy, and the social sciences. Chinese Science, 1991, 10: 69-80.
[29] Bray F. Technics and civilization in late imperial China: an essay in the cultural history of technology. Osiris, 1998, 13: 11-33.

科学史中"内史"与"外史"划分的消解
——从科学知识社会学的立场看

| 刘兵,章梅芳 |

科学史中的"内史论"与"外史论"已经是科学史界和科学哲学界十分熟悉的概念。可以说,对这个问题的讨论构成了科学编史学研究的一个重要方面。对其进行分析,对于一阶的科学史研究来说,具有特殊的价值和意义。本文从科学知识社会学(sociology of scientific knowledge,SSK)的立场出发,指出这种划分实际上是可以被消解的,而且这种消解又可以带来科学观和科学史观上的新拓展。

一、科学史"内外史"之争

在讨论科学知识社会学对"内外史"划分的消解之前,我们先且按传统的标准和划分方式对"内史论"与"外史论"的含义及"内外史"之争做简单的回顾与分析。

一般而言,科学史的"内史"(internal history)指的是科学本身的内部发展历史。"内史论"(internalism)强调科学史研究只应关注科学自身的独立发展,注重科学发展中的逻辑展开、概念框架、方法程序、理论的阐述、实验的完成以及理论与实验的关系等,关心科学事实在历史中的前后联系,而不考虑社会因素对科学发展的影响,默认科学发展有其自身的内在逻辑。科学史的"外史"(external history)则指社会、文化等因素对科学发展影响的历史。"外史论"（externalism）强调科学史研究应更加关注社会、文化、政治、经济、宗教、军事等环境因素对科学发展的影响。其认为这些环境影响了科学发展的方向和速度，在研究科学史时，要把科学的发展置于更复杂的背景中[1]24。

从时间上来看，20 世纪 30 年代之前的科学史研究（包括萨顿的编年史研究在内）基本上都属于"内史"范畴。直到默顿和格森发表了有关著作之后，科学史研究才开始重视外部社会因素对于科学发展的影响，并逐渐形成了与传统"内史"研究不同风格的编史倾向。这才出现了科学史的"外史"转向，并引起了所谓的"内外史"之争。

具体而言，"内外史"之争的焦点在于外部社会因素是否会对科学的发展产生影响，或者说，在科学史的研究中，这些外部影响是否可以被研究者忽略。其中，"内史论"者认为，科学的发展有其自身的内在发展逻辑，是不断趋向真理的过程。科学内在的认知概念和认知内容不会受到外部因素的影响，且科学的真理性和内在发展逻辑往往使得其发展的速度和方向也不受外部因素的影响。相反，"外史论"者则坚持认为，尽管科学有其内在的认知概念和认知内容，但是科学发展的速度和方向，往往是社会因素作用的结果。

在 20 世纪三四十年代，因为格森和默顿等人的工作，"外史论"在科学史界开始逐渐引起人们的注意。然而，第二次世界大战（以下简称"二战"）后期直接源于坦纳里、迪昂、迈耶逊、布鲁内和默茨格的法国传统的观念论纲领开始流行。正如科学史家萨克雷所说，由于观念论的哲学性历史占主导地位，在五六十年代的大部分时期，人们很自然地注意远离任何对科学的社会根源的讨论。即使出现这种讨论，那也是发生在一个明确界定的领域，并由社会学家而非科学史家进行[2]55。在这一时期，柯瓦雷关于伽利略和牛顿的经典研究奠定了观念论科学史的主导地位。60 年代后期到 70 年代初，"外史论"在另一种意义上又重新显示出较为活跃的势头，这与科学哲学中历史学派的出现不无关系。而自 80 年代以来，随着科学知识社会学的发展，对科学的社会学分析开始兴起，其中不仅科学的形成过程和形式，就连科学的内容也被纳入了社会学分析的范围。科学知识的内容因其社会建构过程被认为受到各种外在因素的影响，科学既被看成是一种知识现象，更被看成是一种社会和文化现象。

可以说，过去半个多世纪以来，科学史家在研究方法和解释框架上的一些变化和争论大多是围绕着界定、区分和评价"内史论"与"外史论"进行的，是在这两者彼此对立存在（虽然也有认为两者可以综合融通的看法）的前提下展开的。从某种程度上来说，对"内外史"研究的变化与争论进行分析，可以窥见20世纪以来西方科学史研究侧重点和范式变化的历史脉络。

二、国内学者的态度及前提假定

对于西方科学史研究的"内外史"演变和争论，国内学者的态度大抵可以分为以下两类：一类是埋首于个人的具体研究，不去关心和讨论编史学理论问题，但基本认同"内外史"的划分，这类学者占大多数；另一类是对该问题做了专门的研究和讨论，这些学者在人数上不是很多。在这类学者当中，通常极端的"内史论"和"外史论"都不被他们认同，他们从某种程度上坚持二者的综合运用。

具体而言，在第一类学者看来，具体的一阶研究更为重要，讨论"内外史"之争问题往往是"空谈理论"，对于实际的科学史研究没有多大意义。究其原因可能在于国内科学编史学研究相对来说一直是较为薄弱的环节，其价值和意义尚未引起足够的重视。不过，值得注意而且也不可否认的一点是，在这些一阶研究中，"内史"所占的比重远远超过"外史"。在许多学者看来，科学有其内在的发展逻辑，科学史描述的就是科学自身发展的历史和规律。少数"外史"研究也大多停留在描述社会、文化、政治、经济等因素对科学发展的速度、形式的影响上，把社会因素作为科学发展的一个外在的背景环境来考虑，尚未触及社会因素对科学内容的建构与塑型的层面。

在第二类学者中，20世纪80年代末就已经有人讨论过这个问题。他们指出，科学中的多数重大进展都是内因和外因共同作用的结果，认为在"内史"和"外史"之间必须保持必要的张力[3]39-47。随后一些学者较为系统地对80年代以来西方科学史研究的"外史"转向进行了专门研究。他们通过对国际科学史刊物《爱西斯》（Isis）自1913年到1992年的论文和书评进行计量研究，发现科学史的确发生了从"内史"向"外史"的转向，80年代之前以"内史"研究为主，80年代之后以"外史"研究为主[4]128。此外，他们还就"内史"为何先于"外史"、"内史"为什么转向"外史"、"内史"与"外史"的关系究竟如何等问题进行了分析，总结了国外学者关于"内外史"问题的观点，并认为"内外史"二者应该有机地结合起来[5]27-32。其理由在于"极端内史论会使科学失去其赖以生存的社会动力和基础，无法解释科学的发生和发展；极端的外史论会使科学失去科学味，而显得空洞"[6]64。除此之外，还有一些学者虽然未对"内外史"问题进行专门研究，但从不同的关注角度出发，大多都认为科学史的"内史论"与"外史论"必须进行某种综合[7, 8]14, 97-98。

无论是不去讨论"内外史"问题，还是总结国外学者的观点并主张"内外史"综合，第一类学者和第二类学者都默认了"内史"与"外史"的划分方式，且大多更为看重"内史"。如果对他们的观点做深入分析，不难发现在背后支撑着这种划分及侧重的仍然是传统的实证主义科学观。这种科学观认为，科学是对实在的揭示和反映，它的发展有其内在的逻辑规律，不受外在社会因素的影响，科学的历史是一系列新发现的出现，以及对既有观察材料的归纳总结过程，是不断趋向真理和进步的历史。在这种科学观指导下的科学史研究就必须揭示出科学发展的这种内在发展逻辑，揭示科学的纵向的进步历史。例如，有学者在从本体论、认识论、方法论和科学、科学史的发展来谈"内史"先于"外史"的合理性时提到："科学史一开始的首要任务就是对科学史事实在（包括科学家个人思想、科学概念及理论发展）的内部因素及产生机制的研究。而这一科学史事实在内部机制的研究构成了科学史区别于别的学科的特质和自身赖以存在的基石。也就是说，内史研究是科学史的基础和起点。""外史是在内史研究的基础上随着科学对社会的影响增大到非研究外史不可的地步时才逐渐从内史中生长出来的。"[5]27-28 这些观点大致包含这样几层含义：首先，科学史事实在内部蕴含了科学发展有其独立于社会因素影响之外的内部机制、逻辑与规律；其次，对这些科学发展规律、机制及内部自主性的研究构成了科学史学科的特性；最后，注重科学内部理论概念等的自主发展的"内史"研究先于"外史"研究，"外史"在某种程度上只是"内史"的补充。尽管一些作者坚持一种"内外史"相结合的综合论，但仔细分析，其"外史"仍然没有取得与"内史"并重的位置。而且其强调的"外史"研究也只是重视"分析其（科学发展——引者注）社会历史背景如哲学思想、社会思潮、社会心理、时代精神以及非精神因素诸如科学研究制度、科学政策、科学管理、教育制度，特别是社会制度和社会经济因素对科学发展的阻碍或促进作用"[5]32。此外，从一些学者的总结性论文中可以发现，在那些围绕着"李约瑟问题"的诸多研究中，也存在着同样的问题[9]110-116。在这里，种种社会因素只被看成是科学活动的背景，而不是其构成因素。

由此可见，对"内史"与"外史"的传统划分的坚持以及在此基础上的"综合"运用，都是以科学的客观、理性及自主独立发展为前提假定的，只有基于这样的科学观,才可能使"内史"研究和"外史"研究分别得以成立,"内史"与"外史"的划分才成为可能。从某种程度上可以说,西方科学史界"内史论"与"外史论"的争论之所以长期持续,原因可能恰恰在于这种科学观本身。它使得研究者或者片面强调"内史",完全否认"外史"研究的合法性;或者虽偏重"外史",却仍只将社会因素作为科学发展的背景来考察;或者虽强调"内外史"结合,却仍以"内史"为主,"外史"为辅。要结束这种争论,就必须在科学观和科学史观的层面上进行超越。科学知识社会学正是基于对这一科学观和前提假定的解构,消解了传统的"内史"与"外史"的划分。

三、科学知识社会学对"内外史"划分的消解

科学知识社会学出现于20世纪70年代中叶的英国,它以爱丁堡大学为中心,形成了著名的爱丁堡学派,其主要代表人物有巴恩斯、布鲁尔、夏平和皮克林等。科学知识社会学明确把科学知识作为自己的研究对象,探索和展示社会因素对科学知识的生产、变迁和发展的作用,并从理论上对这种作用加以阐述。其中,巴恩斯和布鲁尔提出了系统的关于科学的研究纲领,尤其是因果性、公平性、对称性和反身性四条"强纲领"原则。除此之外,科学知识社会学的学者如谢廷娜、夏平和拉图尔等,在这些纲领下做了大量具体的、成功的案例研究。

爱丁堡学派自称其学科为"科学知识社会学",主要是为了与早期杜尔凯姆和曼海姆等人建立的"知识社会学"以及当时占主流地位的默顿学派的"科学社会学"相区别。在曼海姆的知识社会学中,对数学和自然科学的知识是不能做社会学分析的,因为它们只受内在的纯逻辑因素的影响,它们的历史发展在很大程度上取决于内在的因素[10]68-69。在默顿的科学社会学中,科学是一种有条理的、客观合理的知识体系,是一种制度化了的社会活动,科学的发展及其速度会受到社会历史因素的影响,科学家必须遵守普遍性、共有性、无私利性等社会规范[11]267-278。而科学知识社会学则首先不赞成曼海姆将自然科学排除在社会学分析之外的做法,他们认为独立于环境或超文化的所谓的理性范式是不存在的,因而对科学知识进行社会学的分析不但可行而且是必需的,布鲁尔对数学和逻辑学进行的社会学分析便充分地说明了这一点[12]133-249。由此也可看到,科学知识社会学与默顿的科学社会学最重要的

区别在于，它进一步将科学知识的内容纳入社会学分析的范畴。在科学知识社会学看来，科学知识并非由科学家发现的客观事实组成，它们不是对外在自然界的客观反映和合理表达，而是科学家在实验室里制造出来的局域知识。通过各种修辞学手段，人们将这种局域知识说成是普遍真理。科学知识实际上负载了科学家的认识和社会利益，它往往是由特定的社会因素塑造出来的。它与其他任何知识一样，也是社会建构的产物[10]2。

科学知识社会学与传统知识社会学、科学社会学的上述区别直接反映在其相关的科学史研究上，表现为对"内外史"的不同侧重和消解。传统知识社会学在自然科学史领域仍然坚持的是"内史"传统，科学社会学虽然开始重视"外史"研究，但正如有的学者所说的，时至今日它只讨论科学的社会规范、社会分层、社会影响、奖励体系、科学计量学等，而不进入认识论领域去探讨科学知识本身。在其看来，研究科学知识的生产环境和研究科学知识的内容本身是两回事，后者超出了社会学家的探索范围[13]38-39。可见，传统的科学观在科学社会学那里仍没有被打破，科学"内史"与"外史"的划分依然存在，二者的界限依然十分清晰。但是科学知识社会学却坚持应当把所有的知识（包括科学知识）都当作调查研究的对象，主张科学知识本身必须作为一种社会产品来理解，科学探索过程直到其内核在利益和建制上都是社会化的。[12]38这样一来，因为连科学知识的内容本身都是社会建构的产物，独立于社会因素影响之外的、那种纯粹的所谓科学"内史"便不复存在，原来被认为是"内史"的内容实际上也受到了社会因素无处不在的影响，从而"内史"与"外史"的界限相应地也就被消解了。正如巴恩斯所说的，柏拉图主义对于科学而言是内在的还是外在的，柯瓦雷本人的观点也含糊不清[14]150。又如布鲁尔就开尔文勋爵对进化论的批判事件进行分析时指出的那样，该事件表明了社会过程是内在于科学的，因而也不存在将社会学的分析局限在对科学的外部影响上的问题了[15]6-7。

科学知识社会学关于科学史的内在说明和外在说明问题也有直接的分析。其重要代表人物布鲁尔在对"知识自主性"进行批判时，就对科学自身的逻辑、理性说明和外在的社会学、心理学说明之间的关系问题进行过讨论。他指出，以往学者一般将科学的行为或信仰分为对或错、真或假、理性或非理性，并往往援引社会学或心理学来说明这些划分。布鲁尔则认为正确的、真的、理性的科学之所以如此发展，其原因就在于逻辑、理性和真理性本身，即它是自我说明的。更为重要的是，人们往往认为这种内在的说明，比外在的社会学和心理学的说明更加具有优先性[15]9。

实际上，布鲁尔所要批判的这种观点代表着科学知识社会学理论出现之前，科学哲学和科学史领域里的某种介乎于传统实证主义和社会建构主义之间的过渡性科学编史学思想。其中，拉卡托斯可以被看成是一位较具代表性的人物。一方面，拉卡托斯将科学史看成是在某种关于科学进步的合理性理论或科学发现逻辑的理论框架下的"合理重建"，是对其相应的科学哲学原则的某种史学例证和解释，也就是说科学史是某种"重建"的过程，而非科学发展历史的实证主义记录或者某种具有逻辑必然性的历史；另一方面，拉卡托斯认为科学史的合理重建属于一种"内部历史"，其完全由科学发现的逻辑来说明，只有当实际的历史与这种"合理重建"出现出入时，才需要对为什么会产生这一出入提供"外部历史"的经验说明[16]163。也就是说，科学发展仍然有其内在的逻辑性、理性和真理性，科学的"内部历史"就是对这种逻辑性和合理性方面的内部证明，它具有某种逻辑必然性；而社会文化等方面因素仍然外在于科学的合理性和科学的逻辑发展，仍然外在于科学的"内部历史"，是科学史家关注的次要内容。但这种历史观内在的悖论在于那种纯"内史"的合理重建，实际上又离不开科学史家潜在的理论预设，因而是不可能的。

正如布鲁尔所说的，考察和批判这种观点的关键首先在于认识到他们实际上是把"内部历史"看成是自洽和自治的，在他们看来，展示某科学发展的合理性特征本身就是为什么历史事件会发生的充分说明；其次还在于认识到，这种观点不仅认为其主张的合理重建是自治的，而且对于外部历史或者社会学的说明而言，这种内部历史还具有优先性，只有当内部历史的范围被划定之后，外部历史的范围才得以明确[16]10。实际上，布鲁尔强调科学知识本身的社会建构性，恰恰是基于对这种科学内部历史的自治性和随之而来的"内史"优先性假定的批判，而这一批判又导致了科学编史学上"内外史"界限的模糊和"内外史"划分的消解。

四、其他相关分析与评论

科学知识社会学之于科学的社会学分析以及随之可能带来的科学史"内外史"界限的消除，也引起了国内少数学者的注意，但他们对此所持的态度基本上是否定的。例如，有的学者认为，科学社会学、知识社会学和科学技术与社会（STS）研究，就其个人而言，缺乏思想的深度，偏重科学外部的社会性分析，如能注入科学思想的成分和哲理性的分析会更好些[6]63-64。此外，还有些学者肯定了科学知识社会学研究的价值，并从中看到了科学知识社会学和默顿学派对待科学合理性和科学知识本性的态度的不同，但认为在一定意义上科学知识社会学是用相对主义消解了在科学理性旗帜下"内外史"观点之争[17]47。实际上，认为社会学的分析缺乏深度，本身就是对科学知识、科学理性与内在逻辑性不可做社会学分析的观点的一种认可，并潜在地赋予社会学的"外史"研究以较低的地位。认为"内史"与"外史"的划分必须存在，认为科学知识社会学对"内外史"之争的消解来自其相对主义的科学观等，实际上都反映了对传统的科学理性、客观性、价值中立性、真理性与实在性的坚守，这种坚守又意味着对科学内在的发展逻辑做"内史"考察是可能的，并且是第一位的。

然而，在国际学术背景中，后库恩时期研究的整体趋势确已开始走向了将"内史论"和"外史论"相结合的道路，只不过这种结合更多的是逐渐模糊和消除"内史"与"外史"的界限。例如，除了科学知识社会学的理论可以消解传统的"内史"与"外史"的划分之外，从女性主义的立场出发，同样可以对这一划分进行解构。在女性主义者看来，并不是科学研究的结果被政治家误用或滥用，而是社会政策的议程和价值已内在地包含于科学进程的选择、科学问题的概念化理解以及科学研究的结果中[18]81。因此，科学本身即是社会建构的产物，为此也就不存在对科学内在独立逻辑的某种真理性的挖掘，也不存在对社会因素加于科学发展之上的某种作用关系的考察。正如女性主义科学哲学家哈丁所认为的，"内史论"与"外史论"之间的界限是人为的，两者之间的共同特点是赞同纯科学的认知结构是超验的和价值中立的，以科学与社会的虚假分离为前提，因此他们并没有为考察社会性别关系的变迁和延续对科学思想和实践的发展所产生的影响，留下认识论的空间[18]82。

这种整体趋势在关于中国科学史的研究中也有实际的体现。在李约瑟去世后，2000年，由研究中国科学史的美国权威学者席文负责编辑整理的《中国科学技术史·第6卷（生物学及相关技术）第6分册（医学）》得以出版，这是一个很有象征意义的事件。此卷此分册与《中国科学技术史》其他已经出版的各卷各分册有明显的不同。席文将此书编成仅由李约瑟几篇早期作品组成的文集。对于席文编辑处理李约瑟文稿的方式，学界存有不同的看法。不过，席文的做法确也明显地表现出他与李约瑟在研究观念等方面的不同。他在为此书所写的长篇导论中，系统地总结了李约瑟关于中国科学技术史与医学史的研究成果与问题，并对目前这一领域的研究做了全面的综述，提出了诸多新颖的观点。在他那篇重要的序言中，席文明确指出："由于对相互关系的注重的革新，内部史和外部史渐渐隐退。在20世纪80年代，最有影响的科学史家，以及那些与他们接近的医学史家，承认思想和社会关系的二分法使得人们不可能把任何历史的境遇作为一个整体来看待。"[19]1-37

"内史"与"外史"的划分、"内史"与"外史"何者更为重要以及"内史"与"外史"二元划分的消解，分别代表了不同的科学观，在这些不同的科学观下又产生了科学史研究的不同范式和纲领。"内史"的研究传统在柯瓦雷关于16、17世纪科学革命时期哥白尼、开普勒、牛顿等人的研究那里，取得了巨大的成功。"外史"的研究方法则在18世纪工业革命时期的科学技术的互动方面找到了合适的落脚点；而科学知识社会学的案例研究则充分体现了打破"内外史"界限之后，对科学史进行重新诠释的巨大威力。尽管科学哲学领域对于科学知识社会学的"相对主义""反科学"以及围绕科学实在论与反实在论的争论仍在持续，但从某种意义上讲，对于科学史研究来说，科学知识社会学对"内外史"界限的消除也可以被看作是打通了"内史"和"外史"之间的壁垒，形成了一种统一的科学史。在这种新的范式下，科学史研究能够大大拓展自己的研究领域，给予科学与社会之间的互动关系以更为深入的分析和诠释。

（本文原载于《清华大学学报（哲学社会科学版）》，2006年第1期，第132-137页。）

参 考 文 献

[1] 刘兵. 克丽奥眼中的科学：科学编史学初论. 济南：山东教育出版社，1996.
[2] 吴国盛. 科学思想史指南. 成都：四川教育出版社，1994.
[3] 邱仁宗. 论科学史中内在主义和外在主义之间的张力. 自然辩证法通讯，1987，(1)：39-47.
[4] 魏屹东，邢润川. 国际科学史刊物ISIS（1913—1992年）内容计量分析. 自然科学史研究，1995，(2)：120-131.
[5] 魏屹东. 科学史研究为什么从内史转向外史. 自然辩证法研究，1995，(11)：27-32,67.
[6] 魏屹东. 科学史研究的语境分析方法. 科学技术与辩证法，2002，(5)：62-65.
[7] 江晓原. 为什么需要科学史——《简明科学技术史》导论. 上海交通大学学报(社会科学版)，2000，(4)：10-16.
[8] 肖运鸿. 科学史的解释方法. 科学技术与辩证法，2004，(3)：97-100.
[9] 胡化凯. 关于中国未产生近代科学的原因的几种观点. 大自然探索，1998，(3)：

110-116.
- [10] 赵万里. 科学的社会建构——科学知识社会学的理论与实践. 天津: 天津人民出版社, 2002.
- [11] Merton R K. The Sociology of Science: Theoretical and Empirical Investigations. Chicago: The University of Chicago Press, 1973.
- [12] 大卫·布鲁尔. 知识和社会意象. 艾彦, 译. 北京: 东方出版社, 2001.
- [13] 刘华杰. 科学元勘中 SSK 学派的历史与方法论述评. 哲学研究, 2000, (1): 38-44.
- [14] 巴里·巴恩斯. 科学知识与社会学理论. 鲁旭东, 译. 北京: 东方出版社, 2001.
- [15] Bloor D. Knowledge and Social Imagery. Chicago: The University of Chicago Press, 1991.
- [16] 伊姆雷·拉卡托斯. 科学研究纲领方法论. 兰征, 译. 上海: 上海译文出版社, 1999.
- [17] 赵乐静, 郭贵春. 科学争论与科学史研究. 科学技术与辩证法, 2002, (4): 43-48.
- [18] 吴小英. 科学、文化与性别——女性主义的诠释. 北京: 中国社会科学出版社, 2000.
- [19] Sivin N. Editor's introduction//Needham J, Gwei-Djen L. Science and Civilisation in China: Vol.6, Biology and Biological Technology, Part VI: Medicine. Cambridge University Press, 2000: 1-37.

科学史研究中的地方性知识与文化相对主义

| 刘兵，卢卫红 |

近年来，学科之间的对话和交流已经成了各个学科发展的一个趋势，其中历史学与人类学这两个学科之间的对话和互通十分引人注目。从目前科学史界的研究状况来看，在国际科学史界，一些学者也开始积极探索与人类学相结合的研究路径，并做出了若干实际的研究成果。而在科学编史学领域，对于"从人类学视角来研究科学技术史"这一新的编史学方向，还缺乏整体系统的研究。

在这种背景之下，对于"在科学史研究中，人类学观念、方法、理念等的借鉴和应用"作科学编史学的考察具有重要的意义。本文即站在编史学的角度，分析人类学中的地方性知识在科学史研究中的应用，重点论述该思想的引入给科学史研究带来的变化以及对科学史研究的意义。

一、人类学与科学史

新史学理论的发展，使得历史学与社会科学包括人类学、社会学的对话，已经成为历史研究的重要趋势。年鉴学派的代表人物勒高夫曾经提到，历史学应"优先与人类学对话"[1]。对于历史学和人类学这两门学科的密切关系，学者们有过若干论述，伯纳德·科恩（Bernard Cohn）曾明确地陈述道："历史学在变得更加人类学化的时候，可以变得更加历史学……人类学在变得更加历史学化时，可以变得更加人类学化。"[2]在新史学的倡导下，历史学研究领域中出现了与人类学进行对话的积极局面，这种对话和互通既包括概念和思想的借鉴，也包括方法的引入。

具体到科学史的研究，已经有科学史家进行了一些实际的相关科学史研究。这些科学史研究体现出以下几个方面的特点。

（1）人类学基本概念的引入，给科学史研究打开了新的研究领域，带来了新的研究视角。例如，科学史研究中"结构"概念的引入。"结构"是人类学研究的一个核心概念，曾被认为是历史学中"过程"概念的对立面，这种二分甚至成了人类学与历史学进行对话和沟通的障碍。印度学者恰托帕德亚亚（D. P. Chattopadhyaya）曾针对这种状况提出在历史学研究中采取结构和过程的互补[3]。正如人类学家日益认识到"时间"的重要性一样，历史学家也开始意识到"文化"等概念的重要意义。因此可以说，人类学基本概念的引入，确实能够给科学史研究打开新的研究领域，带来新的研究视角。

（2）人类学对于科学、技术概念以及科学史研究领域的扩展，对传统的编史学观念提出了挑战。人类学视角和方法的引入，可以打破对科学技术的传统界定，扩展科学以及技术的概念，进而使科学技术史的研究领域和范围得以扩展。

以技术史为例，在传统的标准技术观念的定义中，其"背后所隐含的，是一种以西方近代技术的发展为模本的对技术的认识"[4]。在技术人类学的研究中，人类学以多种不同的方式界定技术，突破了技术的"标准观念"，技术不仅仅是指用以使用的最终产品，还被理解为过程中的意义，除了实用功能外，人造物的符号和仪式性的功能得以强调，有一些仪式本身也进入了技术的研究范围[5]。在传统观念中，技术功能和形式之间所做的二分，只是对人造物进行反语境和去历史化的产物[6]。

在科学史的研究中，同样涉及如何定义"科学"的问题，对于科学史研究来说，什么样的"科学"定义才是恰当的，而"精确的"（exact）科学史应该研究什么？到底什么样的研究内容才属于科学史的真正研究范围？著名学者戴维·平格里（David Pingree）曾经对古代美索不达米亚，古代和中世纪的希腊、印度，以及中世纪的伊斯兰进行研究。他所研究的科学，不仅有和星座相关的各种天文学以及它们所采纳的不同的数学理论，还包括占星术、巫术、医学等[7]。他正是在这些研究中体现了人类学的独特关怀。

（3）对于非西方民族的科学、技术以及医学史的关注。人类学的独特视角和关怀是对非西方民族文化的研究。科学史研究领域的扩展和变化，使得原来在正统科学史研究之外的非西方民族的科学、技术以及医学史研究进入了科学史研究者的视野。在人类学的研究领域中，出现了科学技术人类学、医学人类学等，对于非西方民族的科学技术以及医学进行了卓有成效的研究。科学史研究者可以充分借鉴人类学在这方面的成果，并在科学史研究中形成新的研究范式。形成一种对"他者"的关怀，突破一元的、普适的科学概念，使科学史研究形成一种丰富而又更加接近真实的局面。

二、科学史研究中地方性知识的引入

著名的阐释派人类学家吉尔兹（C. Geertz）被称作是韦伯社会学与美国文化人类学中博厄斯（F. Boas）的文化相对论传统的集大成者，其重要贡献之一便是对地方性知识的重视。

在人类学中，"民族"（ethno）概念所包含的意义，就是"基于当地意识的基础构成的文化整体观"，吉尔兹将其精神实质总结为"地方性知识"[8]，人类学强调对地方性知识的承认和重视，"'地方性知识'是指有意义之世界以及赋予有意义之世界以生命的当地人的观念"，而"地方性历史"则"意指按照历史的模式来研究地方性知识"[9]。采用人类学对"地方性知识"的认识，是对原来不属于知识主流的地方性知识予以重视，继而对地方性历史的合法性给予承认。唯此才可能以一种合理或者公正的态度去发现、研究地方性历史的多样性。科学史研究同样如此。

地方性知识所体现的是一种观念。"地方性知识的确认对于传统的一元化知识观和科学观具有潜在的解构和颠覆作用。过去可以不加思考不用证明的'公理'，现在如果自上而下地强加在丰富多样的地方性现实之上，就难免有'虚妄'的嫌疑了。这种知识观的改变自然要求每一个研究者和学生首先学会容忍他者和差异，学会从交叉文化的立场去看待事物的那样一种通达的心态。"[10]这就是说，在对待科学的问题上，我们更需要这样一种开放的心态，对于人类多元的科学给予承认并加以研究。

"地方性知识"这一观念的引入及其给科学史研究带来的变化，可以从以下几个方面加以论述。

（1）采用地方性知识的观念，可以认为现代意义上的科学其实也只是地方性科学的一种。从医学来讲，如其他各种民族医学一样，现代意义上的生物医学也只是民族医学中的一种。"生物医学并非通常所认为的'客观的他者'（the objective other）、'科学的推理'（scientific reasoning），它是受到文化和实践的推动，并且和传统的民族医学体系一样是变化和实践的产物。"[11]比如，在不同的民族中，对于身体、健康、生死等都有着不同的观念[12]，因此，在一些民族医学史的研究中，必须充分认识到当地人对疾病、治疗等的不同观念，只有在意识到这些的前提下，才可能对地方性的医学史做出有效的研究。

（2）任何科学事件均是发生在特定的时间内、特定的空间中。如此说来，没有任何科学史不是关于一个地方性的事件或者一系列事件。地方性观念的引入，可以避免哲学意味的简单推论，而尽量还科学史以真实的图景。

（3）对地方性知识的关注，强调以当地人的视角来看问题。在吉尔兹的解释人类学中，一个极其重要的观念就是"文化持有者的内部视界"[13]，强调从文化持有者的内部视界来看问题，而不是把研究者的观念强加到当地人的身上，也不仅是从研究者的视角来对当地的文化现象做出解释和评判。在科学史研究中，对于非西方民族的科学、技术及医学史的关注，要求从当地人的自然观、信仰、关于身体的观念等出发来看待其自身的历史，突破以西方科学作为评判其他民族智力方式的标准，并决定科学史的研究范围的状况。这样的研究倾向恰是反辉格式的科学史的一种体现。

三、科学史研究案例分析

为了更具体、形象地说明在科学史中引入地方性知识的研究，我们可以举两个实例。

对于阿拉伯科学，传统的科学史研究所关注的主要是阿拉伯科学在整个西方科学史发展中的有用部分，而忽视了其本土文化中的具体科学史。这里的第一个研究案例就是萨巴拉（A. I. Sabra）对于阿拉伯科学的研究。这一研究把阿拉伯科学放到了两个语境中：①阿拉伯科学传统在整个科学史中的地位；②阿拉伯科学传统在产生和发展这一传统的文明（即阿拉伯文明）中的位置。

萨巴拉主张把地方性作为编史学的一个焦点，他提出，"相信没有人会对所有历史都是地方性历史这一观点进行争论，不论这种地方性是属于一个短事件或是一个长故事，所有的历史都是地方性的，科学史也不例外"，科学史家"探究的现象，不仅存在于空间以及时间中，而且还存在于事件中，同时与我们称之为'文化场境'中活动的个人相关，事实上，事件也是由他们来创造的"[14]。

该项工作主要是研究在9世纪的巴格达、伊斯兰、阿拉伯以及希腊文化交叉汇合地区的复杂状况，以及阿拉伯的地方性科学[研究者特别提到，如果我们可以用"科学"（science）以及"科学史"（history of science）来代表阿拉伯过去的智力行为的话，事实上，这些东西不过是西方用于表述其自身概念的术语罢了]。阿拉伯的科学史并不是简单的如人们所想当然的那样，事实上，在当时的伊斯兰文明中，科学行为存在于三个地方，包括法庭（court）、大学（college）和清真寺（mosque）。作者详细地论述了在这三个不同的地点中，来自希腊传统的科学与伊斯兰宗教以及阿拉伯的本土科学，希腊科学在不同地方的不同遭遇，大学中的学者、法庭中的人员与清真寺中的星相学家等的不同观念和行为，以及他们在阿拉伯科学中的地位和作用。例如，在当时的大学中，科学或哲学都是世俗的行为，不依赖于任何宗教的权威，当然宗教亦不阻碍这种自我合法化（self-legitimizing）的思想形式的独立存在。与同时期中世纪的欧洲不同，伊斯兰哲学家或哲学-科学家们通常不是神学者或宗教秩序的成员。清真寺里的星相学家们则发展了与西方体系不同的星相、宇宙知识。

这样的研究向我们展示了采用地方性观念的有用性，以及通过把阿拉伯科学传统放置到两个语境中进行研究的优势。一方面研究了阿拉伯科学传统、在特定的时间中阿拉伯科学发展的情况；另一方面也和其他科学传统相联系，比较伊斯兰文明和欧洲的不同，对那种很少注意科学知识的跨文化传递的编史学进行修正。

另一个相关的案例是安东尼奥·拉富恩特（Antonio Lafuente）对于"18世纪晚期西班牙世界中的地方科学"所做的研究。这项研究通过对西班牙的两个殖民地（即墨西哥和哥伦比亚）的考察，来评定在18世纪西班牙帝国中，地方的和宗主国的科学实践和理论的形成。针对宗主国的科学和殖民地的科学，安东尼奥·拉富恩特通过具体的考察提出，"殖民地科学"并不是一个从宗主国到殖民地的简单的扩张过程。从传播者的角度来看，接收过程只是对于所传播内容的完全或者简单的拷贝，但对于接收方来讲，却是非常复杂的过程。在墨西哥，在对植物学的研究中，当地的和宗主国的科学家在欧洲知识同化当地知识的问题上达成了共识。但在哥伦比亚，"皇家植物考察队"（Royal Botanical Expedition，1783～1816年）则遇到了阻碍，植物的分类系统以及科学和政治利益的关系激起了总督和当地知识分子之间的争论。

站在殖民地的立场和视角来看,科学中心不止是有一个而是有很多个。这不仅表明了统治精英们想要建立一个位于金字塔顶端的负责科学和技术事务的决定的学术团体的失败,也表明了科学家们试图在一个自主的自治的学术氛围中获得合法性的无能。"宗主国科学的可信性不是唯一的问题,还有对于把价值和当地流行的价值相对立的批评。"[15]

这项研究从科学接收者的视角,对这一时段西班牙的两个殖民地的实际科学状况进行了研究,展现了植物分类学、天文学等领域中,当地科学自身的特点及对宗主国科学传播的对抗。地方性观念的采用和对殖民地科学史的研究也是紧密联系的。

四、地方性知识与文化相对主义

从人类学的立场来看,获得地方性知识的第一前提是传统心态与价值观的转变,在人类学中对此有一个十分重要的原则,即"文化相对主义"。因此,文化相对主义是承认进而研究地方性知识的基本条件,在对地方性知识进行讨论的同时,相对主义是一个与此密切相关且不能回避的话题。

美国文化人类学家梅尔维尔·赫斯科维茨(Melville J. Herskovits)指出,"文化相对主义的核心就是尊重差别并要求相互尊重的一种社会训练。它强调多种生活方式的价值,这种强调以寻求理解与和谐共处为目的,而不去评判甚至摧毁那些不与自己文化相吻合的东西"[16]。由于文化相对主义强调多种文化价值的存在,突破了西方中心论的模式,因此常被划归到后现代的话语体系中,成为"理性主义"、客观性的对立面。

具体到科学上,相对主义更是遭到强烈的反对,而且反对者们通常以"真理的化身、科学的代言人"出现,他们认为自己"掌握着划界的尺度","掌握着科学的解释权","能够判定何为科学、何为非科学",并且宣称"凡是与自己的观念相左就是与真理背道而驰,反对自己就是反对科学"[17]。

因此,与那些以正面的方式肯定文化相对主义的人类学者不同,在反对者那里,相对主义成了对科学客观性、真理性的消解和否定,成了一个"贬义词"。但我们不能不注意到,在人类学中,在后现代、科学知识社会学、女性主义和后殖民的话语体系之内,对于相对主义又有着另一番的理解和辩护。比如,一些科学知识社会学的研究者就承认自己具有相对主义立场。在当今的学术界,相对主义引发了支持者和反对者之间的激烈争论,众多不同领域的学者就各种问题加入了进来。此处仅结合地方性知识和科学史研究来进行一些分析和探讨。

一方面，从文化相对主义的立场出发对地方性知识的认识和关注，在很多学科领域中都产生了重要的影响。在科学史领域中，地方性知识的引入，产生了新的编史传统，并出现了一些新的科学史研究成果，包括对非西方传统科学史合法性的承认以及关注等。另一方面，由于涉及"科学"这个神圣的字眼，甚至危及"科学"的客观、真理性问题，在科学研究领域，如科学史、科学哲学中，文化相对主义遭到一些人强烈的反对和批判。在国内，也有不少学者对文化相对主义持反对态度，文化相对主义成了他们对这种新的编史学观念进行批判的一个名目。更有甚者，有人把对地方性知识的承认和强调说成了"反科学"的一种形式，而这些观念立场的拥护者、实践者则成了"反科学文化人"，以至于上升到了意识形态层面的批判。

事实上，从文化人类学对于相对主义的解读来看，提倡地方性知识恰恰是对不同民族的文化及智力方式的承认。从某种意义上来讲，现代的西方主流科学本来也只是地方性知识的一种，然而在今天却成了评价、判断一切的标准，成了真理的代名词，人们经常不自觉地以它来作为划界的标准，认为一切不符合这个标准的便是非科学的，甚至是反科学的。与之相反，从另一种立场上看，地方性知识的引入，则是在某种语境中对文化相对主义的承认，和那些自以为掌握着真理的绝对主义以及自以为是的一元主义相比，这不仅不是"反科学""反客观"，反而是对真实世界和历史的更加客观的承认和尊重。

吉尔兹在《地方性知识——阐释人类学论文集》的绪言中写道："承认他人也具有和我们一样的本性是一种最起码的态度。但是，在别的文化中间发现我们自己，作为一种人类生活中生活形式地方化的地方性的例子，作为众多个案中的一个个案，作为众多世界中的一个世界来看待，这将会是一个十分难能可贵的成就。"[18]在看待科学的问题上，对这种态度的实践无疑面临着更大的困难，然而采用这样一种态度却带来了一种可能性，即让科学史的研究从西方中心主义中走出来。对地方性知识以及地方性历史继而是地方性科学史的关注，将会使科学史研究的领域更加广阔，科学史的研究也会更加丰富和真实。

五、结语

本文从编史学的意义上，结合具体的案例研究分析了地方性观念的引入给科学史研究带来的变化及这种变化的意义。科学史研究正在形成一种新的科学编史方法，这种新的编史学观念，不仅给科学史研究本身带来了新的变化和研究内容，其对于"科学""技术"如何界定的关注，也提出了非西方或非主流科学史研究的合法性问题，比如，传统的观念认为存在某些人类社会，这些社会中是没有科学的，自然也就不存在科学史，更谈不上科学史的研究了。由于这也是一个在传统编史学体系中一直没有真正解决的问题，因而用人类学中的地方性知识观念来试着回答这个问题，显然就具有了重要的意义。

对这种新的编史学观念的提倡以及基于这种新的编史学观念的科学史研究，也会对相关的学科和问题，如科学哲学中的科学观、科学的定义等，带来新的变化和启发。对地方性知识的关注，无疑也是对普适的、一元的科学观念及科学中心主义、唯科学主义等思想的反驳。在科学史研究中，与科学的绝对真理观相比，文化相对主义是对多元的历史的承认和尊重，是对其他民族和智力方式的合法性的认同，也更加有益于科学史研究的未来发展。

（本文原载于《科学学研究》，2006年第1期，第17-21页。）

参 考 文 献

[1] J. 勒高夫, P. 诺拉, R. 夏蒂埃, 等. 新史学. 姚蒙编, 译. 上海: 上海译文出版社, 1989: 36.
[2] Goodman J. History and anthropology//Bentley M. Companion to Historiography. London: Routledge, 1997: 784.
[3] Chattopadhyaya D P. Anthropology and Historiography of Science. Athens: Ohio University Press, 1990.
[4] 刘兵. 人类学对技术的研究与技术概念的拓展. 河北学刊, 2004, (3): 20-23, 33.
[5] Schiffer M B. Toward an anthropology of technology//Schiffer M B. Anthropological Perspectives on Technology. Albuquerque: University of New Mexico Press, 2001: 3-5.
[6] Pfaffenberger B. Social anthropology of technology. Annual Review of Anthropology, 1992, 21: 491-516.
[7] Pingree D. Hellenophilia versus the history of science. Isis, 1992, 83(4): 554-563.
[8] 王铭铭. 人类学是什么. 北京: 北京大学出版社, 2002: 63.
[9] Biersack A. Local knowledge, local history: Geertz and beyond//Hunt L. The New Cultural History. Berkeley, Los Angeles, London: University of California Press, 1989: 72-96.
[10] 叶舒宪. "地方性知识". 读书, 2001, (5): 121-125.
[11] Nichter M. Anthropological Approaches to the Study of Ethnomedicine. New York:

Routledge, 1992.
- [12] Laderman C. Malay medicine, Malay person//Nichter M. Anthropological Approaches to the Study of Ethnomedicine. New York: Routledge, 1992: 191-206.
- [13] Hess D J. Introduction: The new ethnography and the anthropology of science and technology//Rip A, Hess D J, Layne L L. Knowledge and Society: The Anthropology of Science and Technology. London: JAI Press, 1992: 2.
- [14] Sabra A I. Situating Arabic science: locality versus essence. Isis, 1996, 87(4): 654-670.
- [15] Lafuente A. Enlightenment in an imperial context: local science in the late-eighteenth-century hispanic world. Osiris, 2000, 15: 155-173.
- [16] 陈涵平. 文化相对主义在比较文学中的悖论性处境. 外国文学研究, 2003, (4): 135-140, 176.
- [17] 刘华杰. 相对主义优于绝对主义. 南京社会科学, 2004, (12): 1-4.
- [18] 吉尔兹. 地方性知识——阐释人类学论文集. 王海龙, 张家宣, 译. 北京: 中央编译出版社, 2000: 19.

布鲁诺再认识
——耶兹的有关研究及其启示

| 刘晓雪，刘兵 |

一、引言

乔尔丹诺·布鲁诺（Giordano Bruno）是文艺复兴时期举世闻名的思想家，作为思想自由的象征，他鼓舞了 19 世纪欧洲的自由运动，成为西方思想史上的重要人物。他一生始终与"异端"联系在一起，并为此颠沛流离，最终还被宗教裁判所烧死在鲜花广场上。他支持哥白尼日心说，发展了"宇宙无限学说"，这些让他在所处的时代中成为风口浪尖上的人物，因而他常常被人们看作是近代科学兴起的先驱者、捍卫科学真理并为此献身的殉道士。人们也常常将处死他的宗教裁判所代表的宗教势力与他所支持的哥白尼学说所代表的科学，看作是一对存在着尖锐冲突的对立物。

对布鲁诺形象的解读一直是科学史上研究近代科学兴起以及中世纪科学与宗教关系的重要课题。自 20 世纪五六十年代以来，西方科学史界出现了反辉格式研究传统和外史论的研究思潮，其中以英国科学史家耶兹为代表认为近代科学的产生是一个非常复杂的社会文化现象，以往被忽略的一些社会文化因素（如法术、炼金术、占星术）在近代科学产生过程中也起到过不容忽视的影响。她的研究致力于挖掘这些社会文化因素在近代科学发展过程中起到的重要影响。其中以她的布鲁诺研究为代表，揭示出文艺复兴时期赫尔墨斯传统（The Hermetic Tradition，也说赫尔墨斯法术传统）的复兴与当时的哲学、宗教等社会文化因素共同构成近代科学产生之前的社会文化历史与境。在这一具体历史与境下,她对具体的个人(如布鲁诺)以及整体意义上的近代科学的兴起都给出了与以往不同的解释。耶兹对布鲁诺的研究作为一个经典性研究与其他相关研究在很大程度上开启了科学史研究的思路,直至今日在西方科学史领域中仍占据着重要的地位。

在我国科学史界,还没有对耶兹的研究做出过系统全面的介绍研究工作,同时也很少出现专门论述布鲁诺在科学史上形象的历史变化的研究成果。基于这种情况,本文希望以耶兹对布鲁诺的研究为案例,在对其思想进行述评的基础上,对人们对布鲁诺的认识做出一些科学编史学的考察和分析,期望以此能够拓展国内科学史研究的思路。

二、耶兹的布鲁诺研究的缘起及背景

耶兹最初是想把布鲁诺的意大利语对话录《星期三的灰烬晚餐》(*La Cenadele Cener*,英文译作 The Ash Wednesday Supper)翻译成英文,并且想在导言中高度赞扬这位超前于时代的文艺复兴时期的哲学家接受哥白尼日心说的勇气。但在翻译过程中,她开始对以往的布鲁诺形象的解释产生了疑问。

同时,她还看到当时的科学史研究将问题集中于 17 世纪的科学革命,这种只关注科学自身发展的历史研究虽然能较为合理地阐释 17 世纪自然科学产生的各个阶段,但却不能解释为什么"科学革命"在这个时期发生,为什么人们对自然世界产生了这么大的新的兴趣。她认为近代科学的产生是一个非常复杂的社会文化历史事件,其中有很多因素被现有的研究忽略了,而这些因素很有可能在近代科学产生的过程中起到了不可忽视的作用。

这时,一些学者的研究启发了耶兹,其中就有克里斯特勒(P. O. Kristeller)、加林(E. Garin)、林恩·桑代克(Lynn Thorndike)和沃尔克(D. P. Walker)等人关于中世纪赫尔墨斯传统的社会文化历史研究,以及安东尼·科森那(Antonio Corsano)对布鲁诺思想中的法术成分和其活动中的政治-宗教方面因素的研究。于是她开始了大量的文献收集整理、研究工作,结果发现赫尔墨斯-希伯来神秘主义在文艺复兴时期的复兴对当时的思想(其中也包括萌芽中的近代科学)产生了非常重要的影响,可以说,赫尔墨斯法术传统与当时的宗教、哲学和萌芽中的近代科学交织在一起,共同构成了当时特定的社会文化历史与境。在这种历史与境下,布鲁诺的思想和命运与赫尔墨斯传统有着不可分割的联系。用她的话说就是"正是与之相连的'赫尔墨斯'传统、新柏拉图主义和希伯来神秘主义，在布鲁诺光辉的一生中，在其思想超越于同时代人以及其人格命运的塑造上，占据着令人惊奇的重要地位"[1]1。

在耶兹之前的科学史研究中，对赫尔墨斯主义以及与此相关的法术（magic）传统、希伯来神秘主义等是避而不谈的。而耶兹在自己的研究中强调了赫尔墨斯法术传统的复兴在很大程度上促成了近代科学兴起过程中人们世界观、旨趣的转变，同时也影响了具体个人的思想，甚至铸就了他们最终的命运，其中一个典型人物就是布鲁诺。耶兹认为，赫尔墨斯法术传统在布鲁诺思想中占据着核心地位，他坚持哥白尼学说、发展"宇宙无限学说"的思想动机也是源自对赫尔墨斯法术传统的信仰与追随。

早期西方科学史界对布鲁诺形象的解读多把他看作是为科学献身的殉道士，后来哲学史界又将布鲁诺解读为为自己的信仰和思想自由而献身的殉难者。其中有些学者还将布鲁诺看作是一个勇于打破中世纪亚里士多德主义禁锢、开拓近代文明的先驱。而耶兹认为以往对布鲁诺的研究，使他的观念从历史背景中孤立出来，是在用占据当代主导地位的哲学历史、哲学观念和科学观来对其进行描述，而现在需要做的是在当时的历史文化背景下重新描述、理解布鲁诺。

于是，她在文艺复兴时期赫尔墨斯法术、宗教、哲学与萌芽中的近代科学间相互交织的复杂关系中重新思考了"布鲁诺捍卫的是什么真理、布鲁诺支持哥白尼日心说的理由、提出'宇宙无限学说'的思想基础以及导致他最终命运的原因"等问题。

耶兹对布鲁诺形象的解读否弃了过去历史研究中将其形象简单化、样板化的辉格式研究传统，逐渐转向反辉格式的研究传统，试图将布鲁诺置于文艺复兴时期更为丰富的社会文化历史情境中，其中就包括以往被忽略的赫尔墨斯主义传统以及与此相连的法术。

耶兹对布鲁诺的研究，作为西方科学史界反辉格式研究传统的一个典型代表，开拓了人们的科学观，拓展了科学史研究的思路，在西方科学史界受到了广泛的关注和较高的评价，成为西方科学史界的一个经典性研究成果。她对布鲁诺形象的重新解读也逐渐取代了早期的惯有看法，成为西方科学史界相关领域的主流观点。在国外比较权威的百科全书式专著对"布鲁诺"的解释中，多引用、参照了耶兹的研究成果。例如，1981年版的《科学传记大辞典》（Dictionary of Scientific Biography）中关于"布鲁诺"的条目文章是由耶兹撰写的[2]539-543。1998年版的《劳特利奇哲学百科全书》（Routledge

Encyclopedia of Philosophy）中对"布鲁诺"的解释也引用参考了耶兹的研究成果[3]。

三、耶兹研究中的布鲁诺和赫尔墨斯传统

（一）文艺复兴时期的赫尔墨斯传统

赫尔墨斯传统是古希腊哲学与古埃及、东方希伯来、波斯等地的宗教文化因素融合的一种神秘主义法术传统。它关于宇宙论和形而上学的观点主要来自中世纪的新柏拉图主义，还混杂了诺斯替教和犹太教的观点，然而其目的并不在于追求严格意义上的哲学理念，也不是要提供什么新的关于上帝、世界和人的具有一致性的说明，而是要在神秘力量的指引下得到一种由神赐予的对宇宙永恒性问题的答案。信奉赫尔墨斯主义、试图追寻事物背后隐秘的相互关系及感应力的人们，在一定意义上都可以被称作法术师。

赫尔墨斯主义关于宇宙的一个很重要的思想就是"宇宙交感"的观点。这一观点主张：地球上的事物之间和宇宙中任何事物之间都存在某种隐秘的相互感应力，物体之间通过这种神秘的交感力量可以远距离地相互作用，因此这种交感力量可以被用来解释、预示乃至控制事物发展的进程。这一观点的基础是一种隐含的但却真实而坚定的信仰，它确信自然现象之间贯通联系、相互感应，不同的存在之间有着链条般的相互关联性[1]42-48。

文艺复兴时期，随着人们对原始文献的重新发掘、整理，早期的古代神秘智慧受到了人们的推崇。当时的人们认为，过去往往优于现在，发展就是复兴古代文明。人文主义者就是要发掘古代典籍，并有意识地回归到古时的黄金时代，复兴古代文明。

因而，赫尔墨斯主义作为一种古代智慧、神秘启示的传统受到了文艺复兴时期的人们的广泛关注。很多人都以复兴这一传统为己任，对其加以信奉与膜拜，其中最为突出的人物之一就是布鲁诺。

（二）布鲁诺与哥白尼日心体系和"宇宙无限学说"

耶兹认为，"布鲁诺混杂着宗教使命的哲学思考，深深地浸透在文艺复兴时期的赫尔墨斯法术源流中"[2]539。布鲁诺在1584年英国出版的意大利语对话录著作《驱逐趾高气扬的野兽》（*Spaccio Della Bestia Trionfante*，英文

译作 The Expulsion of the Triumphant Beast)和《星期三的灰烬晚餐》，通常被人们看作是道德哲学的著作，但是耶兹从中揭示出布鲁诺的哲学理念与道德改革的初衷都是与他的赫尔墨斯主义式的宗教使命密切相关的。在这两部著作中，布鲁诺高度赞扬了赫尔墨斯法术传统的源泉——古埃及宗教（他们崇拜的神是"存在于万物中"的上帝）。在他看来，古埃及的宗教才是真正的宗教，优于其他任何一种宗教，现行的基督教是恶劣且作伪的宗教，他的使命就是要进行赫尔墨斯主义的宗教改革，放弃那些不再纯粹地与基督教交杂的法术，重新回归到古埃及赫尔墨斯法术传统中去[1]175。

秉持着古埃及宗教信仰的布鲁诺，一直都在试图进行一场宗教革命，他将矛头直指当时的基督教。他还意识到要找到一个突破口，当时的哥白尼日心说为他提供了这个机会。因为在他所推崇的赫尔墨斯著作中，充满了太阳崇拜的遗迹，其中太阳颇具宗教意味，被视作是可见神、第二位的神。而且这种太阳崇拜也影响了后来费奇诺等人的太阳法术，并在哲学层面上促成了赫尔墨斯主义与新柏拉图主义的结合。太阳在深受赫尔墨斯主义和新柏拉图主义影响的布鲁诺眼中，具有了理念、智慧、神圣的意义[1]232-235。

众所周知，哥白尼的日心说之所以最终奠定了划时代革命的意义，并不是因为它延续了法术传统，而是由于它开启了近代科学的数学化。但实际上呈现在读者面前的哥白尼日心说，延续了古时的太阳崇拜传统，它既是人对世界的思考，也是一种可见神的启示。耶兹认为：人们早就对哥白尼日心说中的目的论有所认识，但仍然没有意识到自己仍是在当代意义上谈这一目的论的。当进一步还原到哥白尼的时代，人们就会发现一个新柏拉图主义、赫尔墨斯法术传统等交杂在一起的新世界观，而这个世界观在很大程度上影响了这一目的论的形成。无论哥白尼延续了古代埃及的太阳崇拜是出于个人情感倾向上的因素，还是为了使其理论更容易被接受的权宜之计，至少不能忽略的是他的日心说确实援引了赫尔墨斯法术传统中的太阳崇拜[1]171。而此时的布鲁诺恰恰也注意到了哥白尼学说与赫尔墨斯传统之间的紧密联系。然而，布鲁诺坚持哥白尼学说与哥白尼提出日心说，却是从不同层面、角度上考量的。

日心说就哥白尼而言，数学化的意义更甚于哲学宗教的意义，而对布鲁诺而言则恰恰相反，日心说有着更深层的哲学和法术宗教上的意味。尽管哥白尼提出日心说可能没有过多地受到赫尔墨斯法术传统的影响，但布鲁诺坚持日心说，却是要将哥白尼的科学工作推回到前科学的阶段，要使其复归到赫尔墨斯法术传统中去。相应地，布鲁诺将日心说解释为一种神性的象形文字，是古埃及法术宗教复兴的标志[1]172-175。"哥白尼的太阳"之所以具备这样一个神启的特征而成为古埃及宗教复兴的预兆，很大程度上是因为布鲁诺所推崇的赫尔墨斯法术传统中的宇宙交感思想在其中起到了重要的作用。正是这一思想使布鲁诺坚信：通过天上世界的改造可以改变地下世界。太阳的神圣之光居于宇宙中心，光耀万物，驱散黑暗，迎来光明。与之相应地，地下世界中古埃及法术宗教将取代当时的黑暗愚昧的宗教实现复兴。可见，这些都与布鲁诺的宗教改革、社会改革的初衷相合。

哥白尼日心说中对地动的阐述，也得到了布鲁诺的支持。这在耶兹看来，布鲁诺接受哥白尼的地动说是建立在法术传统中"万物有灵论"的基础上的，即"万物的本性就是其运动的原因……地球和天体的运动都是与其灵魂中存在着的本性相一致的"[1]267。宇宙是统一的，地球是宇宙的一部分，天体的运动也显示了地球运动的必然性和合理性，地球只有运动才能不断地更新和再生。

后来科学史研究中对布鲁诺予以极高评价的另一个原因就是认为布鲁诺又进一步发展出了"无限宇宙中无数个世界"的学说，摒弃了托勒密宇宙体系将世界看作是封闭的、有限的观点。但耶兹通过研究认为，布鲁诺并不是从现在所谓的"科学"的角度提出这个"无限宇宙中无数个世界"的观点的，相反却是为了将人们的自然观推回到赫尔墨斯传统中，使自然成为一种神性象形文字，表征神性宇宙的无限性[1]270。其中，"宇宙的无限性"与赫尔墨斯法术传统中的泛神论、万物有灵论以及宇宙感应的思想密切相关，这些都体现出了赫尔墨斯法术传统对布鲁诺思想的总体影响。

赫尔墨斯传统中虽然没有关于宇宙无限的具体概念，但是在布鲁诺产生上述观念的过程中，赫尔墨斯法术传统的影响仍是潜移默化的。赫尔墨斯主义主张："上帝之完满就是万物存在之现实，有形的和无形的、可感的和可推理的……任何存在都是上帝，上帝就是万物"，"如果世界外面有空间的话，那一定充满着有灵性的存在，这个存在就是上帝的神圣性之所在"，"上帝所在的领域，无处不中心，无处有边界"[1]272。由此，布鲁诺坚信神性存在的必然性，也坚信只有无限的宇宙才能体现上帝无限的创造力，无限的宇宙就是神性现实存在着的最好体现。在布鲁诺看来，人类作为神创的伟大奇迹，应该认识到自身有着神性的渊源，人们只有在认识无限宇宙的过程中，才能体会出神性的无限。

耶兹还强调在布鲁诺那里，"宇宙就是努斯，上帝像法术师那样用神秘的感应力量激活努斯，这就是伟大神迹的体现。作为法术师，就必须要将自身的力量拓展到无限中去，这样才能反映出这伟大神迹之万一"[1]274。而且耶兹还举了布鲁诺关于古埃及智慧谱系的例子来论证：在布鲁诺看来，无论是哥白尼日心说还是卢克莱修的无限宇宙，都是古埃及智慧的扩展，他之所以采纳其思想，就在于这一切都将预示古埃及法术宗教的复兴，这些都是赫尔墨斯传统思想的扩展延续[1]276。

布鲁诺的"宇宙无限学说"进一步扩展到哲学层面就是"太一"（所有即为一）。耶兹认为布鲁诺从无限学说到"太一"的扩展，在很大程度上也可被看作是将哲学引向法术。他通过"太一"的概念，进一步阐发了"法术师可以依靠万物间神秘的感应力来认识整个自然"的观点。由此，耶兹认为，尽管布鲁诺思想看似混沌无序，但还是能在整体上揭示出他的哲学与其宗教观是同一的，布鲁诺所具有的强烈的宗教感使他的哲学并不仅仅是一种宗教信仰，还是一种法术，可以说布鲁诺的哲学与宗教信仰、法术是一体的，在他眼里，法术能够成为促使宗教改革全面展开的有效工具[1]276-388。

相应地，布鲁诺坚持哥白尼日心说、发展"宇宙无限学说"，都体现了他在宗教改革上的热情，体现了他想通过赫尔墨斯法术的方式获得无限知识的渴望。正是这些促使他从基督教的神秘主义禁锢中解脱出来，转而接受、宣扬非基督教的赫尔墨斯神秘主义，并将此作为他的哲学基础。尽管布鲁诺的思想吸收了众多古希腊哲学思想，而且赫尔墨斯神秘主义本身也是一个调和的思想，但是在耶兹看来，布鲁诺思想的轴心仍是古埃及的赫尔墨斯法术传统。不论他接受了怎样的思想，这些思想都既有哲学意义，也有宗教意味，而且都从属于他要进行的赫尔墨斯式宗教改革的理想。

（三）布鲁诺的最终命运与赫尔墨斯主义

从上述观点出发，耶兹认为，布鲁诺就是一位具有强烈宗教改革意识的激进的赫尔墨斯法术传统的追随者，是古埃及法术宗教的信仰者，他本身就是一位法术师。他试图通过法术的方式发现自然的秘密，以便控制、利用自然，他所有的哲学和"科学"层面的探讨都从属于其宗教使命。不论什么思想，只要与他的复兴古埃及法术宗教的使命相合就都会为其所用，为此他丝毫不理会当时基督教的禁忌。无疑，正是这一点在很大程度上导致了宗教裁判所对他的反感。

比如，他毫不避讳地推崇基督教禁忌的巫术（demonic magic），还坚持当时尚未被基督教完全接受的新柏拉图主义，强烈反对当时已与基督教融合的亚里士多德主义，并对其冷嘲热讽，把他们斥为只懂文法却不会深刻地思考自然本质，也就根本无法获得灵智的"学究"。他甚至还"得寸进尺"地宣称当时的基督教是作伪且作恶的宗教，就连基督教的圣物——十字架在他看来也是从古埃及人手里偷来的。

耶兹还举了诸多例子，并引用了历史学家阿·梅尔卡蒂的研究，指出当时的宗教裁判所更多关注的是他的神学问题，基督教对布鲁诺的种种质询很少是从哲学或科学的意义上提及的。布鲁诺热衷于赫尔墨斯法术宗教的复兴，期望以此替代败坏了的基督教，他的种种思想和作为都是为这一目的服务的。比如，他坚持自己对"三位一体"的解释，将神迹视作实行法术后的结果，而不理会基督教的权威解释；他反对教皇、僧侣，反对敬拜偶像，并总是率性而为对他们极尽冷嘲热讽之能事；他还去过"异端"的国家，与"异端"有过亲密接触等。这些都是宗教裁判所判定他为神学"异端"，并处死他的有力罪证。

由此，可以进一步推测，布鲁诺很可能是一名以在整个欧洲传播法术、实现宗教改革为己任的赫尔墨斯式法术师。在当时的宗教裁判所眼里，他就是一个胆大妄为、不知悔改的宗教"异端者"，也就是说他并不像人们惯常所认为的那样，是为了捍卫科学真理而被宗教裁判所处死的。他是为了他毕生信仰、追随的赫尔墨斯法术传统而死的[1]389-390。

（四）耶兹眼中的布鲁诺形象

我们可以看出，耶兹眼中的布鲁诺形象与以往将其视作"科学真理的殉道士""一位唯物主义者"的形象有很大的不同。在她看来，布鲁诺并不具有我们现代意义上的科学观念，历史中的布鲁诺更倾向于符合当时历史与境下的法术师形象，他的思想、命运都是围绕赫尔墨斯法术传统而展开的。他坚持哥白尼日心说、发展"宇宙无限学说"，也都是从属于他的宗教使命的。他惨烈的人生结局也主要是因为他对赫尔墨斯主义的坚持，宣扬哥白尼学说也仅是他坚持赫尔墨斯主义中的一部分。

同时我们也可以看出，他与哥白尼革命的相关性，也恰恰说明了文艺复兴时期的科学、宗教以及赫尔墨斯法术之间边界的模糊性、不确定性。这同时也说明了文艺复兴时期的科学与宗教问题并不像传统的理解那样简单，在他们之间还掺杂着更为古老的法术传统，这三者之间与其他社会文化因素交织在一起、相互影响渗透，共同构成了文艺复兴特定的社会文化历史与境。

在这样复杂的历史与境下,任何一种对当时发生的历史事件的简单化、片面化的理解都是失之偏颇的。

四、耶兹之后的西方科学史相关研究

耶兹之后,很多西方学者沿着她所开辟的方向进一步展开了对上述问题的研究,如伊娃·马丁(Eva Martin)的专著《布鲁诺:神秘主义者和殉道士》[4]、德兰尼(M. K. Delaney)的博士论文《法术和科学:近代科学兴起的心理学起源》[5]以及布卢姆(P. R. Blum)在讨论耶兹的布鲁诺研究中作为一种哲学模式的理论调和主义的论文[6]等,都对耶兹将布鲁诺置于一个更为丰富、复杂的社会文化历史与境下的工作给予了正面的评价,而且还在她的研究基础上进一步探讨了科学与法术、宗教之间的关系。

布鲁克(J. H. Brooke)的《科学与宗教》一书也接受了耶兹的观点,把布鲁诺与赫尔墨斯法术传统、新柏拉图主义联系在一起,肯定了他的世界图景受到一种与法术相关的宗教、哲学观念的影响,质疑了以往传统的观点即他是因为坚持哥白尼主义、捍卫科学真理而死的,并且进一步延伸到科学与宗教的关系上,否认科学与宗教之间仅存在尖锐冲突关系,主张对科学与宗教之间关系的考察要放到具体的历史情境中去,尽可能地恢复其复杂性和多样性[7]。

耶兹的布鲁诺研究也引发了诸多争论,一些学者对其结论提出了一定程度的质疑。其中值得注意的有后期的加蒂(Hilary Gatti),他重新审视了耶兹的观点,认为支持其观点的证据不够充足,不足以说明赫尔墨斯传统在布鲁诺的思想中占据关键地位,但他仍然肯定了耶兹的研究确实成功地使人们开始关注以前被忽视了的赫尔墨斯传统在近代科学兴起过程中所起到的作用。与耶兹不同的是,在加蒂看来,布鲁诺不仅是一个法术师或赫尔墨斯主义哲学家,也是近代科学的先驱,在他身上同时体现出了近代科学和法术传统。加蒂还肯定了布鲁诺的数学方法、自然观和认识方法在近代自然科学兴起过程中的作用,对布鲁诺在科学史中的作用做出了新的评估[8]。

当然,耶兹的研究也并非人们对于布鲁诺的认识的最终定论,但她的研究所体现的反辉格式研究传统以及外史论的研究方法,确实开拓了人们的科学观,拓展了科学史研究的思路,引发了人们的进一步思考,因而在西方科学史研究发展过程中,始终占据着重要的一环,而这也正是其最大的价值之所在。

五、国内科学史读物中的布鲁诺形象

讲到耶兹的工作，自然会让人们联想到布鲁诺在中国的学术界和一般公众中的标准形象问题。在笔者初步而且并不完备的检索中，发现直到目前为止，国内对布鲁诺形象在国际科学史背景中的历史变化的关注是很不够的。同时在我国现有的国内通行的科学史通史教材和相关科学辞典中，对布鲁诺形象的认识仍延续了传统的观点。在此，我们不妨以一些有代表性的国内科学史著作中对布鲁诺的描述为例来说明。

（1）"对捍卫与发展哥白尼太阳中心说的思想家、科学家进行残酷迫害，说明宗教是仇视科学的。……布鲁诺是哥白尼太阳中心说的忠实捍卫者和发展者，在近代科学史上是向宗教神学斗争的勇士。他虽是教徒却离经叛道，服从真理，成为自然科学发展的卫士。"[9]

（2）"哥白尼学说的声威引起了教会势力的严重不安，于是利用宗教法规加害新学说的积极宣传者和传播者，遂使布鲁诺惨遭杀害……布鲁诺为自己的哲学，为宣传哥白尼学说，为科学的解放事业而献出了他的生命。"[10]

（3）"1600年2月17日布鲁诺被烧死在罗马繁花广场上，用鲜血和生命捍卫了科学真理和自己的信仰。"[11]

（4）"布鲁诺，意大利杰出的思想家、唯物主义者、天文学家。……在几十年的颠沛流离中，他到处宣传哥白尼学说，宣传唯物主义和无神论，反对科学与宗教可以并行的'二重真理论'。"[12]

（5）"但布鲁诺丝毫没有动摇对他准备为之献身的科学真理的信念"[13]；"布鲁诺是一个为科学真理而献身的英雄"[14]。

（6）"捍卫新的科学理论，需要无畏的科学勇士。布鲁诺就是一位捍卫科学真理的勇士。"[15]

（7）"布鲁诺，这位意大利的科学英雄在年青时代就读过哥白尼的著作，并成为一名哥白尼学说的忠实信徒。于是他受到了教会的迫害……。布鲁诺坚持唯物主义的认识论，反对宗教与科学可以并行的'二重真理论'。……当布鲁诺早在几十年后宣传哥白尼学说时，就遭到了教会的残酷打击。……在罗马的鲜花广场上，布鲁诺在熊熊的烈火中牺牲了。"[16]

（8）"科学与宗教的决战，思想解放的先驱布鲁诺……哥白尼学说和宗教的矛盾越来越尖锐，罗马教皇意识到这个学说对他们的统治产生了直接的威胁，使布鲁诺成为了近代自然科学发展中的第一个殉道者。"[17]

（9）"意大利人布鲁诺就是当时反对宗教、反对地心说、维护和发展日心说的代表人物，他受宗教势力迫害……布鲁诺英勇不屈，坚持科学真理，对反动势力进行坚决的斗争，宗教裁判所对布鲁诺为科学真理而斗争的精神，惊恐万状，最后，只得对布鲁诺处以火刑。1600年2月17日布鲁诺于罗马为捍卫科学真理而英勇献出了生命。"[18] "杰出的思想家布鲁诺就是维护宣传哥白尼学说、捍卫科学真理的英勇殉道者。"[19]

（10）"布鲁诺在发展唯物主义、反对经院哲学、反对封建神学世界观方面，在宣传和论证当时自然科学成就方面有着不可磨灭的伟大功绩。他对基督教中世纪的一切传统均持怀疑态度，极大倡导思想自由，宣扬无神论，勇敢地捍卫和发展了哥白尼的太阳中心说，是为科学真理而献身的殉道士。"[20]

六、结语

对比上述国外对布鲁诺研究的状况，我们会发现国内科学史研究的总体现状有以下几点。

（1）在许多科学史通史教材中，仍然延续着传统的观点，没有给予国外较有影响的主流观点以足够的关注。

（2）国内对西方古代至中世纪的科学史研究相对薄弱，对这一历史时期下的人物如布鲁诺等做出科学史层面上的考察研究也不多见。例如，在中国期刊全文数据库中，在1994～2004年范围内以"中世纪科学"作为关键词进行搜索，结果仅有2篇；以"布鲁诺"为关键词仅有17篇，其中与科学史研究相关的仅有6篇。而且，国内目前已有对布鲁诺的研究中，仍多着眼于布鲁诺的哲学思想，虽然其中一部分将布鲁诺作为科学史通史教材中的一个与近代科学革命相关的重要人物而有所触及，但总体而言较少对布鲁诺本人在科学史上的历史形象和地位方面做出专门的考察。

（3）应该提到，尽管为数不多，但国内对布鲁诺的研究中也确有一些学者对传统观点提出了初步的质疑。例如，朱健榕、路甬祥等已对传统的"科学与宗教"问题以及布鲁诺的传统解释提出了疑问，认为将布鲁诺看作近代科学的殉难者，就会将布鲁诺形象简单化、样板化，同时也会过分简化历史上科学与宗教之间的复杂关系[21,22]。

上述情况说明，我国对布鲁诺形象以及科学与宗教问题的研究，确实需要经历一个再认识的深入过程，在这一过程中，耶兹的研究因其丰富的史料、反辉格式的思考、经典性的论述，对国内科学史研究来说具有巨大的参考和借鉴价值。耶兹的研究作为西方科学史研究的典型代表,不仅能够拓展当时的西方科学史界的研究思路,也能够在很大程度上促进国内科学史研究思路的进一步拓展,当然还有在此基础上的更广泛的公众传播方面的意义。

(本文原载于《自然科学史研究》,2005年第3期,第259-268页。)

参 考 文 献

[1] Yates F A. Giordano Bruno and the Hermetic Tradition. London: Routledge & Kegan Paul, 2002: 1-290.
[2] Yates F, Bruno G, Gillispie C, et al. Dictionary of Scientific Biography. Vol. 1. New York: Scribner, 1981: 539-543.
[3] Ashworth E J, Bruno G, Craig E, et al. Routledge Encyclopedia of Philosophy. Vol. 2. New York: Routledge, 1998: 34-39.
[4] Martin E. Giordano Bruno: Mystic and Martyr. Kila: Kessinger Publishing Company, 2003.
[5] Delaney M K. Magic and Science: The Psychological Origins of Scientific. Dallas: The University of Dallas, 1991: 4255-4472.
[6] Blum P R. Istoriar *la figura*: syncretism of theories as a model of philosophy in Frances Yates and Giordano Bruno. American Catholic Philosophical Quarterly, 2003, 77(2): 189-212.
[7] 布鲁克. 科学与宗教. 苏贤贵, 译. 上海: 复旦大学出版社, 2000.
[8] Gatti H. Frances yate's hermetic renaissance in the documents held in the Warburg institute archive. Aries, 2002, 2(2): 193-210.
[9] 王士舫, 董自励. 科学技术发展简史. 北京: 北京大学出版社, 1997: 67-70.
[10] 王玉仓. 科学技术史. 北京: 中国人民大学出版社, 1993: 314-315.
[11] 张文彦. 科学技术史概要. 北京: 科学技术文献出版社, 1989: 16.
[12] 江泓. 世界著名科学家与科技革命. 天津: 南开大学出版社, 1992: 15-16.
[13] 关士续. 科学技术史简编. 哈尔滨: 黑龙江科学技术出版社, 1984: 126-127.
[14] 关士续. 科学技术史教程. 北京: 高等教育出版社, 1989: 106-107.
[15] 刘建统. 科学技术史. 长沙: 国防科技大学出版社, 1986: 57.
[16] 林德宏. 科学思想史. 南京: 江苏科学技术出版社, 1985: 102-104.
[17] 高之栋. 自然科学史讲话. 西安: 陕西科学技术出版社, 1986: 114-117.
[18] 解恩泽, 嵇训焕, 易惟让, 等. 在科学的征途上——中外科技史例选. 北京: 科学出版社, 1979: 122-123.
[19] 解恩泽. 科学家蒙难集. 长沙: 湖南科学技术出版社, 1986: 255-256.
[20] 吴泽义, 等. 文艺复兴时代的巨人. 北京: 人民出版社, 1987: 280.
[21] 朱健榕. 哥白尼学说在当时影响了谁. 科学对社会的影响, 2002, (2): 22-24.
[22] 路甬祥, 等. 科学之旅. 沈阳: 辽宁教育出版社, 2001: 6.

照相石印技术与连环图画的兴起

| 陈翔，刘兵 |

"连环图画"，又被简称为"连环画"，是一种图文结合的通俗读物。"连环图画"这个名称最早为上海世界书局创始人沈知方创用，在"连环图画"名称尚未出现以前，社会上一般称这种小型图画书为"小书""小人书""图画书"等[1]。自1927年上海世界书局出版《三国志连环图画》后，这种使用连续图像作为叙事方式，辅以文字说明，以小开本书籍为载体的艺术形式，被正式冠以"连环图画"的称呼，其出版热潮一直持续到20世纪80年代。

以往对连环画史的研究，往往强调其"源远流长"，将连环画的起源追溯到古代壁画、佛教图像、书籍插图、年画等艺术形式。因为这些艺术形式中含有许多使用多幅图画来表达其思想的作品。以画幅多少作为连环画形式特征判断标准的做法，有一定的合理性。但是，单单依据此点，从历史长河中"打捞"连环画的"祖先"，突出连环画类型发展的连续性，未免有"生拉硬扯"之嫌。在长达上千年的岁月里，中国连环画这一类型并没有形成自己的范式，而是依附于壁画、插图、年画等画种。20世纪初期，连环画却突然冒出来成为出版界的宠儿，并深受大众欢迎。因此，连环画能够从其他画种中分化出来的原因可以从这一时间段前后探寻。

诚然，清末民初是中国社会发生剧烈变化的时期，在这期间，许多因素如海派京剧、电影、西方印刷技术、年画、通俗小说、时事画报等都对连环画产生了影响。很难说这些因素中，哪一个是主要原因。不过，学者宛少军特别强调连环画的书籍性特征。他认为连环画正是找到了书籍这个恰当的载体才获得了生命，即连环画借助书籍载体不断有效地向社会传播，大众通过书籍认识连环画这种形式，而连环画也通过书籍扩大了自己在社会中的影响，并让大众逐渐认识和接受这种独特的叙事表现方式[2]21。

本文认同宛少军的观点。在此基础上，笔者认为连环画的书籍性质源于清末民初图像类书刊的繁荣，而后者和印刷技术的变革存在着紧密的关系。在以往的研究中，连环画的艺术形式特征、社会环境、历史变革等都是浓墨重彩之处，而作为其支撑的印刷技术，则被视为连环画复制和传播的一个中性工具，一笔带过。然而，回溯近代连环画，包括对其产生过重要影响的小说图像本、画报、小人书等图像类书刊，会发现这些读物皆由照相石印技术印制。那么，照相石印技术的引入和普及，究竟对近代连环画的兴起产生了何种作用？它在图像印刷方面具有哪些优势？出版商为何青睐此种印刷技术？对于这些问题迄今仍缺乏深入分析。本文拟从技术与文化关系的角度，以清末民初的上海地区为考察中心，从连环画的形成、石印技术的优势等方面对此进行探讨。

一、近代连环画的形成过程与石印技术

依照出版物的形式和内容，近代连环画的形成过程大致经历了石印小说图像本、石印画报和石印小人书三种形态。这三种形态的时间界限并不明显，出现和兴盛时间稍有先后之分，但也有重叠，主要集中在19世纪70年代到20世纪30年代。这段时间恰好也是石印在中国的兴盛期。正如本雅明指出的那样，石印技术超越了木刻印刷技术，它标志着图像机械复制的开始[3]。

石印术发明于1798年，是德国剧作家施内菲尔德（Aloys Senefelder）为了廉价复制非字母符号的乐谱，经过不断尝试最终发明的。它是一项基于石材吸墨及水油相斥原理的平版印刷技术。清末民初，中国广泛应用于图像印刷的正是石印技术中的照相石印技术。这项技术最初为上海徐家汇土山湾印刷所的翁绶祺修士于1874年引入，但并未用作商业用途。1878年，英国商人美查从土山湾聘请技师，成立点石斋印书局（简称"点石斋"），将照相石印用于一般书籍的印刷，这才使得该技术商业化。

1878年，《申报》上刊登了一则广告："本馆近从外洋购取照印字画新式机器一付，因特创点石斋精室，延请名师监印，凡字之波折，画之皴染，皆与原本不爽毫厘。兹先取古今名家法书楹联琴条等用照相法照于石上，然后以墨水印入各笺。视之与濡毫染翰者无二。"[4]告白中第一句就点明因为

申报馆购买了照相石印机器，才特地创办了点石斋。从"与原本不爽毫厘"和"视之与濡毫染翰者无二"可见，照相石印技术在图像印刷方面的优势决定了点石斋的业务范围，即图像复制、善本翻印类等图像印刷类业务。

最初，点石斋只是借由照相石印机来复制楹联、碑帖等中国传统书画作品。1879年5月12日，点石斋在《申报》刊登《鸿雪因缘图记》石印本广告。《鸿雪因缘图记》是清代完颜麟庆撰写的一部游记和生平自述集，其中含有当时著名画家绘成的240幅游历图。在该广告中，点石斋特意点明其花费巨资仿国外照相石印技术，并强调"嫌原本之过大，而翻阅之累赘也，缩存四分之一……仍复一一分明"，又说"若此细图即欲付手民雕刻，恐离娄复生，亦当望而却步"[5]。可以缩小图像尺寸，并且翻印过程中保证图像层次分明，制作也比木刻方便，照相石印技术的优势在这篇广告中总结得十分到位。初版的5000部石印本《鸿雪因缘图记》很快便售罄。次年，看到市场巨大商机的点石斋又重印此书[6]，可见该书非常受欢迎，并且为点石斋带来了丰厚的收益。点石斋在石印图像印刷方面的业务也因此扩展到了图像类书刊领域。或许正是看到该书的大卖，其他书局纷纷效仿此出版方式，诸如《三国演义》《水浒传》《红楼梦》《聊斋志异》等深受大众欢迎的名著通行本都有了石印图像本，自此拉开了小说石印图像本的出版序幕。

清末民初，得益于照相石印技术而兴起的还有画报。虽然在照相石印技术引入以前，报纸上也会刊登图片，但是由于技术困难和造价昂贵，此时图像只是作为零星装饰的插图，谈不上画报。对于画报的产生依赖于石印技术的观点，19世纪初有人就曾论述："在吾国之谈画报历史者，莫不首数上海《点石斋画报》，是报创始于四十四年前，其时初有石印法；画工甚精，极受时人欢迎。去此以前为木刻时代，在吾国未必再有画报者也。"[7]目前公认的中国画报的鼻祖是创刊于1884年的《点石斋画报》。其内容以时事、奇闻、果报、新知为主体，文字依据图画的构图，穿插安排到画面中。在《点石斋画报》中，不仅仅是刻工消失了，连文字作者也隐身幕后，画师成了第一作者[8]90-97，图像地位的重要性由此可见。另外，《点石斋画报》对于一些持续性的新闻事件，如1885年的朝鲜乱略①，采用多幅图画的形式进行报道。紧随《点石斋画报》的各种画报也曾采用多幅、连续图画的方式，报道社会事件，而连续的图像叙事正是连环画的重要特征。

---

① 一些旧连环画作者称该事件为"朝鲜东学党事件"，这误导了后来的许多连环画研究。但是，根据笔者核实，朝鲜东学党事件发生于1898年，不可能出现在1885年的画报上，而依据画面上的文字，可断定该事件为1884年12月底朝鲜发生的甲申政变。

继《点石斋画报》之后，石印画报大兴，据彭永祥统计，从1877年至1919年，国人共出版的画报有118种，"绝大多数是图画石印或刻版，摄影画报很少"[9]。诸如《图画日报》《飞影阁画册》《民立画报》《世界画报》等，都是当时比较知名的石印画报。关于画报的影响，包天笑①提到，当自己作为一名应考生员时，就通过阅读以《点石斋画报》为代表的新式书刊认识现代世界。他在回忆录里这样写道："我在十三岁的时候，上海出有一种石印的《点石斋画报》，我最喜欢看了。本来儿童最喜欢看画，而这个画报，即使成人也喜欢看的。"[10]类似的言论在同一时代文人的文章中还能找到很多。这说明作为一种新的出版形式，画报及其代表的图像叙事模式已经被大众认可和喜爱。

后来，石印画报出现装订成册的形式，小书商也模仿这种形式，找画师抢着绘画当时的抢手新闻、通俗小说、京剧等题材，用照相石印缩小图像，制成袖珍本，也就是所谓的"小人书""图画书"[11]。1908年，上海文益书局出版朱芝轩编绘的《三国志》，有图200多幅，名曰"图画书"，以有光纸十开为标准出版。后来又有槐荫山房改变格式，上层为说明，下层为绘图，仍然叫"图画书"[1]。1918年，上海丹桂上演了京剧连台本戏《狸猫换太子》，引起了社会轰动，模仿该戏的连环画小书《狸猫换太子》也应运而生。早期连环画画师李树丞、何伯良就经常临摹戏台场景，绘制"小人书"[12]。这些富有趣味的袖珍图画书籍丰富了普通大众的文娱生活。

有了石印小说图像本、石印画报和石印小人书的兴盛这一铺垫，清末民初，大众阅读中的读图旨趣越来越浓厚。1927年，在通俗读物出版方面有着敏锐觉察力的上海世界书局出版了《连环图画三国志》，共24册，用黄表纸做封面，每页一图，上文下图，装订成小册，此为使用"连环图画"名称之始[13]。根据上海出版文献资料编辑所藏上海世界书局的连环画实物，上海世界书局在1927~1931年的出版情况如表1所示。

表1　上海世界书局连环画出版情况（1927~1931年）[14]

书名	编文者	绘图者	出版年年份（版次）	册数/册
三国志	刘再苏	陈丹旭	1927年（初版）	24
水浒	王剑星	李树丞	1928年（初版）	20
西游记	吕圣禅	金少梅、章兴瑞	1929年（初版）	20

---

① 包天笑（1876—1973），江苏吴县（今苏州）人，原名清柱，笔名包天笑，著名报人、近现代小说家、翻译家。曾在《时报》、商务印书馆、文明书局等处任职。

续表

书名	编文者	绘图者	出版年年份（版次）	册数/册
岳传	朱亮基	陈丹旭	1929年（二版）	24
封神传	刘再苏	陈丹旭		
火烧红莲寺	不肖生	蒋润生	1931年（初版）	24

由于种种原因，上海世界书局在1931年后未再出版连环画，但其开辟的连环画系列出版物，使得之前市面上发行的小型图画有了"连环图画"这一正式称呼，这标志着连环画作为新画种的正式独立。此后，连环画的出版基本上都沿用了上海世界书局的形式。

二、照相石印与连环图的关联之图像叙事

在谈到连环画的形成时，老连环画作家和同一时代的知识分子都提及了石印小说图像本和石印画报的影响。这说明石印图像书籍的热潮对连环画形成的影响已是共识。而所谓的图像书籍的热潮，在学界一般被视为读图文化的标志之一，即图像叙事的社会地位逐渐上升，甚至超过传统文字叙事。那么，照相石印究竟如何促进了图像叙事的兴起？本文认为应当结合照相石印的工艺特点和其图像类书籍的新特征进行分析。

1892年，傅兰雅在《石印新法》中，对照相石印的原理和应用做出了详细说明："现今石印之法，皆以照像为首工。……画成之稿连于平板，以常法照成玻璃片，为原稿之反形……此片置晒框内，胶面向上，覆以药料纸，照常法晒之。晒毕，置暗处，辊以脱墨，入水洗之。……将此纸样覆于石板或锌板面，压之，则墨迹脱下，此谓之落石。照常法置石于印架，辊墨印之。"[15]

傅兰雅的这段话开头就点明19世纪末上海印刷业使用的正是照相石印技术。相关资料显示，20世纪30年代，旧连环画依然采用石版印刷[16]。似乎可以合理推论，在这几十年间，照相石印一直是图像印刷界的主流技术。参见傅兰雅的工艺流程介绍，可知照相石印技术与传统的木版印刷及其他石印技术的最大不同在制版环节。由于该技术采用了照相制版原理，先以照相方式制作阴图，再通过上墨、晒图等工序，将处理好的纸样覆盖于石板上，印刷即可。因此，相较于需要花许多时间进行图版雕刻的木版印刷技术，照

相石印在图像印版制作上要快许多，更接近原版。照相石印术引入后，中国图像类书刊出现了几个引人注目的新变化，而这些变化都指向了图像叙事。

首先是图像数量的增多和印刷质量的提升，省去了传统木版印刷须顾虑是否"画出，刻不出"的烦恼，凭借照相石印技术，画师能够更自由地进行绘画创作。因此，石印图像比起木刻图像，其画面场景可以更多、更繁复、更细腻。1882年，《申报》在宣传其《三国演义》一书时，就曾批评"惟坊间通行本字迹模糊，纸张粗劣，绣像只有四十页"，而强调自己的版本"用石印照相法印出。故是书格外清晰，一无讹字。为图凡二百有四十，分列于每回之首，其原图四十，仍列卷端，工致绝伦，不特为阅者消闲，兼可为画家取法"[17]。同一时期，其他石印小说图像本中也有类似言论。1888年，味潜斋石印《新说西游记图像》，王韬在序言中说："此书旧有刊本而少有图像，不能动阅读者目，今余友味潜斋主人嗜古好奇，谓必使此书别开生面花样一新，特请名手为之绘。计书百回，为图百幅，受益以像20幅，意态生动，须缙跃然见纸上，故足以尽丹青之能事矣。此书一出，宜乎不胫而走，洛阳为之纸贵。"[18] 上述两个例子充分展示了书刊中，图像数量的增多和更精美，对藏书者和读者都具有相当大的吸引力。

其次是照相石印对图画的内容展现方式产生了影响。潘建国曾统计，在石印小说图像本增加的图像中，重视场景细节刻画的"情节插图"远远超过清代模式化的"人物绣像"[19]。在一定程度上，"情节性插图"意味着连续的图像叙事。这对连环画语言和形式特征的形成有着重大意义。

无独有偶，同一时期，在石印画报中，画师们也采用连续图画的方式来报道稍纵即逝的社会新闻事件。1885年，《点石斋画报》运用连环画的形式，报道了甲申政变的经过。它的出现对连环画形式特征的发展具有重要意义。从题材上看，它突破了小说图像本对文学作品的依赖，扩大到当下发生的社会事件，拓宽了连环画的创造题材；从图像叙事的角度来看，对于一个社会事件的详细报道，必定会更加强调对场景和人物动作的刻画，这样才会让读者有身临其境的现场感，即代入感，这对以后的连环画画师来说，是宝贵的经验[2]16。这两点影响在旧连环画工作者的回忆中也得到了证实，早期连环画画师朱润斋就曾重点研究过点石斋的石版画和吴友如的作品[12]。这说明石印画报尤其是画报中图像叙事的方式对连环画的形成产生了重要的影响。

情节性插图和连续性图像新闻报道是图像叙事的重要体现，照相石印能够使其实现。而在木版雕刻的年代，承担这类图像叙事任务是繁重的。前文提到的《鸿雪因缘图记》就是一个极佳的案例说明。《鸿雪因缘图记》写成以后，曾通过木版印刷的方式，出版过两次。道光二十一年（1841年）刊刻的版本，由于图像过于精美，未能找到合适的工匠雕刻，因此，只有文字，没有图。而道光二十九年（1849年）的版本，因为寻得能工巧匠，耗时两年，终于完成了包括文字与图画在内的全部内容[20]。点石斋所出售的石印本《鸿雪因缘图记》，就是以道光二十九年的精刻图文版为蓝本翻印而成的，且耗时不到一年。由此可见，图像印刷技术的优劣是影响含有大量图稿的《鸿雪因缘图记》以何种方式出版的首要原因。

不仅如此，照相石印还可以完成不同画稿间的剪贴与合成。上海旧连环画行业中，流行过的一句行话隐语"啃西瓜皮"，意思是可以将旧的连环画底稿重新剪贴后，再合成一部"新"的连环画作品。在20世纪初，旧连环画作者的底稿是归书商所有的，由书商保存。于是，就有书商挖空心思，以旧充新，请缮文的作者将原画底稿的故事结构打乱，根据画面重新编一个新故事，再将原画底稿剪贴，重新找人变换背景。如此一来，市面上就又多了一部名家的"新出"问世。此风一开，越演越烈，甚至书商之间相互交换原画底稿，变着花样翻新旧作[21]。该行为虽然损害了连环画画师的利益，也欺骗了读者，但是从技术的视角来看，正是基于照相石印技术照相制版的特点，图稿拼接才成为可能，此种行为才有机可乘，市面上流通的连环画作品数量也因此大大增加。

除了以上特点，照相石印技术还可以将画稿进行放大或缩小。当然，连环画不是必须采用缩小的图像，但图像缩小以后，印刷成本会降低，售价也会随之下降。低廉的价格对于读者为普通大众的连环画读物是至关重要的。因此，在需要大量复制和印刷图像的情况下，照相石印理所应当被当时的出版商所青睐。

三、照相石印与连环画的关联之时效性与效率

人们印象中的连环画作品多是以文学作品为底本，讲述某故事，似乎不太在乎其时效性。然而，早期的连环画小型图画书对"时事""新闻"等热点话题非常看重。一是由于连环画是在石印画报的热潮下催生的，其内容上必定也会和画报有相似性；二是作为通俗读物，能否抓住当下流行的话题、新闻或事件对于连环画的受欢迎程度至关重要。作品畅销，出版商才能获利。因此，从时效性的角度出发，才能理解为何照相石印的引进，对连环画的兴

起是如此重要，而要保证连环画的时效性，高效率地制作和出版是关键。

根据老一辈连环画家的回忆："一九一六年，《潮报》第一家用有光纸把单张印成折子式，随后又装订成册，原来出版宝卷唱本的小书商便各寻门路去找画家，抢新闻，'小人书'就这样诞生了……一九一八年丹桂第一台开始上演连台本戏《狸猫换太子》，'小人书'内容有了新发展，书商从抢新闻转而抢京戏题材，连环画跟着连台本戏依样画葫芦地一本接着一本出；到电影院成为上海市民消遣场所，国产电影登上银幕时，题材范围更扩大了。"[11]这段话简要交代了早期连环画——"小人书"的形成过程。更重要的是，通过抢新闻，抢京剧题材，再到紧跟电影题材这些信息，不难看出，紧跟时下热点是连环画的首要任务。

民国初期，上海盛行马戏团表演。赵宏本①回忆，20世纪30年代，他跟着一位连环画家当学徒。有一次，他高烧卧床，十分难受。他师父却非要带他去看"海京伯大马戏团"的表演，并要求他在一个月内把马戏团表演赶工画成近300张连环画稿件。不久，他师父就拿着他画的两本《海京伯大马戏团》的稿费作为股金，与人合伙，开办了民众书局[16]。由此可见，以社会热点为卖点的连环画在市场上相当受欢迎，仅仅靠两本连环画的稿费，就可以作为开办书局的股金，可以说获利相当丰厚。

另一个有趣的例子是连环画《火烧红莲寺》的诞生经过。《火烧红莲寺》是1928年上映的武侠电影，其改编自上海世界书局出版的长篇武侠小说《江湖英雄奇侠传》。1931年，上海世界书局又出版了连环画《火烧红莲寺》②。该连环画的扉页中这样写道："本局出版之江湖奇侠传，风行海内，久已脍炙人口，上海明星影片公司将本书摄成火烧红莲寺影片，也很轰动全国。现在本局为适应社会需要并力求普及起见，特请写生名家，将全书绘成连环图画，栩栩欲活，情景逼真，无异一一存在银幕上映演。且全书数百万言，本书译成简短说明，节省读者目力不少，售价低廉，尤其余事。"[22]从这段话可以看出，《火烧红莲寺》电影版的成功，让上海世界书局看到了商机，它趁热打铁，赶紧出版同名连环画。而照相石印的制版便捷和印刷速度快的优点，是连环画紧跟时代热点的技术保证。

---

① 赵宏本(1915—2000)，又名赵卿、张弓，生于上海，江苏阜宁人。中国现代著名连环画家，为上海连环画"四大名旦"之一。主要作品有《孙悟空三打白骨精》(与钱笑呆合作)、《水浒一百零八将》、《小五义》、《七侠五义》等。

② 原本上标注为普益书局出版，但实际上，普益书局是上海世界书局的一个副牌，专门用于出版通俗性读物。

黄协埙[①]在《淞南梦影录》里，对照相石印工艺有过具体描述："石印书籍，用西国石板。磨平如镜，以电镜映像之法摄字迹于石上，然后傅以胶水，刷以油墨，千百万页之书，不难竟日而就。细若牛毛，明如犀角。"[23]这里对于照相石印的修辞可能有些夸张，数据也不精准，但从这些言语中，不难看出当时人对于其印刷速度称赞。另外，蒸汽动力的引入，也使得照相石印的印刷速度得到提升。1886 年，英资麦利洋行刊登广告，称引进英国"许士耿博"厂制石印书画机器，可装置煤气火力，一日能印 7000 余张[24]。1918 年，《家庭知识》刊登的《照相石印法》曾计算过民国初年石印企业的投资成本："落石架上小印刷而言。每日不过印六百张而已。摇架兼打湿布一人。擂墨兼付纸一人。月约工食洋二十余元。殊不合算。但资本甚微。不过两百元已足。若用大架，则一日可印三千。用引擎发动，则一日可印六千。资本约三千元已足。此等营业，规模较大，自可雇用管车工头，应毋庸述。其不用照相落石者，资本可减一半。"[25]

由此可见，石印的印刷速度一直在不断提高，同时，其成本也可以根据需要自由选择和控制。这种印刷效率既高又能保证连环画出版时效性的技术，无疑是连环画印刷出版技术路线的最优选择。

四、结论

随着时代的变化，新的艺术类型会不断出现。连环画正是清末民初中国社会文化和物质技术发生巨大变革下，所诞生的一类新兴的画种和艺术形式。

照相石印通过照相摄图这一特殊的制版方式，从图像数量和质量、内容展现方式、不同图像间的拼接以及图像缩放四个方面，带动了中国图像类书刊市场的繁荣，使连环画的产生具备了图像叙事的文化温床和图像印刷技术支持。同时，这种图像创造和生产的新方式，也根据其制版的特点，选择适合它的印刷品，进而塑造着图像叙事本身。从前述的案例中，可以很清晰地看到小说、电影、连环画这三种不同类型、不同呈现媒介的艺术形式间的相互建构。这或许提示我们，印刷速度提高不仅使印刷品数量得到提升，它还加快了不同文本间的信息流通速度，重新塑造了不同媒介、不同文本之间的

---

① 黄协埙（1851—1924），字式权，原名本铨，江苏南汇（今属上海市）人，晚清文人，曾任《申报》主笔、震旦学院校监、南汇第三公学校长等职务。著有《淞南梦影录》《鹤窠树人初稿》《粉墨丛谈》《黄梦畹诗抄》等。

关系，进而重新塑造了社会文化本身。

回到本文最初的问题：连环画的形式一直以壁画、插画等方式存在于各类画种中，为何其直到近代才获得独立的存在形式，成为一个新的画种？通过前面的分析，本文认为 19 世纪下半叶上海引入的照相石印技术在连环画定型的过程中，发挥着至关重要的作用。而以石印小说图像本、石印报刊、石印连环画为代表的，清末民初石印图像类书刊的繁荣似乎无意识启动着一场超乎预期的阅读文化的变革。正如陈平原所说的，"图像叙事"作为一种文化选择，将在自此以后的中国文化史上发挥巨大作用[8]44。从本文的分析讨论可以看出，这确实是技术的发展和应用引起文化变革的一个有意义的案例。

（本文原载于《科学技术哲学研究》，2018 年第 1 期，第 81-86 页。）

参 考 文 献

[1] 叶九如. 书业历史. 上海书业同业公会档, S313-3-1, 上海市档案馆.
[2] 宛少军. 20 世纪中国连环画研究. 北京：中央美术学院, 2008.
[3] 汉娜·阿伦特. 启迪：本雅明文选. 张旭东, 王斑, 译. 北京：生活·读书·新知三联书店, 2008: 273.
[4] 楹联出售. 申报, 1878-12-31.
[5] 石印鸿雪因缘图记缩本出售. 申报, 1879-07-01.
[6] 重印鸿雪因缘图记出售. 申报, 1880-08-10.
[7] 冯武越. 画报进步谈. 北洋画报, 1928-12-01.
[8] 陈平原. 左图右史与西学东渐——晚清画报研究. 香港：三联书店(香港)有限公司, 2008.
[9] 彭永祥. 中国近代画报简介//丁守和. 辛亥革命时期期刊介绍. 第4集. 北京：人民出版社, 1986: 657.
[10] 包天笑. 剑影楼回忆录. 香港：大华出版社, 1971: 112-113.
[11] 赵家璧. 鲁迅与连环图画. 连环画论丛, 1981, (2): 14-33.
[12] 朱光玉. 我的父亲朱润斋. 连环画丛论, 1980, (1): 121-128.
[13] 朱联保. 上海世界书局史忆//全国政协文史委员会.文史资料存稿选. 第 23 册. 北京：中国文史出版社, 1963: 266.
[14] 朱联保. 回忆上海世界书局//全国政协文史委员会.文史资料存稿选. 第 23 册. 北京：中国文史出版社, 1963: 290.
[15] 傅兰雅. 石印新法. 格致汇编, 1892, (7): 28-30.
[16] 赵宏本. 从事连环图画四十七年. 连环画丛论, 1982, (3): 110-120.
[17] 石印三国演义全图出售. 申报, 1882-12-30.

[18] 白纯熙, 等. 中国连环画发展图史. 北京: 中国连环画出版社, 1993: 123-124.
[19] 潘建国. 西洋照相石印术与中国古典小说图像本的近代复兴. 学术研究, 2013, (6): 127-133.
[20] 麟庆. 鸿雪因缘图记. 1849.
[21] 黄若谷, 王亦秋. 啃西瓜皮. 连环画艺术, 1990, (2): 86-88.
[22] 蒋润生. 火烧红莲寺. 上海: 普益书局, 1931.
[23] 黄协埙. 淞南梦影录//杂记 淞南梦影录 沪游梦影. 上海: 上海古籍出版社, 1989: 118.
[24] 英资麦利洋行. 石印书画机器出售. 申报, 1886-12-29.
[25] 陈栩. 照相石印法. 家庭知识, 1918, (3): 61-68.

科学研究中的创造性思维与方法
——以袁隆平"三系法"杂交水稻为例

| 雷毅 |

在建设创新型国家的过程中,科技创新成为先导。科技创新至少包含了思维、方法和工具的创新。在这三个方面的创新中,思维和方法的创新尤其重要。然而,科学研究有自身的内在规律,任何创新都需建立在前人成果的基础之上。创新目标虽然是超越,但创新的基础是传承。因此,通过对杰出科学家的学术思维和研究方法的研究,找到他们走向成功的关键因素,对科学研究的后继者们的意义不言而喻。

袁隆平的杂交水稻研究具有源于社会需要的实践导向型特点,他在实践中不断总结经验,并将感觉经验和理性思维有效地结合,从而在杂交水稻育种领域开创了独特的研究思路和方法。充分解析袁隆平在杂交水稻研究过程中的创新思想和方法,吸取其学术思想中的成功经验,有助于促进我国其他领域的科技研究实现类似的跨越式发展。

一、创造性思维的逻辑与艺术

科学研究的成败取决于两大因素:一是研究者对相关知识技能掌握和运用的能力;二是其思维能力。前者是实现设想的基本保障,后者决定了研究水平的高度,是成功的关键。成功者之所以能够成功,就在于同时拥有这两种能力并能有效地运用这两种能力。

说思维能力是科研成败的关键,乃因为科学研究是一项创造性的工作,离不开创造性思维。创造性思维既包括创造性地发现问题，也包括创造性地解决问题。发现问题的思维活动能从一般人不觉得是问题的事物中，看出重要的问题。创造性解决问题的思维活动，则使一些疑难问题得到合理的解决，或创造出新产品或新成果。创造性思维是科学创造过程中的核心，可以说科学创造的价值主要是体现创造性思维的价值。

创造性思维的本质决定了它的随机性、灵活性、多样性和具体运用过程中极强的个性，因而它比科学方法要更难找到一种统一的模式。尽管科学发现和发明不存在一套现成的逻辑程序，也不存在必然导致发现与发明的普遍有效的方法，但我们仍可通过分析创造性思维过程中所体现出来的发散性与收敛性思维、逻辑与非逻辑方法的综合运用找到规律。例如，科学创造过程中，逻辑方法和非逻辑方法两者是互为补充的，即使是最卓越的想象力、直觉和灵感，其认识成果也必须经过逻辑加工，找到其逻辑根据，否则，它们就不可能成为真正的科学知识。另外，科学研究的创造性过程必然是发散性思维与收敛性思维的综合运用。没有发散性思维来冲破外部束缚或内部定式，提出各种可能的假说、猜测、设想和方案，就难以在科学认识上取得新的突破。思维的发散在思维收敛过程中为优选出创新的思想和方案创造了条件。

袁隆平在杂交水稻研究过程中大量地运用了上述思维和方法。正是在研究的各个阶段恰当地运用了创造性思维和方法，才使其在研究中能顺利地将疑难问题转变成理论上可以合理解释和技术上能够实现的问题。他所确定的研究思路和方案与美日学者有明显不同，最终实现了后来者居上，并保持其领先优势。袁隆平在杂交水稻研究过程中是如何运用创造性思想和方法的，在此过程中哪些关键性因素促其走向成功，以及在突破关键环节时的所思所想，就成为本文探讨的核心问题。

二、袁隆平创造性思维的逻辑路径

著名科学家贝弗里奇说得好："精密仪器在现代科学中有重要的作用，但我有时怀疑，人们是否容易忘记科学研究中最重要的工具必须始终是人的头脑，人们固然花费了不少时间和精力去训练和武装科学家的头脑，但是，对于如何充分利用头脑，在技术细节上却未加注意。"[1]ix

袁隆平在"三系法"杂交水稻研究过程中并未使用精密仪器，这种主要在田间的研究似乎也用不上精密仪器，然而，在全世界众多研究杂交水稻者中，袁隆平何以能够获得巨大成功？靠的就是头脑。在杂交水稻研究过程中，袁隆平运用了大量的创造性思维，这种创造性思维主要来自直接的实验事实依据和理性思考，从而使杂交水稻研究在起步和后续发展阶段总体上沿着一条正确的研究轨道前进，即使中间出现一些问题也能有效地调节，使之始终沿着"三系配套"的技术路线，从常规的杂交→远缘杂交，从常规材料→寻求野生稻，最终发现雄性不育野生稻（"野败"），成功地完成了这一技术路线，实现了大规模生产性育种，并在制种过程中发现问题和及时解决问题。

虽然"三系"杂交水稻研究的思维路径清晰明了，但每一步的实现都需要克服巨大的障碍。例如，作物遗传育种学界对水稻这一严格自花授粉作物是否具有杂种优势现象普遍持否定或怀疑态度。这种流行于作物遗传育种界的观点给人们认识和利用自花授粉植物的杂种优势，形成了无形的障碍。将水稻杂交研究作为自己研究的一个理想的突破口，首先就必须否定"自花授粉作物不具有杂种优势"的权威理论。然而，自20世纪50年代以来，日本、美国和国际水稻研究所等少数科学家进行过水稻杂种优势利用的研究，却无一例成功，国内的此类研究更属空白。在这种情况下，袁隆平只能通过实践否定权威。他根据自己对水稻的长期观察，经过与玉米等作物杂种优势利用现象的比较分析后，对水稻无杂交优势的观念提出了疑问。正是在这样的观念下，袁隆平于1964年正式开始水稻杂种优势利用的探索，两年后终于发现水稻具有杂种优势，并且设想"通过进一步选育，可从中获得雄性不孕系、保持系及恢复系，用作水稻杂种优势育种的材料"[2]。根据高粱、玉米杂种优势利用的成功经验，他运用类比方法，将这种杂交思路用于水稻物种上，由此提出了"三系法"籼稻杂交路线，并坚信按照这一技术路线最有可能实现水稻的杂种优势利用。

所谓三系杂交水稻是指雄性不育系、保持系和恢复系三系配套育种。雄性不育系为生产大量杂交种子提供了可能，并借助保持系来繁殖雄性不育系，用恢复系给雄性不育系授粉来生产雄性恢复且有优势的杂交稻。在袁隆平之前，日本、美国、印度等国研究人员就已经研究杂交水稻，并得到了水稻雄性不育系，但因种种原因，或无法三系配套，或是三系亲缘关系太近，没有优势。

尽管"三系法"并非袁隆平首创，但袁隆平却是这一技术成功运用的首创者。在那个特定的年代，科研信息交流不畅，身处中国偏远地区，袁隆平只能依靠个人力量，独立地实现自己的设想，而此时他并不清楚国外杂交水稻的研究状况，更不知道日本人所做的"三系法"，他只能从自己的亲身实践中一点点地摸索，并最终形成自己独特的"三系法"模式。在这种意义上，袁隆平籼稻杂交的"三系"设想在当时是具有独创性的。在今天看来，这一程序的逻辑关系似乎并不复杂，然而做起来却相当艰难。袁隆平花了四年多的时间才形成了实现籼型水稻杂种优势利用的技术路线。

从"三系法"的操作程序上讲，成功的关键首先是要找到合适的雄性不育系材料，为此，在认真总结分析了多年来的研究工作的基础上，袁隆平终于认识到，后代的不育性状的不理想仍是亲本的亲缘关系太近造成的；后代产生变异的可能性与亲本的亲缘关系呈正相关，即亲本的亲缘关系越远，后代产生变异的可能性就越大，不育性状就越明显。于是一切都变得清晰了：下一步的工作即是寻找地理远缘或遗传远缘的稻株，而在这些稻株中，野生稻或野生稻中的不育株作亲本则是最为理想的材料，它极有可能突破此前雄性不育系选育的难关。由此，"远缘杂交"技术路线的确立是袁隆平"三系法"杂交水稻迈向成功的关键性一步，而这一步的确立充分体现了袁隆平的创造性思维和长期积累的实践经验的完美结合。"野败"在海南的发现，证明了"远缘杂交"技术路线不仅正确而且完全可以实现。

纵观袁隆平杂交水稻研究全过程（图1），即走"三系法"路线→远缘杂交→从常规到野生→常规方法与新技术相结合→发现"野败"→规模生产（发现问题和解决问题）→"两系法"思路的形成（解决水稻光、温敏核不育性稳定性问题→临界点的确立）→"超级稻"研究，我们可以清楚地看到，"三系配套"技术路线的确立是关键，而此后的"两系法"和"超级稻"的研究在理论上应是"三系法"技术路线的逻辑延伸。

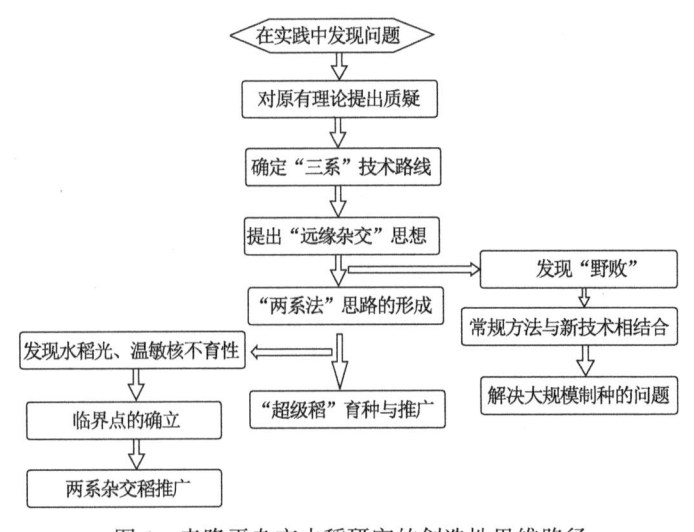

图1 袁隆平杂交水稻研究的创造性思维路径

三、"三系配套"中的逻辑与非逻辑方法

科学研究是一种创造性的探索活动，研究者必须善于运用各种科学方法。科学方法犹如工具箱里的工具，一个熟知工具功能的人知道如何合理有效地利用工具，以及何时需要使用何种工具。工具的使用需要通过学习和总结经验来提高使用效率。科学工作者运用科学方法进行研究，与使用工具是同样的道理。

尽管科学家更加推崇创造性的非逻辑方法，如想象、联想、直觉、灵感等，但只要细致地分析起来，便不难发现，任何重大研究成果的取得，常常需要逻辑与非逻辑思维的协同作用，只有两者交织和相互作用，才能产生出创新的结果。袁隆平的成功就是一个很好的例证。

纵观袁隆平"三系"杂交水稻的研究历程，其逻辑路径依然十分清晰。我们以其1960年开始的研究为例进行逻辑推理分析[3]。

1960年春，袁隆平开始早稻常规育种的试验。一天，他发现一棵性状优异、穗大粒饱的水稻植株。第二代种子成熟之后，没有一棵植株的性能超过它们的前代。

第一步：袁隆平观察了每一株第二代的种子，然后用完全归纳法推出：水稻纯种的第二代种子都不能超过它们的前代，于是可进行如下推导：凡水稻纯种第二代种子都是不能超过第一代种子的。

以后选择的任何水稻纯种都属于水稻纯种的第二代种子。

所以，以后选择的任何水稻纯种都是不能超过第一代种子的。

由此推知，选择再好的种子进行纯种繁殖都是不能增产的，都是不可取的。

第二步：依据遗传规律，纯种水稻的第二代几乎和第一代相似，只有杂交的水稻，其第二代才会出现分离和退化的现象。因而，所发现的那株优异的植株应该是天然杂交种。

第三步：如果天然杂交水稻具有第一代的优势，那么水稻就能增产。

最后，设计培育水稻的三个步骤：

（1）需找到雄性不育的植株，培育水稻雄性不育系；

（2）需找到一种稻种（保持系），使之与雄性不育系杂交后，后代也能保持雄性不育性状；

（3）还需找到一种稻种（恢复系），使之与雄性不育系杂交后，后代恢复生育能力。

从以上分析不难看出，袁隆平在确立"三系法"杂交水稻方案过程中，使用了大量逻辑思维中的演绎思维、归纳思维和类比思维。这里清楚地展示了科学思维与科学方法在科学研究中的综合运用过程。

许多人将袁隆平的成功归咎于运气好，即"野败"的发现。然而，机遇只垂青有准备的头脑，"野败"的发现这一事件本身纯属偶然，但对野生稻不育株的寻找却是袁氏"三系法"步骤中的必然，袁氏"三系法"杂交水稻方案的与众不同之处就在于它的"远缘杂交"技术路线，这一技术路线的确立意味着袁氏"三系法"杂交水稻研究向成功道路迈出了关键性的一步，而这一步的确立充分体现了袁隆平的创造性思维和长期积累的实践经验的完美结合。

袁隆平的成功，得益于他在大量实验中的细致观察。他能从 14 000 多株稻穗中找出 6 株天然雄性不育植株就是他成功的先决条件。没有这种定力，他就不可能提出用野生稻与栽培稻进行远缘杂交以创造新的不育材料的新方案，他和他的团队也不可能最终在海南省寻找野生稻资源的过程中发现花粉败育的野生稻株（"野败"）。那时全国有众多的水稻育种团队在海南寻找"野败"，而最终只有袁隆平团队找到了。袁隆平绝不是第一个见到异型稻株的人，但却是第一个找到其本质规律的人。

正是敏锐的观察力成就了袁隆平准确的记忆力、多方位的思维能力、丰富的想象力和熟练的操作能力，而这些能力都在他的创造性思维过程中起到了积极作用。敏锐的观察力在袁隆平捕捉水稻杂种优势利用机遇的过程中起了十分关键的作用。没有袁隆平敏锐的观察力，"野败"的鉴定就不可能那么迅速、准确。也正是袁隆平敏锐的观察力，从水库渗漏水眼周围的水稻两用雄性不育系结实率明显高于其他植株得到启示，促成了"两系法"杂交稻种子生产程序的发现和完善。"两系法"杂交水稻能够在生产上成功应用，得益于袁隆平提出的选育水稻光、温敏核不育系的技术策略，而新技术策略的提出，重要的条件是他对以前的光、温敏核不育系选育技术策略的详尽了解和记忆。与袁隆平打过交道的人都知道，袁隆平对一些基本概念和关键数据的记忆达到惊人的程度。

创造性思维常常需要借助想象力，想象力犹如创造性思维的翅膀。想象力之所以重要，不仅在于引导我们发现新的事实，而且激发我们做出新的努力。事实和设想本身是死的东西，是想象力赋予它们生命。"牛顿从落下的苹果想到月亮的坠落问题，这是有准备的想象力的一种行动。根据化学的实际，道尔顿（John Dalton）富于建设性的想象力形成了原子理论。……对于法拉第来说,他在全部实验之前和实验之中,想象力都不断作用和指导着他的全部实验。作为一个发明家,他的力量和多产,在很大程度上应归功于想象力给他的激励。"[1]61 所以,"有了精确的实验和观测作为研究的依据,想象力便成为自然科学理论的设计师"[1]61。爱因斯坦更是明确指出:"想象力比知识更重要,因为知识是有限的,而想象力概括着世界上的一切,推动着进步,并且是知识进化的源泉。严格地说,想象力是科学研究中的实在因素。"[4]284

在袁隆平开创性的工作中,想象力是他创造性思维的精髓。可以说没有想象,就没有袁隆平的水稻杂种优势利用的创造性思维。从一株偶然获得的天然杂交植株,到籼型水稻杂种优势利用的完整技术路线;从对湖北光敏材料的再次认识和无融合生殖国际研究动态的了解,到杂交水稻发展战略的形成;从株叶形态较优异的杂交稻新组合,到超级杂交稻一般形态学指标体系制定等,没有丰富的想象力是不可思议的。如果说杂交水稻科研和实践是袁隆平创造性思维的基础,那么想象力则是他创造性思维的翅膀[5]。

四、袁隆平成功的外部支持因素

袁隆平不是最早做出杂交水稻的人,但他却是培育出性能稳定的新品种并能将杂交水稻推广应用的人。为什么袁隆平能够后来居上?为什么全国从事杂交水稻研究的人众多,但只有袁隆平能够获得巨大的成功?有人将其归结为三点:信念、执着、忠实。袁隆平的成功正是这些因素综合作用的结果。

具有丰富知识和经验的人,比只有一种知识和经验的人更容易产生新的联想和独到的见解。知识渊博的人较常人见解深刻、思考周密,对事物的发展前途常有远见,预测也比较准确。知识越充足,创造潜能就越大。创新活动无捷径可走,创造力的提高是知识和技能同时积累与发展的结果。

袁隆平受过正规、系统的农业科学教育,长期的教学和科研实践不仅丰富了生物学知识,也提高了专业技能,为他进行科技创新并获得成功作了良好的基础准备。农业科研是一门实践性很强的学科,没有较强的操作能力,就很难把实验做成功。袁隆平植物嫁接的刀法、切口的深度、接穗的包扎等技术都是相当有功底的,嫁接的成活率较高。这种过硬的操作技能恰恰是实现设想的前提。

科学研究的成功,与人的性格是紧密相关的,后者对人的事业有着十分重要的影响。具有创造能力的科学家往往都具有一些特殊的性格特征，如自信、精力充沛、具有恒心和韧劲等。袁隆平在杂交水稻方面取得的巨大成就，与他的性格特征有密切的关系。他的兴趣爱好、性格修养、精神意志，在杂交水稻创造性思维过程中起着重要的作用，与智力因素一道对杂交水稻发展的理论和实践产生了综合的创造效应。水稻杂交试验的艰辛非常人所知，没有坚定的意志和顽强的毅力就无法支撑下去。在寻找自然不育株、攻克籼型杂交水稻"三系"配套和强优势组合选育难关的艰苦岁月里，袁隆平锲而不舍的恒心和顽强的意志成为通向成功的桥梁，而每一次回报又不断肯定和强化他的这种品格。如果说独立自强的性格造就了他的巨大成就，那么，广泛兴趣就是他排解困难和情绪的润滑剂。袁隆平的成功固然是他综合运用个人能力的产物，但外部的保障机制成为他成功的不可或缺的条件。袁隆平的杂交水稻研究始于中国特定的年代。由于粮食安全的重要性，政府高度重视与国计民生紧密相关的科学研究。为此，袁隆平在杂交水稻研究最困难的时期，得到了政府的强力支持：为"水稻雄性不育研究"立项，拨出科研专款；为袁隆平配备科研助手，从而在科研经费和研究队伍上有了基本保障[6]。由此可见，尽管袁隆平从事的是重大民生问题的研究，但在那个特定年代以及他所处的环境中，他只能完全依靠自己的研究成果来引起社会的重视。

袁隆平的成功，固然与他杰出的创造性思维和方法以及个人精神气质密切相关，但支撑如此辉煌成就的却是袁隆平身后的优秀研究团队。这个团队包括：袁隆平自己的研究团队；湖南省杂交水稻研究协作组；全国 22 个省（自治区、直辖市）组成的杂交水稻研究协作组和科学家群体。

袁隆平杂交水稻的成就表明，一个科技后进国家完全可以通过国家调控、配置、优化和整合科技资源，集中人力、物力、财力办大事的制度优势，实现赶超。

（本文原载于《南京社会科学》，2012 年第 5 期，第 49-54 页。）

参 考 文 献

[1] W. I. B. 贝弗里奇. 科学研究的艺术. 陈捷, 译. 北京: 科学出版社, 1979.
[2] 袁隆平. 水稻的雄性不孕性. 科学通报, 1966,(4): 185-188.
[3] 袁隆平. "偶然"非偶然. 求是, 2002, (23): 53.

[4] 爱因斯坦. 爱因斯坦文集. 第一卷. 许良英, 范岱年, 译. 北京: 商务印书馆, 1976.
[5] 蔡立湘, 郑圣先, 赵正文. 袁隆平的创造性思维分析(续). 农业科技管理, 2000, 19(2): 36-40.
[6] 袁隆平口述. 袁隆平口述自传. 辛业芸访问整理. 长沙: 湖南教育出版社, 2010: 72-75.

中国环境科学研究热点及其演化

——基于文献计量学方法的量化分析

| 林菲，杨舰 |

环境科学是在解决环境问题的社会需要的推动下形成和发展起来的一门新兴交叉学科[1]。20世纪80年代以来，我国经济建设取得了巨大成就，但环境问题也日益严重和尖锐。近年来，环境科学取得了显著的发展，无论是该领域中的新成果还是新问题，都受到了社会的广泛关注。环境科学的发展在大科学时代所展现出来的研究领域交叉渗透、学科领域分化综合，尤其是在与社会的相互关联方面所呈现出的复杂化趋势，既成为科学技术史研究所关注的现象，又为这一研究带来了新的问题。

传统的科学史研究，尤其是内史研究，往往诉诸其核心概念的演变来梳理学科发展的脉络，并据此搭建其历史分析的理论框架。然而，对于像环境科学这样多学科交叉、问题域宽广、研究活动空前活跃的学科领域，其内史研究很难沿用既有的范式和方法。本文注意到近年来文献计量学已发展出多种手段对大量文献进行统计分析，尤其是通过共词分析技术对某一学科领域的发展态势进行整体性的把握[2-4]。鉴于科学期刊是体现科学研究成果的发生及演进的主要媒介[5]，本文将学术期刊数据库资源和文献计量学手段与历史研究相结合，应用统计分析软件对我国环境科学期刊论文，特别是其关键词进行逐年的考察，以在一定程度上梳理出该领域研究热点的演进过程，从而试图为学科发展内史的研究提供一个新的分析框架。

一、资料来源与分析方法

本文主要基于中国知网（CNKI）数据库所提供的数据资源。截至 2016 年 3 月，在 CNKI 数据库中，在自然科学与工程技术大类中的工程科技Ⅰ类中，有"环境科学与资源利用"类期刊 104 种；在核心期刊第七编工业技术类的 514 种期刊中，有环境科学类 22 种。22 种核心期刊进入数据库的年代不同，自 1975 年以来共收录文章 13 万余篇，考虑到本研究所关注的是学科演进的内史问题，特选取其中综合性强且影响因子排名靠前的《环境科学》《环境科学学报》《中国环境科学》《环境科学研究》4 种期刊作为本文的研究对象，其基本情况如表 1 所示。这 4 种期刊所发表的学术论文涵盖了环境科学各分支领域，且被公认具有较高的水准，代表着该领域研究的前沿及其动态。

表 1 4 种环境科学中文核心期刊的基本情况

期刊名称	主办单位	创刊年份	复合影响因子	综合影响因子
环境科学	中国科学院生态环境研究中心	1976	2.168	1.420
环境科学学报	中国科学院生态环境研究中心	1981	2.120	1.336
中国环境科学	中国环境科学学会	1981	2.438	1.737
环境科学研究	中国环境科学研究院	1988	2.181	1.579

本研究将考察范围界定在 1994~2013 年这 20 年间，这是我国环境科学快速发展的时期，同时也因为自 1994 年起在这 4 种期刊上所发表论文的数据已全部收录在 CNKI 数据库中，而 2014 年之后的数据则尚未全部收录。在 CNKI 数据库中对于 1994~2013 年在这 4 种环境科学中文核心期刊中所发表的论文进行检索，共获得文献数据 20 199 条，去除会议通知、期刊目录、征稿简则等无效信息后，最终获得有效文献数据共 18 231 条。其各年分布如图 1 所示，可见这 4 种期刊论文数量总体上呈增长趋势，从 1994 年的 380 篇增长到 2013 年的 1668 篇，20 年间翻了两番，这与大科学时代科学研究总体发展趋势一致。

在 CNKI 数据库中对 4 种环境科学核心期刊所发表的论文进行逐年检索并分别导出其题录信息，即可以得到 20 个题录文件，每个文件包含了当年 4

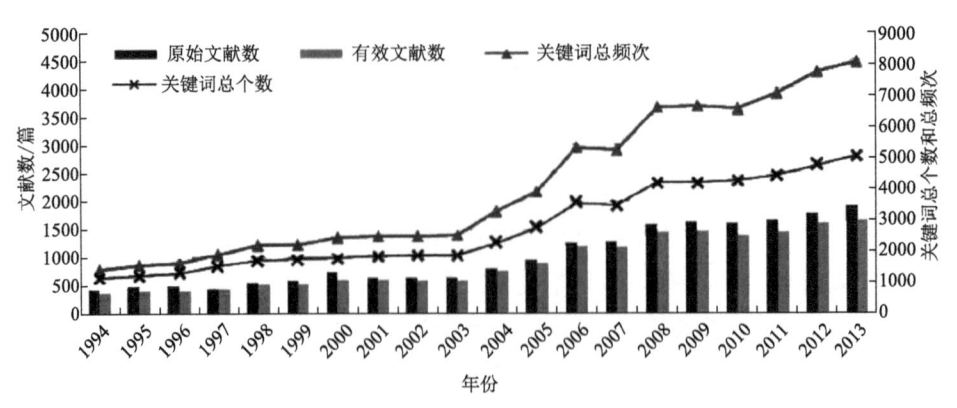

图 1 1994～2013 年 4 种环境科学中文核心期刊论文数量和关键词信息统计

种期刊所发表的所有论文的相关信息,如关键词、作者、发表时间、摘要等。对于这些题录文件,本文采用我国学者刘启元等开发的统计分析软件 SATI[6]进行分析。将每一年 4 种期刊所发表论文的题录文件分别导入该软件,即可直接得到当年所有论文中出现过的全部关键词及每个关键词的频次。对这些关键词进行统计,如图 1 所示,随着论文数量的增长,关键词个数从 1994 年的 1152 个增长到 2013 年的 5046 个,频次从 1430 次增长到 8016 次,1994～2013 年共出现关键词 29 908 个,频次 81 113 次。

就关键词提示了论文的主要研究对象、内容和方法而言,环境科学领域中大量关键词的涌现在一定程度上表明了该领域研究范围的宽泛和研究主题的分散,因而也意味着我们很难通过对有限关键词的演变的追寻而梳理出该学科发展的大致脉络。然而每个关键词在一篇论文中并不是孤立出现的,一般来讲,每篇论文中有 3～6 个关键词,共同出现在同一篇论文中即表明这些关键词之间存在一定的关系,共同出现的次数越多则关系越强,将一定时期内一个文献集合里所有的关键词抽取出来进行统计分析,频次高的关键词即可用来确定这个文献集合所代表的研究领域的研究热点,这就是共词分析的基本原理[7,8]。本文所采用的分析软件 SATI 即基于这一原理,在关键词词频统计的基础上,将高频关键词作为节点,用节点之间的连线来代表词与词之间的共现关系,得到可视化的关键词共现网络图。在共现网络图中,每个圆点分别代表一个高频关键词,圆点越大表示该关键词出现的频次越高;用圆点之间的连线代表词与词之间的共现关系,连线越粗表示这两点所代表的关键词共同出现在同一篇论文中的次数越多(由于每一年文献数有所不同,圆点大小和连线粗细只代表该年的相对值),如图 2 所示。

中国环境科学研究热点及其演化 | 83

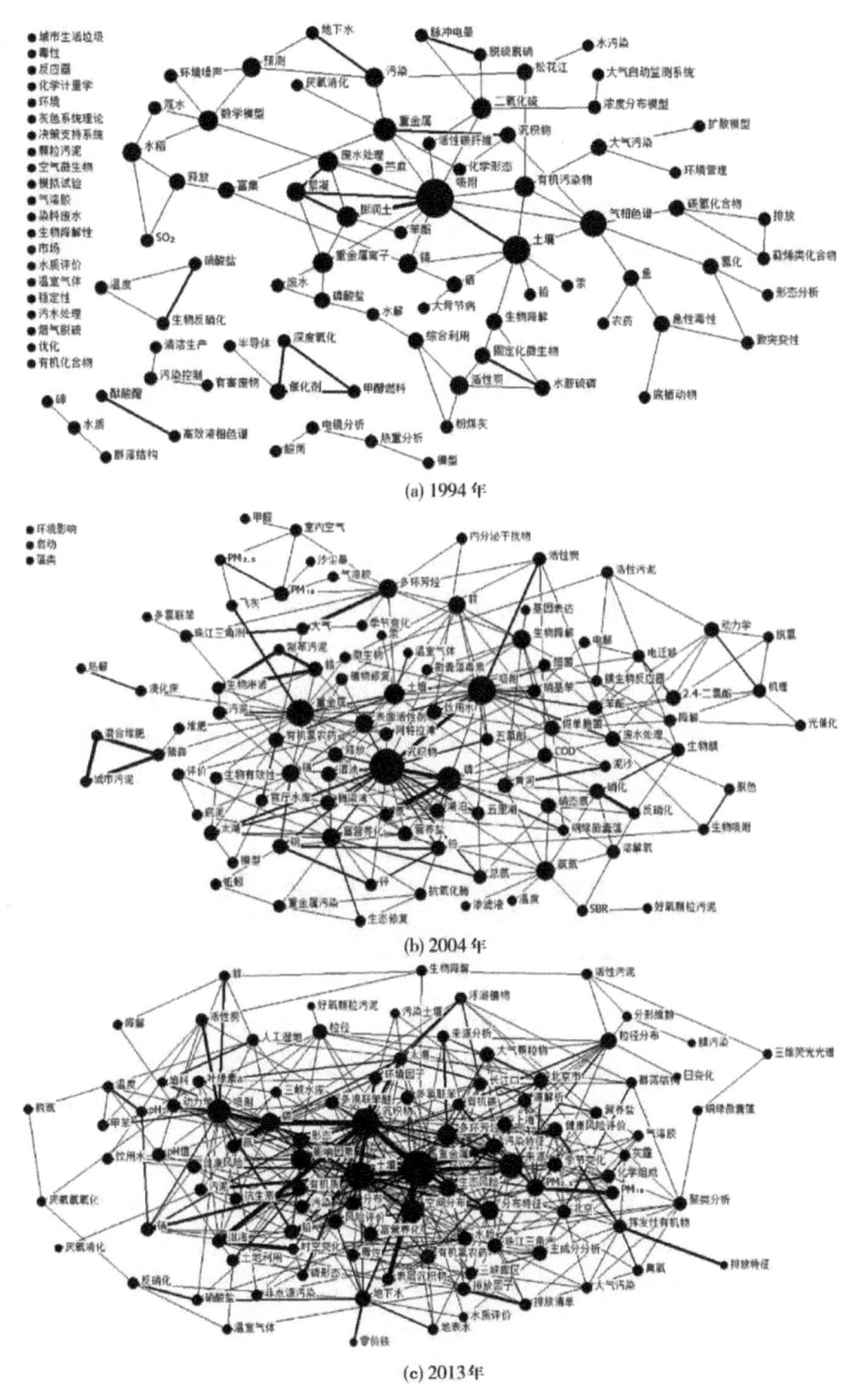

(a) 1994 年

(b) 2004 年

(c) 2013 年

图 2　4 种环境科学中文核心期刊高频关键词共现网络图

从图 2 中，我们不仅可以看到关键词的排列及其频度的大小，更重要的是还可以看到关键词之间相互关联的强弱及其所构成的网络特征。网络中所展示出的关键词间的相互联系在一定程度上反映着环境科学研究对象、内容和方法间的关联，而这种关联图的逐年变化则可以为我们揭示环境科学研究发展的历史脉络及其演变特征。每张网络图显示了当年 4 种期刊所发表论文中出现频次最高的 100 个关键词及其共现关系。将 20 年的高频关键词共现网络图进行对比分析（因篇幅所限，图 2 仅展示了 1994 年、2004 年和 2013 年的共线网络图），可以发现每年出现在图中的高频关键词都不尽相同但又有所重复；而点与点之间的连线以及其所形成的整体联结模式也呈现出一定的变化规律。这就提示我们可以结合对某些关键词出现频次的逐年分析来把握环境科学领域的研究热点及其演变，并通过对网络结构的分析来探寻学科发展过程中的某些特质。

二、高频关键词与研究热点的演变

本文首先通过对高频关键词的统计分析来考察环境科学领域研究热点的形成和演变。对 4 种环境科学中文核心期刊每年的关键词分别进行统计，如表 2 所示（因篇幅所限，表 2 仅列出每年频次前 5 位的关键词），括号中的数字代表该关键词当年出现的频次。

表 2　1994～2013 年 4 种环境科学中文核心期刊高频关键词列表

年份	高频关键词
1994	土壤（13）、重金属（11）、废水处理（9）、催化剂（7）、气相色谱（7）
1995	白洋淀（17）、废水处理（10）、土壤（10）、排污许可证（9）、重金属（9）
1996	酸沉降（11）、酸雨（9）、重金属（9）、吸附（8）、土壤（7）
1997	土壤（17）、重金属（12）、吸附（10）、废水处理（9）、酸沉降（8）
1998	可持续发展（17）、吸附（12）、废水处理（11）、环境影响评价（11）、土壤（9）
1999	生物降解（15）、土壤（14）、吸附（13）、废水处理（13）、总量控制（8）
2000	土壤（22）、废水处理（16）、降解（15）、动力学（13）、重金属（12）
2001	吸附（18）、机动车（13）、生物降解（13）、铜（13）、多环芳烃（13）
2002	土壤（17）、重金属（15）、吸附（13）、降解（12）、生物降解（12）
2003	吸附（20）、土壤（18）、重金属（15）、沉积物（14）、磷（12）

续表

年份	高频关键词
2004	吸附（26）、沉积物（22）、土壤（22）、重金属（21）、多环芳烃（20）
2005	多环芳烃（27）、沉积物（24）、重金属（21）、土壤（18）、生物降解（17）
2006	重金属（39）、吸附（37）、多环芳烃（27）、土壤（25）、沉积物（25）
2007	重金属（45）、土壤（39）、吸附（36）、多环芳烃（30）、沉积物（26）
2008	重金属（73）、吸附（45）、沉积物（41）、土壤（36）、多环芳烃（32）
2009	重金属（62）、吸附（52）、沉积物（49）、多环芳烃（33）、生物降解（31）
2010	重金属（73）、吸附（53）、沉积物（50）、多环芳烃（31）、土壤（27）
2011	重金属（77）、沉积物（54）、吸附（52）、土壤（44）、多环芳烃（28）
2012	重金属（81）、沉积物（67）、吸附（65）、多环芳烃（45）、土壤（35）
2013	重金属（87）、吸附（60）、沉积物（57）、土壤（48）、$PM_{2.5}$（31）
总计	重金属（686）、吸附（558）、沉积物（485）、土壤（462）、多环芳烃（363）

结合图 2 和表 2 可以发现，一些关键词在 1994~2013 年 20 年间出现的频次一直比较高，如"重金属""土壤""吸附"等；一些关键词在前期出现频次很低甚至从未出现过，但后期出现频次较高，呈现出增长的趋势，如"多环芳烃"、$PM_{2.5}$ 等；一些关键词则前期出现频次较高，而后期频次较低，如"酸雨""废水处理"等。这些高频关键词在词频上的变化一定程度上反映了环境科学领域研究热点的演变。

本文以"重金属"、$PM_{2.5}$、"酸雨"三词为例进行具体分析。由表 2 可知，"重金属"一词作为关键词的出现频次由 1994 年的 11 次增长为 2013 年的 87 次，基本上每年都排在关键词频次前五名以内，2006~2013 年更是连年排在第一名。考虑到论文数量及其关键词总数的增长，逐年计算"重金属"一词的出现频次在当年关键词总频次中所占的比例，如图 3 所示，可知其值在 4‰~12‰。这一占比虽然从绝对值上来说并不大，但相对于其他关键词来说却是一个较高的比例，说明每年以"重金属"为关键词的研究论文在当年全部论文中占有一定比例，从而表明对重金属的相关研究（如重金属的理化性质、污染分布、环境影响等）一直是环境科学领域的热点之一。

$PM_{2.5}$ 一词于 1999 年首次作为关键词出现在 4 种环境科学中文核心期刊所发表的论文中，其频次在之后的 10 年中呈缓慢增长的趋势，每年在关键词总频次中所占的比例为 2‰左右，这表明自 1999 年起 $PM_{2.5}$ 污染问题已开

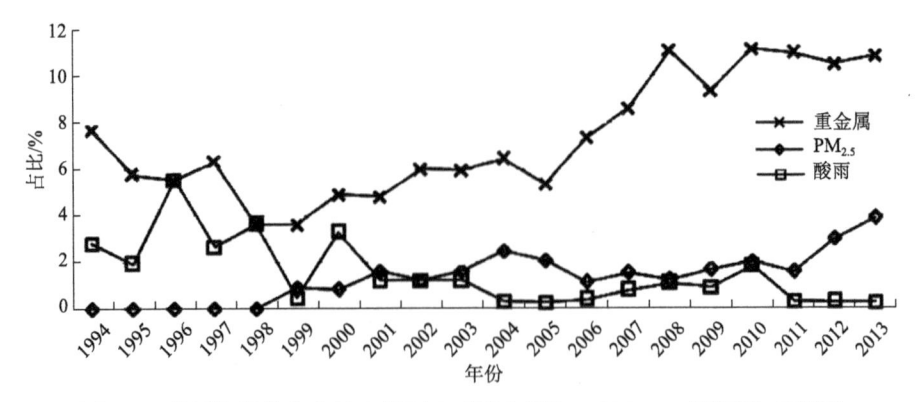

图 3　4 种环境科学中文核心期刊中"重金属"、PM$_{2.5}$、"酸雨"三词的频次占总频次的比例

始逐渐受到学者的关注，成为环境科学研究的一个必要的分支领域。而 2011~2013 年，随着全社会对空气质量问题的关注度逐渐增高，PM$_{2.5}$ 作为关键词的出现频次有显著的上升，由 2011 年的 11 次增长为 2013 年的 31 次；每年在关键词总频次中的占比也呈现出大幅度的增长，2011 年为 1.57‰，2012 年为 2.99‰，2013 年为 3.87‰。这表明近年来对大气中 PM$_{2.5}$ 污染问题所进行的相关研究越来越多，成为环境科学领域新的热点，也反映出研究者对社会热点问题的回应。

"酸雨"作为关键词在 1996 年出现了 9 次，在 2010 年出现了 12 次，在其他年份出现频次都小于 10 次，每年在关键词总频次中的占比大体上呈现下降趋势，从最高的 5.55‰（1996 年）降至 0.25‰（2013 年）。这表明以"酸雨"为关键词的论文数量相对有所减少。当然，这并不一定意味着酸雨问题已经完全得到解决或不再受到关注，关键词频次减少的原因可能是多方面的，当研究进一步分化和细化，研究者在选择论文关键词时，就可能会更倾向于采用代表更加具体的研究对象或研究方法的词汇。实际上，在 2013 年的共现网络图中，可以发现"pH 值""大气污染""排放因子"等词，这些词都与酸雨有关，说明酸雨仍是环境科学领域中一个不能忽视的问题，虽然这些词也并未有较高的频次。因而，对比"重金属"的高占比频次，"酸雨"作为关键词的出现频次和所占比例的下降仍然可以在一定程度上表明，这方面的研究热度近年来呈下降趋势。

此外，某些关键词的频次在某些年份出现了突然性的增长，例如表 2 中，1995 年"白洋淀"一词频次为 17 次，远高于其他年份该词的频次（平均每年 1 次）。这种高频次的突然出现必须结合当时的研究背景来看。白洋淀污染是 20 世纪 90 年代初的重点治理工程之一，1995 年《环境科学》出版了一期以其为主题的增刊，因此当年"白洋淀"一词频次较高，不过作为一个指代研究地域对象的名词，这种高频次并不具有持续性。对这类词的分析也可以在一定程度上反映出环境科学发展中的一些阶段性特点。

三、关键词共现网络与研究领域的变迁

对高频关键词的统计分析虽然可以在一定程度上反映学科领域研究热点的演变，但由于同一关键词在不同语境中可能代表着不同的研究领域，例如对同一类污染物在不同介质中的研究会产生不同的进路，因此仅通过对单一关键词的统计并不足以对学科热点和整体发展态势做出全面的判断。如图 2 所示，通过对关键词之间基于共现关系而形成的连线，以及共现网络图的变化进行分析，可以更加准确地把握环境科学内部各研究领域的变迁。

如上文第一部分所述，在高频关键词共现网络图中，点与点之间的连线代表关键词之间的共现关系，连线越粗代表其所连接的两个关键词共同出现的次数越多（共同出现的次数也可以通过绘图设置用数字标注在图上，但为便于识别，本文采取用线的粗细来表示的方法）。不同年份共现网络图中连线的不同表明，词与词之间的共现关系在不同年份也有所不同。代表某些词的点之间在不同年份的网络图中都由较粗的线连接起来，则表明这些词之间一直存在比较强的共现关系；而某些词则在不同年份与不同的词存在共现关系。例如，代表"氮"和"磷"两词的节点之间存在连线，并且绝大多数年份里连线都比较粗，表明这两个关键词有很强的共现性。氮和磷都是生物体的重要组成要素，也是植物生长的必要营养成分，在对水体水质，特别是水体富营养化的研究中，这两种元素都是重要的考察对象，因此它们往往共同作为这类研究论文的关键词。

又如代表"重金属"一词的节点，在 1994 年与"沉积物""吸附""富集"等词相连，其中最粗的连线在其与"沉积物"之间[图 2（a）]。2004 年与"飞灰""土壤""污泥"等词相连，其中最粗的连线在其与"飞灰"之间[图 2（b）]。2013 年与"沉积物""健康风险评价""土壤"等词相连，其中最粗的连线仍在其与"沉积物"之间[图 2（c）]。分析其他年份，有相似规律。可见"重金属"与"沉积物"二者之间有最大的共现性，说明环境科学领域对重金属污染的研究中，有相当一部分是以沉积物为主要研究

对象的，其次是土壤、污泥等。而"重金属"与"土壤"二词之间，在1994～1999年的共现网络图中基本没有连线，有时通过"吸附""生物有效性"等其他节点产生间接联系，有时则分属两个网络，没有任何连接，说明这一时期这两个关键词之间的共现性不强。实际上，当时关于重金属的研究大部分是以水体及其中沉积物为对象进行的，而关于土壤的研究则涉及有机污染物、无机污染物等多个方面，因此两词在论文中很少共同作为关键词出现。从2000年开始，代表"重金属"和"土壤"两词的节点之间都有连线，并且大部分连线较粗，表明两词之间共现性增强。这说明：一方面，土壤作为重金属在环境中迁移转化过程的重要环节受到更多关注；另一方面，重金属对土壤的污染危害越来越受到重视，相关研究增多，因此两词在同一篇论文中共同作为关键词的次数增多。

除了对连线的分析之外，更重要的是对网络整体结构模式的分析。由图2可见，各年高频关键词共现网络图的整体结构存在一定变化，主要表现为网络中连线数量增多，网络密度越来越大，而独立点越来越少。2004年以前，高频关键词之间虽然相互联结形成网络，但并不紧密，有相当一部分关键词节点（20%～40%）并未联结在网络中，而是独立存在或形成数个互不相连的小型网络，表明它们与网络中其他词没有共同出现在一篇论文里。2004年之后，高频关键词基本上能够通过一个大网络联结起来，独立点从很少（少于5个）直至没有，节点之间的联结比较紧密，表明这些高频关键词的共现性逐渐增大。

网络结构的变化反映了环境科学内部不同领域的结构变化。独立点或小网络的存在表明这些高频关键词所代表的研究领域与其他领域之间没有直接关联，如在1994年的共现网络图中，主体大网络的节点关键词主要是关于水体各类污染物的测定、分析、处理等，以及大气污染、环境噪声等分支领域，而代表固体废物、环境经济等分支领域的"城市生活垃圾""优化""决策支持系统"等节点则独立于大网络。在1999年的共现网络图中，"环境保护—评价""公众参与—环境影响评价—可持续发展"等代表环境影响评价的小网络独立于大网络，在2004年的共现网络图中，"环境影响"仍是一个独立的节点；而到2009～2013年，相关的"风险评价""生态风险""健康风险评价"等节点则处于大网络中。这表明前期环境科学不同子领域之间联系还比较松散，一定程度上处于分化状态，经过不断发展融合，到2004年以后，各子领域之间有着较为紧密的联系。这说明环境科学领域的学科综合性不断增强，比如不同环境要素的研究采用同样的分析手段、不同环境问题对象的处理有共同的理论模式等，从而能够使整个学科在一定程度上呈现出统一的范式。

上述对关键词共现网络结构逐年变化的分析为我国环境科学内史的分期提供了一定依据。显然，2004年左右是一个较为明显的时间节点，在此之前，关键词共现网络图较为稀疏，离散点较多，内部诸领域较为分散；在此之后，离散点逐渐消失，关键词共现网络趋于紧密，内部诸领域趋于融合。当然，这种分期还要结合具体的学术成果、研究背景等方面进行论述。

四、结论与展望

本文应用文献计量学方法和软件工具 SATI，以《环境科学》《环境科学学报》《中国环境科学》《环境科学研究》4 种中文核心期刊的高频关键词为对象，试图对我国环境科学领域在 1994～2013 年的研究热点及其演化进行历史性的描述与分析。通过对高频关键词的逐年统计可以发现，20 年间在我国环境科学领域中存在着一些不断变化着的研究热点，其中有的一直受到较高关注（如"重金属"），有的在前期关注度比较高、后期则有所下降（如"酸雨"），有的则在近年来愈发得到关注（如 $PM_{2.5}$）。同一个高频关键词在不同语境中并不一定代表同样的研究问题，还需要结合与其他关键词之间的共现关系来详细考察。同时，高频关键词共现网络图中节点连线越来越紧密，网络结构呈现出由散点状到网状的变化，表明环境科学内部各个分支逐渐融合，从一个发散性较强的领域发展为一个统一的学科。这就为学科史研究提供了一个可供进一步探讨的出发点。

本文的分析仅限于 4 种综合性的中文核心期刊，尚未涵盖环境科学领域的所有论文，也没有对关键词中的同义相似词进行合并等操作；而目前 SATI 软件最多仅能构建 100 个高频关键词的共现网络图，尚不能体现关键词之间的全部共现关系。因此，本文所取得的一些结论只是初步的、描述性的，可能存在一定偏差，有待进一步研究加以检验和更正。尽管如此，文献计量学方法的引用仍为科学史研究，尤其是为像环境科学这样历史不长、发展活跃、影响深远的研究领域发展脉络的梳理，提供了有效的工具和手段，随着软件工具的不断优化、数据库自身的规范和健全，可以期待，本文所引入的分析方法亦将会带来更加精确和富有参考价值的结论。

不久前，美国历史学家古尔迪与阿米蒂奇在其引起广泛反响的《历史宣言》[9]中，提出了新时期历史研究对人类未来发展的重大责任，号召历史学家们在大数据时代，利用科学技术的发展所提供的条件和契机，将历史研究的方法提高到一个新的水平[10]。从某种意义上说来，本文引入文献计量学的方法，对环境科学的热点及其演变所进行的量化分析，正是对上述学者《历史宣言》的一个积极回应。

（本文原载于《科学学研究》，2016年第34卷第9期，第1294-1300页。）

参 考 文 献

[1] 窦贻俭，朱继业. 环境科学导论. 南京：南京大学出版社，2013: 13.
[2] 杨颖，崔雷. 基于共词分析的学科结构可视化表达方法的探讨. 现代情报，2011, 31(1): 91-96.
[3] 乔方园，杨萌萌，汪雪锋，等. 纳米技术领域的关键词共现分析研究. 情报杂志，2013, 32(5): 150-154, 175.
[4] 姜春林，杜维滨，李江波，经济学研究热点领域知识图谱：共词分析视角. 情报杂志，2008, (9): 78-80, 157.
[5] 邱均平，杨思洛，王明芝，等. 改革开放30年来我国情报学研究论文内容分析. 图书情报知识，2009, (3): 5-17.
[6] 刘启元，叶鹰. 文献题录信息挖掘技术方法及其软件SATI的实现——以中外图书情报学为例. 信息资源管理学报，2012, (1): 50-58.
[7] Callon M, Courtial J P, Laville F. Co-word analysis as a tool for describing the network of interactions between basic and technological research: the case of polymer chemsitry. Scientometrics, 1991, 22(1): 155-205.
[8] Courtial J P. A coword analysis of scientometrics. Scientometrics, 1994, 31(3): 251-260.
[9] Guldi J, Armitage D. The History Manifesto. Cambridge: Cambridge University Press, 2014: 95-96.
[10] 刘钝. 大问题、大滴定、大历史. 科学文化评论，2015, (5): 5-20.

中国科学家学术思想的传承与创新：
概念、特征与方法

| 李正风 |

一、引言

关于"科学家学术思想传承与创新"的研究，广义而言属于学术史的范畴，狭义而言属于科学史的领域。学术史和科学史看似联系密切，特别是在科学愈益昌盛、社会不断知识化的进程中，科学史本应成为学术史的重要内容，但事实上，在中国史学研究中，科学家学术思想大多不是学术史研究的重点。一方面，这与中国学术发展的特点和史学研究的传统有关，如张立文在《中国学术通史·宋元明卷》的总序中所说的，"学术史是学术的衍生，所以，有怎样的学术，就有怎样的学术史"[1]。科学长期以来不是中国传统学术的主流，学术史的研究也自然难以成为文史学者关注的主要对象。另一方面，科学史和历史学在学科归属上的差异也造成两者结合上的困难，科学史被归入"理学"门类，科学史的研究也因此长期游离在史学的主流研究之外。

我国科学史的研究是在近代西方科学传入中国之后开始的，因此，科学史研究往往以"西方"为镜像展开，即便是中国科学史的分析，也以近代以来西方科学的发展及其成就为主要参照。就科学家学术思想的研究而言，以西方科学大师为对象的著作很多。这些著作各有特点，有的以人物传记的形式记述科学大师的成长历程，有的以科学家科学思想的内容分析为主，有些侧重于科学家的科学和学术贡献。但从总体上看，对我国科学发展过程中起到奠基性作用的著名科学家的系统研究还比较缺乏，而且在这类研究中，结合创新方法视角，揭示科学家学术思想传承与创新的内在关联的研究尤为薄弱。

作为"创新方法工作专项"的研究课题，"中国科学家学术思想传承与创新"以在中国科技界具有重要影响的科学家和工程师群体为研究对象，选择了 15 位有重要贡献的科学家和工程师，就其学术思想的传承、贡献与意义，以及创新方法的特点等进行比较系统的研究，其目标集中在两个方面：第一，通过对我国当代科学大师的科学思想、科学理念进行挖掘、整理，"着力推动科学思想和科学理念的传承"[2]，也从一个侧面深化对中国现代科学演化历程、模式与特征的认识，把握现代科学传统在中国形成、发展的过程。第二，把科学家学术思想的发展、传承与创新方法的研究结合起来，分析中国科学家传承、发展现代科学的方法特征，探讨通过方法创新提升我国自主创新能力的经验和规律。

中国科学家学术思想的传承和创新，一方面是学习西方现代科学并融入国际科学共同体的过程，另一方面是重新发现中国传统学术的价值。更为重要的是，这个过程同时伴随着现代科学传统在中国社会的建构和塑造，也在不断开启中国科学发展的未来。可以说，中国科学家学术思想传承与创新的研究，不仅是科学史的研究，也是学术史、社会史的研究。为此，有必要从概念、特征与方法等视角进一步明晰与该研究相关的理论和方法问题。

二、概念："学术思想"及其"传承"与"创新"

关于"学术"和"学术思想"，学界并没有统一的界定。张立文在《中国学术通史·宋元明卷》中认为：学术在传统意义上是指学说和方法，在现代意义上一般是指人文社会科学领域内诸多知识系统和方法系统，以及自然科学领域中科学学说和方法论。可以说，现代学术通常指有系统的专门学问。其中，学即知识，主要关注学者解决了哪些有价值的学术问题，提出了哪些有新意的观点；术即方法，主要集中于人们获得科学知识的方法、研究的程序与方法，以及解决问题的具体手段和路径。

关于"学术"与"思想"的关系，中国学界曾有过争论。一些学者提出，学术有别于思想，学者不同于思想家，应该区分学术和思想，学术史也不等于思想史。但正如李学勤所说的，强调学术、思想划分开来，是不合实际的[3]。如果说学术强调的是已经形成的条理化的知识成果，学术思想则有把学术思考的过程纳入其中的意味；如果把学术作为有系统的专门学问，学术思想的结构可能更为松散，内涵更为宽泛。事实上，根据"系统性"的强弱、系统的紧密或松散程度，学术思想有广义和狭义之分。广义的学术思想可以是一个学科或研究领域形成的各种相互关联的思想与方法的统称，也可以指某个学者进行学术研究形成的各种有联系的认识的集合。但就狭义的理解而言，学术思想往往是有比较严密的内在结构的知识体系。在科学哲学的研究中，有两个与这种狭义的学术思想相关联的重要概念，一是研究纲领，二是研究范式。

"研究纲领"（research programmes）是匈牙利科学哲学家拉卡托斯（Imre Lakatos）提出的概念[4]。在拉卡托斯看来，学术思想不是指单一的理论，更不是单个的命题或判断，而是一个具有硬核（不容放弃和不易改变的哲学信念和基本假定）、可变的保护带和正反启发法的理论系列或科学研究纲领。科学研究纲领的特点是：①它是有结构的；②它是开放的、发展变化的，因而也就不容易被证伪。③研究纲领可能导致进步的问题转换，也可能导致退步的问题转换。一个研究纲领的发展变化，以及与之关联的问题转换事实上就是一个学术思想传承并不断演变的过程。

"研究范式"（paradigm）是美国科学史与科学哲学家托马斯·库恩[①]（Thomas S. Kuhn）提出的概念，指一个共同体成员所共享的信仰、价值、技术等的集合[5]；指常规科学所赖以运作的理论基础和实践规范，是从事某一科学的研究者群体所共同遵从的世界观和行为方式。具体可分为三个层面：一是作为一种信念、一种本体论承诺的哲学范式或元范式（形而上学范式）；二是作为认同并接受这种哲学范式及其科学成就的社会过程的社会学范式；三是作为一种依靠本身成功示范的工具、一个解疑难的方法的范例或具体方法的范式（人工范式）。研究范式的传承是一个科学共同体演变并不断壮大的过程。研究范式的变革会导致科学中的革命，也伴随着新的科学共同体的发育和成长。

就一个特定的科学家或工程师而言，其学术思想往往介于广义的理解和狭义的理解之间。事实上，一个研究纲领或研究范式的形成往往不是一个科学家独立完成的，通常是多个科学家共同努力的结果，是集成了多个科学家集体智慧的结果，其中有些科学家的贡献可能更为突出，或者居于核心重要

---

① 库恩的另一本论文集《必要的张力》以"科学的传统和变革"为对象，则涉及"科学传统"与"研究范式"的关系。在库恩之后，"范式"这个概念有广泛影响，但也广受争议。英国学者马斯特曼曾把库恩关于"范式"概念的用法细分为 21 种，并将这 21 种用法归于三类：形而上学范式、社会学范式和人工范式。

的地位。而且一个科学家的工作，也可能跨越不同的领域，并在不同的研究纲领中都有自己独特的贡献。这样，对一个科学家或工程师学术思想的研究，需要聚焦于其重要贡献的研究领域或研究传统，但也要兼顾其更广泛的学术成就，并充分关注其学术思想的演变。

学术思想的传承是一个历史的范畴。"传承"（tradition）的希腊文为 paradosis，拉丁文为 traditio，源自 tradere，意为"传递""传话"，原意是指传递、接续和承接某种被认为有价值的东西，这里具体指被接受的学说和实践的传递与继承。正是通过传承，时间与空间得以延续，新旧事物实现更迭，人类也正是通过一代又一代知识的传承，逐步认识自然和我们自身的。

如何实现知识的传承，即如何实现科学知识增长，长期以来是科学哲学研究的重要问题。值得注意的是，随着科学哲学的发展，在不同的哲学观下，对科学知识、学术思想传承的理解也在发生着变化。

早期实证主义模式下的传承是在可靠知识基础之上发现新的可靠知识，传承意味着可靠知识的积累和进步，可以说，这里的传承是对已有可靠知识的肯定和利用，可靠的知识不断成为新知识孕育和发展的基础。之后兴起的证伪主义则认为，传承是有价值的问题转换，通过否定旧知识走向新知识，此时，批判成为学术思想传承的特殊方式。再到后来的历史主义进一步将科学共同体等因素引入知识的演变，传承成为一种范式被接受并被展开的社会过程，它意味着形成一个科学共同体，既是认识论问题、方法论问题，也是社会问题，学术思想的传承是一个社会选择和社会建构的过程。

学术思想中的传承包括两个方面，即"上承"与"下传"。由此可见，传承意味着形成或者进入一种研究传统，研究传统因为传承而延续。传承总与特定的研究纲领、研究范式或研究传统相关联，零散知识的利用和扩散难以构成学术思想的传承。传承往往在时间和空间两个维度中同时发生，以中国当代的学术思想传承为例，它既是中国的传统学术思想在当代科学方法和视野下的延续，又是中、西方学术传统的碰撞和交融，同时，这种传承也并非仅仅发生在学术思想内部，而是与当时的社会需要、政治环境、民众诉求等外部环境因素息息相关。也正因为如此，中国当代学术思想的传承才具有了鲜明的时代特征和中国特色。

与传承的含义相对，创新是特定研究纲领或研究范式下的新变化，其结果是修改、完善一种纲领或范式，或者推动传统的进化，同时，创新也变革了旧的纲领或范式，形成新的传统，并带来科学革命。

关注科学家或工程师学术思想传承过程中的创新问题，并把创新方法的研究置于重要地位，目的在于通过分析学术传统变革中的方法，更好地寻求提升自主创新能力的途径。在这里，也需要对创新的概念和特点、我国创新方法研究的特殊语境等问题略做分析。

熊彼特（J. A. Schumpeter）提出的创新概念原指在生产体系中"执行新的组合"，目的是通过揭示创新行为在经济活动中的作用，解释经济发展的根源和动力。可以说，创新原本是一个经济学的概念。在当代，创新概念的内涵和外延已经发生了很大变化，创新或者在一般意义上被理解为"引入新颖性"，或者被理解为"赋予资源以创造财富的新能力"，创新概念的这种变化，表明创新活动日益复杂，已经成为一个系统行为，成为复杂的社会网络。在本研究中，创新也是一个比较宽泛的概念，具体地说，创新体现在三个层面，包括新科学观念和理论的提出、新研究方法和范式的建立，以及运用新知识和新方法解决社会经济发展中的实践问题。基于这种广义的理解，我们对创新方法这个概念沿用了科学技术部等四部委《关于加强创新方法工作的若干意见》中的定义，即把创新方法理解为"科学思维、科学方法和科学工具的总称"，从如何形成新的观念和新的思想、如何找到新的思维方法和研究路径、如何开发和利用新的研究工具，以及如何使新的研究成果应用于解决经济社会发展中的实践问题等几个维度来探讨科学大师在创新方法上的贡献。

三、特征：中国科学家学术思想传承与创新的主要类型

对科学家学术思想传承与创新的研究，不可避免地要涉及一个问题，即共性和个性的关系问题。这个问题可以从两个层面来看，一是全球范围内学术思想传承、创新与特定国家内学术思想传承、创新的关系。人们通常认为，科学是无国界的，科学共同体是全球化的和国际化的，这固然反映了科学事业一方面的特点，即人类科学的进步有赖于各国科学家的共同努力，有赖于各国科学家之间的集体协作。但另一方面，由于科学发展的历史不同、发展的阶段和水平有差异，各国在全球科学共同体中的地位、作用是不同的，在国际学术思想传承与创新中的角色也是不一样的。与此同时，各个国家科学事业的发展也受到本国历史、文化、发展阶段和政治制度等多方面因素的影响而具有国家特色，一个国家的科学家也因为处于不同的社会环境之中而结成了体现特定国家特征、地域特征的学术共同体。换言之，全球科学共同体

本身也是由不同国家的学术共同体构成的,一个国家的科学家或工程师,不仅将参与到国际学术演进的全球化进程之中,也将在国家学术传统的塑造和发展、学术传统的本土化进程中发挥特殊的作用。二是在特定国家内科学家群体特征与科学家个性特征之间的关系。一方面,每位科学家都是一个鲜活的、独特的个体,置身于个性化的发展空间,具有自身独特的学科特色、知识积累和创新经验及实践,其学术思想演变轨迹也呈现多样性,其创新过程及其创新方法表现出一定程度的异质性、偶然性;另一方面,生活在同一时期、同一阶段的科学家往往又面对着共同的社会情境,并因此表现出一些共性的特征。

对这两个层面共性和个性的关系问题,我们力图在第一个层面着力在国际科学发展总体格局的框架下,挖掘全球学术思想演进中的中国特色,在第二个层面着力在科学家个性特征分析的基础上,捕捉中国科学家或工程师推进中国学术思想发展的共性特征。

这两个方面的结合,引导我们从以下几个方面思考中国科学家或工程师学术思想传承与创新的特征,这也从一个角度反映了中国科学家学术思想传承与创新的几种主要类型。

特征之一:学习现代科学传统,把现代科学传统与学术思想、研究范式引入中国,在为全球学术发展做出贡献的同时,推动中国学术思想的进步。

"科学家"这个概念有广义和狭义之分,广义上指发现新知识、对科学知识进步做出贡献的人,狭义上指使用科学方法进行专门研究的人。狭义的科学家主要指西方近代科学革命之后进入到科学建制之中的研究者,是专业化、职业化的研究者。我们这里所讨论的科学家,主要是指后者。近代科学革命于 17 世纪在欧洲发生,这个科学革命本质上是科学知识生产方式的重大变革,此后科学逐渐变成一种专业化、职业化和社会建制化的活动。从这个角度理解科学,中国是一个现代科学的输入国,中国现代学术思想的传承和创新,首先是在学习西方科学先行国家的基础上,把现代科学精神、科学体制和科学传统引入中国。事实上,20 世纪初一批有识之士高举"科学"和"民主"的旗帜,改造中国文化和社会,一批到欧美和日本留学的中国学者创办《科学》杂志、成立中国科学社等,一个重要目的也是学习现代科学传统,把现代科学传统与科学思想引入到中国,培育中国科学共同体[6]。当然,在这个学习的过程中,中国科学家也逐渐融入国际学术共同体,并为全球科学思想的发展做出了自己的贡献。

中华人民共和国成立之初,我国科学和技术的发展基础非常薄弱,以钱学森、华罗庚、李四光、吴有训、钱三强、钱伟长等人为代表的一批海外留学人员的归来，给新中国刚刚起步的科研事业带来了勃勃生机。他们在国外接受了系统的学科训练，对国际学术思想的发展有深刻理解，并已经不同程度地融入到国际学术思想传承、创新的进程之中，在国际学术界或者做出了重要贡献，或者已经崭露头角。他们将国际前沿的科学知识和学术传统带回国内，不仅是我国各个领域的学术带头人，为我国各学科的建设起到了奠基性的作用，为国家的社会、经济发展和国防建设解决了一系列重大科技问题，同时，更为重要的是在他们的带领下，培养了大批优秀人才，形成了独特的学术传统和高素质的科研梯队，搭建了良好的研究平台。他们不仅仅是卓越的科学家，更是优秀的教育家。正是他们的努力，西方现代科学思想才得以引入中国，中西方交融的学术传统才得以形成。

比如，我国著名物理化学家、无机化学家徐光宪1951年在美国哥伦比亚大学获得博士学位后，先后任北京大学副教授、教授，他非常注重学术思想的传承，培养了一批遍布国内外的创新型人才。据统计，在多年的从教生涯中，徐光宪培养了博士生、硕士生近百人。其中很多人已成为我国教育、科技战线的领导和学术骨干，在北京大学稀土材料化学及应用国家重点实验室工作的学生中就有3名中国科学院院士等。

又如，中国大气物理研究和中国大气动力学的奠基人叶笃正，在留学美国期间师从芝加哥大学著名的气象学、海洋学家罗斯贝（C. G. Rossby），归国后叶笃正为国家培养了众多年轻的科研人才。据统计，有一段时期，在中国科学院地球物理研究所工作的研究人员，大多是叶笃正的学生。在叶笃正的学生中仅在大气科学界就有6名成为中国科学院院士，包括李崇银院士、黄荣辉院士、吴国雄院士等。

再如，我国气象事业的领导者和奠基人竺可桢早年前往美国伊利诺伊大学农学院学习农学，后考入哈佛大学攻读硕士和博士学位，学成归国后曾任浙江大学校长、中国科学院第一任副院长，培养和吸引了大批优秀科研人员。此外，他还创建了我国最早的地理系，培养了一大批地理科学专门人才。尤为重要的是，竺可桢等人在培育了大批优秀人才的同时，还形成了具有统一研究范式的团队，搭建了拥有鲜明学科特色的研究平台，为中国科学共同体的缔造和成长提供了良好的环境。

特征之二：用现代科学方法发现中国传统学术资源的价值，用传统的学术资源和学术方法解决现代科学问题并因此做出独特的贡献。

如果说"西为中用"是我国当代学术思想传承的一个重要特征，那么另外一个非常值得重视的特点就是"古为今用"。我国现代的科学体系体制主要是向欧美和苏联学习的结果，中国现代科学技术体制的建立，以及西方现代学术传统的引入使中国学术发展进入一个新的阶段，这固然对中国历史上形成的学术传统提出了挑战，但并不意味着是对中国长期以来的学术传统的全面否定。中国传统的学术资源仍然有独特的价值，需要充分发掘和利用。事实上，一方面，在我国现代学术思想的演变过程中，有很多重要的科学发现是运用科学方法和视角对中国传统的学术资源进行发掘得来的；另一方面，一些成功的案例也表明，借鉴中国传统的研究方法也有助于解决现代的科学问题。

在运用中国传统学术资源解决现代科学问题方面，最具代表性的当首推竺可桢[①]的《中国近五千年来气候变迁的初步研究》[7]。竺可桢努力结合中国国情实现中国科学发展的本土化，他将我国传统的人文地理与近代西方地学融会贯通，从而实现了西方与中国学术传统的融合，他采用适当的数学方法把中国传统历史文献资料中对于气温的定性记载定量化，在此基础上又转化成温度指数或干湿指数，使之能够与器测时期的温度变化相衔接。通过《中国近五千年来气候变迁的初步研究》，竺可桢成功地建立了我国近 5000 年来的温度变化序列，总结了 20 世纪 80 年代以前关于我国历史气候变迁的研究成果，这篇论文是中国乃至世界气候史研究领域的经典之作，也开创了历史气象学的先河。此后，利用历史文献资料研究气候变化，成为一种重要的研究范式。1974 年和 1977 年中国气象科学研究院组织两次全国气候史料大会战，查阅了数千种地方志和其他文献，最后出版了各省近 500 年气候史料，并编纂了《中国近五百年旱涝分布图集》，在中外引起了极大的关注。

另外一个运用古代史料解决现代科学难题的案例，是席泽宗在 1955 年发表的《古新星新表》，席泽宗在这篇文章中充分利用中国古代在天象观测资料方面完备、持续和准确的巨大优越性，考订了从殷代到 1700 年间的 90 次新星和超新星爆发记录，使之成为这方面空前完备的权威资料，为超新星这一天文学的重大课题的研究开创了新局面。以至于美国天文学家斯特鲁维等人在编写《二十世纪天文学》一书时只提到一项中国天文学家的工作，即《古新星新表》[8]。从天文学史学科来看，席泽宗的工作为中国的天文学史研

---

① 从 1916 年发表第一篇论文，至 1972 年发表《中国近五千年来气候变迁的初步研究》，中国历史上气候变迁一直是竺可桢研究的重点，他本人甚至这样说："我虽然写了不少文章，但一生专门研究一个课题，这个课题就是中国历史上气候的变迁。"

究开辟了一个新的分支方向，即利用古代的天象资料来解决现代的天文学问题的"历史天文学"。

除了运用科学方法对中国古代史料进行发掘，借鉴中国传统的研究方法对解决现代科学问题也有着重要意义。吴文俊从中国传统数学的构造性思想到机证定理的"吴方法"就是一个极好的例子。吴文俊院士提出数学史研究中的古证复原原则等，并认为中国古代数学的机械化算法体系不同于西方公理化演绎体系的数学发展主流，由此提出对于中国古代数学史在世界数学史上地位的新判定。他以中国古代数学史为基础，在中国古代数学的机械化算法启迪下，开创了数学机械化研究的新领域，实现了几何定理的机器证明。这种方法被国际数学界称为"吴方法"，被认为是自动推理领域的先驱性工作。

特征之三：用现代科学思想和方法解决中国经济、社会发展和现代化建设中的特殊问题，研究有国家特色与优势的科学问题，形成有特殊价值的学术思想和学术传统。

从中国的实际情况出发，解决中国所面临的实际问题是中华人民共和国成立之后我国发展科技的重要动力，特别是经历了西方列强的经济和技术封锁等一系列困境，中国经济、社会发展和现代化的建设过程中存在诸多亟待解决的难题，科学研究无疑成为解决这些困难的重要工具和途径。而在运用现代科学思想和方法解决这些实际问题的过程中，也逐步形成了具有特殊价值的学术思想和学术传统，对国际相关的科学研究产生了重要的影响。

袁隆平的杂交水稻研究是一个典型的科学研究为国家利益乃至全人类利益服务的案例。袁隆平直接面对中国社会的紧迫问题——粮食问题，带领研究团队，培育出籼型三系杂交稻，大幅度地提高了常规稻的产量，继而又培育出两系杂交稻和超级杂交稻，实现了杂交水稻研究的跨越式发展，其研究成果产生了重大的经济和社会效益。他的研究不仅有效地促进了我国粮食问题的解决，也缓解了人类的粮食困境，而且形成了有中国特色的研究范式和学术传统，对水稻科学的发展做出了重要贡献。他的杂交水稻已在美国、越南、缅甸、菲律宾等多个国家引种推广，掀起了世界性的"第二次绿色革命"浪潮。

和袁隆平有着相似动机的是李振声。李振声在小麦远缘杂交以及染色体育种研究中形成的学术思想体现了遗传学乃至农学作为一门独立学科在中国起步发展乃至确立的过程。他 50 年来的研究实践在一定意义上也是农学在中国现实社会中如何发展的真实写照。其学术思想的演变，既深刻体现了国际相关学术研究对我国的影响，也充分展现了面向中国现实的问题，形成了有中国特色的学术传统的历程。可以说，从中国现实需求出发提炼出科学问题，根据自己的知识储备，即对牧草的研究、遗传学知识、小麦育种知识及从事科学研究的知识和精神，再调动传统资源，包括对国内外相关研究的利用、对牧草及普通小麦等物质资料的利用，最后确立起一种新的思想体系，并深刻影响中国相关领域的学术发展，这个过程正是有特殊价值的学术思想和传统不断建构的过程。

除此之外，刘东生关于第四纪地质和全球气候变化的研究、王选关于汉字激光照排的发明和应用等皆是基于中国经济、社会发展中的特定问题，不但有力地推动了国家的经济社会建设，而且形成了有中国特色和独特优势的学术思想和体系，并最终在国际上产生了重要影响。

除以上三方面特征之外，我国科学家学术思想的传承和创新还有其他一些特点，比如，中国特定的制度环境、政治意识形态，以及社会文化都对中国科学家学术思想传承与创新产生着深刻的影响。这也说明学术思想的传承和创新绝不单纯是学术问题，也是社会问题，学术思想的塑造、传承和创新总是在科学与社会交互作用的过程中实现的。

四、方法：研究的聚焦点、思路和方法论特点

如何进行学术思想史的研究，并把这种史学的考察同创新方法的研究结合起来，这是需要审慎地思考研究方法的问题。陈平原在"学术史丛书"总序中认为：所谓学术史研究，说简单点，不外"辨章学术，考镜源流"。即要通过评判高下、辨别良莠、叙述师承、剖析潮流，展现一代学术发展的脉络与走向。

在这种学术史的研究中，个案分析是一个重要的研究方法。陈平原曾在《"当代学术"如何成"史"》中强调："从具体的学者入手——类似以前的学案，这样的撰述，表面上不够高屋建瓴，但不无可取处。……以'学人'而不是'学问'来展开论述，好处是让我们很容易体悟到，学问中有人生、有情怀、有趣味、有境界，而不仅仅是纯粹的技术操作。"[9]个案分析当然涉及研究对象的选择问题，对此，除"在相关领域做出了无争议的重要成就和贡献"之外，我们还考虑到不同学科领域之间的均衡，特别是兼顾上述几种学术思想传承与创新的主要类型，以较全面地反映我国科学家、工程师学术思想传承与创新的特征。更为重要的是，强调所选对象的研究工作有重要的方法论意义，注重观念的变革、方法的突破和领域的开拓，同时以往学界

对其方法论研究相对较少，对其学术思想缺乏系统整理。

基于这些选择标准，我们遴选了15位研究对象，具体包括：竺可桢、钱学森、袁隆平、吴文俊、席泽宗、王选、王大中、刘东生、王永志、毛二可、叶笃正、李振声、吴征镒、徐光宪、赵忠贤。这15位科学大师或工程大师无疑都对新中国的科技与社会发展做出了杰出贡献，是"当代的历史人物"。就其"当代性"而言，他们是现当代中国科技的重要代表，从不同角度反映出中华人民共和国成立以来，特别是改革开放之后中国科技发展的时代特征。就其"历史性"而言，他们一方面以独特的方式把中国传统学术与现代科学勾连起来，另一方面，他们建立的学科和技术基础，以及形成的学术传统将成为中国学术未来发展的重要前提。

针对以上科学家和工程师，我们并不就其生平和学术活动的方方面面进行全景式的考察，而是从探讨学术思想传承与创新的研究目的出发，聚焦于他们做出的重大学术贡献，力图展示做出这种贡献的学术脉络和社会情境，将其学术思想和贡献纳入到更广泛的学术传承关系之中，同时考察其学术思想带来的影响，特别是对中国特定科学和技术领域学术发展的意义，结合其重要学术贡献，本研究把创新方法的分析置于重要位置，努力分析这些科学家和工程师的创新方法，并在此基础上就我国科学家在科学研究上的方法论特色进行思考和总结。

具体到研究的思路上，我们强调以下五个方面：①探寻学术渊源：在中国学术演变史的背景之下展开对科学大师、工程大师学术思想渊源的讨论，寻找其学术思想形成的渊源以及对其学术思想形成起到催生作用的因素。②分析学术轨迹：从时间维度对科学大师、工程大师的学术思想进行总结与梳理，力求发现其学术思想发展的过程，以及发展进程中的阶段性变迁和跨越。③总结学术精髓：通过对科学大师、工程大师学术思想的梳理，从国际科学发展的线索和中国科技与学术思想的演变，发现其学术思想的精髓和重要的创新性工作。④探索学术贡献：结合中国现代科技发展的历程，探讨科学大师、工程大师学术思想的意义，研究科学大师、工程大师学术思想对中国科技发展的贡献，在传承学术传统、塑造学术范式方面的作用与社会影响。⑤挖掘创新方法：在对科学大师、工程大师学术思想传承、创新进行历史梳理的同时，深入挖掘其学术研究中所采用的独特的、有创新性的科学思维、科学方法或者科学工具。

在研究的过程中，我们力求体现以下三方面方法论特点。

第一，将科学编史学的新进展和科学哲学、创新方法的新研究有机地结合起来。在科学史的研究中，研究者所持有的科学史观，即如何看待和处理科学与历史上其他因素的关系直接影响着历史研究的思路和方法，因此，科学史观一直是科学编史学关注的重要问题。在这个问题上，长期存在内史和外史之分。其中，内史（internal history）论者强调科学发展遵循自身逻辑线索，注重科学概念、方法等因素的内在演变，将社会因素对科学发展的影响排除在外，科学思想史是其典型代表。相对而言，外史（external history）论者则更关注社会、文化、政治、经济、宗教、军事等环境对科学发展的影响，认为这些环境影响了科学发展的方向和速度，也影响了科学理论的具体表现方式，甚至科学知识的内容。科学社会史成为外史的代表。随着科学哲学历史学派和科学知识社会学等的兴起，科学与社会、政治等因素之间的界限也日益模糊，科学史正在经历一场新的综合。在分析中国科学家学术思想传承与创新的过程中，我们试图穿越横亘在内史与外史、思想史与社会史之间长期存在的壁垒，学术思想的传承和创新不再是单单研究知识或思想生长历程的科学思想史，也不再是社会、政治等因素外在于科学，仅对科学的进展起到推动或阻碍作用的科学社会史，而是一种内史与外史、思想史与社会史相互交织的历史过程。

第二，将学术史的研究和创新方法的研究有机地结合起来，以努力揭示学术思想的传承与创新方法的变迁之间的互动关系。学术思想的创新过程需要方法，但是并不存在统一的方法。创新方法的研究既是描述性的又是规范性的。一方面，需要对不同参与者的创新活动做出描述，探讨"如何"的问题，记述创新者是怎么样进行创新活动的，如何做出重大的创新性成果的；另一方面，也需要通过对成功者的方法研究，指导、引导、启发人们更好地进行创新，即探讨"应当"的问题。因此，对学术思想传承、创新的历史研究、案例分析可以为创新方法的研究提供重要的启迪，同时创新方法的研究和提炼也将深化学术思想史的探讨。事实上，在学术思想的传承与创新的过程中，可能存在三种方法论的障碍：方法论不完整、方法论不能充分发挥作用或者根本就缺乏方法论，其中任何一种障碍都可能使学术发展和创新的努力付诸东流，因此，从创新方法的角度研究学术思想的传承和演变，既是创新方法研究的新途径，也是学术思想史研究的新渠道。

第三，把中国学术思想的传承、创新纳入到世界学术发展的整体框架中予以考察。如前所述，中国科学家学术思想的传承和创新，既学习西方现代科学并融入国际科学共同体，也在重新发现中国传统学术的价值，这个过程既伴随着现代科学传统在中国社会的建构和塑造，也在不断开启中国科学发展的未来。所以，研究中国科学家学术思想的传承和创新，必须立足于"世界之中国"，注重"地方性"与"全球性"的互动，一方面强调学术思想传承中"中国元素"的挖掘，思考中国科学家如何在为国际学术思想的传承做贡献的同时又在塑造中国自己的学术传统。另一方面力图探讨传统中国知识资源、现代中国科学发展与世界科学演变的关联，关注中国科学家学术思想传承与创新可能对世界学术进步带来的贡献。

（本文原载于《南京社会科学》，2012年第4期，第1-8、17页。）

参 考 文 献

[1] 张立文. 中国学术通史·宋元明卷. 北京: 人民出版社, 2004.
[2] 科学技术部, 国家发展和改革委员会, 教育部, 等. 关于加强创新方法工作的若干意见. 2008.
[3] 李学勤. 中国学术史. 宋元卷(上). 南昌: 江西教育出版社, 2001.
[4] 伊姆雷·拉卡托斯. 科学研究纲领方法论. 兰征, 译. 上海: 上海译文出版社, 2005.
[5] 托马斯·库恩. 科学革命的结构. 金吾伦, 胡新和, 译. 北京: 北京大学出版社, 2003.
[6] 范铁权. 体制与观念的现代转型: 中国科学社与中国的科学文化. 北京: 人民出版社, 2005.
[7] 胡焕庸. 竺可桢先生——我国近代地理学的奠基人//纪念科学家竺可桢论文集编辑小组. 纪念科学家竺可桢论文集. 北京: 科学普及出版社, 1982: 145.
[8] Struve O, Zebergs V, Öpik E. Astronomy of the 20th Century. New York: The Macmillan Company, 1962.
[9] 陈平原. "当代学术"如何成"史". 云梦学刊, 2005, (4): 8-9.

# 中国近现代科技史研究

丁燮林关于"新摆"和"重力秤"的研究

——中央研究院物理研究所早期研究工作的个案分析

| 杨舰 |

一、本文问题的提出

随着北伐战争的胜利,新组建的南京国民政府于 1928 年成立了中央研究院。该院被定义为国家最高研究机关,并被赋予"实行科学研究"和"指导联络和奖励学术研究"的双重职责。因此,中央研究院的成立,被看作是中国历史上大规模有组织的科学研究的开始。1928 年 7 月,中央研究院正式设立了物理研究所(以下简称"中研院物理所")。这是中国历史上第一个从事物理学研究的专门机构。北京大学前教授、物理系前主任丁燮林(图 1)

图 1 丁燮林像(1936 年)

被任命为该所第一任所长。1930 年，中研院物理所出版了《中央研究院物理研究所集刊》第 1 号，内容是丁燮林的论文《测量重力加速度之新摆》[1]以后，丁燮林于 1932 年夏天在清华大学举行的中国物理学会第一次年会上，又发表了他的《一个新"重力秤"实验的初步报告》一文[2]。

一个新创建的国家物理研究机构的负责人，在那个需要其身体力行并大力提倡科学研究的时期，最初着手的研究工作何以竟是一项关于"摆"的研究？而且从他几年后又发表了另一篇内容相关的研究报告这一点看，显然他在这方面的工作绝非出于偶然。那么究竟是什么因素促使他选择了这个题目？这个题目体现了一种怎样的研究主旨？又有着什么样的学术和社会意义？

以往的科学史研究中已经有过一些关于中研院的介绍。比如，林文照先生的文章《中央研究院概述》[3]《中央研究院的筹备经过》[4]《中央研究院主要法规辑录》[5]，以及樊洪业先生的《中央研究院机构沿革大事记》[6]《中央研究院院长的任命与选举》[7]等。这些都是我国近现代科学社会史研究的开创性工作。作为这些工作的继续或者说进一步深化的尝试，本文将力图通过对中研院的一个下属机构——物理研究所早期研究工作的考察，来描述出中研院的体制或者某些工作内容的细节。在研究的视角上，本文将尤其注重研究工作和机构与设施建设的相互关系。在丁燮林及其同事的工作中，本文将努力探寻在当时的背景下，中研院物理所同人所从事的研究工作的价值和意义。从那一点一滴的工作细节中，我们不难看出中研院物理所对国家、社会以及物理学在中国的发展所承担的特殊责任。事实上，这种责任一方面构成了中研院物理所同人展开其研究工作的前提，另一方面也决定了他们取得的成果的性格和特色。

二、地球重力测定的选题及其意义

要理解丁燮林为何首先从"新摆"的研制入手展开研究工作，必须首先了解在当时的社会和学术背景下，开展地球重力测定这项工作的价值和意义。因为正如丁燮林的论文和报告的标题已经提示的那样，他所研制的"新摆"和"重力秤"都是用来进行地球重力测定的。中研院物理所成立当初制定的工作计划如表 1 所示。

表 1 中研院物理所工作进程表[8]89

完成筹备期		集中建设期		扩充发展期	
1929 年	1930 年	1931 年	1932 年	1933 年	1934 年
购置仪器	同左	添置仪器	同左	同左	同左
购置书报	同左	添置书报	同左	同左	同左
进行本所上海建筑	完成本所上海建筑			增添建筑	同左
	进行无线电信研究	进行电信交通研究	同左	同左	同左
	进行重力测验	进行重力测验	同左	同左	同左
	其他研究	原材料物性的鉴定		同左	同左
		检验原料之物理性质	同左	同左	同左
		校准仪器出品	同左	同左	同左
		进行地磁测验	同左	同左	同左
		其他研究	进行大气力学研究	同左	同左
			其他研究	国防物理问题研究	同左

其中与研究工作相关的内容大致可以概括为以下几个方面：①无线电及其通信研究；②重力测定；③地磁测定；④检验原料之物理性质；⑤校准仪器；⑥大气力学研究；⑦国防物理问题的研究。从总体上看，这些工作都关系到当时亟待解决的一系列问题。比如像"大气力学电信交通及国防上种种问题，事涉国家存亡，更非自己致力研究不可"。其中关于重力测定的问题从表 1 可见，不仅一开始便列入了计划，而且还被作为一项长期进行的工作。关于开展这项工作的目的或理由，在 1928 年出版的中研院物理所的报告中有过这样的表述：

> 磁力重力大气诸研究……为物理学研究中之比较的有地域性质者，此种问题，决无他人可以代庖。吾国幅员既广，气候亦殊，地中蕴藏亦富，若不急起研究，则不特于吾国发展前途发生障碍，且易引起他国由文化侵略而渐入经济侵略之害。……[8]89-90

可见当时人们对于这项工作的意义是从学术和应用两方面来认识的："应用固宜注意，学理亦宜同时注重，欲期有进一步之发明，或国际上学术地位之增进，实非此不可也。"[8]90

从学术方面来说，由于地球的重力加速度因地而异，因此在中国进行的测量工作便成为国际上该领域中一个不可缺少的环节，其成果无疑会受到国际同行的高度重视。

以日本为例，1899年日本成立了测地学委员会。紧接着，以著名物理学家、后来原子结构的长冈模型提出者长冈半太郎为首的研究群体，在日本展开了测定地球重力的工作。他们利用在德国购买的仪器，花费了几年时间对多个地点进行了测定，获得并积累了大量的数据。后来长冈半太郎将这些数据拿到国际测地学会发表，引起了与会者的高度重视[9]。对于日本这样一个物理学研究刚刚起步的国家说来，上述做法被认为是其走向世界的重要一步。因此当中国物理学家开始着手研究并力图在学术上走向世界时，选择从这种"决无他人可以代庖"的地方入手，当然也是很有道理的。

从应用的方面来说，当时的人们对测定重力或地磁等这类大地物理研究的价值，存在着某种过高的期待或误解。在他们看来，这种测定工作对探明矿产资源定会有所帮助。因为了解了重力加速度和地磁线在不同地区的分布，便应当可以由此推算出不同地区的大地比重或铁磁性，进而可以对地下埋藏的矿产资源的分布做出大致的估测。尽管今天的人们已经意识到，事情远非当初想象那样简单，但无可否认的是，那样的一种误解或者认识，在一个很长的时期中，在全世界的范围内，曾经成为激励人们推动该领域研究工作进展的强大动力。

最后，开展地球重力的测定在当时还有着不可忽视的政治意义。北伐刚刚完成，维护主权与独立成为那个时代高度敏感的话题，中研院物理所同人一再强调，这项工作如果我们自己不急起先行，则"易引起他国由文化侵略而渐入经济侵略之害"，进而"不特于吾国发展前途发生障碍"。在下一年度谈到建立大地物理观测台计划时，同样的报告还进一步强调："法人在徐家汇，陆家浜所设之地震地磁观测台已有较长之历史；日人之所谓东方文化事业亦有在华设立此种观测机关之计划，我苟不自行设立，何能责人之越俎。"[10]83 作为刚刚建成的国家研究机构，若不在这种关系到学术独立乃至国家独立的大问题上有所行动，将毫无疑问地被看成是极大的失职。

由此可见，中研院物理所选择地球重力测定为开展研究的突破口，在几个重要的方面都有着十分充分的说服力。而丁燮林的"新摆"和"重力秤"的工作，作为该项工作的必要准备或前提，它的意义也就不难理解了。

三、"新摆"和"重力秤"

将地球重力的测量列入研究计划之后，接下来就是着手进行必要的准备工作了。重力测量分为两类，一类是绝对的测量，一类是相对的测量。1929年初，丁燮林等人开始筹划这两方面的准备工作。在该年度的报告书中，还留有这样的记录：首先要考虑建造一个大地物理观测台，"意在使设台地点之自然现象，如重力、地震振幅、地磁诸要素等，有永久之记录，可用为比较之根据。然观测台只限于一地；大地物理诸现象，大都随地而变，随时而变，观测台势不能遍地皆设。故必须有测量队之组织；仪器之校正，人员之训练，胥以观测台为大本营；然后划定路线，分队测量；一次既毕，十年或二十年之后，再行复测，如此则大地物理诸现象之变迁可得而考，直接可供科学研究之材料，间接亦有裨于国计民生。惟大地物理范围甚广，同时并举，非本所独立所能胜，本所下年度所拟准备者为重力及地磁之测定"[10]83。在下一年度的筹备报告中又可见到："因通常该两种测量所需用之仪器，价值甚巨，且类需特别定造，亦颇费时间，故决定先由本所自制新式仪器试用。"[11]

事实上，前面提到的丁燮林的"新摆"，就是为进行绝对测量而设计的。在上面提到的发表于1930年的论文中，他详尽地阐述了该"新摆"的构造和试验原理[12]。紧接着，就在中研院物理所附属的金工车间制造，并且很快便初具规模。摆的底座用的材料是钢筋水泥，还从英国的剑桥仪器公司购置了测定时所需的天文时计和信号箱。但是"新摆"设计中要求的"摆上之刀边及搁置刀边之玛瑙平面"为目下所缺，致使测量工作拖延下来。原以为该问题能够很快得到解决，因此在报告书中有上述工作"大约夏后，即可起始进行"的说法，但事实上问题似乎并非那样简单。在下一年度的报告中，此问题仍未能得到解决。直到1931年的报告中，才总算看到"现本所工场对切磨平面之工作，已有相当之设备，此项平面，亦可制成使用"这样的说明，似乎研制工作取得了一点点进展。但接下来在1932年的报告中，该摆的精度仍在调整中[13]64。

几乎与研制"新摆"同时,丁燮林于1929年开始规划制作一个新式"浮秤",以满足重力之相对测量的需要。

> 其原理乃在定温之下,令一种定量气体之压力,与一种液体之静压力平衡。液体之密度与高度均保持不变。但若重力变更,则此液体之静压力亦随之变更。于是变更气体之体积,再使其压力与液体之静压力平衡。由气体体积变更之量,即可求得重力变更之量。此"浮秤"之构造与测量时之手续,都极简单。欲测量某地之重力,只需将"浮秤"移至某地,待其温度降至所预定之温度时,观察"浮秤"在液体中所上升或下降之度即得。[10]81

遗憾的是,此"浮秤"的精度只可测得第一位小数,顶多不过第二位小数。而前面提到的1899年长冈半太郎等人的测量数据,以及下面将提到的国立北平研究院使用购自法国的仪器得到的测量数据都已达到了第三位小数,相比之下,这个"浮秤"的精度显然不够。

也正是顾及精度方面的问题,丁燮林开始考虑另外研制一种"新秤",他称之为"重力秤"。上面提到的他于1932年在中国物理学会第一次年会上所作的报告,谈的便是这项工作。关于这个重力秤的原理、问题及其解决的对策等,在1931年中研院物理所的工作报告中,也有如下详尽的描述:

> 关于 g 之比较测定,曾于去年起,由本所研究员兼所长丁燮林计划一种仪器,名之曰重力秤(Gravity Balance)。迭经丁先生及助理员谢起鹏试验改良,渐可见诸实用矣。重力秤之原理,系应用定量气体之压力,使与液体之静压力成平衡。前者不因重力而变化,而液体之静压力则与 g,液体密度,及液面之高成正比。故气体之体积与温度若保持不变,液面之高应与 g 成反比;如是则只需一次长度的测定,即可比较 g 之大小。此法虽可免去量时间的种种困难,但难免有下列两种缺点:
> 1)将重力秤放在冰桶内,若欲量 g 至第三位小数,非使温度准至1/3000摄氏度不可。但此非简单装置所能办到。
> 2)液体之表面张力,时生不规则影响。
> 重力秤之最初装置,即注重于此两点。其形式略如左图(即图2)(全部皆用玻璃)。

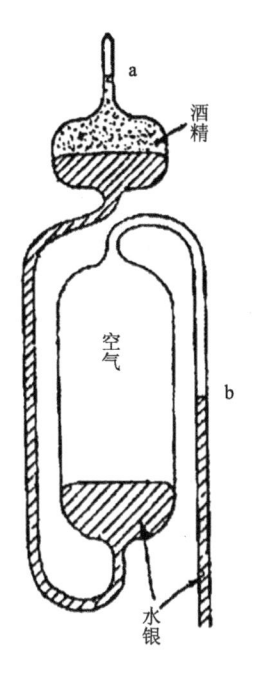

图 2

  液体用两种：水银之表面甚大，可减少其表面张力的影响；酒精面安小，使增加灵敏度。在酒精表面 a 以上只有酒精之蒸汽，当其他各种气体抽尽后即封口。在此装置内，若空气之温度增高，则 a 面上升；反之，若酒精部分之温度加高则使 a 下降。故若上下温度一致，可以算出大玻璃管内之适当空气压力（约 20cmHg）使在零摄氏度左右，两种作用适相抵消。故只需上下温度一致，冰桶内整个的温度毋须至上述之准确程度。图中 b 处水银面可上下移动，用以求出本仪器之常数。再者，当 b 面上下移动时，倘验出 a 面之上下极有规则，即足以证明液体之表面张力及酒精蒸汽之饱和状态，皆不发生困难。

  用此种装置，上述之两种缺点，固可减去大半；惟当试验进行时，又发现以下两种弊病：

  3）酒精表面以上，总有残留气体存在，一部分或许由溶解在酒精内之气体吐出，一部分则因封口时温度太高，由酒精蒸汽分解而成。此残留气体在酒精内溶解或吐出之进行殊慢，故其压力之平衡状态，不易成立。

  4）重力秤放在冰桶内之装置甚难固牢，且玻璃各部分亦易于微有弯曲，故在每次装冰时，受倾斜或弯曲等关系，每使 a 面常不回至原处。

关于第三点，现已大致解决。一方面在封口时，使无酒精蒸汽存在，而在 a 面之上部加添一球，使残留气体的容积加大，其压力受酒精之溶解影响，大可减少。此外关于第四点，现正从事将重力秤之形式改良，使其本身难于弯曲，而同时使其易于固着于冰桶内。其结果如何，不久当可解决也。[14]63-64

以上介绍表明，中研院物理所创建初期，在确定了地球重力测量作为一项重要的课题之后，研制用于地球重力绝对测量的仪器"新摆"和用于相对测量的仪器"重力秤"，是所长丁燮林亲自主持并且持续进行的一项工作。尽管从结果说来，无论是"新摆"还是"重力秤"的研制，最终是否取得了成功，进而又是否派上了实际用场，这些情况都不得而知，然而与之相关且性质相同的另一项工作——用于地磁测量的仪器研制工作——则取得了显著的效果。1933 年，中研院物理所在南京紫金山天文台附近建成了地磁观测台。该项工作作为地磁测定以及大地物理观测工作的一个重要组成部分，其准备工作几乎与重力测定方面的工作同时展开。该观测台计划包括记录仪器室和标准仪器室两部分，这种配置体现出它不仅是一个对地磁变化状况进行长期跟踪观测，并予以永久记录的定点基地，它还拥有为其他研究机构进行仪器校准的所谓标准机关的功能。至于说到其中装置的仪器，则有些购自国外，也有些是研究所同人在所内的工厂自行设计制造的[14]71。该观测台的建成不仅在当初就被看作是该领域工作的一大成就，而且对日后中国的地球物理学研究也产生了深远的影响。该台后来与南京北极阁地震台合并，发展成为今天的南京基准地震台。

四、科学研究的"实行"与"指导、联络和奖励"

那么，在地球重力的测定，或者更广义地说在大地物理测量这个课题中，为什么丁燮林将主要精力投入仪器的研制这个环节中？相比之下，晚于中研院物理所一年创建的国立北平研究院物理研究所（以下简称"平研院物理所"）同人则将工作的重心放在组织测量队、划定路线、分队测量等所谓一线的事务上。在副院长兼所长李书华和研究员朱广才的领导下，平研院物理所组织了对中国华北、中部、华南以及长江流域等地区的地球重力的测定，其结果也很快发表在法国的科学杂志上（图 3）[15]。

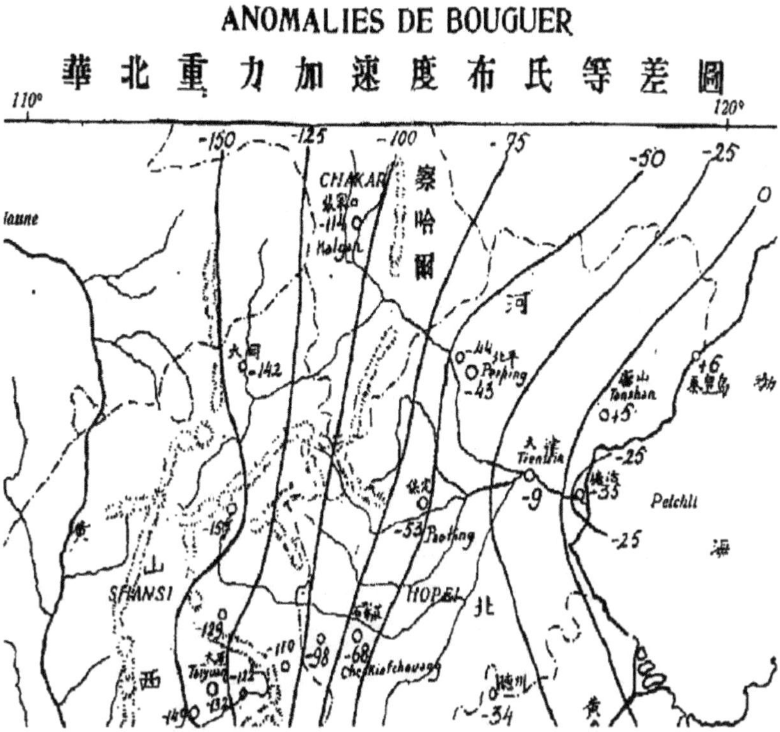

图 3　《华北重力加速度之测量》中的插图[16]

当然，必要的仪器或工具的准备是展开研究工作的前提，况且上面已经提到费用昂贵和购买定制颇费时间等问题。但是从下面的分析中也不难看到，丁燮林等中研院物理所同人的做法，还取决于研究机构的"性格"，取决于这种"性格"所规定的中研院物理所肩负的特殊责任。

根据 1928 年公布的《国立中央研究院组织法》，中研院被定义为全国最高学术研究机关，与之相应，其任务被规定为：①实行科学研究；②指导联络奖励学术之研究[17]。为此，在组织机构上，根据①所规定的任务，中研院设置了包括物理所在内的各个研究所；同时根据②所规定的任务，中研院又设置了由全国各学术机关的学术带头人组成的评议机构。由于中研院评议会直到 1935 年才正式成立，因此单从制度史的角度看问题，以往的研究认为中研院直到 1935 年以后，才开始履行上述法规中所赋予的第二项任务。如果我们从这个角度去回顾丁燮林等人从"新摆"和"重力秤"的研究入手展开地球重力测定的工作时便不难发现，在丁燮林等人研究工作的这样一个切入点上，的确实现了科学研究的身体力行及其指导、联络和奖励这两方面任务的结合和统一。

作为全国最高学术研究机构，中研院物理所无疑要带头实行大地物理测量这样有着学术和应用双重意义的重要研究工作。但由于它的任务不仅仅是实行科学研究，还担负着指导、联络和奖励国内其他研究机构走向研究的责任，因此，必须同时考虑其自身的工作对该领域国内其他机构的指导、支持和推动作用。从这个角度来考虑问题，丁燮林等人从仪器的研究和制作着手进行大地物理测量方面的工作就显得顺理成章了。尤其是在中国的物理学研究刚刚起步之时，从仪器的研制入手所展开的工作的确有着上述的双重意义。

事实上，不仅丁燮林等人在地球重力测定方面的工作是如此，研究所早期的其他工作遵循的也是类似的思路，如专任研究员陈茂康主持的有关"天空电子层之研究"。关于该项研究，中研院物理所 1932 年的工作报告是这样描述的：

> 天空电子层（Kennelly-Heaviside layer）不特于光与电之学理上多所阐明，且在无线电之应用上开一新纪元。近年来欧美各国暨印度日本皆有学者孜孜研究不倦，而我国不特未见研究，且其高度之记录，似亦全属阙如，本所有鉴于此，近已从事此项研究，由陈茂康先生主持，蔡金涛先生助理，分三步工作：1）修造装置收发各仪器。2）测量并记录较为重要者之高度。3）研究尚待解决之各疑问。[13]64

陈茂康于 1930 年到所后，也是从测量仪器的研制着手。他和蔡金涛合作完成的第一步工作"一米左右吸收式波长计之理论与计划及校准"的研究，被采纳作为《中央研究院物理研究所集刊》的第 4 号，其摘要又发表在《中国物理学报》第 1 卷第 1 期上[18]。以后，《中国物理学报》又连续发表了他们的论文《一数分米或数厘米阴极射线波长计》（1934 年第 1 卷第 2 期）以及《研究中国电离层之初草报告》（1935 年第 1 卷第 3 期）。1936 年 6 月 19 日，借上海出现日偏食之机，陈茂康等人利用自制的仪器，对天空电离层在日偏食发生时、发生前和发生后的视高及游离强度进行了实际的观测。其结果被认为"可供对于天空电离层作综合之研究者以有用之参考"[19]。

尽管围绕着像"新摆"、"重力秤"和"波长计"一类的测量仪器的研制工作，在 20 世纪的物理学研究中或许已算不上前沿或热门话题，但是考虑到中研院物理所作为国家最高学术机关，在丁燮林以及陈茂康等人的工作中，或许更应当强调的是它所蕴含着的在科学研究的实行，以及对学术研究的指导、联络和奖励这两个方向上的双重意义。

五、研究者的特性及其成就

丁燮林关于"新摆"和"重力秤"的研究也使人联想到中研院物理所早期同人的一些共同特长和在特殊时期所从事的工作的特性。

丁燮林就任中研院物理所所长之初，他身边最早就任专职研究员的仅有杨肇燫、胡刚复、严济慈三人。严济慈不久后得到中华教育文化基金会补助赴法国从事研究，不久又有陈茂康来到这里。

丁燮林（1893—1974）曾就读于上海工业专科学校（简称"上海工专"，即现在的上海交通大学），毕业后出国留学，并于 1919 年获得了英国伯明翰大学的理科硕士学位。在英国期间，他在伯明翰大学的英国皇家学会会员 O. W. 理查森的指导下，完成了用炽热电子发射的实验直接验证麦克斯韦速度分布的工作。回国后受北京大学校长蔡元培的邀请任该校的物理教授，在北京大学期间，他还担任过理预科和物理系的主任。1927 年蔡元培在南京组建中研院时，丁燮林作为最早一批成员来到这里。

杨肇燫（1898—1974）是中研院物理所的秘书，于 1918 年毕业于上海工专，后来通过了派遣庚款留学的考试，在麻省理工学院电机系取得了硕士学位。回国后，先是在东南大学任工科教授，接下来在北京西门子电机厂做过短时期的工程师，1925 年到北京大学物理系任教，并从此与丁燮林共事[20]。

胡刚复（1892—1966）也是中研院最早的筹备委员之一。他早年毕业于上海南洋公学，即丁燮林、杨肇燫就读过的上海工专的前身，1909 年以优异的成绩通过了第一次派遣庚款留学的考试，并被派往美国的哈佛大学留学。本科毕业后他继续留在该校攻读研究生，在杜安（W. Duane）教授的指导下，他在 X 射线领域完成了广泛而重要的实验工作，并于 1918 年获得了哈佛大学的物理学博士学位。回国后到南京高等师范学校任教。该校后来升格为东南大学，进而又改称为第四中山大学和中央大学，也是我们现在所熟知的南京大学的前身。胡刚复长期在此担任物理教授和系主任，加盟中研院之前，他是第四中山大学的理学院院长[21]。

严济慈只在中研院工作了很短时间。在他走后来所的陈茂康早年也通过了派遣庚款留学的考试，他晚于胡刚复一年赴美，本科是在康奈尔大学读的机械工程，后又到联邦学院（Union College）取得了电机工程硕士学位[22]。回国后曾任交通大学唐山工程学院的教授。

从这些早期成员的出身经历看，他们的一个共同特征是几乎都有着工科教育的背景，即便丁燮林和胡刚复学的是物理专业，他们在国外的工作也都是偏重实验方面。从回国后的经历来看，丁燮林在北京大学，胡刚复在南京高等师范学校及其后来的东南大学时期，正是两校的教育在新文化运动和新工业振兴运动的背景中蓬勃发展的时期，而分别作为著名的北京大学、南京高等师范学校的物理教授，丁燮林、胡刚复的最大功绩，被认为是改变了大学中无实验室的状况。他们以亲手制作的实验仪器充实了实验室和在实验基础上进行的物理教学，从而把真正的物理学引进到中国大学的讲堂中[23]。

像这样一个群体，当他们接过创建一个国家物理研究机构的重任时，所面临的状况并不令人乐观。从人员上来说，中研院物理所除他们几个专职研究人员外，助理研究员总共加在一起也只有几人，至于招收研究生，那更是几年以后的事情。从经费上说，中研院物理所开办初期，他们没有专门的开办经费，因此不得不一方面从每月的日常经费中划一部分经费用于基本建设；另一方面则必须时常考虑着日常研究工作同研究所自身基本建设之间的有机结合。而从表1中也可以清楚地看到，所谓边工作边建设，是中研院物理所早期的一大特色。所幸的是如上所述，丁燮林、胡刚复等人不仅受到过良好的从事研究工作的训练，而且他们以往白手起家创建实验室的经历，也使他们得心应手地将过去工作中积累起来的丰富经验运用到创建研究所这个更大的事业中，而他们关于"新摆"和"重力秤"的研究，正是在那个特定环境和特定职责下所展开的工作。

应当说，像"新摆"和"重力秤"这样的围绕着仪器制作所展开的研究，既是推动相关领域（重力测量、天空电子层测定）研究活动展开的一个不可缺少的环节，又是研究所自身建设的一个重要组成部分。对"新摆"、"重力秤"和"波长计"等仪器的研制，既构成了此一时期中研院物理所同人研究工作的一项特色，又带动了研究所本身乃至全国物理学研究基础设施的创建工作。截至1932年前后，中研院物理所经过几年的筹建，已经粗具规模。它拥有物性研究室、光学研究室、X射线及高压研究室、色谱分析研究室、大地物理研究室、大气物理研究室、无线电研究室等机构；相关的研究设施则包括通用恒温室、光学恒温室、音响学恒温室、高压蓄电池室、变压机械室、高频发电机室、照相室、放射性实验室、绝缘材料检验室以及上述附属金木工厂等。与此同时，所内的资料室还订购了100余种外国期刊，并收藏有 1000 多册各类学术著作。作为国家创办的机构，中研院物理所不仅以自身的存在和发展不断地向全国发布着国家鼓励物理学研究的声音，而且以它的日益健全的装置和设备，将全国各方的学者吸引到这里。此外，在仪器的制作、改进、维修和加工的过程中，日益发展和壮大起来的中研院物理所附属的金木工厂，也被认为是该所同人的早期工作贡献于全国物理学界的一大杰作。这个工厂在抗日战争前夕已拥有百人以上的员工，并且装备了不少精良设备。在当时它不仅承担着为其他教育和研究机关修理、校准及调试仪器的职责，而且为中小学生产了大量用于教学的实验器材和教具。

在中国近代物理学研究的草创时期，以"新摆"和"重力秤"的研究为代表的中研院物理所同人对未知领域的探索无疑是重要的。这种重要性不仅体现在它处在当初各方需求与现有条件的交点上；从另一个层面上看，它还体现在一开始便渗透着我们今天仍在大力提倡的"吸收引进"与"自主创新"相结合的可贵品格上。

六、结论

从以上的分析中我们可以清楚地看到，在中研院物理所创建之初，所长丁燮林关于"新摆"和"重力秤"的研究有着多重的意义。首先，作为地球重力测量这个课题的组成部分，它有着学理和应用两方面的价值。其次，从国家为中研院物理所规定的任务出发，"新摆"和"重力秤"的研究又明显体现了"实行科学研究"和"指导联络奖励学术研究"这双重理念的结合。最后，从特定时期研究所的建设和研究者们自身的特长和经历来看，它又可以被看作是中研院物理所创建初期，一批有着开拓经验的中国物理学先驱将其日常研究工作同研究所自身的基本建设的重任加以整合的结果。

中研院物理所作为国家创办的第一个从事物理学研究的专门机关，它产生于北伐胜利后这一特定的历史时期，并在推动物理学在中国进步的事业中肩负着特殊的职责。也正是在这样一个中国的现代化与物理学进步相互交错的巨大框架之下，丁燮林关于"新摆"和"重力秤"所作的看似平凡的研究，不仅是历史的产物，也向我们展示了在特殊环境中形成的中研院物理所及其研究群体所拥有的特质和性格。

以往关于中研院的历史研究，往往过于注重从单一的制度层面去考察问题，因而时常导致一些片面的结论。比如上文中所提到的针对中研院成立之初，只设置了研究机构而未及时设置评议机构的事实，便有研究者认为：中研院成立初期，其工作只是围绕着法规所规定的第一项任务，即"实行科学研究"展开；而第二项任务，即"指导联络奖励学术研究"的履行，则是 1935 年中研院评议会成立以后的事情。本文的分析表明，在中研院物理所早期研究工作的实行过程中，即便是第一项任务的履行，也是从一开始就贯穿着对第二项任务的思考的。这种思考不仅来自研究所同人在履行自身职责方面所拥有的自觉，而且来自上述两大任务之间本来就存在着的内在的互动关系。这种互动关系要求我们的历史研究不仅应有一个宽广的视野，而且必须注意多种研究视角的相互结合。因为只有在这种结合中，我们才能更准确地描述事物内部多种因素的相互影响，描述那些以对立统一的形式展现出来的事物及其发展和演变的过程。

（本文原载于《自然科学史研究》，2003 年第 S1 期，第 1-11 页。）

参 考 文 献

[1] Ting S L. A proposed method of absolute determination of "g" by a new pendulum. Scientific Papers of Nat. Res. Inst. of Phys, Academia Sinica, 1930, 1(1): 1-18.
[2] 《物理》编辑部. 中国物理学会第一次年会资料. 中国科技史料, 1982, 3(3): 86-87.
[3] 林文照. 中央研究院概述. 中国科技史料, 1985, 6(2): 21-28.
[4] 林文照. 中央研究院的筹备经过. 中国科技史料, 1988, 9(2): 70-73.
[5] 林文照. 中央研究院主要法规辑录. 中国科技史料, 1988, 9(4): 17-20.
[6] 樊洪业. 中央研究院机构沿革大事记. 中国科技史料, 1985, 6(2): 29-31.
[7] 樊洪业. 中央研究院院长的任命与选举. 中国科技史料, 1990, 11(4): 48-54.
[8] 国立中央研究院物理研究所十七年度报告//国立中央研究院总报告. 国立中央研究院总办事处, 1928.
[9] 日本物理学会. 日本の物理学史. 上册. 东京: 东海大学出版会, 1978: 167-171.
[10] 国立中央研究院物理研究所十八年度报告//国立中央研究院总报告. 国立中央研究院总办事处, 1929.
[11] 国立中央研究院物理研究所十九年度报告//国立中央研究院总报告. 国立中央研究院总办事处, 1930: 71.
[12] 《科学家传记大辞典》编辑组. 中国现代科学家传记. 第六集. 北京: 科学出版社, 1994: 147-152.
[13] 国立中央研究院物理研究所二十一年度报告//国立中央研究院总报告. 国立中央研究院总办事处, 1932: 64.
[14] 国立中央研究院物理研究所二十年度报告//国立中央研究院总报告. 国立中央研究

院总办事处, 1931.
- [15] 物理学研究所与镭学研究所工作报告//国立北平研究院第六年工作报告. 1935: 27-29.
- [16] 雁月飞, 鲁若愚. 华北重力加速度之测量. 1933, 4(5): 1-4.
- [17] 国立中央研究院总报告. 国立中央研究院总办事处, 1928: 1.
- [18] 严济慈. 二十年来中国物理学之进展. 科学, 1935, 19(11): 1705-1716.
- [19] 国立中央研究院物理研究所二十四年度报告//国立中央研究院总报告. 国立中央研究院总办事处, 1935: 13.
- [20] 徐友春. 民国人物大辞典. 石家庄: 河北人民出版社, 1991.
- [21] 《科学家传记大辞典》编辑部. 中国现代科学家传记. 第二集. 北京: 科学出版社, 1994: 141-151.
- [22] Who's Who of American Returned Students. Peking: Tsing Hua College, 1917.
- [23] 钱临照. 怀念胡刚复先生. 物理, 1987, 16(9): 513-515.

民国初期科学研究在高等教育中的体制化开端

——北京大学理科研究所的创建

| 李英杰，杨舰 |

今天，科学研究是高等教育的主要职能之一，其充实程度也是衡量高等教育水平的重要指标。然而放眼世界，科学研究成为高等教育尤其是大学的重要职能仅有 200 年左右的历史。与社会状况和经济状况的多样性相适应，大学中科学研究的存在方式也是多种多样的：自从德国的洪堡（Wilhelm von Humboldt，1767—1835）将研究的理念贯彻到创建柏林大学的过程当中，李比希（Justus von Liebig，1803—1873）在吉森大学开创了化学教育的实验室模式，欧美和东亚的高等教育都相继和研究融为一体。本文欲探讨科学研究在中国高等教育中的体制化问题，这不仅是中国传统教育向现代变革中的大问题，更是近代科学在世界各国传播过程中的一个普遍而重要的议题。科学研究在中国高等教育中的体制化进程，在 20 世纪现代化的历史进程中，既渗透着来自欧美和日本各国的影响，又体现着其自身变革的本土特色。

1917 年，蔡元培担任北京大学（以下简称"北大"）校长，他对这所清末设立的国立大学进行了大刀阔斧的改革，研究所制度的创建成为其标志性的成果。经过这次改革，北大设立了文、理、法三科研究所，由此开启了大学中进行学术研究的先河。已有研究关注到这一重要的历史进程[1]，本文选取了其中最有代表性的理科研究所作为考察对象，通过翔实的一手文献，对研究所创建的理念、过程及其成果和局限，进行了细致的梳理，旨在更深入地揭示这一变革对中国教育和学术从传统向现代转型的意义。

一、背景

民国初期，北大理科研究所的创建，有着如下几个方面的背景因素。

首先，它是戊戌变法以来，中国近代教育体制发展演变的继续。众所周知，中国的教育改革进程从一开始就体现着由政府自上而下推动的近代化特征：它不像欧美的学校教育那样，由教师或学生发起，而是由政府率先挂起招牌，接下来是延聘教师和招收学生。因此，中国近代教育体系中研究制度的设立，早在晚清政府发布的《钦定学堂章程》和《奏定学堂章程》中就有所涉及[2]。这两个章程被认为是在参考了日本和欧美各国的教育体制的基础上提出的，两者均在大学本科教育之上有大学院和通儒院的设计。但晚清的学堂教育并未达到这一目标，既没有合格的教师，也没有合格的学生。民国成立之初，教育部颁布的《大学规程令》中明确规定了"大学院为大学教授与学生极深研究之所"[3]。但民国之初的北大，连本科基础教育都尚处在拓荒阶段，学术研究更是无从谈起。能够在大学中从事学术研究的教师与学生的出现并非一蹴而就的事情，它需要一个过程。北大理科研究所的创建，肇始于其理科第一期学生毕业和蔡元培从德国归来担任北大校长的前夕①。

其次，北大理科研究所的创建，受到了中国现代化的历史进程从政治的社会变革向社会的社会变革演进的影响。辛亥革命以后，袁世凯的复辟和接踵而来的军阀混战，使中国现代化的进程面临着十分严峻的局面。北大尽管名义上已成为中华民国的高等教育机构，但辛亥革命的不彻底性，也体现在这所学校当中。该校的前身——京师大学堂，原本延续了封建时代科举取士的功能，学生们为仕途而来，对于学问本身并无真正的兴趣。"外人每指摘本校之腐败，以求学于此者，皆有做官发财思想，故毕业预科者，多入法科，入文科者甚少，入理科者尤少，盖以法科为干禄之终南捷径也。因做官心热，对于教员，则不问其学问之浅深，惟问其官阶之大小。"[4]此种状况呼唤着中国社会的变革向着思想文化领域的深入，而蔡元培担任北大校长之初，整个中国社会的变革正处在从政治的社会变革向以思想文化为先导的社会的社会变革转换的重要关头。

---

① 截止到1916年，数学系学生叶志、商契衡；物理系学生孙国封、丁绪宝、刘彭翱、陈凤池、郑振壎；化学系张泽垚、阎道元、何永誉、李兆灏、陶怀琳、黄德溥、王兆同、朱文稚、季顺昌、顾德珍本科毕业。

最后，上述两种因素随着蔡元培担任北大校长而汇聚到一起，从而使得蔡元培在北大所推行的改革，既成为新教育发展的继续，又成为新文化变革的开端。1917年1月9日，在北大校长的就任演说中，蔡元培明确谈道："大学者，研究高深学问者也。"[4]他强调大学不是官僚养成所，更不是知识贩卖所。而欲使大学成为研究学术之机关，就必须将学术研究纳入到学校教育的过程中，就必须设置各种研究所[5]。关于大学举办研究所的理由，蔡元培日后阐述道：

一、大学无研究院，则教员易陷于抄发讲义、不求进步之陋习。盖科学的研究，搜集材料，设备仪器，购置参考书，或非私人之力所能胜。若大学无此设备，则除一二杰出之教员外，其普通者，将专己守残，不复为进一步之探求，或在各校兼课，至每星期任三十余时之教课者亦有之，为学生模范之教员尚且如此，则学风可知矣。

二、自立研究院，则凡毕业生之有志深造者，或留母校，或转他校，均可为初步之专攻。俟成绩卓著，而偶有一种问题，非至某国之某某大学研究院参证者，为一度短期之留学；其成效易睹，经费较省，而且以四千年文化自命之古国，亦稍减倚赖之耻也。

三、惟大学既设研究院以后，高年级生之富于学问兴趣、而并不以学位有无为意者，可采德制精神，由研究所导师以严格的试验，定允许其入所与否，此亦奖进学者之一法。[6]

蔡元培对北大的改革，在很大程度上也受到了德国的影响。留学德国期间，他考察了柏林大学及莱比锡大学等著名大学。其中，洪堡创建柏林大学的理念给他留下了深刻的印象。作为一个拥有传统学术功底和强烈民族意识的教育家，蔡元培对19世纪初期洪堡和费希特等大学者们强调教学与研究相统一的主张深有同感，他希望将北大办成一所能"与柏林大学相颉颃"[7]，并在世界上拥有学术地位的高等教育机构。在他看来，德意志统一之盛业，盖发端于此[8]。对于中国社会的变革而言，这无疑是西方近代科学和教育体制向中国的移植走向本土化的关键，是从思想文化的层面造就近代中国社会新局面的先声。

由此可见，蔡元培在北大推动的改革及理科研究所的创建是清末以来近代教育体制在中国创立过程的继续，它伴随着辛亥革命以后中国现代化历史进程向思想文化领域的展开，并受到了洪堡等人创办柏林大学时期的思想和理念的影响。

二、制度筹商与设备购置

制度的设计与安排是体制化的首要问题。然而，任何制度的设计与安排，都离不开人、财、物等具体条件的支持，都体现为这诸多因素之间的相互博弈，其内涵与效果则往往体现在实际工作的展开过程中。北大理科研究所在创建中所展示的科学研究在中国高等教育中的体制化进程，也需要我们从这些方面去加以认识。

（一）制度筹商

作为蔡元培对北大改革的重要内容之一，理科研究所的创建启动于1917年11月，理科教授们为此接连举办了两次筹商会议。已有资料表明，北大理科研究所制度和运行框架的设计，主要是在这两次会议上完成的。

第一次筹商会议的召开是在1917年11月9日，到会者7人，会议由理科学长夏元瑮[①]主持。会议首先推举了秦汾、张大椿及俞同奎分别担任数学、物理和化学三个研究所的主任。秦汾是从哈佛大学留学归来的天文和数学硕士，张大椿是耶鲁大学的电气工程学士，俞同奎是英国利物浦大学的化学硕士。

其次，会议确定全体理科的本科、预科教授均有资格成为研究所教员，并规定了他们各自分担的研究科目（表1）。同时，还认定理科一般讲师及外国教员，可自由参加研究所的活动。不论是教员还是学生，进入研究所工作均不给予津贴。

表1　理科研究所第一次筹商会议中规定的教员分担的研究科目

姓名	分担科目	姓名	分担科目	姓名	分担科目
秦汾	高等数学	叶志	算学	李祖鸿	光学
冯祖荀	函数论	罗惠侨	力学	俞同奎	物理化学、无机化学
王仁辅	几何学	何育杰	理论物理	陈世璋	分析化学、卫生化学
胡濬济	微积分学	王鎏	电学		
金涛	代数、解析几何	张大椿	实验物理		

[①] 夏元瑮(1884—1944)，我国近代物理学家、教育家，专长于理论物理学。夏元瑮于1905年考取广东省留学生名额，1909年毕业于耶鲁大学物理系，之后入德国柏林大学深造，其间和普朗克有过交往。1912年袁世凯任临时大总统后，广东省留学经费被取消，他只好放弃博士学位回国。回国后，应北大校长严复之聘，出任北大理科学长和物理教授。1917年，蔡元培任命理科学长夏元瑮总理理科研究所事务。

再次，会议规定了研究所经费的使用原则：第一，各方向须指定专人负责经费的使用；第二，经费的使用计划须在集体协商的基础上提交学长认可；第三，每月经费须全部用来购置书籍和仪器，依轻重缓急，循序渐进。鉴于经费紧张，会议决定仪器药品暂不添购，先以半年经费优先购置杂志书籍，具体包括：①科学杂志旧本；②补足图书馆现存科学杂志缺本；③科学杂志；④名家著作；⑤新书。

最后，会议讨论了《北京大学月刊》的编辑事项，该月刊由北大文、理、法三科研究所共同举办，会议确认了理科相关体例应包括：①学术；②特别问题[①]；③教授法；④译名商榷；⑤新书批评；⑥通信。并且规定期刊由研究所教员供稿，学生文章亦可择优刊登，唯不得超过总页数的 1/5。文章以中文刊载，专有名词不得已时，可直接用西文。不载校事及译稿，每星期理科至少担任一编。

与会者一致认为，鉴于当时设备条件尚未具备的情况，学理性研究无法开展，作为权宜之计规定：第一，实验室装备未到之时，研究员可暂不进行实验研究。第二，研究方式可先由教员提出适当选题供学生选择，学生在确定选题后，便可在相关教员的指导下阅读指定的参考读物。第三，每两周举行一次研讨会，参加者为本专业教员和加入研究所的学生，由研究所主任主持，并指定专人记录，在开会之时，学生依次讲演其研究之结果。讲演之后进行讨论或质疑。最后，参加者亦可轮流报告其近日研究心得。第四，各研究所的活动地点均安排在理科实验室，鉴于场所条件限制，又规定了三个研究所轮流使用的时间。会议确定研究所的第一次活动时间在 1917 年 11 月 26 日[9]。

紧接着在一周以后的 1917 年 11 月 17 日又召开了第二次筹商会议。会上夏元瑮发言，他首先回应了蔡元培校长的上述见解，指出：

> 北京大学自成立至今，已二十年。今春蔡先生来校，方有组织研究所之提议。大学进步之迟缓，实令吾人叹息。……北京大学师生素来自为一小团体，与世界学问者不通闻问，试问吾等抱此闭关自守主义，能独立有所发明，与欧美竞争乎？……回国作教习数年，日所为者，不过温习学过之物而已，新知识增加甚少，新理之研究更可云绝世。吾辈如此，中国学问之前途尚有希望乎？[10]

---

① 原文为"问顾"，应为印刷错误。

接下来，他明确宣布了研究所的经费额度为每月 4500 元。针对上次会议的内容，他指出尚有一个根本问题未予讨论，即教员自身该如何进行研究。他提出，在当前情况下应派遣教员出国进行研究活动，被派遣者除须在北大工作满五年之外，还应担任研究所教员的工作。此次会议对部分教员分担的研究科目进行了调整，还确定了冯祖荀、王仁辅、胡濬济、金涛、叶志、罗惠侨、何育杰、王鎣、李祖鸿、陈世璋为月刊编辑。

第一次筹商会议之后，在 1917 年 11 月 16 日出版的《北京大学日刊》第一号上，刊登了北大《研究所通则》。该通则对研究所之任务、拟设之研究所、各研究所之所址、研究所拟开展的方向和工作、研究所教授之研究任务等进行了介绍。它涵盖了上述筹商会议所议定的制度框架。其中，关于理科研究所各门的研究内容规定为："科学史、名著研究、译名审定、中国旧学钩沉等。"[11]这里显然也考虑到了前面提到的"设备条件尚未具备，学理性研究无法开展"的实际情况。

以上可见，北大理科研究所创办之初，在蔡元培将大学办成研究学问之场所的理念下，同人围绕着研究所的创建及其运行规程，进行了广泛而细致的谋划。其内容包括：①研究所之人员构成：研究所导师以本科和预科之全体教授为主体，其他教员也可自由参与研究所的活动；学生除本校毕业生可自由进入研究所之外，本科二、三年级的学生经研究所主任认可之后，也可参加研究所的活动。②经费额度及使用规则：研究经费的额度为每月 4500 元；该研究经费的使用须在集体协商的基础上制订出计划并提交学长认可；有限之经费须全部用来购置书籍、仪器，而不得用于师生个人之津贴；依轻重缓急、循序渐进之原则并鉴于现有经费紧张，仪器药品暂不添购，先以半年经费优先购置杂志书籍。③研究活动：在实验室条件尚未具备之前，研究所的活动以研讨会的形式为主；理科各研究所之研讨会原则上每两周安排一次；教员个人之研究可先行以赴海外研修的方式进行。④成果发表：筹办《北京大学月刊》，以刊登北大文、理、法三科之研究成果。

所有这些都体现了同人在制度筹商过程中既着眼长期目标，亦注重脚踏实地，并力求将两者相结合的努力。

（二）设备购置

如上所述，理科研究所成立之初由于经费所限，设备建设方面，主要是图书和杂志的购置。

根据《北京大学日刊》的统计，1917 年 12 月理科研究所订购了数理图书 139 种、化学图书 54 种。除 40 余种数学图书为法文外，其他基本上都是英文经典书目。诸如，数学方面有戈弗雷（C. Godfrey）等合著的《近代几何》（*Modern Geometry*）、斯科特（C. A. Scott）的《现代解析几何》（*Modern Analytic Geometry*）、史密斯（C. Smith）的《代数》（*A Treatise on Algebra*）；物理方面有汤姆逊（J. J. Thomson）的《电和磁方面的最新研究》（*Recent Researches in Electricity & Magnetism*）、马利克（D. N. Mallik）的《光学理论》（*Optical Theories*）、佩兰（J. B. Perrin）的《布朗运动和分子实在》（*Brownian Movement and Molecular Reality*）；化学方面有维尔纳（Werner）的《无机化学新思路》（*New Ideas on Inorganic Chemistry*）、斯科特（Scott）的《化学分析的标准方法》（*Standard Methods of Chemical Analysis*）、帕克斯（Parkes）等合著的《卫生与公共卫生》（*Hygiene and Public Health*）等[12]。

这些图书中既有 19 世纪中叶出版后多次再版的经典书目，也有 20 世纪头十年才出版的新书，内容基本涵盖了上述表 1 中开列的研究所教员们在各自方向上开展工作的需求。

杂志方面，理科研究所订购了 39 种期刊（图 1），除《观象丛报》一本中文期刊外，其余均为该研究领域重要的外文期刊，35 种为英文期刊，其中 20 余种来自美国，10 种左右来自英国，另有 3 种法文期刊。绝大多数杂志来自英美国家，这应与研究所教员中的绝大多数曾在英美国家留学相关。而就期刊所涵盖的领域而言，如图 1 可见，不仅应对了理科已经设立的数学、物理、化学三个方向的需求，而且为拟议设立的生物、天文两个方向做了准备。这些期刊都是新刊，同人拟定在未来经费许可的情况下，将以往过刊逐渐补足[13]。总而言之，这些期刊的订阅使得理科研究所的教员和学生能够接触到世界最新的研究进展，也为理科学生选择研究题目提供了重要的参考资料。

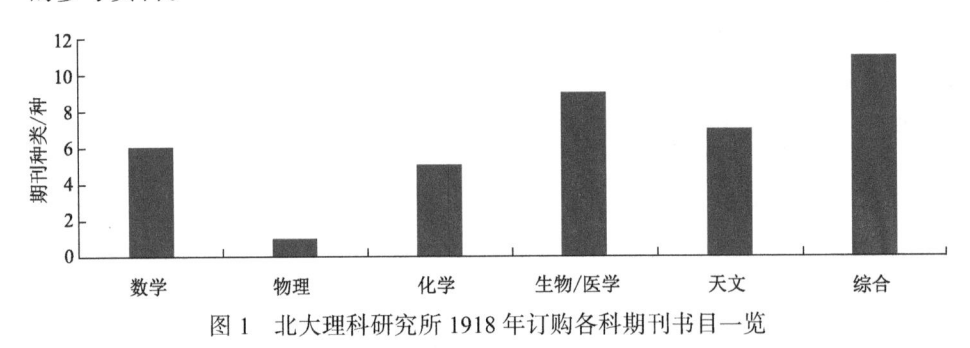

图 1　北大理科研究所 1918 年订购各科期刊书目一览

在实验室建设方面，目前流行的北大早期历史资料中，人们经常看到如图 2 所示的两张代表性的照片。然而，我们不能因此对北大此一时期的理科实验室在实际研究工作中所发挥的作用抱过于乐观的看法。

(a) 理科化学实验室　　(b) 理科物理实验室

图 2　1916 年北大理科化学、物理实验室

资料来源：国立北京大学分科规程. 北京大学档案馆藏，档案号：BD1916005

首先，根据公开出版的北大校史资料，此一时期的物理学门只有一间实验演示兼仪器储藏室[14]。而根据物理系早期毕业生的回忆，此一时期物理专业的学生很少亲自动手做实验[15]。理科研究所成立之后，夏元瑮学长 1918 年 2 月在致化学教员公函中写道："前因本校化学器具缺乏曾竭力设法向日本定货若干，现已到津共十七箱。"[16]1918 年 3 月，理科研究所决定"先拟增设化学实验室为化学研究所之用，已致文教育部请酌予临时经费二万元"[17]。到了 1918 年 5 月，在研究所主任会议之后，夏元瑮在给理科研究所主任的函中又写道："在美国定购之物理仪器化学药品及卫生化学仪器药品均尚未到，下学年尚应添购各物仍乞诸公会议开列清单……卫生化学实验室计划已有头绪……各种实验室应为理科大学之中心，弟现有一种财政计划下学年经费或可稍裕也。"[18]

除此之外，理科教员自身也力所能及地为实验室建设出力，夏元瑮就曾给化学实验室捐赠了"照相仪全具"，包括："照相器一架，木架一个，干片二十九匣，刻度杯一个，显像药七匣，暗灯一个，印象纸二十七帖，洒像框两个，大洗盆三个，次亚硫酸曹达一瓶，橡皮洗盆两个。"[19]

以上表明，理科研究所成立之后，在校方和研究所教员的共同努力下，实验室的建设取得了一些进展，但此时的条件对于满足研究所教员在各自方向上从事研究工作的需求来说，显然是远远不够的。

三、研究人员及其活动的展开

（一）研究人员

理科研究所创建之初，根据 1917~1918 年的《北京大学日刊》刊载的研究所报告统计得知，先后有 18 名教授参加了研究所的活动，占理科教授总数（23 人）的一半以上，其中数学 7 人、物理 5 人、化学 6 人，详见表 2。

表 2　1917 年理科研究所成立至 1918 年一年间参加理科研究所的教员名单

学门	姓名	分担科目①	学历及到北大工作前的工作经历
数学门	秦汾	高等数学	哈佛大学天文数学硕士。江南高等学堂教务长，上海浦东中学校长，上海南洋中学及上海南洋公学教员，交通部工业专门学校数学教授
	冯祖荀	解析	京师大学堂师范馆，日本京都第一高等学校及京都帝国大学理学士
	王仁辅	近世几何学	哈佛大学算学理学士，北京盐务署翻译
	胡濬济	解析	观海卫安定学堂，日本东京帝国大学，回国后任浙江高等学校教员
	金涛	应用数学	康奈尔大学学习土木工程，唐山交通大学任教一年
	叶志	近世几何学	北大数学门理学士，毕业后留校任教
	罗惠侨	应用数学	上海高等工业学校，麻省工业学校造船科学士、硕士，曾在纽约造船公司充绘图员，海军部差遣，上海江南造船局造船工程师
物理学门	何育杰	电学原理	京师大学堂，英国曼彻斯特大学学士
	王鎏	电学	格拉斯哥大学理工科学士
	张大椿	热学、电学	上海南洋公学及震旦学院，耶鲁大学电气工程学士，中国公学教务长、安源煤矿工程师
	李祖鸿	光学	肄业于浙江求是书院，英国格拉斯哥美术学院与格拉斯哥大学物理专业学士
	张善扬	电学	康奈尔大学机械工程学士，天津高等工业学校物理英文教员

---

① 此分担科目为理科研究所第二次会议调整之后的结果。

续表

学门	姓名	分担科目	学历及到北大工作前的工作经历
化学门	俞同奎	无机化学、物理化学	京师大学堂师范馆，利物浦大学化学硕士学位，后赴德国、法国、意大利、瑞士继续深造
	陈世璋	分析化学、卫生化学	英国伯明翰大学理化学士
	郭世绾	应用化学	英国曼彻斯特高等工业专门学校及维多利亚大学应用化学科毕业
	王兼善	无机化学	英国爱丁堡大学文科硕士及理科学士，商部高等实业学堂教员，出洋考察政治大臣随员。天津造币厂工务长，南京造币分厂厂长，天津造币总厂化验科科长，北京政府审计院协审官，财政部印刷局会办
	巴台尔	有机化学	德国人，柏林大学理科博士
	丁绪贤	理论化学	南京江南高等学校，伦敦大学化学系荣誉科学士，后入伦敦大学研究部继续深造，后任北京高等师范学校化学教授

资料来源：王学珍，郭建荣. 北京大学史料·第2卷·1912—1937. 北京：北京大学出版社，2000；国立北京大学分科规程. 北京大学档案馆藏，档案号 BD1916005；北京大学. 国立北京大学廿周年纪念册. 1918；北京清华学校. 游美同学录. 1917.

与表1相比，表2中可见上述理科教员第二次会议上对部分教员分担的调整情况。例如，冯祖荀从原来的函数论变成了解析，胡濬济从原来的微积分学变成了解析，金涛从原来的代数、解析几何变成了应用数学，叶志从原来的算学变成了近世几何学，何育杰从原来的理论物理变成了电学原理，张大椿从原来的实验物理变成了热学、电学。其中，物理研究所主任张大椿的研究科目由实验物理调整为热学、电学，或许体现了当初由于研究所条件尚未具备，无法进行实验工作的实际情况。

总体上说来，各科教员所分担的科目，大多是按照学科领域来划分的。研究科目基本涵盖了理科教学的各门课程，这种学科导向型的研究布局，体现了当时蔡元培大学教育应当与研究相融合的理念，所缺乏的是对于各自领域中具体学术问题的关注。而这一点或许同此一时期理科研究所教员各自的教育背景相关。由表2可见，这些教员大多数在海外留学期间只是取得了学士或硕士研究生学位，作为近代中国高等理科教育的第一代拓荒者，他们把在海外系统学到的专业知识带回中国，然而他们本人在研究上却很难说受到过良好精深的训练。更何况在实验室的条件尚未具备的时候，这样的一种布局或许正体现了他们不得已的做法。从进入研究所的学生情况来看，表3给出了1917年理科研究所成立至1918年一年间正式参加理科研究所的学生及其年级和所属学科名单。

表3　1917年理科研究所成立至1918年一年间进入理科研究所的学生

姓名	入研究所时的身份	研究科目
商契衡	理科数学门毕业	数学
张崧年	理科数学门选科毕业	数学
刘锡彤	工科土木门毕业	数学
吴维清	理科数学门二年级生	数学
刘彭翱	理科物理学门毕业	物理
陈凤池	理科物理学门毕业	物理
吴家象	理科物理学门二年级生	物理
丁绪宝	理科物理学门毕业	物理
季顺昌	理科化学门毕业	化学
李兆灏	理科化学门毕业	化学
顾德珍	理科化学门毕业	化学
李续祖	理科化学门毕业	化学
许世璿	理科化学门毕业	化学
陈兆畦	理科化学门二年级生	化学
龚开平	理科化学门二年级生	化学
谭声传	理科化学门二年级生	化学
李冰	理科化学门二年级生	化学
俞九恒	理科化学门二年级生	化学
麻沃畬	理科化学门二年级生	化学
邵福昺	理科化学门二年级生	化学

资料来源：北京大学. 国立北京大学廿周年纪念册, 1918；《北京大学日刊》, 1917~1918年；国立北京大学毕业同学录, 台北："中研院"近代史研究所档案馆藏, 档案号：301-01-09-063。

其中，进入化学研究所的学生明显多于数学和物理，这主要是由于化学本科毕业生人数远远多于其他两个学科。相当数量的本科生获准进入研究所学习，这一方面由于已有毕业生人数不多，而另一方面也反映出，当年研究所中探讨的问题本身在很大程度上仅仅称得上是课堂教学的延展或补充。根据《北京大学日刊》对理科研究所活动的报道，除了表3中所列出的 20 余名正式参加者外，还有 10 多名学生以旁听生的身份参加了研究所的活动。

（二）研究活动的展开

根据上述第一次筹商会议的决定，理科研究所创建之初，数学、物理、化学各研究所均每两周举行一次研讨会，每次两小时，大致安排四项内容。

其一是读书心得的讨论。即针对教员布置的题目，学生在阅读了指定书籍后，报告读书心得；或由学生提出自己感兴趣的题目，经过教员的认可后，阅读相关书籍，报告读书心得；围绕这些心得，教员与学生一同讨论。以 1918 年 1 月 9 日的第三次物理研究会[20]为例。

（1）到会教员：张大椿、张善扬、王莹、李祖鸿、何育杰。

（2）到会学生：陈凤池、刘彭翊、吴家象、丁绪宝。

（3）研讨内容：由助教丁绪宝介绍假期中阅读的书目。报告人首先介绍了自己在假期中的学习，称首先选读了麦克斯韦（J. C. Maxwell）的《物质和运动》（Matter and Motion），无所甚得；又选读了约翰·亨利·坡印亭（John Henry Poynting）编写的物理教材《物性》（A Text-book of Physics: Properties of Matter），也不得门径；再后改读了瓦格斯塔夫（C. J. L. Wagstaff）编写的相对通俗的《物性》（Properties of Matter），接下来他用英文做了题为 On the Method of Dimensions 的报告。根据报告人首先提出拟将标题译为"次元法"，全文分四节加以介绍：①次元法之界说；②次元法之应用；③次元法应用之说明；④次元法之根据。

报告结束后，师生围绕该理论的化简和应用两个方面的问题进行了讨论。

据考证，上文中提到的麦克斯韦的《物质和运动》初版于 1876 年，是物理学的经典著作，直到今天仍然多次再版，是研究物质与运动的经典教材[21]。约翰·亨利·坡印亭初版于 1902 年的《物性》，同样是时至今日仍在出版的经典之作[22]。据丁绪宝后来的报告内容，推断最终丁绪宝改读的是瓦格斯塔夫的较为浅易的《物性》一书[23]，此书初版于 1906 年，同样是研究物性的经典书目，在难度上应该较以上两本书都简单。

其二是共同研究。研究的主要内容是名词翻译的考订。由于中国当时的科学名词还没有统一的译法，因此，名词考订成为此一时期研究工作的重要内容。例如，在数学研究所第三次讨论会上[24]，张崧年就报告了对 Mengenlehre 一词中 Menge 应如何翻译的思考，他首先考证了德、法、英、意、日几个国家对这一词的翻译情况，之后查了《广雅》认为"聚"字最为符合这个词的本义；而日本翻译成"集合"，他认为"无不妥"，但是他还是想从中国经典中寻求答案。他从《左传》中考证了"滋"字，认为治学有得时才能裁断是否该用"滋"，而后他又参考了罗素等数理名家的做法，将其译为"类""族""畴"。因为参考了淳于髡所说的"物各有畴，今髡，贤者之畴也"，最后他认为"畴"是比较好的译法。这种在协商中首先考证各国对相同词汇的翻译，然后取其共同点找到中文中相对应的解释，进而从中国古代经典中寻求合理的汉字释义之做法，构成了理科研究所早期共同研究的重要内容。

其三是专题研究，所谓专题研究即由教员选择适当的题目进行专题演讲。例如，在化学研究所第八次例会上，教员陈世璋就做了题为"人力靛青之制法"（Synthesis of Indigo and Its Derivatives）的演讲。他首先介绍了天然靛青的性质，进而介绍了国外制造靛青的历史和方法，接下来阐述了人力靛青的价值。考虑到该演讲的时代背景，当时正值第一次世界大战期间，化工大国德国的产品出口困难，导致世界染色行业倚赖美国，同时为中国新工业的兴起提供了良机[25-26]。该演讲体现了研究所教员对国际国内形势的关注。与之类似，俞同奎也曾注意到：

> 欧洲军兴世界各国仰给于德之钾盐久缺，另觅钾盐来源几成学者研究之鹄，新近美洲学者考得每吨焦干内含碳酸钾至二十七磅之多，每吨焦干价仅美金六七元而所得碳酸钾照时价可值美金二十五元，我国北数省种植玉麦颇多，秋后割除残干山积，然其灰含有钾盐，固无疑义设能考其成分，精其提炼之法贡献于社会必受欢迎。[27]

其四是对研究所活动进行的反思与探讨。例如，在 1918 年 10 月 25 日召开的物理研究所会议中，针对当时研究所活动中，由于兴趣和研讨方向的不同，成员缺席情况严重的问题，与会人员商讨了对研究所活动方式的改进办法，包括：①将研究分为特别研究和共同研究。特别研究指学生针对自己想要研究的问题随时找教员个别商讨；共同研究指以研讨会方式所进行的集体研究。②研讨会由原来每两周召开一次改为每月召开一次，此外，由学生酌定选题之后，和相关教员每个星期或每两个星期召开一次特别研讨会。③对教员分担的科目进行了调整，何育杰改为理论电学，张大椿改为光学。④规定了学生申请进入物理研究所的报名期限[28]。这些改进措施说明，理科研究所成立之后,其制度建设并非一蹴而就,而是伴随着研究活动的进展不断地改进和调整的。

理科研究所的以上活动内容,在总体上体现出了同人之前在筹商会议上的谋划和安排。它生动地展现了北大理科研究所在实验条件尚未具备的情况下,推动教学向着与研究相融合之方向迈进的努力,而作为一种过渡阶段的工作,亦无可否认其对于日后真正意义上的研究工作的开展所拥有的重要意义。

四、成果、局限及其特征

北大理科研究所作为中国高等教育体制中最早出现的研究机构,在制度建设和研究活动开展这两个方面均取得了有益的成果。

首先,在制度建设方面,如前所述,秉承将大学创办成为研究学问的场所这一理念,同人在蔡元培校长大力推进的改革当中,积极而全面地投入到研究所的工作中来。1918年7月,《北京大学日刊》以当时各研究所主任开会议决案的形式,公布了《研究所总章》[29]。这是北大乃至中国高等教育史上关于研究所制度的重要文件,它既可以看作是对同人前一阶段制度建设和研究活动的总结,又可以看作是接下来之研究事业的体制保障。总章从研究所的组织、办法(研究内容和方法)、通信研究、大学月刊、职员任务、书籍杂志管理等6个方面对研究所的制度框架做出了明确的规定。需要指出的是,总章在原则上肯定了筹商会议讨论之结果的同时,对于在筹商会议的讨论中并未明确规范的学生进入研究所的资格与条件,以及学生入所后之学业与成绩等问题,也均给出了明确的说法:

> (第五条)本校毕业生具得以自由志愿入研究所,本校高级学生得研究所主任之认可,亦得入研究所。(第六条)本校毕业生以外,与本校毕业生有同等之程度而志愿入所研究者,经校长及本门研究所主任之认可,亦得入研究所。(第七条)本国及外国学者志愿共同研究而不能到所者,得为研究所通信员。[29]

而关于入所学生的学业成绩,在筹商会议所议结果的基础上,总章亦进一步规定了"择题既定,由各员自行研究……所得结果于一年之内作为论文,文成后由本门研究所各研究员公共阅看,其收受与否由各教员开会定之。论文收受后，由本校发给研究所成绩证书，并将所收受之论文交付大学图书馆保存，或节要采登月刊；其未经收受者，由各教员指出应修改之处，付著作者自行修正之"[29]。尽管在以后的岁月中，北大研究所——尤其是理科研究所——伴随着社会的动荡和学校本身的制度变迁，其发展的道路并不平坦，但其制度建设的成果却始终存留在学校办学的理念与制度框架当中，并为日后北大正式建立研究生院做了准备。

说到北大理科的研究成果，根据上述《研究所总章》的规定，可大致分为"研究科"、"特别研究科"和"共同研究科"这三种类型。其中，研究科是由教员根据专业需要指定研究科目，指导学生研讨；特别研究科是由学生自己提出，经教员认同并报研究所主任认可后的选题，或由教员提出若干选题，令学生自由选择后进行研讨；共同研究科是由教员提出问题，邀集同事或毕业生一道共同研究。这三种类型的研究，一开始都是以研讨会的形式进行的。据笔者统计，截止到 1919 年，《北京大学日刊》对北大理科研究所的学术研讨活动报道达 35 次之多。其内容如上一节中所列举的，涵盖了名著与新书研读、译名审定、针对本国实际需求介绍国外新技术和新产品等广泛的话题。用今天的观点衡量，所有这些在实验室条件尚无法满足研究工作的情况下进行的研讨活动，很难称得上真正意义上的研究，因而难以产生出有价值的理论和应用成果，然而在中国社会特定环境和条件下，中国大学中的科学研究正是这样启动的。

值得一提的是，此一时期最大的成就还体现在人才培养方面。据所掌握的材料，在正式参加理科研究所活动的学生中，已知其毕业后去向者有如下 11 名（表 4）。

表 4　1917 年理科研究所成立至 1918 年一年间正式参加理科研究所学生毕业去向

姓名	入研究所时身份	研究科目	毕业后去向
商契衡	理科数学门毕业	数学	北大图书馆事务员
张崧年	理科数学门选科毕业	数学	曾在清华大学、北京大学等多所大学任教，后成为著名学者和政治家
吴维清	理科数学门二年级生	数学	曾任国立武汉大学法学院讲师、理学院教授
陈凤池	理科物理学门毕业	物理	曾任陆军部技师、陆军通信兵学校区队长等职
吴家象	理科物理学门二年级生	物理	历任东北大学总务长兼代校长，东三省保安司令部秘书，东北政务委员会机要处处长、秘书长，辽宁省政府委员兼教育厅厅长等职务

续表

姓名	入研究所时身份	研究科目	毕业后去向
丁绪宝	理科物理学门毕业	物理	赴美留学，1922年获芝加哥大学硕士学位，曾在东北大学、中央大学、浙江大学等校教授物理
李续祖	理科化学门毕业	化学	理科研究所事务员，在北大图书馆、仪器部等部门任职
许世璿	理科化学门毕业	化学	北京女子高等师范学校任职，在国民政府内政部卫生署担任过秘书长
陈兆畦	理科化学门二年级生	化学	1924年毕业于北平协和医学院生化系，获硕士学位。曾先后任教于北大、北平协和医学院和上海交通大学。1947年任中国西部科学院理化研究所主任，1951年任西南人民科学馆副主任委员兼西南师范学院教授，1953年任西南农学院土化系教授
俞九恒	理科化学门二年级生	化学	中国银行上海分行工作，先后任过襄理、副总经理等职务
麻沃畲	理科化学门二年级生	化学	1931~1936年在国立北平大学工学院纺织系任教授，1938年西北工学院成立后，任纺织系教授

资料来源：国立北京大学毕业同学录. 台北："中研院"近代史研究所档案馆藏，档案号：301-01-09-063；王强. 近代同学录汇编. 第4～7册. 南京：凤凰出版社，2013；王学珍，郭建荣. 北京大学史料·第2卷·1912—1937. 北京：北京大学出版社，2000.

从表4可见，在参与研究所活动的学生中，有近半数的成员日后走上了学术道路。尽管当时的理科研究所充其量不过是一个以在校生为主的有志者读书研习机构，与当今大学的研究机构不能相提并论，但作为一个重要的开端，它所强化的提倡学术之精神，对于改变充满科举旧制度的气息、被作为进身阶梯的北大教育来说，实在有着很重要的意义。

说到北大理科研究所创建过程中的最大问题，莫过于与同人高远的志向相比，由于条件所限，研究所只能在极其艰苦的条件下惨淡经营，致使实际的运行远远无法达到制度设计的水准。以后由于国内政治陷入军阀混战，办学条件更得不到保障，以至于作为开展真正意义上的研究工作所必需的各科实验室设备的建设在多年以后仍未取得明显进展。

相比之下，19世纪下半叶，在美国创办的约翰斯·霍普金斯大学就与北大形成了鲜明的对照。众所周知，约翰斯·霍普金斯大学在美国高等教育史上被视为第一所真正意义上的研究型大学。与北大相同的是，约翰斯·霍普金斯大学的创建也受到了德国的影响。首任校长吉尔曼曾在19世纪50年代访问德国，柏林大学洪堡"教学与研究相结合"的办学理念以及德国大学中崇尚研究的学术气氛给他留下了深刻的印象。因此，在约翰斯·霍普金斯大学的制度设计上，吉尔曼效仿了德国。他还聘请了多位曾在德国学习或考察过的学者到约翰斯·霍普金斯大学任教。所不同的是，吉尔曼所考察的德国经过了李比希的时代，其时德国大学中的研究在体制和方法上已经发生了明显的进展和变化。有感于吉森实验室的魅力，吉尔曼曾写道，"近20年来，一股来自德国小城的力量正明显地改变着整个基督教世界的教育，这股力量扩展着人类知识的疆域，首先是化学及其应用领域，接着推广到整个自然科学。这座小城就是吉森；这股力量的来源就是李比希；而就方法而言，它体现为将教学和研究融为一体的实验室教育"[30]。这种实验室教育，说起来就是使学生通过在实验室中亲自动手实验而达成对知识的理解并在此基础上展开创造性的工作。这种教育模式产生于德国农业的大变革时期，它顺应了这种变革的需求。这对于同样处在经济大变革时代的美国来说，是一种迫切需要并值得效法的教育方式。在吉尔曼聘请的拥有留德经历的学者当中，雷姆森（Ira Remsen）教授就曾在李比希麾下学习，他在约翰斯·霍普金斯大学建立了最初的化学实验室，以后他又继吉尔曼之后担任约翰斯·霍普金斯大学校长一职[31]。

约翰斯·霍普金斯大学的创建，有着1865年南北战争结束后，美国资本主义和工业革命大发展的背景。学校本身便是由约翰斯·霍普金斯（1795—1873）这样的企业家赞助的。因此，吉森模式的导入既体现了那个时代为满足特定社会需求而出现的美国高等教育的变革和发展，事实上这种发展也反过来推动了美国社会经济的发展和变革。当时继约翰斯·霍普金斯大学研究生院之后出现的美国大学研究生院中很多学者都有着在德国学习的经历；另一方面，据统计，在1841~1852年，先后有16名美国学生在吉森实验室接受了系统的教育和训练[32]。

反观北大理科研究所创建的时代背景，辛亥革命以后，袁世凯称帝及接踵而来的军阀混战导致以往那种由政府自上而下推动的现代化进程遭到了严重的挫折。而以蔡元培为代表的社会有识之士力图通过推动思想文化领域中的变革，以达成继续发展中国现代化事业之目的。在此之际，当年洪堡面对普法战争失败所带来的沉闷局面，力图通过"建立柏林大学……用脑力来补偿普鲁士在物质方面所遭受的失败"[33]的做法，无疑给蔡元培等中国的精英们带来了直接的启示。

因此，北大理科研究所的创建，其理念上最大的特征就是要以教育和思想的变革来推动社会的变革。事实上，这一创举构成了中国新文化运动的先声。而中国当时政治、经济的混乱局面则使得研究所的发展在实验室的建设上存在着上述无法逾越的局限。

五、结语

1917 年，北大创设理科研究所，它是清末以来中国高等教育发展的继续，是中国社会从传统向现代变革的结果。在蔡元培校长的推动和德国近代大学理念的影响下，北大理科同人全方位参与的这场改革，无论在制度设计还是在实际运行中均取得了显著的成果，从而造成了中国近代高等教育史和科学技术史上的重要开端。

北大理科研究所创建当初，其制度设计既体现了同人胸怀高远的理想，亦反映出他们脚踏实地的作风。在有限的经费条件下，研究所的建设一开始便侧重于书籍和期刊的购置。从各科教员所分担的科目来看，在研究内容上呈现出明显的学科导向的特征。所有这些都贯穿着蔡元培校长关于教育与研究相融合的办学理念，也是在人员、经费和设备条件尚未能满足实际需求的情况下，迫不得已的选择。

从理科研究所的活动内容来看，早期的活动主要是以研讨会的形式进行的。在课堂教学的延长线上，围绕着新知识和新问题所展开的讨论，包括对于在本土展开学术研究来说十分重要的名词译法的探究，以及对于中国工业崛起来说密切相关的应用问题的介绍，均体现了北大理科教学向着与研究相融合这一方向的迈进。就其结果而言，研究所在人才培养方面所取得的成就也营造了教育的崭新局面。

北大理科研究所无疑也有其历史局限性，这表现在其既未能在真正意义上开展立足于实验基础上的科学研究，亦未能回应中国社会工业和经济的需求，开展有价值的知识探索。与创办于 19 世纪下半叶的美国约翰斯·霍普金斯大学相比较，我们进一步看到了这种局限来自中国特定的社会历史条件：北大理科研究所创办初衷是循着思想文化变革的路径推进中国现代化历史进程，然而它在艰苦的条件下起步，形成了其在研讨会的形式下，追求教育与学术全面融合的基本特征。

科学研究在中国高等教育中的体制化进程中并非是一蹴而就的事情，它是一个在多种因素作用下，充满曲折的历史过程。北大理科研究所的创建，用今天的观点看来，的确是存在着诸多不尽如人意的地方和不够完善的方面。然而本文的研究表明,无论就其鲜明的理念还是志向高远的制度安排来说,它都毫无疑问地成为这一事业在中国近现代科技史上的一个重要开端。

(本文原载于《自然科学史研究》,2017 年第 4 期,第 519-534 页。)

参 考 文 献

[1] 左玉河. 中国现代大学研究院制度的创建. 北京大学教育评论, 2010, (3): 51-64, 189.

[2] 大学堂章程//北京大学校史研究室. 北京大学史料·第 1 卷·1898—1911. 北京: 北京大学出版社, 1993: 97.

[3] 教育部公布大学规程令//中国第二历史档案馆. 中华民国史档案资料汇编·第 3 辑·教育. 南京: 江苏古籍出版社, 1991: 140-141.

[4] 蔡元培. 就任北京大学校长之演说//高平叔. 蔡元培全集. 第 3 卷. 北京: 中华书局, 1984: 5-7.

[5] 蔡元培. 我在北京大学的经历//陈平原, 夏晓虹. 北大旧事. 北京: 北京大学出版社, 2009: 29-35.

[6] 崔志海. 蔡元培自述. 郑州: 河南人民出版社, 2004: 114-115.

[7] 蔡元培. 北京大学二十周年纪念会演说词//蔡元培. 蔡元培全集. 第 3 卷. 杭州: 浙江教育出版社, 1997: 202-204.

[8] 蔡元培. 蔡孑民先生言行录. 长沙: 岳麓书社, 2010: 146.

[9] 理科研究所第一次报告. 北京大学日刊, 1917-11-17: 1-2.

[10] 理科研究所第二次报告. 北京大学日刊, 1917-11-22: 1-2.

[11] 研究所通则//王学珍, 郭建荣. 北京大学史料·第 2 卷·1912—1937. 北京: 北京大学出版社, 2000: 1331-1332.

[12] 理科研究所新订购各书细目. 北京大学日刊, 1917-12-08: 3-4, 1917-12-09: 3-4, 1917-12-11: 4, 1917-12-12: 3-4, 1917-12-16: 3-4.

[13] 夏元瑮. 致理科研究所主任诸君公函. 北京大学日刊, 1918-02-09: 1-2.

[14] 萧超然. 北京大学校史(一八九八——一九四九)(增订本). 北京: 北京大学出版社, 1988: 206.

[15] 张明示. 物理系概况. 北京大学卅一周年纪念刊, 1929: 98-105.

[16] 夏元瑮. 理科学长致各化学教员公函. 北京大学日刊, 1918-02-18: 1.

[17] 增设化学实验室. 北京大学日刊, 1918-03-01: 3.

[18] 夏元瑮. 理科学长致秦景阳、何吟苢、张菊人、俞星枢先生函. 北京大学日刊, 1918-05-30: 2.

[19] 理科化学实验室启事. 北京大学日刊, 1918-12-09: 3.

[20] 物理研究所第三次物理研究会. 北京大学日刊, 1918-01-13: 2.

[21] Maxwell J C. Matter and Motion. London: Society for Promoting Christian Knowledge, 1876.

[22] Poynting J H, Thomson J J. A Text-book of Physics: Properties of Matter. London:

Charles Griffin & Co., 1902.
[23] Wagstaff C J L. Properties of Matter. Cambridge: University Tutorial Press, 1906.
[24] 数学研究会第三次报告. 北京大学日刊, 1918-01-18: 1-2.
[25] 理科化学门研究所通告. 北京大学日刊, 1918-04-17: 2.
[26] 理科化学门研究所报告. 北京大学日刊, 1918-04-23: 2-3.
[27] 俞同奎. 俞星枢教授致夏学长信. 北京大学日刊, 1918-02-08: 3.
[28] 物理研究所开会纪事. 北京大学日刊, 1918-10-28: 2.
[29] 研究所总章. 北京大学日刊, 1918-07-16: 2-4.
[30] Gilman D. University Problems in the United States. New York: Century Company, 1898: 120.
[31] Hawkins H. Pioneer: A History of the Johns Hopkins University, 1874-1889. Ithaca: Cornell University Press, 1960: 38-62.
[32] Rossiter M W. The Emergence of Agricultural Science: Justus Liebig and the Americans, 1840-1880. New Haven: Yale University Press, 1975: 184-195.
[33] 鲍尔生. 德国教育史. 滕大春, 滕大生, 译. 北京: 人民教育出版社, 1986: 125.

北京大学早期的物理教授张大椿

|李英杰，杨舰 |

民国二年（1912年），北京大学（以下简称"北大"）正式设立了物理学门，这是中国大学中物理学专门教育的开端；何育杰、夏元瑮、张大椿作为北大最早的物理教授，开创了北大早期的物理教育。20世纪20年代以后，随着丁燮林、颜任光、李书华等一批从海外学成归来的新生力量登上北大物理系的讲坛，何育杰、夏元瑮等老一辈教育家，纷纷转往其他高校，继续其早年那种"拓荒者"的生涯。迄今为止，学界对于何育杰、夏元瑮已有介绍[1-3]，但是对张大椿却鲜有提及。最近有学者在论及早期民国教育的情况时，仍说张大椿"不详"[4]。

本文通过对相关历史资料包括张大椿的回忆录等，梳理出其早年的教育背景和归国后的任职经历。张大椿的人生轨迹，不仅可以展现近代早期物理学家及其事业在中国的产生和发展，同时也从一个重要的侧面折射出近代物理学向中国传播的若干特征。

一、新教育的洗礼

张大椿（图1），字菊人，浙江嘉兴人，生于光绪九年（1883年）[5]147，当时正值洋务运动时期。虽然在国防工业和陆海军的建设方面清朝政府投入了很大力量，但在制度和文化教育的层面上尚未形成向西方学习的想法。

图 1　在北大任教时的张大椿
资料来源：《北大生活》，1921 年 12 月，第 18 页

张大椿 12 岁那年（1895 年），清朝政府在中日甲午战争中失败，导致中国政局发生激烈变化。有识之士开始认识到，仅靠学习西方的军事技术无法达到强国的目的，真正的富强必须诉诸国家制度的变革。为达此目的，就要着手于新式人才的培养。因此，开办新学堂、培养新式人才成为时代迫切的需求。

1902 年，张大椿已就读于著名的上海南洋公学中院（即中学）[6]122。这所 1896 年创办的新式学校是中国最早开展近代教育的学府之一。它从师范、小学开始，不久开设了中院。中院遵守"岁升一班"的约章，到 1900 年 9 月，备齐正科 4 班。因此，1902 年就读于中院 2 班的张大椿，推算起来应当在 3 年前的 1899 年入学。当时中院所习之课程包括中西学的修身、经学、词章、史学、舆地、英文、外国史、算学、物理、化学、图画、体操等[7]114-138。张大椿的同学有邵长光①、夏元瑮②、李复几③、曾宗鉴④等，其中邵长光和夏元瑮与张大椿同班。

众所周知，新教育在中国开办当初，并非一帆风顺。张大椿早年的学习也充满波折。1902 年 11 月，上海南洋公学发生的著名的"墨水瓶事件"⑤，

---

① 邵长光(1884—1968)，原名闻泰，杭州人，教育家，曾任国立浙江大学校长。
② 夏元瑮(1884—1944)，我国早期近代物理学家、教育家，专长于理论物理学。
③ 李复几(1881—1947)，原名李福基，字泽民，祖籍江苏吴县，1901 年 7 月毕业于上海南洋公学，是我国第一位出国学习物理学并最早获得博士学位的留学生。
④ 曾宗鉴(1882—1958)，字镕甫，福建闽侯人。1901 年毕业于上海南洋公学，北洋时期的外交官。
⑤ "墨水瓶事件"是一场由学生在教师座椅上摆放空墨水瓶而引发的师生对立的事件，它体现了当时新旧教育之间的深刻矛盾。

导致包括张大椿在内的 200 余名学生集体退学，他们转往蔡元培等中国教育会同人创办的爱国学社继续求学。爱国学社仍将这些学生分为 4 个班，开设的课程有国文、历史、地理、英文和体育等[8]45。

然而好景不长，1903 年夏天，爱国学社又因"苏报案"而被迫解散[9]，张大椿又于这年秋天进入马相伯创办的震旦学院。在这里，他试图"专心研究学术，不问外事"[10]353，但是 1905 年因学生拒绝天主教堂神父干涉学校管理权，不肯屈服，导致全体学生散学。张大椿和部分师生一道进入新组建的复旦公学。在这里，作为高年级学生的张大椿一边学习，一边担任英文课程的助教。

1905 年，清政府废除了科举制度，同年大批学子争相奔赴海外求学。此时的张大椿也"一心想出洋留学，以求深造"[10]353。通过同学叶仲裕兄长的引荐，张大椿获得当时的东三省总督赵尔巽的委派，和周宏业一道作为奉天实业界的代表，随同端方、戴鸿慈出洋考察。该团由上海途经日本到达美国，周、张二人的考察内容主要是农业、林业及垦荒三个方面，他们搜集了大量资料，这些资料由周宏业带回奉天，而张大椿则得到奉天当局批准留了下来，并于 1906 年秋天改为留美官费生，进入耶鲁大学电机系学习[10]363。在这里，他碰到了上海南洋公学时的同学夏元瑮，夏元瑮也在这年通过了国内的官费考试，到耶鲁大学攻读物理。

二、工业救国之路

1909 年，张大椿毕业回国。他先到上海担任了吴淞中国公学的教务长。1911 年夏，他北上赴京参加游学毕业考试，"以工科举人的资格，廷试列入一等，分发海军部，以主事用"[11]245，但张大椿对此犹豫不决，因为他不想从政。正在此时，东三省方面来电，委派他参加在芝加哥举办的国际市政展览会，进而顺路考察美国中部和东部各处的钢铁、水泥、纸浆、电力等工厂。他欣然从命，前往美国。考察期间，国内爆发辛亥革命。张大椿取道欧洲返国。在欧洲又参观了英国、比利时的一些工厂，1911 年 11 月，他登上从马赛返国的客轮[11]。

张大椿在回国的客轮上巧遇孙中山，在一个多月的海上航行中，他与这位革命领袖共同度过了愉快又难忘的旅程[11]。由于舱位相邻，他有幸被安排和中山先生在同一张餐桌上进餐，并有机会聆听到中山先生关于建国方略，尤其是民生、土地价值、考试和弹劾等诸多问题的考虑和看法，并在途中与中山先生共同上岸考察风土人情。其间，中山先生也曾热情地邀请张大椿到新政府中做事。1911年12月26日船到吴淞口岸后，张大椿返回嘉兴原籍。他认为"自己既是一个学电工的人，在革命成功后，更应当用其所学，所以不愿再去投入政界，宁可在家等待就业机会"[11]251。1912年6月，经人介绍，张大椿到汉冶萍公司的安源煤矿，如愿以偿地担任了一名发电厂的工程师。

此时，晚清创办的京师大学堂改称国立北京大学。北大理科首次正式开设物理学门。从此，物理学作为专门教育的一个分支，首次纳入大学的教育体系当中。

然而民国初期新教育的基础仍十分薄弱，且各省生源水平参差不齐。作为一种权宜之计，北大在正式的本科教育之下，设置了预科，以使学生入学后能够适应专门课程的学习要求。这一举措对于像物理学这样对基础教育有较高要求的专门学科来说尤其重要。1912年底，张大椿收到了北大预科学长胡仁源的邀请，请他担任理预科的物理教授[12]。尽管此时张大椿在安源煤矿任职还不满一年，但他欣然北上，加盟北大物理教师的阵容，和时任理科学长的夏元瑮，以及稍早从英国曼彻斯特大学留学归来的何育杰一道，开始了早期北大物理专业的创业历程。

至于北大何以选择了张大椿，以及张大椿何以放弃了自己谋求已久而仅仅上任不满一年的工程师职位，走进大学任教，这个问题尚无直接的资料说明。然而间接地看来，张大椿赴北大任职应当与他的同学夏元瑮就任了北大的理科学长有关。除此之外，张大椿所学电机专业同物理学的密切关系，以及他在上海中国公学担任教务长的经历等，都有可能构成了北大方面选择他的原因。而张大椿放弃了安源煤矿的职位转往北大，则除去北大作为当时中国首屈一指的高等学府对所有学子的诱惑之外，从那个年代中，在海外学习工科的留学生，回国后很多人都从教育界开始其职业生涯这一点来看，也让人联想到那时海外高等职业人才的培养与中国社会发展的需求之间所存在着的程度上的差异。

三、物理教育的拓荒者

民国初期的北大，文、理两个预科共有200多名学生。学制和本科一样，均为3年[13]。张大椿到北大的最初几年，主要负责预科的课程。按照规定，他每周授课不得少于12学时。他负责两个班的课程，每周每班讲授物理课程2学时。他又将这两班的学生各分为两组，每周分别为每组学生讲授物理实习课程 2 小时[①]。关于当时物理实习课的内容，目前尚未发现相关资料。然而从当初北大理科物理学门总共只有一间物理实验兼仪器室[13]206 这一条件看来，当初的物理实习课同今天的物理实验教学尚有一定距离[②]。到了民国七年（1918 年），预科学生人数有了明显上升，仅理预科的在学学生人数就达到了 225 人。该年理预科毕业学生 79 人[14]592。

1917 年，蔡元培担任北大校长后进行了一系列重要改革，首先是废除了预科学长，将预科教学整合到本科当中，学制由三年改为两年。同时，随着北大物理本科教学内容的不断充实，像张大椿这样的预科教授也加盟到物理学门本科的教学当中。1918 年春季学期，他给一年级学生讲授物理学和物理实验课程，每周各 4 学时，同时还承担了二年级和三年级的物理实验课，每周 3 学时[15]。此一时期，北大物理学门教学改进的重点之一是强化实验教学的内容，对此，张大椿在积极参与的同时，也曾提出过有建设性的意见。他认为，"对于一年级物理实验拟编成四十课，实验包含全部。因理科各门学生，除物理门外，至第二年皆无物理实验功课，故须第一年内略窥物理各门量法之一斑，第二年第三年高等实验接续，二年合成一部，唯此时所有器具专备二年级之用，尚觉不敷，三年级需用器具更无把握，无从着手编辑也"[16]。从 1912 年与 1916 年课表[③]的变化中可以看出，北大已经形成了培养物理专业人才的课程体系。在实验课程上，一年级有物理实验和化学实验两类，二年级和三年级都有物理实验课程，可见对实验课程的重视。

本着大学应该成为研究学问的场所这一理念，蔡元培另一项改革举措就是成立研究所。1917 年秋季学期，北大的文、理、法科分别建立了研究所。1917 年 11 月 9 日，理科研究所召开第一次会议，正式任命张大椿为理科研究所物理学门的主任。根据《研究所总章》的规定，研究所主任主要有以下几个职责：决定高年级学生是否可以进入研究所学习；负责各门学科之联络；决定毕业生可否申请加入教员的共同研究；在每学期开的各所联合会中，提出各门研究所需要改进的问题；对于不能到所的通信研究员，负责审定其研究选题等。除了组织上的工作外，张大椿主任还负责物热学和电学两个研究

---

① 张大椿的授课情况详见《理科现行课表》（《北京大学日刊》，1917 年 11 月 23~25、28 日）。以下在叙述张大椿的授课情况时也是根据此课表摘录总结而成的。

② 根据 1918 年 2 月 23 日的《物理教授会讨论的下学期预科三年改两年的各事宜》（《北京大学日刊》，1918 年 2 月 27 日）第 4 条：照新章预科物理无实习一门，教育授课时须注重实验使学生于各种普通物理现象深印人脑以为日后研究高等物理之基础。可以推测，物理实习当属于课堂上老师所做的演示实验。

③ 两张课表分别见于《民国元年北大学科设置及课程安排》（北京大学档案馆藏，档案号 BD1912001）和《国立北京大学分科规程》（北京大学档案馆藏，档案号 BD1916005）。

科目[17]。在研究会中，张大椿等研究所教员，主要是和学生们一起讨论与物理相关的学术问题。研究会每两个星期讲演一次，每次两个小时。除了教员的专题演讲之外，还有以读书汇报和问题讨论的形式进行的研讨会。比如：研究员丁绪宝读 On the Method of Dimensions 时，将其拟译为次元法并对这本书进行了报告[18]，围绕研究员吴家象提出的"易感水银热度表上部向下曲折之球管有何用处"的问题[19]进行了讨论。

研究所除了组织同人读书和讨论之外，还鼓励学生自己开展各种形式的研究活动。1918 年末，北大学生自发组成了数理学会。张大椿参加了数理学会的成立大会，并在演说中对数学与物理之关系进行了说明，勉励学生们终身都要进行研究工作[20]。尽管正如研究所开办当初同人所看到的那样："现理科一切设备极不完全，众意此时尚不能作新理之研究，所可为者不过使毕业学生更得一读书机会而已。"[21]可是，这个研究所的创建毕竟是将高等教育与学术研究相结合的一个重要开端。

在蔡元培担任北大校长期间，中国近代的新文化运动走向了高潮。作为新文化运动重镇的北大校园中，人们对新科学和新文化的讨论发生了激烈的碰撞和互动。何育杰、夏元瑮、张大椿等物理教授均加入到这场大讨论当中，何育杰发表了《X 射线与原子内部构造之关系》（《北京大学月刊》，1919年，第 1 卷第 1 号）、《安斯顿相对论》（《北京大学月刊》，1921 年，第 1 卷第 8 号），夏元瑮翻译了爱因斯坦的名著《相对论浅释》（商务印书馆，1922年），张大椿发表了一篇名为《光电作用》（"Photo-Electric Effect"）[22]的文章，较为全面地阐述了与光电作用相关的国际研究情况。这些讨论使物理学在内的那个时代的科学既成为中国新文化建设的一个重要支点，又构成了近代中国新文化的一个重要组成部分。

张大椿在北大任教期间，在当时物理教育的制度设计和安排等方面也发挥了重要的作用。从 1915 年北大开始设立评议会起，到 1922 年离开北大，张大椿多次当选评议员，参与了学校校务的决策工作。五四运动期间，蔡元培因故被迫离开北大，由王建祖、胡适、黄右昌、俞同奎、沈尹默、张大椿等教授组成的委员会，协助工科学长温宗禹暂时代理了校务[23]。1920 年 4 月至 1921 年 9 月，张大椿接替何育杰，担任北大物理系主任①。1920 年 7 月，张大椿代表北大出席科学名词审查会第六届年会，

---

① 参见：《1920 年 4 月 10 日陶履恭、何育杰启示：陈启修、张菊人先生分别选为政治系、物理系主任及蔡校长通告》，北京大学档案馆藏，档案号 BD1920027。

并作为物理学组的主席,主持审查了力学和热学名词[24]。1919 年 4 月,教育部授予"理科本科教授张大椿五等嘉禾章",因其在"办理教育行政,办理学校教育"等方面,"均属卓著成绩","办理学务著有劳绩……给奖以资鼓励"[14]460-461。

四、淡出

经过新文化运动的洗礼,中国大学的科学教育获得了质的飞跃。伴随着一批年轻学子的相继归国,北大物理教育的发展也迎来了一个新的局面。1919 年,在英国伯明翰大学完成理科硕士课程学习的丁燮林,来到北大任教不久就担任了主持理预科教学的教授。1920 年,在美国芝加哥大学获得物理学博士学位的颜任光,受聘北大任教一年以后即出任了物理系主任。1922 年,在法国获得国家理学博士的李书华也加盟到北大物理系教授的阵容中,随后在麻省理工学院获得电机工程学硕士学位的杨肇燫也来北大物理系任教。这些新人所受专业教育的程度明显要高于夏元瑮、张大椿等前一辈的教师。他们不仅将世界上最新的物理教学内容充实到课程当中,而且使整个教学课程体系的建设更加接近海外高等教育的水准。在科目上增加了相对论等与时俱进的物理内容,实验教学不但从一年级贯穿到四年级,并且从基础物理实验到物理学分支科目的实验都有所增加。普通物理实验 69 个,在本科一、二年级进行,每星期一次,目的是使学生能使用各种高级仪器,以养成将来独立研究的能力;专门物理实验在本科三、四年级进行,每星期两次,学生在教授的指导下自作实验,进行专题性的研究[14]206。据李书华回忆,彼时北大理预科的物理课程与美国大学本科一年级(以物理为主科)课程相当。北大本科物理系毕业生水准比美国大学本科毕业生(得 B. Sc. 学位,以物理为主科)水准为高,比美国得硕士(M. Sc.)学位的毕业生水准为低[25]76。"那几年……(我们)一方面充实功课内容,一方面为学生准备实验室的各种实验,同时准备在讲室讲授时的指示实验。目标在提高学生程度,使学生毕业时有充分的基本知识。然后我们希望进一步能进行科学研究。"[25]75

也正是由于这批新人逐渐在北大的物理教学中发挥主导作用,何育杰、夏元瑮和张大椿等人相继淡出了人们的视野。20 世纪 20 年代以后,夏元瑮不再担任北大的行政职务,先是赴欧洲考察,回国后不久转往南方,先后担任同济大学校长、大夏大学教授、上海第一交通大学教职。何育杰也于 1927

年离开北大，转往东北大学担任物理系主任。何、夏二人都选择了到新的岗位上去继续物理教育拓荒者的生涯。相比之下，张大椿后来的经历却截然不同。1922年11月7日，张大椿仍当选为评议员[14]382。直到1928年，他仍然作为兼课教师，担负一些预科和大一的物理课程①。但是李书华回忆，在其到北大任教时，张大椿已离开了北大物理系[25]75。

关于张大椿离开北大的原因，除去上述新老交替的一般原因之外，或许还同北大内部教员之间的派系斗争相关。1922年7月3日，胡适在日记中写道："当日北大建筑今之第一院时，胡仁源、徐崇钦、沈尹默皆同谋。后来尹默又反怨徐、胡两人；及蔡先生来校，尹默遂与夏元瑮连合，废工科以去胡，分预科以去徐。……后来我提倡教授会的制度，蔡先生与尹默遂又借文理合并的计划以去夏。我当日实在不知道种种历史的原因，也不免有为尹默利用的地方。其实（据景阳说）夏浮筠（即夏元瑮）当时即召集景阳、星枢（俞）、冯汉叔、张菊人等谋抵制的方法。浮筠一生大模大样，得罪了许多人，故他们不肯帮他；他们最恨他废止年功加俸和每年更换聘约……两件事。结果便是浮筠出洋，景阳代他。"[26]392张大椿和夏元瑮关系密切，夏元瑮离开北大，张大椿也在斗争中受到影响。此外，当时北京各大高校无法按时支付教师的薪水，发生了教师联合讨薪等运动。1921年3月，北大教职员已经近3个月没有领到薪水[27]。"'五四运动'后安稳不到一年，北京大小各校教职员因挨不起饿，发起了一次'索薪'运动。"[28]北洋政府政局不稳定，教育部没有负责人，没有很好的解决办法。到1922年8月，又积欠了5个月的工资，9月开学之后政府也只是拨给2个月的工资[14]2852。拖欠工资的事情反复出现。经济方面的困境，也可能构成张大椿另谋他就的外在原因。

关于张大椿离开北大以后的任职经历，主要有如下记载：20世纪20年代以后，担任民国政府北京盐务署的编译处主任；1929年，夏元瑮任国立北平女子文理学院院长之时，张大椿在该学院担任过教授[5]；1930年3月，张大椿离开北京，去往上海，担任江苏省高等法院第二分院书记官长②，后在

---

① 主要教授预科甲部二年级物理（《国立京师大学校理科一览（民国十六年九月）》，北京大学档案馆藏，档案号 BD1927018）。具体教授的科目包括：物理系一年级的初等力学，预科一、二年级的物理，预科一年级的物理实验（《预、本科教员任课一览（十七年度第二期）》，北京大学档案馆藏，档案号 BD1927018）。

② 江苏省高等法院第二分院是上海公共租界内的中国法院，根据1930年2月签订的《关于上海公共租界内中国法院之协定》而设立，于同年4月1日成立。1930年3月28日，司法行政部对第二分院进行了任命，其中张大椿为书记官长。详见：彭芸安. 江苏高等法院第二分院的运行状况研究——兼谈民国收回领事裁判权运动状况. 华东政法大学硕士学位论文，2008.

汪伪政权"上海地方法院"任职到 1944 年[29]；1944 年 5 月之后，担任过汪伪政权"上海市财政局"专员、国民政府上海市财政局科长、上海市人民政府财政局研究室主任[30]、编译组长等。1956 年 9 月，张大椿被聘为上海市人民政府参事室参事。其间，他著有《帝国主义在上海租界的一百年》，并在市委开办的外文补习班中授课①。此外，他还做过一些翻译工作。1964 年，他翻译的国外介绍波普尔（K. R. Popper，又译为包勃尔）的文章《推测与反驳：科学知识的发展》发表在《现代外国哲学社会科学文摘》上[31]，这是国内较早介绍波普尔思想的文章。1978 年，张大椿逝世，享年 95 岁。

五、结语

张大椿出生于洋务运动时期的东南沿海——这一近代中国最早开化和最富有活力的地区。在那个新旧体系和思想发生着激烈碰撞的年代，他成为上海南洋公学、爱国学社、震旦学院这批中国新式学校最早的学生，也是 20 世纪初期中国教育的深刻变革中率先远涉重洋到海外学习科学的先驱。怀揣着科学技术报国的梦想，他曾想以所学专长成为一名工程师，服务于国家的新工业建设，然而中国社会发展的实际情形却令他最终走到了草创时期北大理科教育的讲台上。

张大椿在北大期间，与何育杰、夏元瑮等前辈一道，在开创北大早期物理专门教育方面做出了卓越的贡献。作为预科教授，他的工作为本科教育的展开奠定了基础；在参与本科教学的过程中，他为充实教学内容和强化物理实验教学做出了一定的贡献；他参与创办了北大最早的研究机构——理科研究所，并担任了物理研究所的首任主任；在新文化运动中，他宣传和介绍物理知识的文章丰富了中国新文化的内容；除此之外，他还作为教授评议会的成员，在包括物理学在内的北大教学体系的建设方面做了大量的工作。

1920 年以后，伴随着物理教育迈向新的台阶，张大椿与何育杰、夏元瑮逐渐淡出了北大。所不同的是，何、夏选择到其他学校继续其物理教育拓荒者的生涯，而张大椿却转向了完全不同的行业。这在今天看来是反常之举，令人联想到那个时代物理学的特征：在物理高等教育尚未达到相当程度的年代，张大椿的转行也反映出那时物理教育工作者的专业水准和职业化意识。

---

① 详见：《上海市人民委员会参事室关于张大椿参事工资级别问题的意见》，上海市档案馆藏，档案号 B23-4-258-3。

在张大椿 95 年的漫长人生中，在北大的经历仅仅是一段很短的插曲，因此，人们很难称他为物理学家。然而对近代中国的物理学史来说，张大椿早年所参与的开创北大物理教育的经历，却构成了其中一个重要的组成部分。谈到这些早期的工作，严济慈曾经指出："科学研究，能在我们这片荒土上滋生结实，决非事出偶然。探根溯源，盖多赖几位物理学界的先进惨澹经营，经过一个颇长而极富有意义的预备时期，始有今日的局面。"[32]事实上，在近代科学传入中国之初，像张大椿这样投身于科学事业，日后又因种种缘由另谋他就者并非少数。像语言学大师赵元任，也是中国近代物理学史上不可忽略的一位重要人物。迄今为止的科学史研究中，关于人物的讨论，重点大都集中在那些毕生奉献于科学事业的人们身上。笔者认为，对于张大椿这样的人物的科学经历所展开的历史研究，对于我们更加丰富地认识过去，并准确把握其时代特征，都是十分重要的。

（本文原载于《中国科技史杂志》，2015 年第 1 期，第 33-41 页。）

参 考 文 献

[1] 王荣德. 中国近代物理教育的先驱者——何育杰 夏元瑮. 湖州师专学报, 1988, 36(6): 115-120.
[2] 谢振声. 中国近代物理学的先驱者何育杰. 中国科技史料, 1990, 11(1): 36-40.
[3] 戴念祖. 我国早期的近代物理学家. 物理, 1983, 12(10): 626-637.
[4] 张培富, 易安. 留学生与民国时期物理学高等教育的发展. 科学技术与辩证法, 2008, 25(6): 80-85, 110.
[5] 上海市人民政府参事室. 上海市人民政府参事室四十周年. 上海: 上海市人民政府参事室, 1991.
[6] 张大椿. 清末上海两大学潮//上海市文史馆, 上海市人民政府参事室文史资料工作委员会. 上海地方史资料. 第 4 册. 上海: 上海人民出版社, 1986: 118-127.
[7] 王宗光. 上海交通大学史·第 1 卷·南洋公学. 上海: 上海交通大学出版社, 2011.
[8] 盛懿, 孙萍, 欧七斤. 三个世纪的跨越: 从南洋公学到上海交通大学. 上海: 上海交通大学出版社, 2006.
[9] 张大椿. 继《苏报》而起的《国民日日报》//上海市文史研究馆编, 沈祖炜主编. 辛亥革命亲历记. 上海: 中西书局, 2011: 343-345.
[10] 张大椿. 随清朝出洋考察五大臣赴美考察纪事//上海市文史研究馆编, 沈祖炜主编. 辛亥革命亲历记. 上海: 中西书局, 2011: 351-364.
[11] 张大椿. 1911 年我与孙中山先生同舟返国//上海市文史研究馆编, 沈祖炜主编. 辛亥革命亲历记. 上海: 中西书局, 2011: 245-251.

[12] 刘军. 中国近代大学预科发展研究. 华东师范大学博士学位论文, 2012.
[13] 萧超然. 北京大学校史(一八九八——一九四九)(增订本). 北京: 北京大学出版社, 1988.
[14] 王学珍, 郭建荣. 北京大学史料·第2卷·1912—1937. 北京: 北京大学出版社, 2000.
[15] 理科物理学门第三年级课程时刻表. 北京大学日刊, 1918-03-04: 5.
[16] 物理教授会记事. 北京大学日刊, 1918-03-26.
[17] 理科研究所第二次报告. 北京大学日刊, 1917-11-22: 1-2.
[18] 理科物理研究所报告. 北京大学日刊, 1918-01-13.
[19] 理科物理研究所报告. 北京大学日刊, 1918-02-27.
[20] 北京大学数理学会. 数理学会成立会纪事. 北京大学数理杂志, 1919, 1(1): 82-83.
[21] 理科研究所第一次报告. 北京大学日刊, 1917-11-17: 1-2.
[22] 张大椿. 光电作用. 北京大学月刊, 1919, 1(2): 127-139.
[23] 评议会议事录. 第1册. 北京大学档案馆藏, 档案号 BD1919002.
[24] 王完白. 科学名词审查会第六届年会记要. 中华医学杂志, 1920, 6(3): 160-162.
[25] 李书华. 七年北大//陈平原, 夏晓虹. 北大旧事. 北京: 北京大学出版社, 2009: 72-97.
[26] 中国社会科学院近代史研究所, 中华民国史研究室. 胡适的日记. 北京: 中华书局, 1985.
[27] 任伟. 异心协力: 索薪运动中之民国教员群像——以1921年国立八校索薪运动为中心. 史林, 2012, (3): 149-160, 191.
[28] 马叙伦. 我在六十岁以前. 长沙: 岳麓书社, 1998: 66.
[29] 张大椿. 日军劫夺上海公共租界内中国法院//上海市文史馆, 上海市人民政府参事室文史资料工作委员会. 上海地方史资料. 第2辑. 上海: 上海人民出版社, 1986: 154-162.
[30] 关于派蔡兆鹏代理市财政局稽查科科长、张大椿为研究室主任、楼翔为代理稽查科科长的令.上海市档案馆藏, 档案号 B104-1-38-19.
[31] 奥本海姆. 包勃尔:《推测与反驳: 科学知识的发展》. 张大椿, 译. 现代外国哲学社会科学文摘, 1964, (8): 26-30.
[32] 严济慈. 近数年来国内之物理学研究. 东方杂志, 1935, 32(1): 15.

现代建筑声学在中国的奠基

——以清华大礼堂听音问题校正为中心的考察

| 姚雅欣，杨舰，田芊 |

1900年，美国哈佛大学物理系助教赛宾（W. C. Sabine，1868—1919）在探索解决哈佛大学弗格艺术博物馆（Fogg Art Museum）讲演厅听闻困难的过程中，提出"混响时间"的概念及计算公式，奠定了现代建筑声学的基础。1921年，同样的听闻困难出现在新落成的清华学校大礼堂（以下简称"清华大礼堂"），以探索清华大礼堂听音问题的解决方案为契机，清华学校大学部物理学系教授叶企孙主持该问题的研究，由此开启现代建筑声学在中国奠基的历程。

一、赛宾开创的现代建筑声学

现代建筑声学（modern architectural acoustics）创立之前，建筑声学作为经验性知识的历史可上溯至古代希腊、罗马时代的露天剧场。公元前1世纪，古罗马建筑师维特鲁威（Marcus Vitruvius Pollio）在《建筑十书》（*De Architectura Libri Decem*）中记述了古希腊露天剧场运用共鸣缸调节音响的方法，已经认识到剧场存在"无响区、回响区、余响区和响区"4种不同音响区域[1]137,145。中世纪的教堂，由于内部大空间和石质光滑的内墙面，室内声音的可辨度较差，然而却与神秘的宗教氛围相适应，建筑声学问题尚未突显出来。16、17世纪，意大利建造大型室内剧场（维琴察奥林匹克剧院可容纳约400人），观众的吸音和剧院内奢华的软装饰，弥补了建筑形制对室内音质的负面影响。随着19世纪兴起的工业化与城市化进程，公共性集会增多，体量宏大的教堂应运而生。意大利米兰大教堂体积达 2 万多立方米,大理石材质,平常礼拜者不过千人,演奏风琴时混响时间长达 8 秒,讲话时声音一片混乱,室内恶劣的音响效果已冲出宗教神秘性的掩盖,成为亟待解决的现实问题。19 世纪初,德国人弗里德利克·察拉迪(E. F. Freidrich Chlaudi)的著作《声学》(*Acoustics*),开始致力于解释混响现象。1877 年,英国物理学家瑞利(L. J. W. Rayleigh,1842—1919)发表巨著《声学原理》(*Theory of Sound*),使声学成为物理学中相对独立的分支学科,拉开了现代声学序幕,使运用声学原理科学地解决建筑声学问题成为可能。

1895 年新建成的哈佛大学弗格艺术博物馆,讲演厅因无法听闻的音响效果而不能使用(图 1、图 2),"这座建筑跟院子里的其他任何讲演厅一样不能让人满意,消除这些障碍是研究生们的义务!"[2]于是,哈佛大学校长艾略特(C. W. Eliot,1834—1926)向物理系求助,27 岁的助教赛宾受命,并试图从声学角度为这个多年悬而未决的问题找到一个合乎逻辑的可定量答案。

图 1　弗格艺术博物馆讲演厅室内声场环境[2]41

图 2　弗格艺术博物馆讲演厅剖面图[2]42

赛宾与两位实验室助理选取桑德斯剧院（声效极佳）、杰弗逊大厅讲演室（声效一般）、弗格艺术博物馆讲演厅（声效极差）作为真实物理模型，把杰弗逊大厅地下室装备成混响测试室，并借用桑德斯剧院数百个软椅垫，每天午夜后进行实验。用管风琴作为声源，在房间中产生大约512赫兹的中频段声音，然后将声源切断，再测量声音从刚刚切断到衰减至听不到所花的时间，仪器仅为秒表和试验者的耳朵。通过研究和测试得出：当声源停止发声后，室内声场逐渐减弱至听不到所持续的时间，即混响时间，是衡量室内音质的重要参量；混响时间与房间体积成正比，与房间界面及家具对声音的总吸收量成反比，即著名的赛宾混响公式：

$$T = 0.161 V / A$$

其中，T为混响时间，单位为秒；V为体积，单位为立方米；A为总吸声量，单位为平方米。

此外，赛宾还测得一些普通建筑材料的吸声系数，得知地毯、帘幕、座垫以及类似材质具有缩短混响时间的功能。通过在后墙上部和穹顶凹陷处安装毛毡的补救措施，弗格艺术博物馆讲演厅最终获得了良好的声学效果。赛宾混响公式作为现代建筑声学创立的标志，成为人们处理建筑声学非常有效、实用而简明的指导理论。特别是"混响时间"概念，具有明确的物理意义和可测得数据，为建筑声学设计和音质评价提供了规范的技术参量。随后赛宾进行的波士顿音乐厅音效设计，验证了其建筑声学理论的科学性，音乐厅优良的音质至今仍为世界称道。

二、求解清华大礼堂听音问题

现代建筑声学问题在中国的发生，源自在中国建造的欧式建筑形制导致的听音困难。当时的清华学校因作为留美预备学校的特殊身份，首先从研究对象和研究主体方面，成为开创中国现代建筑声学研究的源头。然而，在真正运用赛宾理论科学地求解清华大礼堂听音问题之前，清华校内曾经过一段短暂的经验性探索。

（一）地板抬高方案

清华大礼堂（图3）由美国建筑师亨利·墨菲（Henry K. Murphy，

1877—1954）与合伙人理查德·达纳（Richard H. Dana）设计，始建于 1917 年 9 月，1921 年 5 月落成，与图书馆、科学馆、体育馆共同构成清华早期"四大建筑"。清华大礼堂融合希腊式与罗马式建筑风格，建筑面积 1840 平方米，体积 12 350 立方米，观众座席 900 多个，是当时中国体量最大的学校礼堂兼讲堂[①]（图 4）。由于在建筑设计中没有进行建筑声学设计，清华大礼堂落成之日，演说时听闻不清晰的问题随之而来，并成为清华学校寻求解决方案的当务之急[3-5]。

图 3　清华大礼堂正立面现状（笔者自拍）

资料来源：清华大学档案馆 20 世纪 80 年代清华大礼堂实测图纸

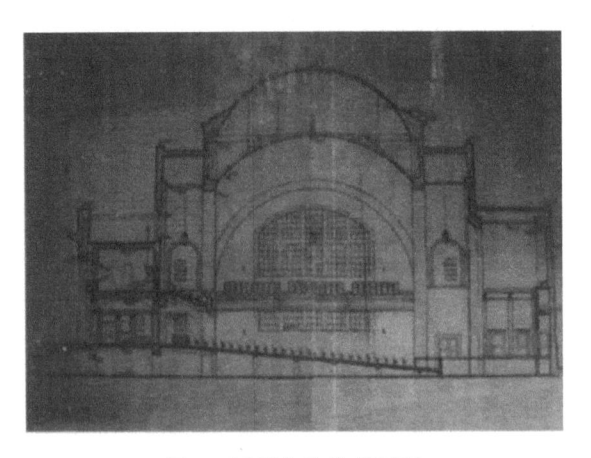

图 4　清华大礼堂剖面图

---

① 《清华学校建筑大礼堂、科学馆有关工程与外交部往来文书(1914—1921 年)》，清华大学档案，全宗号 1，目录号 1，案卷号 15。

1924年，学校首先委派自然科学部教师海晏士、庶务长李广诚（字仲华）等3人研讨此问题。他们认为新礼堂内部四壁直角太尖，致使声音不易传达，由此初步提出应对方案：或"将橡皮地板提高，钝其角度"，或"用布幕或他物挂礼堂天花板作圆形，则角度可以加多"[3]。海晏士为清华学校高等科的数学教师，通过一般性观察和经验性分析得出的仅是极粗略的方案，不可能切中建筑声学问题的实质。而当时清华学校"科学馆化学、物理等部正谋扩充，楼下办公处必须迁址，适中地点颇不易得。如能迁入新礼堂，为最适当"[6]。因此，对于提高大礼堂地板、取消楼上座席之后，下层可用作学校办公处的方案，无论校方还是海晏士都满意，因为该方案可获一举两得之效。不过，提高大礼堂地板是否具有科学性和可行性，校方计划交由居住在天津的清华校友关颂声工程师研究。

（二）叶企孙小组：创造性地运用建筑声学理论

海晏士研究清华大礼堂听音问题时，清华学校只有梅贻琦一名物理教授，缺少专门的物理学研究力量。1925年8月，叶企孙从东南大学受聘为清华学校物理教授，大学毕业不久的赵忠尧同来任教。1926年4月26日清华学校大学部物理学系正式成立[7]36。这样，清华大礼堂听音问题，成为叶企孙主持的物理学系首要求解的最具现实性的科学问题。

叶企孙教授领导创建之初的物理学系同人赵忠尧（教员）、施汝为（助教）、郑涵清（教员）以及实验辅助人员阎裕昌等组成研究小组[8]1433。他们不仅在某些物理学前沿已有相当的研究积累，而且对国外建筑声学的最新进展也有了全面的把握：从赛宾混响公式与1922年哈佛大学出版社出版的赛宾著《声学论文选集》（Collected Papers on Acoustics），到伊利诺伊大学物理教授沃特森（F. R. Watson）在1918～1924年改良该校大礼堂，1923年出版专著《建筑声学》（Acoustics of Buildings），再到1924～1925年关于细化混响时间的几种最新研究，如美国河岸声学试验室（Riverbank Acoustical Laboratories）主任赛宾（P. E. Sabine）区分了在剧场满座情况下，讲演、轻音乐、重金属乐混响时间的差异，莫斯科国立音乐研究所里夫舒茨（Samuel Lifshitz）得出大容积建筑混响时间的计算公式[8]。叶企孙小组掌握了通常情况下赛宾混响公式的意义，初步认识到大空间结构、发声特点、声场分布、温度等因素对混响时间的影响。在此基础上，他们求解清华大礼堂听音问题具有充分的理论依据和最新建筑声学实践的参考。

叶企孙小组运用建筑声学理论，分析出导致清华大礼堂听音困难的原因和改良方法。拱顶造型、石灰砖材质的内墙直接造成听音困难，"一部份因吸收声音之材料太少，以致余音时间太长；一部份因形状关系而发生回音。故改良方法，统归于增加相宜之吸音材料于相宜位置。换言之，问题有三：（1）用何物？（2）用多少？（3）置何处？"[8]1424 他们进而运用理论公式和实验测试相结合的方法，求解清华大礼堂的听音问题。运用赛宾混响公式计算出清华大礼堂空场时总吸音能力为 270 平方米开的窗①，通过实地测试所得为 267 平方米开的窗。

何以出现实测与公式计算的差异？这里体现出叶企孙小组科学创新的精神，而非机械地因循赛宾混响公式。其一，将赛宾混响公式未考虑在内的室内温度变化对混响时间的影响作为调整系数，提高了实验的准确性；其二，没有照搬赛宾测定的着西服者的吸音能力，通过实验研究，得出在各种情形下（在着棉衣或夹衣的情况下，区别离散者、听众或坐或立的情形）着中式服装者的吸音能力，对赛宾混响公式中国化的修正提高了实测的精确性。改良清华大礼堂听音困难虽是个案研究，但叶企孙小组绝非限于就事论事，而是注重探索建筑声学中具有普遍意义的科学规律，得出"别处也可以永久应用的材料"[9]1405。着中式服装者吸音能力的测定，为当时中国建筑声学提供了重要的基础参数。

通过以上两点修正，得出清华大礼堂最适宜的混响时间为 1.75 秒，包括听众时的总吸音能力需达到 1160 平方米（开的窗），按冬服（夏装吸音效果可忽略不计）满座过半（700 人）计算，礼堂内已有吸音能力为 690 平方米（开的窗），还需补充吸音能力 470 平方米（开的窗），圆拱顶、四弧面、四墙壁为铺设吸声材料的主要位置[8]1429。

对于吸声材料的选择，叶企孙仍然根据中国实际指引创新的方向。他通过比较美国出产的 4 种吸声材料，认为从美观、易于安装和性能价格比方面考虑，石棉隔音毛毡（asbestos acoustical felt）最适合清华大礼堂。由于历史上华北盛产兽毛和毛毡，北京织毡业兴盛，叶企孙小组致力于吸音毛毡的国产化。1926 年 6 月 4 日叶企孙记载："物理系同人现正在体育馆一小室中试验京中毛毡铺所出之各种软毡，比较其吸收声音之能力，以供选择。"[10]1927 年 10 月以来，叶企孙还与北京仁立地毯公司凌其峻合作，着手制造吸音

---

① 叶企孙在《清华学校大礼堂之听音困难及其改正》[8]一文中说明：吸收声音能力的单位是开的窗一平方公尺。赛宾因开的窗的吸声音能力(就是减少余音能力)当然最大，且与面积成正比例，所以他就拿"开的窗一平方公尺"为单位。

毡[8]1433。吸声材料的国产化探索体现出叶企孙主持建筑声学研究敏锐的问题意识。尽管其研制成果未见记载，但却与建筑声学创立后继之而起的主要方向之一——研制各种吸声材料的指向是一致的。当时关于消除室内听音问题流行一种误解，即室内布置金属线可以消除听音困难。叶企孙小组通过清华大礼堂听音问题的科学分析、实验和论证，及时匡正了这种谬见。

此时中国建筑声学的进展，不仅得益于叶企孙小组在国内的实践，同时也离不开清华留美学生的作用。自 1925 年去麻省理工学院学习建筑工程的清华学生蔡方荫，1926 年 5 月 4 日致信叶企孙教授，就改良清华大礼堂余音提出自己的见解。叶企孙遂请蔡方荫在美国作专业的协助。在此引述蔡方荫致叶企孙的信，可见以清华大礼堂听音问题校正为核心，国内外在建筑声学信息和见解方面的互动，以及清华学人密切联系理论与实践的科学精神：

　　……荫在麻工习建筑工程，近日正研究建筑声学也。……迄今读 W. C. Sabine（哈佛已故物理教授）、F. R. Watson（现 Illinois 大学物理教授）诸人关于建筑声学之著作始恍然，建筑师于计划母校大礼堂时，于其声音方面不但无精密之计算，抑且未尝丝毫注意及此：盖圆顶曲壁最易制成回声，砖石硬质最能延长余音（Reverberation），有一于此已非计，而吾校大礼堂乃兼而有之，则其中声音之不佳，又何足怪数年前 F. R. Watson 因欲改良 Illinois 大学大礼堂（亦系圆顶式，与吾校大礼堂极相似）之声音曾费有六年之研究，并参以 Sabine 所得之结果，于改良之进行始渐有端倪。最后乃决定用毛毡遍遮四壁及圆顶以吸收声浪而缩短余音，效果极佳。荫以吾校大礼堂之建筑及缺点与 Illinois 大礼堂者极相仿佛，则改良之法似以用毛毡为最佳。他种方法如用 Sounding Board、升高地板、毁去圆顶等，或效果不大，或不易实行，均非善法也。至用毛毡之法，则 Watson 所著 *Acoustics of Buildings* 一书述之最详。此书想先生早已见之，荫于此道颇饶兴趣，故不揣冒昧读呈于右布。先生之研究必有相当之结果，报告编成后尚乞以一份见赐，俾资参考，是为至盼。[11]

　　[叶企孙附记]："信中近述减少大礼堂余音之方法，与企孙拟采用者相同。……另函蔡君请其在美协助。"[11]

关于清华大礼堂听音问题校正的研究成果，1926 年 10 月叶企孙与赵忠尧写成最初的报告刊载于《清华校刊》（1926年10月19日第2版）；实验成果由赵忠尧完成《着中国衣服者之吸音能力》的论文，作为1927年中国科学社第12次年会交流论文①，发表于当年的《科学》杂志[9]；1927年12月叶企孙总其大成作研究报告《清华学校大礼堂之听音困难及其改正》，刊于《清华学报》第4卷第2期。清华大礼堂听音问题研究成果的发表以及在中国科学社年会上的交流，使建筑声学研究和实践由清华学校进入更广泛的科学共同体视野，20世纪20年代末中国引进建筑声学理论并富有创新的研究，为中国现代建筑声学的起步奠定了基础。

三、清华大学留美公费生制度培养的电音学人才

1929年秋，清华大学开办研究院，先行成立物理研究所，主任由物理学系主任叶企孙兼任，"室内余音"被列入物理研究所的主要研究课题②。然而现实问题是，物理学系教授各有专门的研究范围，叶企孙研究磁学，吴有训研究X射线，萨本栋、任之恭研究电振动及电波，周培源研究相对论及量子论，赵忠尧、霍秉权研究原子核物理学[12]618，建筑声学研究显然缺少专门人才。20世纪30年代，建筑声学学科业已形成，与电声学、语言通信共同成为声学研究的前沿。跟踪世界建筑声学的最新进展，培养中国自己的建筑声学人才，成为叶企孙积极筹划的课题。

随着1929年清华大学留美预备生制度的结束，1933年转而实行清华大学留美公费生制度，在全国范围考选具备研究基础者派遣留学。叶企孙将学科优先发展与国家社会需求相结合，正如赵忠尧回忆，"他从我国科学事业长远发展的需要和近期国家的急需，特别是面临日寇侵略的形势的要求（出发），广泛听取有识之士的意见，高瞻远瞩地选择确定了招考的专业及名额"[13]。1936年招收第四届留美公费生时，特别在物理学门强调"注重电音学"（electro-acoustics）③，北京大学物理系毕业生马大猷考取此名额（图5）。

---

① 1927年，中国科学社第12次年会仅召开一次论文宣读会，宣读论文7篇，本年会论文专刊停刊，至1930年恢复。
② 《清华大学研究院成立经过述略》，清华大学档案，全宗号1，目录号2-1，案卷号49。
③ 国立清华大学留美公费生指导计划书．清华大学档案，全宗号1，目录号2-1，案卷号91：2，18。

图 5　马大猷考取国立清华大学留美公费生志愿书
资料来源：清华大学档案，全宗号 1，目录号 2-1，案卷号 91：第 5、6 页

《国立清华大学考选留美公费生规程》和《留美公费生管理规程》规定："公费生录取后，于必要时须依照考试委员会之规定留国半年至一年，做研究调查或实习工作，以求获得充分准备，并明了国家之需要。其工作成绩，经指导员审查认可后，资送出国。"[12] 1936 年 11 月至 1937 年 6 月，马大猷先在国内进行专题研究调查，由北京大学物理系朱物华教授（1923 年以第一名的成绩考取清华留美专科生资格）和清华大学物理学系任之恭教授联合指导。马大猷通读了 1929～1936 年发表于《美国声学会会刊》的论文，通过检索《科学摘要》更广泛地阅读了有关声学方面的论文，对国际声学现状和发展趋势有了全面的把握，并撰写综述报告《声学的发展和展望》，还运用阴极射线示波器对中国语言的波形及频率进行傅里叶变换分析，获得了几千条实验数据。① 马大猷得以综合北京大学物理系和清华大学物理学系在无线电、应用电学研究方面的优势，为赴美研习建筑声学做好了充分的准备。

1937 年 12 月，马大猷赴美国加州大学洛杉矶分校（UCLA），师从物理学系主任、国际声学权威努特森（V. O. Knudsen）教授攻读建筑声学专业研究生，并很快加入房间内简正波数目与频率关系的研究。他从简正波频率空间的物理图像出发，对 3 个扇形面和 3 条轴线上的频率点容积的算法进行了

---

① 国立清华大学(第四届)留美公费生指导计划书·物理学门公费生马大猷. 清华大学档案，全宗号 1，目录号 2-1，案卷号 91：2，18-19.

校正，完成了论文《低频范围矩形室简正方式的分布》，简化了研究组同人波尔特推导出的公式，该公式成为波动声学的一个基本公式，并被写入声学教科书中[14]。

1938年9月，马大猷进入建筑声学的发源地——哈佛大学物理学系，师从亨特（F. V. Hunt）副教授，运用波动声学方法研究矩形房间中的声衰变过程。1939年，马大猷、亨特导师和同为研究生的白瑞纳克（L. L. Beranek，1914—2016）合作发表研究成果《矩形房间中声衰变分析》，提出声吸收与声波的入射角度有关，根据声波衰变过程对简正波进行分类，然后分别考虑其衰变过程的思想，给出分析混响时间的新方法[14]。该方法克服了仅依据赛宾实验或耶格（A. Jaeger）运用几何声学统计方法导出的赛宾混响公式，既无法适用于吸声量很大的房间，又忽略声衰变细节的不足，被公认为是继赛宾之后建筑声学发展的新里程碑，使建筑声学由半经验的统计方法走向精确的波动声学方法。由此，马大猷获得哈佛大学硕士学位。

同时，马大猷留美的两年期限将满，1939年1月18日，他致信梅贻琦校长："兹以两年期限将满，盼继一年，以竟未完成之工作，并将得机会入关于电音仪器之工厂取得实际经验，特此呈请于公费期限延长一年。"此后，马大猷呈报梅贻琦校长1939年度研究工作计划："1939年6月至9月，去Ballantine实验室实习实用音学；1939年9月至1940年6月，在哈佛大学从Pierce及Hunt教授研究超音波及建筑音学。"①在同意延期一年的时间里，马大猷将室内均匀边界的假定扩展到声学性质不均匀的边界条件下，继续运用简正波理论，经实验验证取得了很好的结果，并获得哈佛大学博士学位。20世纪30年代末，矩形房间简正波理论是国际建筑声学界最具影响的开创性工作，清华大学留美公费生马大猷直接参与到这一前沿领域的研究中，并成为室内声场简正波理论的奠基者之一（图6）。

国际上最前沿的建筑声学研究理应随着马大猷的回国而在中国展开，但遗憾的是被日本侵华战争无情地中断。1940年8月，马大猷回国任国立西南联合大学电机系副教授，他只有在电机系教学工作之余，凭个人力量继续声学研究，完成了颤动回声、声场起伏现象、汉语中的语音分配、声频振荡分析等声学基础问题的研究，成果在国外发表，而其创造性的建筑声学研究无法在国内实现。直到1955年，马大猷加入中国科学院应用物理研究所重新

---

① 第四届录取留美公费生的志愿书和保证书. 清华大学档案. 全宗号1, 目录号2-1, 案卷号91: 4, 109.

图 6　亨特导师就马大猷延长留学期限致梅贻琦校长信
资料来源：清华大学档案，全宗号 1，目录号 2-1，案卷号 91：第 4、110 页

开始声学研究，并在周恩来总理直接领导的《1956～1967 年科学技术发展远景规划》制定中，提出发展中国声学的建议，才重新激活叶企孙开创的中国建筑声学研究、开启马大猷在国际建筑声学领域的建树，在人民大会堂万人礼堂音质设计、建设中国建筑声学学科体系的实践中发挥了基础性作用[①]。

四、中国建筑声学奠基何以源自清华大学？

现代建筑声学在中国的奠基，源自清华大礼堂听音问题校正。叶企孙创建的清华学校大学部物理学系开创了建筑声学在中国的实验和研究。同时，叶企孙敏锐地意识到建筑声学学科之于中国科学体系建构和国家社会需求的战略意义，通过清华大学留美公费生制度，中国科学家在国际建筑声学前沿取得了理论创新，培养出 20 世纪 50 年代引领中国声学事业迅速崛起的科学家马大猷。那么，现代建筑声学在中国的奠基，何以与清华大学有如此深厚的渊源？

---

① 关于马大猷先生对新中国声学事业发展的贡献，本文不赘。详见文献[14]和韩大钧的《恭贺恩师马大猷院士九旬华诞》，见北京大学校友网（http://www.pku.org.cn/data/detai.ljsp?articleID=495）。

客观上，美国建筑师亨利·墨菲设计的清华大礼堂，在埋下听音困难隐患的同时，也造成化解隐患的需求，尽快运用建筑声学理论求解现实难题成为必然。清华大礼堂作为研究对象，开启了中国的建筑声学研究。当然，求解清华大礼堂听音困难可以就事论事地完成，但是此后十余年中，叶企孙仍然为确立中国建筑声学事业奠基，视其为构建中国科技发展蓝图的一部分。从1925年至1940年，清华之于现代建筑声学在中国奠基的意义，既得益于叶企孙的科学精神与科学眼界，也离不开清华的科学教育、学术环境与制度环境。

清华大礼堂听音问题研究与清华学校大学部物理学系的创建与成长同步。对于清华大礼堂听音问题的科学认识，无论叶企孙小组还是蔡方荫，其敏锐的科学感知力和科学方法蕴含着清华物理教育的精神。清华的物理教育，"重在养成物理的概念及习用科学的方法，庶学生可以了解日常生活物理上之意义，并得他日精研纯粹科学及应用科学之基础"。"于物理定律定理之研究，力求应用定量方法，又于注重根本原则之外，兼求令学生习知现代物理学上之进步。在选择讨论及试验材料之时，并就各生将来欲专习之科目，如农、工、医或纯粹科学，加以相当注意。试验室之工作……务令习于测算之精确及科学研究之方法。"[15]324-325 为培养堪当专门研究重任的人才，对于"各系规定课程，多不取严格的限制，在每专系必修课程之外，多予学生时间，使与教授商酌，得因其性之所近，业之所涉，以旁习他系之科目"。习得规定的学分，只表明已修完课程若干门，只有通过各系的毕业考试，才真正考核"学生对于其所专修之学科是否已有系统的了解、贯彻的领悟，而能用其所学以应社会之需要"[15]274-275。后者正是清华大学人才培养的宗旨。

清华大礼堂听音问题校正，由一个现实问题引申为科学研究进而向确立一门学科的战略拓展，得益于清华大学理工融通的学术品格。20世纪30年代，叶企孙、吴有训先后主持的清华大学理学院十分重视科学基础理论研究，并应用于社会，延伸其触角；顾毓琇主持的工学院积极发展应用科学，强调以基础理论夯实根基；梅贻琦担任校长后，面对国家的迫切需要，主张理工并重，以理导工，设立工学院，重在培养通才工程师。清华大学物理学系叶企孙、吴有训、萨本栋、周培源、赵忠尧、任之恭等著名教授，则是理工融通、知行并重的垂范者。在他们看来，基础科学和应用科学之间没有严格的分界线，今天是基础研究，明天转为应用研究，二者完全是统一的。他们从事物理学前沿的研究与教学，课程设置"理论与实践并重"，对于实验特别规定"学生选修实验课的学分,不得少于理论课的二分之一"[12]。1929年,清华大学成立理学院和研究院,物理学系在相关学科关联和研究深度上皆得以拓展。30年代,清华大学物理学系成为全国学术中心之一,清华大学"理科书籍,约在八千册左右;西文杂志,凡四百余种;中文杂志,凡三十余种;成套旧杂志,亦有三十种……图书费,每年有五万以上……仪器标本,约值国币三十五万元"[12]。因此,奠基于理工融通科学基础之上的中国现代建筑声学,在追踪国际建筑声学前沿研究的过程中,孕育着科学创新的生机。

叶企孙、马大猷作为现代建筑声学在中国的奠基者,以他们为中心的中国早期建筑声学研究群体,怀着"科学救国"的共同价值取向,从国家战略和"学术独立"的高度谋划科学发展。1936年,叶企孙拟定国立清华大学第四批留美公费生专业,在物理学门中注重电音学方向作为培养建筑声学人才的路径。按在国内制订的研究计划,马大猷第一年习建筑声学,第二年加习超声波、信号测量等问题,延长期进入电音仪器工厂取得实际经验①。这就使专精研究建基于宽厚的科学基础之上,发挥学科关联与辐射带动的作用。马大猷回国后,无论是从事电机学研究,还是创办北京大学工学院,并在建筑声学、超声学、噪声、非线性声学研究方面广有建树,与他深厚的理科基础和深具前瞻性的科学洞察力是分不开的[16]294。

五、结论:清华大礼堂听音问题研究之于形成期中国物理学的意义

现代建筑声学在中国之始,与它在美国的创立一样,从学科归属到研究者和研究方法都直接来自物理学。如果将叶企孙小组与清华大礼堂听音问题研究置于中国物理学形成期的语境中,可以发现其对于形成期中国物理学的普遍意义。

叶企孙小组的清华大礼堂听音问题校正,开创了现代建筑声学在中国的研究历程。据赵忠尧回忆:"当时建筑声学这门学科在外国也还刚刚起步,企孙先生首先在国内开创了我国建筑声学的研究,教我们对大礼堂吸音情况进行测试分析,研究如何用国产材料吸音来改善听音。"[13]这项看似平凡的

---

① 《马大猷呈梅贻琦校长信(1939.1.18)》,清华大学档案,全宗号1,目录号2-1,案卷号91,第4、108、109页。

起步式研究，注重研究的本土化和发现既存理论的不足。如前文所述，他们将赛宾混响公式未考虑的室内温度变化计入对混响时间的影响，测定着中国衣服者的吸音能力，研制国产吸音材料，平凡之处蕴含着创新的精神。

对于形成期的中国物理学而言，清华大礼堂听音问题校正，引进新理论开创中国建筑声学研究的拓荒精神固然重要，但更为重要的是，无论在国内物理学初创的艰苦条件下（叶企孙），还是加入国际前沿（马大猷），中国人参与的建筑声学研究始终渗透着由"引进消化吸收"国外先进理论转向"自主创新"的精神。因此，奠基时期的中国建筑声学能够在世界同行中发出自己的声音，而科学研究中的"自主创新"精神恰是今天中国科技界需要深刻涵养的。

清华大礼堂听音问题校正，理论研究渗透于多项实验测试中，通过实验局部修正了赛宾混响公式。其中，叶企孙倡导的实验研究，对于匡正当时从清华大学到中国、从物理教育到科学教育中普遍存在的重玄谈说理、轻科学实践的流弊[17]，树立科学理论与实践相结合、重视实验、研究与教学相长的科学方法，具有导向与示范意义。无独有偶，同期胡刚复在南京高等师范学校，丁燮林在北京大学进行物理研究的最大功绩，被认为是改变了大学中无实验室的状况。他们以亲手制作的实验仪器充实了实验室和在实验基础上进行的物理教学，从而把真正的物理学引进中国大学的讲堂[18]。20世纪二三十年代形成期的中国物理学，运用国外先进理论结合中国实际，共同塑造了以实验为主的研究[19]799。例如，桂质廷等关于桐油介质常数的测定和华北地磁测量；陈尚义等关于日食时北京辐射的观测；丁燮林研制"新摆""重力秤"与测定地球重力加速度的研究；陈茂康关于高频滤波器、米波吸收波长计与中国电离层的研究[20]，同清华大礼堂听音问题研究一样，体现出早期物理研究植根本土、注重实验的风格。吴大猷先生曾指出，评估一个机构或一些人对中国物理发展的贡献，"主要是根据他们在若干年之内，是否建立传统，包括人、设备与稳定的气氛等三方面；他们在几年内又能够吸引多少学生或是激励、唤起多少个学生继续做物理研究工作"[21]。由此看来，建筑声学丰富了形成期中国物理学的研究内容，从研究方法上树立了形成期物理学注重实验研究的范例，继之唤起从事声学研究的人才，构成中国近现代声学事业的主要力量。同时，物理学基础理论的进展，特别是量子力学思想与方法的渗透，赋予建筑声学广阔的发展空间。源自清华大礼堂听音问题校正——这项开创中国现代建筑声学事业的研究，不断孕育此后中国建筑声学和声学研究跻身世界前列的无限生机[16]285-298。

现代建筑声学在中国的奠基，由叶企孙、马大猷为代表的物理学家开启了建筑声学向中国转移的历程，迈出建构中国建筑声学学科的第一步。然而科学转移的过程，既是科学共同体内部对科学需求的应变，也是一个社会动力学过程，科学转移的速度和方向在很大程度上受到来自科学共同体外部社会的、经济的和技术的因素影响[22]126。显然，1926~1940 年的 15 年，在科学共同体内部完成了中国建筑声学的奠基。接下来的 15 年（1940~1954 年），不安定因素彻底打乱了科学发展的逻辑，中断了科学转移的时序，科学共同体已失去与科学相关的自主权。直到 1955 年马大猷调入中国科学院应用物理研究所重新开始声学研究，并于 1959 年成功地主持完成人民大会堂万人礼堂音响设计，中国建筑声学才接续余脉重获发展。建筑声学在中国由奠基到学科建立，30 余年（1926~1959 年）的曲折经历，呈现出科学转移过程中科学主体、科学研究与外部环境之间相互促进与相互制约的复杂关系。

致谢

感谢清华大学档案馆及朱俊鹏老师在档案查阅方面的大力支持。

（本文原载于《中国科技史杂志》，2006 年第 27 卷第 4 期，第 353-364 页。）

参 考 文 献

[1] 维特鲁威. 建筑十书. 高履泰，译. 北京：知识产权出版社，2001.
[2] 威廉·J. 卡瓦诺夫，约瑟夫·A. 威尔克斯. 建筑声学：原理和实践. 赵樱，译. 北京：机械工业出版社，2005.
[3] 校闻·地板提高. 清华周刊，1924，(316)：36.
[4] 校闻·研究大礼堂声浪. 清华周刊，1926，(368)：23.
[5] 学校庶务处·研究礼堂余音. 清华周刊，1926，(369)：111.
[6] 校闻·礼堂地板加高原委. 清华周刊，1924，(317)：20.
[7] 清华大学校史研究室. 清华大学九十年. 北京：清华大学出版社，2001.
[8] 叶企孙. 清华学校大礼堂之听音困难及其改正. 清华学报，1927，4(2)：1423-1433.
[9] 赵忠尧. 着中国衣服者之吸音能力. 科学，1927，12(10)：1405-1414.
[10] 蔡方荫. 减少大礼堂余音书·叶企孙附言(1926.6.4). 清华周刊，1926，(383)：98.
[11] 蔡方荫. 减少大礼堂余音书(1926.5.4). 清华周刊，1926，(383)：97.
[12] 理科研究所物理学部·各教授指导范围//清华大学校史研究室. 清华大学史料选编. 二(下). 北京：清华大学出版社，2001：617-619.

[13] 赵忠尧. 企孙先生的典范应该永存. 工科物理, 1994, (2): 1-2.
[14] 张家骅. 中国近代声学的奠基者——马大猷. 中国科技史料, 1995, 16(3): 47-53.
[15] 清华大学校史研究室. 清华大学史料选编: 第一卷. 北京: 清华大学出版社, 1991.
[16] 虞昊, 黄延复. 中国科技的基石: 叶企孙和科学大师们. 上海: 复旦大学出版社, 2000.
[17] Twiss G R. Science and Education in China; A Survey of the Present Status and a Program for Progressive Improvement. Shanghai: The Commercial Press, 1925.
[18] 钱临照. 怀念胡刚复先生. 物理, 1987, 16(9): 513-515.
[19] 董光璧. 中国近现代科学技术史. 长沙: 湖南教育出版社, 1997.
[20] 杨舰. 丁燮林关于"新摆"和"重力秤"的研究: 中央研究院物理研究所早期研究工作的个案分析. 自然科学史研究, 2003, 22(S1): 1-11.
[21] 吴大猷. 早期中国物理发展的回忆(续一). 物理, 2005, 34(4): 233-239.
[22] 迈克尔·马尔凯. 科学与知识社会学. 林聚任, 等译. 北京: 东方出版社, 2001.

国立清华大学[①]工学院的创建

| 陈超群，杨舰 |

国立清华大学（以下简称"清华"）工学院创办于 1932 年。从时间上看，它晚于 19 世纪末创办的北洋大学堂（今天津大学前身）和上海南洋公学（今西安交通大学和上海交通大学前身），或许正因为如此，关于早期清华工学院的状况，除了校史上有限的记载和与当事者相关的回忆资料之外，很少有人从技术史或工科教育史的角度去加以研究。

清华工学院成立以后，在短短的几年中便取得了显著的成绩。至 1937 年抗日战争全面爆发前夕，清华工学院所属各系建立起了一套完整的课程体系，在相应的教材建设、实验室建设、研究工作和学术共同体建设等方面也都初步形成了规模。这一时期，全国的高等工科教育也有了很大的发展。不仅老牌的工科大学在原有基础上进一步扩充或提升，还出现了一批新创办的高等工科院校[1]。

究竟是何种因素导致了中国高等工科教育在这一时期中取得显著发展呢？如果说 19 世纪末，与之前洋务运动时期那些草创的工科教育相比，北洋大学堂和上海南洋公学这样一批工科院校的出现，使中国的近代工业教育向着系统化和体制化迈进了一大步；那么到了 20 世纪 30 年代，清华工学院的建立和同时期高等工科教育的大发展，在西方近代科技向中国转移这一大

[①] 清华大学的前身为始建于 1911 年的清华学堂，1912 年更名为清华学校，1928 年更名为国立清华大学。1937 年抗日战争全面爆发后南迁长沙，与北京大学、南开大学组建国立长沙临时大学，1938 年迁至昆明改名为国立西南联合大学。抗日战争胜利后复员。中华人民共和国成立后，对高校领导管理改革，去"国立"。

背景中又拥有怎样的特点呢？它对于日后近代科技在中国的进步有着怎样的意义？

通过对清华工学院创办的历史背景、教授群体、办学理念、课程设置、研究工作以及学术共同体所展开的活动等诸方面的考察和分析，展示清华工科教育所拥有的特征（毫无疑问，这种特征并非清华所独有），对于从总体上去研究和把握工科教育在中国的发展以及近代技术向中国的转移，定会带来有益的启示。

一、创建背景

中国近代的工科教育始于洋务运动。19 世纪下半叶，为了抵御外来的威胁并维持封建王朝的统治，清朝政府在"富国强兵"的口号下，开始学习和引进西方技术。在创办军工产业的同时，也设立了诸如船政学堂（1866 年）、机器学堂（1867 年）、电报学堂（1876 年）等一大批培养技术人才的机构。

中日甲午战争以后，中国人反思洋务运动的经验教训，认识到不能仅仅依靠坚船利炮，还应借鉴日本明治维新的经验，进行体制上的变革。此一时期新创建的北洋大学堂和上海南洋公学，相比较于之前的技术学校来说，一方面扩充了教育的内容并大大强化了基础课程，另一方面在教育体制的健全上也向前迈进了一大步。

然而，直到 20 世纪 20 年代初期，工科教育在人们眼中始终是面向实用的教育，北洋大学、交通大学以及唐山铁道学院等著名的工科学校尽管在教育的水平上已有很大的提高，但都依然脱不去其与生俱来的行业背景。而在北京大学这所全国首屈一指的综合性大学中，蔡元培大刀阔斧地改革，使原本拥有的工学院建制被划归到了北洋大学，理由是作为研究学问之场所的大学，不应设置这些仅仅传授一技之长的机构[2]。

北伐结束以后，随着南京国民政府的成立，全国的经济建设和与之相应的工业化步伐不仅在量的方面扩大了对人才的需求，在质的方面也要求工科教育去追求更高的水准。

1929 年，国民政府在新公布的中华民国教育宗旨及其实施方针中提出："大学及专门教育，必须注重实用科学，充实学科内容，养成专门知识技能，并切实陶融为国家社会服务之健全品性。"[3] 1931 年 5 月，国民会议第五次会议又议决："大学教育以注重自然科学及实用科学为原则"[3]。1932 年 12

月,国民政府在《关于教育之决议案》中进一步规定"各省市及私立大学或学院,应以设立农、工、商、医、理各学院为限,不得添设文法等学院"[4]。

于是,那些新组建或整合而成的国立大学都开始注重或强化理工科教育。以往的"南京工专、苏州工专、杭州工专、长沙工专……,现在都已扩充成工学院"[1]。

与前一时期的工科教育相比,此时工科教育的特征在于"不贵乎专技之长,而以普通基本的工程训练为最有用",因为新工业的全面展开,要求工科教育必须面对更广泛的需求。且"工程事业往往一事关系数门,非简单属于某一门者,在今日中国之工商界中,能邀至数专家以经业一事者甚少,大多数则只聘一工程师而望其无所不能"[5]。

20世纪20年代末30年代初,酝酿已久的科学研究工作也提上了日程。在教育发展的延长线上,国家设立了中央研究院和北平研究院这样的专门研究机构。随着一批在海外接受了系统科学研究训练的留学生陆续学成归国,并充实到各类教育和研究机构当中,高等教育在更高水准上的展开成为可能。1931年,清华教授吴有训在其介绍理学院概况的文章中强调:"理学院之目的,除造就科学致用人才外,尚欲谋树立一研究科学之中心。"[6]这种致力于学术研究的办学理念,也渗透在同时期的工科教育当中,并构成其成长和发展中的一个鲜明特色。

二、创建动议与办学理念

(一)工学院的由来

清华创建工科的历史由来已久。1925年,清华正式成立大学部,在1926年设立的17个学系中,便已有了工程系的建制,其中包括机械工程、电机工程及土木工程三科。但限于经济条件,清华校方始终将办学重点放在传统强项文理科上。于是在实际的运作中,工程系很快被收缩,并更名为"实用工程科"(1927年),企图"训练一种人才,使他们对于土木、机械、电机各项工程的基本学识都有,但不精于任何一门"[7]。这种做法看似符合当时的需求,但很快便被证明行不通。因为任何人要想在大学四年中窥尽工科的各种门径,都是不可能的。因此在下一年度,实用工程科又进一步凝练了办学目标,将名称改为市政工程系。这年冬天,因为增加设备的问题,清华董事会不顾师生的反对，欲强行取消工科。不久，随着清华董事会的解散和学校成为教育部所属的国立大学，迫于形势的发展和各方的压力，清华校方在组建文、理、法三个学院的同时，又恢复了工程系，但只是令其附设在理学院中。一年后，工程系再度被改为土木工程系。

尽管工程系及后来的土木工程系在建制上都仅为一系，但"自建立工程系以来，每年新生，十之三四均进入该系"，导致该系人数迅速增加[8]。这种实际上的扩充促使校方扩大工科的建制，于是建院一事便被提上了日程。1932年春，清华评议会决定设立工学院（图1），随即向教育部提出呈请："钧部注重理工各科造就专门人才之至意，本校拟于下学年添设机械工程学系及电机工程学系，并将现有之土木工程学系合组为工学院。"①同时，清华还提出了在法学院增设法律系的请求，但教育部在回复中明确表示："惟查工科人材之培植本为我国急要，值兹国难迫切，物力维艰，该校应就现时财力所能及，力谋工学院之扩充，至前准备案之法律学系，应暂缓招生。"（图2）②

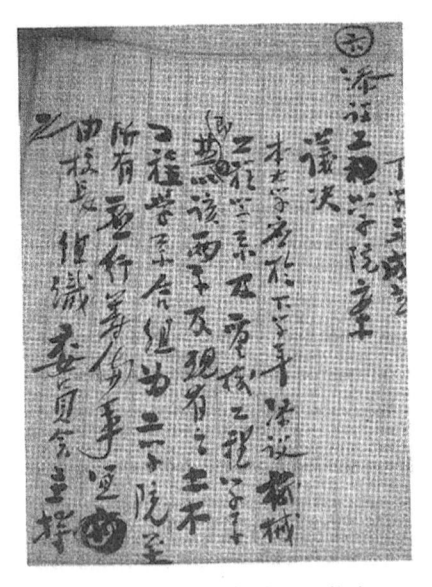

图1　评议会决定设立工学院
资料来源：清华大学档案馆收藏

---

① 《国民党政府教育部于一九三二年批准成立工学院暨批驳增设法律学系的部令和来往文书、教育部于1932年批准成立工学院暨不准增设法律系的训令，1932-1至1932-12》，清华大学档案馆，1-2：1-017。
② 《二十一年五月十一日教育部训令（字第3046号）》，清华大学档案馆，1-2：1-017。

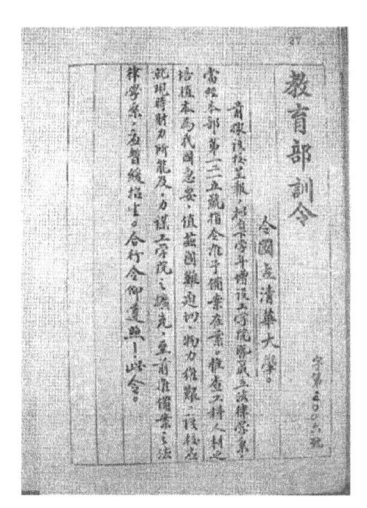

图 2　教育部批准设工学院的训令
资料来源：清华大学档案馆收藏

由此可见，清华工学院的创建，最基本的动力无疑来自社会上日益迫切的需求，同时，清华师生的努力和当时政府"提倡理工，限制文法"的政策，在特定的时期与环境中也发挥了十分重要的作用。1932年秋，清华工学院正式挂牌招生。

(二) 早期的教授群体

清华工学院成立之初，校长梅贻琦（图3）亲自兼任院长。电机工程学系、机械工程学系、土木工程系分别由顾毓琇、庄前鼎、施嘉炀（图4）担任

图 3　首任院长梅贻琦

（a）土木工程系主任施嘉炀（1936年）

（b）机械工程学系主任庄前鼎（1936年）　　（c）电机工程学系主任顾毓琇（1933年）

图 4　施嘉炀、庄前鼎、顾毓琇

系主任。到了 1933 年初，顾毓琇接任工学院院长，电机工程学系后由倪俊继任主任[①]。表 1 是 1932～1936 年清华工学院的教授名单。

表 1　1932～1936 年清华工学院教授名单[1)]

姓名	到校年份	系别及职务	学历和来清华前的工作经历
施嘉炀	1928	土木工程系教授兼主任	康奈尔大学土木工程硕士，麻省理工学院机械工程硕士
王裕光	1930	土木工程系教授	康奈尔大学土木工程硕士；美国桥梁公司工程师，中央大学教授，北洋大学教授
张泽熙	1931	土木工程系教授	康奈尔大学土木工程硕士[2)]

---

① 《国立清华大学一九三一至一九三六年度各院系教师名单》，清华大学档案馆，1-2：1-112。

续表

姓名	到校年份	系别及职务	学历和来清华前的工作经历
蔡方荫	1932[3]	土木工程系教授	麻省理工学院建筑工程学士，土木工程硕士；美国纽约设计工程师
陶葆楷	1931	土木工程系教授	麻省理工学院土木工程学士，哈佛大学市政卫生工程硕士
顾毓琇	1931[4]	电机工程学系主任、工学院院长	麻省理工学院博士；浙江大学电机系主任，中央大学院长、教授
刘仙洲	1932	机械工程学系教授	香港大学机械工程学士；北洋大学校长，东北大学教授
王士倬	1932	机械工程学系教授	麻省理工学院航空工程硕士
章名涛	1932	电机工程学系教授	英国纽卡斯尔大学电机工程学士，英国曼彻斯特工业大学硕士；浙江大学电机系教授，上海亚洲电器公司工程师
庄前鼎	1932	机械工程学系主任	康奈尔大学机械工程硕士，麻省理工学院化学工程硕士；波士顿斯威工程公司、底特律爱迪生电厂、芝加哥电力公司工程师
张乙铭	1932	土木工程系教授[5]	耶鲁大学硕士
倪俊	1931	电机工程学系教授、主任	康奈尔大学硕士；浙江大学教授
张任	1934	土木工程系教授	麻省理工学院土木工程硕士
李辑祥	1914	机械工程学系教授	密西根大学机械及水利工程硕士；建设委员会设计委员，东方大港工程师，中央大学教授，江南铁路公司正工程师、工务处副处长，冯庸大学教授
李郁荣	1934	电机工程学系教授	麻省理工学院电气工程博士
殷祖澜	1935	机械工程学系教授	麻省理工学院专门机械工程学士
史久荣	1935	机械工程学系教授	密西根大学汽车工程硕士
殷文友	1935	机械工程学系教授	康奈尔大学机械硕士，哈佛大学工程科硕士
赵友民	不详	电机工程学系教授	密西根大学电机工程学士；美国贝尔电话公司工程师
张润田	1935	土木工程系教授	思理尔理工大学研究院工学博士
维纳（外籍）	1936[6]	电机工程学系教授（与算学系合聘）	麻省理工学院算学教授
吴柳生	1936	土木工程系教授	麻省理工学院学士，伊利诺伊大学硕士；河南大学教授，山东大学教授

续表

姓名	到校年份	系别及职务	学历和来清华前的工作经历
李谟炽	1936	土木工程系教授	普渡大学土木工程学士，密西根大学及麻省理工学院土木工程硕士；北洋工学院教授，交通部公路总处研究主任，西南公路局正工程师，美国公路总局研究员，上海公路局顾问工程师
汪一彪	1936	机械工程学系教授	麻省理工学院机械学士；康奈尔大学水力科研究一年
冯桂连	1935	机械工程学系教授	麻省理工学院飞机工程硕士；在德国研究空气动力学两年
华敦德（外籍）	1936	机械工程学系教授	美国加州理工学院博士；来校前在加州理工学院古根海姆航空实验室工作

1）资料来源："姓名"一列参考《国立清华大学一九三二、一九三五、一九三六年度教职员录》（清华大学档案馆，1-校，5-001）、《国立清华大学一九三一年至一九三六年度各院系教师名单》（清华大学档案馆，1-2：1-112）、《清华一览》（清华大学档案馆，1937年，编号002）。"到校年份"一列参考苏云峰的《清华大学师生名录资料汇编（1927—1949）》、台北"中央研究院"近代史研究所编的《"中央研究院"近代史研究所史料丛刊》（2004年第49期）。

2）根据《国立清华大学一九三二、一九三五、一九三六年度教职员录》、苏云峰的《清华大学师生名录资料汇编（1927—1949）》，为麻省理工学院土木工程硕士、哈佛大学市政卫生工程硕士。

3）根据苏云峰的《清华大学师生名录资料汇编（1927—1949）》、《国立清华大学一九三二、一九三五、一九三六年度教职员录》，为1931年。

4）根据苏云峰的《清华大学师生名录资料汇编（1927—1949）》、《国立清华大学一九三一年至一九三六年度各院系教师名单》，为1932年。

5）根据《国立清华大学一九三一年至一九三六年度各院系教师名单》，1933年升为教授，根据苏云峰的《清华大学师生名录资料汇编（1927—1949）》，为讲师。

6）根据苏云峰的《清华大学师生名录资料汇编（1927—1949）》、《国立清华大学一九三一年至一九三六年度各院系教师名单》，为1935年。

从表1可以看出，清华工学院初期的教授大体可分为两种类型：一类或曾在国内其他大学任教（如顾毓琇、刘仙洲等），或曾是企业的工程师（如李辑祥、章名涛、李谟炽等）；另一类则刚从海外学成归国。他们都有着就读于海外名牌大学的经历，并在来清华前，于学术或实际中做出过很有价值的工作。例如，顾毓琇在美国《数理杂志》上发表的《四次方程通解法》[9]31（"Note on a Method of Evaluating the Complex Roots of a Quartic Equation"①）迄今为世界各国电子计算机关于四次方程通解法所用的程序。庄前鼎毕业后，曾辗转于多家电器和工程公司。李郁荣曾协助后来的控制论奠基人维纳

---

① 发表于 Journal of Mathematics and Physics（Vol. 5, No. 2, 1926），但中文稿较详，载《清华学报》1926年第3卷第1期。

把广义调和分析学方面的基本思想引入电网络的设计中,制造出精巧经济的网络——李-维纳网络,并于1935年获美国专利[10,11]。刘仙洲则任教于多所大学,并一度担任北洋大学校长。

这样的教授群体使初创的清华工学院,既可以在以往国内工科教育发展的基础上,博采众家之长,又可以立足于工科的学术和实际需要前沿。

(三)办学理念

关于清华工学院的办学理念与方针,梅贻琦曾提出如下看法:"工学院各系的政策,我们应当注重基本知识。训练不可太狭太专,应使学生有基本技能。"[12]究其理由,正如顾毓琇指出的那样:"专门的农工等等事业,都是千头万绪,详细的部分,学校教育是无从教起的,并且教了也未必有益处。"[13]庄前鼎也提出:"我们所需要的工程师,不单是仅仅一个工程专家,而希望他对于一般的常识,都有相当的认识……对于基本的功课,应该重视,就是要求得一般的普通常识……在国内当工程师,最好对于一般的普通工程上的学识都知道一点。"他告诫机械工程学系的同学:"大学的工程教育,只给你们一个从事工程事业的基础。在这基础的上面,需得寻求健全的经验。"[14]

可见,在"通才教育"思想的基础上强调基础教育,是早期清华工学院办学理念的一大特征。这种特征既体现了清华的办学传统,又反映了新时期社会发展的需求。需要说明的是,所谓通才教育,绝非被有些人所曲解的那样,是追求所谓的通而不精,即所谓培养"万金油"式的人才。梅贻琦曾告诫:"有句俗话是:'样样通,样样松',这样请大家注意,要通不要松。"要实现这种通而不松,便需在通和精二者之间去寻求统一。从清华工学院早期创办者的言论中可见,他们所欲追求的恰恰是以"精"求"通"①,即通过强调基础,去实现触类旁通。

---

① 以后梅贻琦在与清华教授潘光旦合著的《工业化的前途与人才问题》一文中,又有了更为明确的阐述:"大学工学院在造就高级工业人才与推进工程问题研究方面,有其更大的使命。""大学教育毕竟与其他程度的学校教育不同,他的最大的目的原在培植通才……他的最大效用,确乎是不在养成一批一批限于一种专门学术的专家或高等匠人。"工学院的教育目标应当是"对于此一工程与彼一工程之间,对于工的理论与工的技术之间,对于物的道理与人的道理之间,都应当充分了解,虽不能游刃有余,最少在这种错综复杂的情境之中,可以有最低限度的周旋的能力……除了大学工学院以外,更没有别的教育机关可以提供这一类的人才"。见:刘述礼,黄延复. 梅贻琦教育论著选. 北京:人民教育出版社,1993:184-186.

三、学科布局与课程设置

（一）学科布局

清华工学院创建之初，共分为三个系：土木工程系（下设铁路及道路工程组、水力及卫生工程组）、机械工程学系（下设原动力工程组、机械制造工程组及航空工程组）和电机工程学系（下设电力组及电讯组）①。这种学科布局既体现了当时国内工业建设中的迫切需求，又是清华大学立足于实际办学的产物。

就土木工程系而言，"这几年国内建设猛进，各省市纷纷修公路，陇海路延长，粤汉路兴筑，加以各处兴修水利，如治黄问题、导淮问题、灌溉问题等"[1]。土木工程系的创办，本为满足上述需求，因此其专业划分，便定位在"路"和"水"这两个大方向上。

就机械工程学系而言，"上海交大民国二十一年始办机械系，北洋十四年恢复机械系，中大、平大的机械系，虽从工专沿传而来，但是学生并不算多。直到最近航空事业及机械制造事业渐渐重要起来，各学校方始添办机械系"[1]，因此清华创办机械工程学系，是顺应了这一工科发展的大趋势。

对许多大学说来，由于电机"同物理最相近……所以近年来有些大学的理学院，乃添办电机……"[1]清华的电机工程学系虽非设在理学院中，但由于理学院的发展已经达到了相当水准，而物理系著名教授萨本栋和任之恭在美国学的就是电机工程和无线电，这就使得电机工程学系的创办是水到渠成的。

（二）课程设置

清华工学院的课程，总体上是按照下述原则来编制的：一年级课程大致为自然科学、国文、外语和经济学概论。二年级课程则多系一般工程学的基本训练，如测量、静力学和动力学、材料力学等。三年级开始接触本学科专业的一般科目，如土木工程系的给水工程、铁路及道路工程，机械工程学系的机械设计原理、内燃机，电机工程学系的电工原理、电报电话学等。四年级则进一步将学生按上述不同专业方向分组，进行更有针对性的专业教育。

---

① 每个系具体分组参考《清华一览》，清华大学档案馆，1937年，编号002。

按照施嘉炀的说法："训练专业人才有两种政策：一种是广阔政策，即使学生对各种科目，均有相当训练，将来无论在土木工程哪一门上做事，均能作有把握的处置；另一种政策即在各种科目中，只研究一种，求专精一门，使其对于该门学问有特别的成就。这两种政策，是各有利弊。本校土木工程系，则折衷此二者：即各门基础课目都有；同时在最后一年设有高深课程，使能专精一门。换言之，即头三年务求广阔，期使学生多了解各种工程的性质与门径；最后一年力求精细，学生可以各就性能之所近，深造某一门类，期成专门人才。"[15] 事实上，此种考虑也同样渗透在机械工程学系和电机工程学系的课程中。表 2 是 1937 年清华工学院机械工程学系机械制造工程组的课程表，表 3 是 20 世纪 20 年代初期交通大学上海学校机械科机厂工务门课程表。

表 2　1937 年清华工学院机械工程学系机械制造工程组的课程表

年级	学程	学时/周	学分	年级	学程	学时/周	学分
一年级上学期	（中）国文	3	3	一年级下学期	（中）国文	3	3
	（外）第一年英文	5	4		（外）第一年英文	5	4
	（物）普通物理	6	4		（物）普通物理	6	4
	（算）微积分	4	4		（算）微积分	4	4
	（经）经济学概论	3	3		（经）经济学概论	3	3
	（机）画法几何	3	3		（机）工程画	5	2
	（机）制模实习	3	1		（机）锻铸实习	3	1
二年级上学期	（机）静动力学	4	4	二年级下学期	（机）材料力学	4	4
	（机）机件学	3	3		（机）热力工程	3	3
	（机）经验计画	6	2		（机）机动计画	6	2
	（机）金工初步（一）	3	1		（机）金工实习（二）	3	1
	（算）微分方程	3	3		（土）工程材料学	3	3
	（土）测量	4	1		（土）水力学	3	3
	（化）普通化学	7	4		（化）普通化学	7	4

续表

年级	学程	学时/周	学分	年级	学程	学时/周	学分
三年级上学期	（机）热力工程（一）	3	3	三年级下学期	（机）热力工程（二）	3	3
	（机）机械设计原理（一）	3	3		（机）机械设计原理（二）	3	3
	（机）机械设计图画（一）	8	3		（机）机械设计图画（二）	8	3
	（机）机动力学	2	2		（机）内燃机	3	3
	（土）水力试验	3	1.5		（机）热工试验	3	2
	（电）直流电机	3	3		（土）材料试验	3	1.5
	（机）金工实习	3	1		（电）交流电机	3	3
	（机）水力机械（选修）	3	3		（电）电机试验	3	1
					（机）机构学（选修）	2	2
					（机）金工实习（选修）	3	1
四年级上学期	（机）原动力厂（一）	3	3	四年级下学期	（机）原动力厂（二）	3	3
	（机）工业管理（一）	3	3		（机）工业管理（二）	3	3
	（机）工厂设计	4	2		（机）高等机械设计	4	2
	（机）内燃机设计	4	2		（机）制造方法	2	2
	（机）炼钢实习	4	2		（机）机械制造	6	2
	（机）热工试验	4	2		（机）专门报告	1	1
	（机）选修或专题研究	3	3		（机）选修或专题制造		

资料来源：《清华一览》，清华大学档案馆，1937年，编号002，第259-282页。

表3　1921年8月至1922年7月交通大学上海学校机械科机厂工务门课程表

年级	学程	单位	钟点	年级	学程	单位	钟点
一年级上学期	国文	2	2	一年级下学期	国文	2	2
	英文	3	3		英文	3	3
	解析几何	5	5		微积分	5	5
	物理讲授	2.5	3		物理讲授	2.5	3

续表

年级	学程	单位	钟点	年级	学程	单位	钟点
一年级上学期	物理试验	1	2	一年级下学期	物理试验	1	2
	化学讲授	2.5	3		化学讲授	2.5	3
	化学试验	2	4		化学试验	2	4
	图画	1.5	4		图形几何	1.5	4
	工厂实习	1	3		工厂实习	1	3
	体操		3		体操		3
二年级上学期	微积分	4	4	二年级下学期	物理讲授	2.5	3
	物理讲授	2.5	3		物理试验	2.5	1
	物理试验	2.5	1		化学讲授	0.5	1
	化学讲授	0.5	1		化学试验	2	3
	化学试验	2	3		工厂实习	1	3
	工厂实习	2	6		力学	4	4
	力学	4	4		锅炉引擎	5	5
	机械原理	3	3		机械图画	1	3
	机械图画	1	3		测量	0.5	1
					测量实习	1	3
三年级上学期	热力工程	4	4	三年级下学期	热力工程	4	4
	机械试验	4	6		机械试验	4	6
	电机工程	3	3		电机工程	3	3
	电机试验	2	3		电机试验	2	3
	水力学	3	3		材料力量	4	4
	机械原理	1.5	4		材料学	1.5	3
	汽闸	2	2		汽机计画	1.5	4
	机厂实习	1	3				
四年级上学期	机械厂	4	4	四年级下学期	船机工程	2	3
	机械试验	2	3		机厂计画	2	6
	机厂计画	2	6		蒸汽涡轮	4	4
	机车动作	4	4		汽油机	4	4
	水电力厂	3	3		电力铁路	3	3
	工厂管理	2.5	3		工厂管理	2.5	3
	外国文	3	3		外国文	3	3

资料来源：《交通大学校史》编写组.交通大学校史（1896—1949）.上海：上海教育出版社，1986：144-146。

可以看出：首先，在基础课部分，清华课表中外语和国文的课时数均得到了扩充，同时还增开了一门经济学概论。梅贻琦认为，工科学生对"政治、经济、历史、地理、社会等都得知道一点"，否则，他就只能做一个"高等匠人"，而不配称大学生——"大学生应该有极完美的常识"[16]。

其次，交通大学上海学校开设的图画、解析几何、锅炉引擎、汽机计画等课程，清华已不再开设；同时像物理、化学这样的基础课学时也被大大地压缩；取而代之出现了一批诸如微分方程、内燃机、内燃机设计、机件学（机械零件）、机动力学（理论力学）、经验计画（经验设计流程）、机动计画（理论设计流程）、机构学等新课程。这里体现了十多年来工科教育的进步：一方面，随着初等教育的发展，像解析几何、图画，以及物理、化学的一些基本内容都已被放在高中教授。另一方面，随着工业的发展和工科教育的深入，像锅炉引擎、汽机计画这样一类与蒸汽机相关的内容，以专门课程的形式被划归到更为基础的热力工程和热工试验课程当中；而随着内燃机工业的发展及其在中国的普及，内燃机这种以往只作简单介绍的课程，此时开始被作为专题加以深入地讲授。

清华课表另一个引人注目的特点是在机械工程学系的专业基础课中，穿插安排了一些外系（土木工程系、电机工程学系）的课程。相同的情况也出现在土木工程系和电机工程学系的课程设置中。关于这一点，施嘉炀的说明是："现代讲究分工的时候，土木工程，决不能离开其他工程独立。例如修铁路，修好铁路，无非为行车，倘若机械工程不发达，所造成的车不能在路上畅行，则虽有良好铁路，效用亦甚微。总之，各种工程的知识技术，须互相联络，方能收增加生产，完成建造之效。"[15]

与交通大学上海学校的课程设置相比，十多年后的清华工科课程设置中一个最值得关注的变化是：在四年级的专业课设置中，出现了"专门报告"和"选修或专题研究"这样的前瞻性、研究型课程。前者要求"学生参考各种工程杂志，将世界各国于工程上有价值之问题，以及各种已成功之伟大工程，做成报告，互相讨论"。后者则鼓励"学生如有专题，自愿研究，以充分发挥自己学识经验，得于每学期开学后两星期内将其所欲研究之问题，送交本系各组主任，经核准后由本系请一教授指导，其研究之结果须写成论文，于学期终前交进"[17]。这种将研究与教学融为一体的机制，不仅使工科高等教育本身成为一个开放且不断进步的系统，而且体现了在清华传统的"通才教育"理念下，"通"与"精"在培养目标上所达成的统一。这种统一应当说，既体现了近代中国工科教育在新形势下的发展，又体现了近代西方技术向中国的转移正在从知识的普及进入到在这块土地上获得生长和发展的一个新阶段。

四、学术研究及其共同体的形成

（一）研究工作的展开

寻求教育与学术的统一，是中国近代高等教育中的一项重要课题。蔡元培很早就强调："大学为纯粹研究学问之机关，不可视为养成资格之所，亦不可视为贩卖知识之所。"[18] 在国民政府的《大学院公报发刊辞》上，他又进一步指出："教育一辞之广义，亦可包学术也。"[19] 创建初期，清华工学院的教授们以"造就科学致用人才""树立一研究科学之中心"为己任，并将这一理念引申到各学科的创建中，这可看作是此一时期中国近代工科教育的一大特色。

谈起对工学的学理研究，自然离不开实验室建设，而建设一定数量的实验室以供教学和研究的需求，又需要有资金的保证。当时国内几所老牌国立工科大学，尽管在20世纪20年代初期就已有了相当的基础，但由于军阀混战所带来的动乱，常常陷入经济上的困境，日常的教学尚难维持，研究所需的经费就更难保证了。清华由于有着特殊的经费来源，相比之下，教育和研究的经费较有保障。经过若干年的积累，清华工学院在教育和研究的环境整备上已初见规模，一些实验室的建设已达到相当水准。例如：土木工程系的水利实验室（图5）、材料实验室（图6）、道路工程试验室（图7）和卫生工程实验室；机械工程学系新建的机械工程馆（图8），"凡热力工程所包括者，已应有尽有，比之欧美各大学机械实验室设备，实不相上下，堪称国内最完备之机械实验室"[①]；电机工程学系构造学试验室配置的4项研究仪器中，仅有1项是唐山交通学院已配置的，其余3项为国内任何大学所未有[②]。以至于刚刚学成归国的李郁荣，在给他的老师维纳去信，邀请其来华访问讲学时，曾在邀请函中这样写道："清华以工学院拥有的设备和装置而自豪。"[11]

---

① 《清华一览》，清华大学档案馆，1937年，编号002。
② 《工学院院长顾毓琇转报机械系、电机系的工作报告，1934-7》，清华大学档案馆，1-2：1-018。

图 5　水利实验室

图 6　材料实验室

图 7　道路工程试验室

图 8 机械工程馆

清华工学院的教授们除使平日的教学建立在更扎实的基础上之外，还将研究型的课程引入到教学当中，从而使学生受到了有益的训练。以土木工程系的水利实验室为例，在这里进行的工作有：精确流量测算方法之研究、各式水轮及抽水机特性之实验与其设计改进问题[①]等。

教授们也进行了一些卓有成效的研究工作。例如：王士倬主持的"风洞模型及风洞设计"[②]；顾毓琇在《国立清华大学理科报告》和《电工》杂志上发表的"Transcient Current and Torque of Synchronous Machines under Asynchronous Operation-Ⅱ"（与 T. S. Chu 合著）[③]与"Vetor Diagram of Salient-pole Synchronous Machines"[④]等。据苏云峰《从清华学堂到清华大学（1928-1937）》一书的统计，抗战前，清华全校教师大约有 383 人，排除没有进入统计的，有将近 40% 的教师在《清华学报》《国立清华大学理科报告》《工程：中国工程学会会刊》等国内外学术刊物上发表过研究论文，是当时教育部所调查的全国专职教师研究论文发表率的 2.7 倍[20]。就其水平而言，有些工作也已达到了相当高的水准。1937 年，顾毓琇的论文《多相发电机之分析》《双反应学说对多相同步机之应用》发表在美国的权威学术期刊上[9]46-48。同年，

---

① 《国立清华大学土木工程学会会刊》，1932~1934 年，第 3 期，附录，第 34 页。

② 《教育部令报教员研究专题、重要出版物调查表的有关来往文书，1935-9 至 1936-4》，清华大学档案馆，1-2：1-216。

③ Tsing Hua Science Reports, Ser. A, Vol. Ⅱ, No. 6, 1934, 清华大学档案馆, 1-2: 1-216。

④ Journal of Electrical Engineering (China), Vol. V, No. 5, 1934, 清华大学档案馆, 1-2: 1-216。

章名涛发表的《单相感应电动机之理论及张量分析》一文，被美国密歇根大学的 Gabriel Kron 博士在其所著 Tensor Analysis of Networks（1939 年）一书中引用[9]46。

（二）学术共同体的形成

1932 年，土木工程系师生发起成立了清华土木工程学会（图 9），并出版了学术性兼会务性的会刊，到 1937 年为止，该刊共出版了 4 期。1933 年，以电机工程学系师生为主体，成立了清华大学电机工程学会①。紧接着，机械工程学会成立（图 10），该会于 1936 年 10 月创立了《清华机工月刊》，前后共出过 8 期，后因抗日战争而被迫结束②。在上述三个团体的基础上，1935 年前后，清华工程学会成立，该会接管了《国立清华大学土木工程学会会刊》，并将其更名为《国立清华大学工程学会会刊》③。关于这些学会的组织、活动以及社会服务和对外交流情况，另以专文讨论。在此只想强调的一点是：这些学术社团或共同体的出现，同样有着近代学术共同体在中国社会中形成的广阔背景。

图 9　土木工程学会会员合影

---

① 1933 年 2~3 月，《国立清华大学校刊》刊登了电机工程学会成立的消息，并征集会徽启事：第 484 号，《电机工程学会筹备委员会启事》；第 487 号，《电机工程学会征求会徽图案启事》。可见该会此时成立。

② 参见：北京清华大学机械工程学会：《清华大学图书馆中文期刊目录 1880—1961》，《清华机工月刊》，1936 年 10 月至 1937 年 6 月。

③ 清华大学图书馆老馆闭架库存有第 1、2 期。

图 10　机械工程学会会员合影

20世纪20年代末到30年代初,一些专业性科学技术学术团体相继成立,如理科类的中国物理学会(1932年)、中国化学会(1932年),工科类的中国工程师学会[①](1931年)等都创建于这一时期。与之前创建的中国科学社(1915年)和中华工程师会(1912年)相比,此一时期创建的科技社团在专业性和学术性方面都有了极大的提升。

在此种背景下,清华工科学术社团的建立,一方面反映了这种社会影响,另一方面又推动了工科教育和学术研究的社会化进程。1934年10月,由顾毓琇等人发起,清华大学电机工程学会会同留美电工学会及留德机械电工学会,组成了电机工程师学会[9]42,同年又改称中国电机工程学会。1935年秋,中国机械工程学会筹建之际,在7位发起人中,庄前鼎、刘仙洲、李辑祥、王士倬等4位均来自清华机械工程学系,筹备处也设在了清华园中[21]。尤其值得一提的是,在此期间,清华机械工程学系还完成了《英汉对照机械工程名词》(1934年)。此项工作尽管尚处在起步时期,但作为近代工程技术向着本土化方向迈出的重要一步,它在统一国内学术共同体的语言,并在更广泛的基础上去实现同世界的交流与沟通,有着十分重要的意义。

五、结语

清华工学院的创建,来自中国社会现代化进程的需求,但它的创建也促

---

① 1931年8月,"中华工程师学会"和"中国工程学会"在南京举行联合年会,两会合并为"中国工程师学会",参考:钟少华. 中国工程师学会. 中国科技史料, 1985, 6(8): 36.

进了新工业技术及其教育的成长和发展。关于它的特色，最重要的一点莫过于将工科教育建立在更坚实的学理基础上，从而使受教育者面向更加丰富多彩的实际，同时也使工学在教育和研究中找到了自身存在的理由。

技术作为劳动的手段几乎有着与人类同样长久的历史，然而将技术建立在学理基础上，并为其自身的理由而进行研究，则是近代以后的事情。如果我们将西方近代技术向中国的移植划分为器物层面上的吸收与运用和学理层面上的理解与研究，那么可以认为：直到 20 世纪 30 年代以前，中国工科教育的目的及其动力主要来自前者的需要，而那以后，则开始体现为同时面对两个层面上的需求。此时，工科教育蕴含了一种崭新的特征，它在中国近代技术史和工科教育史上意味着一个新时期的到来，清华工学院的创建构成了其中一个重要且值得研究的部分。

毫无疑问，技术的学理化和学术化不仅使其更有效地满足来自生产实际的需求，也加速了其自身的发展，如同今天人们所看到的那样——带来种种新的可能。20 世纪 30 年代以后中国工科教育的成就，在西方近代技术向中国移植的历史进程中有着十分重要的意义。清华工学院这所新崛起的学术教育机关，它的成就对于今天追求跨越式发展的人们来说，不乏启示和借鉴作用。

致谢

承蒙清华大学科学技术与社会研究所胡显章教授的指导和支持，谨致谢忱。

（本文原载于《中国科技史料》，2004 年第 25 卷第 4 期，第 23-36 页。）

参 考 文 献

[1] 顾毓琇. 中国工程教育的前途. 教育杂志, 1935, 25(10)：7-11.
[2] 蔡元培. 我在北京大学的经历//孙常炜. 蔡元培先生全集. 台北：台湾商务印书馆, 1968：629-637.
[3] 郑鹤声. 国民政府成立以来关于高等教育之理论与实施. 教育杂志, 1935, 25(10)：13-36.
[4] 教育部. 关于教育之决议案. 教育部公报, 1932, 4(51, 52).
[5] 梅贻琦. 清华学校的教育方针. 清华周刊, 1927, 28(14)：667-670.
[6] 吴有训. 理学院概况//清华大学校史研究室. 清华大学史料选编. 二(上). 北京：清华大学出版社, 1991：394.

[7] 夏坚白. 土木工程系的过去和现在//清华大学校史研究室. 清华大学史料选编. 二(下). 北京: 清华大学出版社, 1991: 465-467.
[8] 炎焱. 土木工程系改院运动之经过. 清华周刊, 1932, 37(1): 149-152.
[9] 顾毓琇. 百龄自述//顾毓琇. 顾毓琇全集. 第11卷. 沈阳: 辽宁教育出版社, 2000.
[10] 李旭辉. 李郁荣博士传略. 中国科技史料, 1996, 17(1): 63-70.
[11] 魏宏森. N. 维纳在清华大学与中国最早计算机研究. 中国科技史料, 2001, 22(3): 225-233.
[12] 梅贻琦. 关于组建工学院问题. 国立清华大学校刊, 1932, (379).
[13] 顾毓琇. 专门人才的培养. 独立评论, 1933, (16).
[14] 庄前鼎. 健全的工程师//清华大学校史研究室. 清华大学史料选编. 二(上). 北京: 清华大学出版社, 1991: 278.
[15] 施嘉炀. 土木工程学系//清华大学校史研究室. 清华大学史料选编. 二(下). 北京: 清华大学出版社, 1991: 467-470.
[16] 清华大学校史编写组. 清华大学校史稿. 北京: 中华书局, 1981: 116-117.
[17] 工学院机械工程学系学程一览——民国二十五至二十六年度//清华大学校史研究室. 清华大学史料选编. 二(下). 北京: 清华大学出版社, 1991: 493-517.
[18] 蔡元培. 北京大学民国七年开学式之演说词//孙常炜. 蔡元培先生全集. 台北: 台湾商务印书馆, 1968: 763-764.
[19] 蔡元培. 大学院公报发刊辞//孙常炜. 蔡元培先生全集. 台北: 台湾商务印书馆, 1968: 958.
[20] 苏云峰. 从清华学堂到清华大学(1928-1937). 台北: "中央研究院"近代史研究所, 1996: 121.
[21] 中国机械工程学会. 中国机械工程学会筹备组织及成立经过. 机械工程, 1936-1937, (1-4).

沈同在抗日战争时期的营养学研究

| 王公，杨舰 |

二战时期，科学家如何以科学为武器投入反法西斯战争？又如何在艰苦的战争环境下推动并发展科学？这一西方二战史研究的热点话题很少提及中国科学家的工作[1]。而中国学者关于抗日战争（以下简称"抗战"）史的研究，也很少深入考察科学家在抗战中的贡献。本研究力图依据新发现的史料，从上述视角对中国早期营养学家沈同在战时的研究工作进行考察和分析。希望通过这一案例研究，揭示出抗战时期中国科学家的工作在怎样的意义上为赢得胜利做出了贡献，又怎样在特殊的环境中推动了人类知识的进步和发展。本研究所揭示的事实不仅将丰富战时世界科技史研究的话题，对中国抗战史的研究也将是一个有益的补充。

一、战火中对西方营养学的关注

1937年7月7日抗日战争全面爆发。正在康奈尔大学攻读博士学位的沈同①从报纸上读到了日军强占华北、南下侵略的消息，心中万分焦急。从保留在康奈尔大学的《沈同日记》②中可以看到如下记载："华北沦亡，淞沪抗战，国家民族生命危在此刻矣！""几时才没有灾民，几时才没有外侮……？！"等（图1）。沈同（图2），字子异，江苏吴江人，生于1911年。沈同是庚款派往康奈尔大学留学的清华大学学生，1929年考入清华大学

---

① 关于沈同的更多信息可见北京大学生物系内部出版的《沈同教授纪念文集》。
② 这些日记现藏于美国康奈尔大学图书馆，保存路径为 RMM02129，box4，Tung Shen Diary。

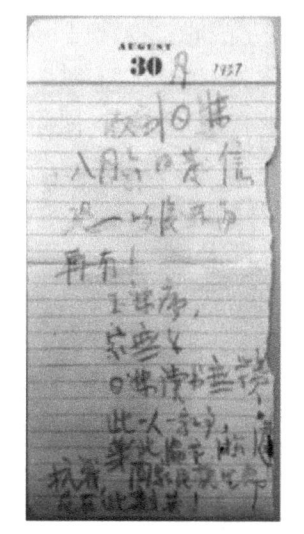

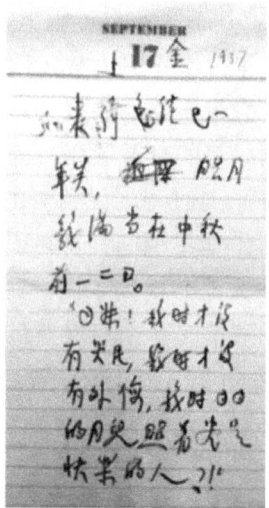

图 1　沈同日记两则

图 2　1939 年 6 月，康奈尔大学博士毕业的沈同
资料来源：康奈尔大学图书馆特藏室

生物系，毕业后留校任助教。1936 年，沈同来到美国，其导师是国际著名生物化学和营养学家梅乃德①教授。1937 年 10 月 4 日，康奈尔大学的埃斯

---

① 梅乃德(Leonard A. Maynard, 1887—1972)，美国人，生物化学家，1915 年于康奈尔大学获得生物化学专业博士学位。20 世纪 20 年代，梅乃德发现阳光的照射有助于动物身体中维生素 D 的合成，进而有助于钙的吸收。1934 年，梅乃德应秉志的邀请，到南京的中央大学访问，开展对中国农村的营养学研究。

戴尔[①]教授介绍了其不久前在英国考察关于战时食物管理、分配方面的情况。有关研究表明，第一次世界大战（以下简称"一战"）时期，英国由于营养不良问题造成了大量士兵的非战斗减员和民众的伤亡。因此，在 20 世纪 30 年代，随着欧洲局势的日益紧张，为了避免一战时期的情况再度发生，英国学者们进行了一系列改善国民营养的调查和相关研究[②]。埃斯戴尔教授早在剑桥大学攻读博士学位期间，即随其导师马歇尔[③]教授从事这方面的相关工作。此次报告中，他亦提到了同一师门下的哈蒙德[④]教授与英国政府合作改进食品生产的一些情况。在与埃斯戴尔教授的进一步交谈中，沈同认识到营养学研究对战时军民保障的重要意义，他在日记中写道："感觉我回国，正亦有诸事待我去做，至少可步哈蒙德后尘。"从那时起，他就格外关注营养学问题。

1939 年 6 月，沈同通过康奈尔大学的博士论文答辩，获得动物营养学和生物化学博士学位[⑤]。6 月 23 日，沈同动身离开康奈尔大学前往旧金山，在那里与其他中国留学生汇合，搭上了开往中国的"柯立芝"号海轮。同行者中有刚刚获得杜克大学林学博士学位的汪振儒[⑥]和获得耶鲁大学古生物学博士学位的杨遵仪[⑦]等人。

二、制定战地士兵的营养改良方案

1939 年 8 月初，沈同到达了香港。在这里，他收到了原清华大学校长梅贻琦的来电，获悉在昆明和贵州有一些工作在等着他。当时，因战事前往昆明的陆路已中断，沈同绕经越南海防，通过滇越铁路于 8 月底赶到昆明。

---

① 埃斯戴尔（Sydney A. Asdell, 1897—1987），英国人，1926 年获剑桥大学博士学位，马歇尔的学生，1930 年任康奈尔大学畜牧学专业助理教授。

② 代表性的工作可见 Food Health and Income: Report on a Survey of Adequacy of Diet in Relation to Income（1936 年麦克米伦出版公司出版）等。

③ 马歇尔（Francis Marshall, 1878—1949），英国剑桥大学教授，皇家学会会员，著名生理学家。

④ 哈蒙德（John Hammond, 1889—1964），马歇尔的学生，英国剑桥大学教授，皇家学会会员，著名动物营养学家。其战时工作内容详见 Biographical Memoirs of Fellows of the Royal Society（1965 年，第 11 期，第 100-113 页）。

⑤ 其博士论文题目为 "Purified Diet Studies for Herbivora with Special Regard to Nutritional Muscle Dystrophy in Guinea Pigs"。

⑥ 汪振儒（1908—2008），北京人，林学家，我国树木生理学的奠基者，1939 年 6 月获得杜克大学博士学位。

⑦ 杨遵仪（1908—2009），广东揭阳人，地层古生物学家，中国科学院院士，1939 年 6 月获得耶鲁大学博士学位。

1939年9月17日，沈同在清华大学生理研究所见到所长汤佩松[①]教授。后者向沈同介绍正在计划展开的与中国红十字会救护总队[②]（以下简称"救护总队"）的合作，内容是关于前线士兵营养状况的调查和改良工作[2]。当时正是第一次长沙会战和第二次长沙会战的相持阶段，由于营养状况不良造成的部队非战斗减员情况十分严重。士兵营养状况的改善关系到相持阶段部队战斗力的维持，是一个带有全局性的重大问题。为此，许多科学家被派往战地，以调查和解决相关问题[③]。

这项工作充满艰辛。首先，必须深入到战地前沿的士兵当中去摸清问题，其中的危险可想而知；其次，解决问题不仅需要生理学和营养学方面的功底，还要对医学、农学，以及当地地理环境和社会方面的知识有相当的了解。为了完成任务，沈同进行了细致的准备，查阅了大量资料并制订了工作计划[④]。

1939年11月15日，沈同随汤佩松一道，带领三名国立西南联合大学学生[⑤]来到了位于贵阳图云关的救护总队。在这里，沈同和救护总队的医生进行了深入的交流，了解到许多救治受伤士兵和难民的经验。11月25日，沈同见到救护总队队长林可胜[⑥]教授，林可胜向沈同详细布置了前往战地调查的工作。借鉴此前在康奈尔大学学到的战时食物管理、分配的有关知识，沈同和汤佩松、周寿恺[⑦]（图3）等专家进一步完善了调查计划，该计划得到了

[①] 汤佩松（1903—2001），湖北浠水人，植物生理学家，中国植物生理学的奠基人之一，1938年起担任国立西南联合大学农业研究所植物生理组教授、组长。

[②] 抗战全面爆发后，为了给前线将士提供必要的医疗援助，曾任北平协和医学院生理学系主任和中国生理学会会长的林可胜在卫生署的支持下，在武汉组织成立了中国历史上第一个全国性的医疗救护体系——中国红十字会救护总队。随着战争的进一步扩大，1939年2月，中国红十字会救护总队将队址迁往贵阳图云关。

[③] 有关资料表明，沈同在湖南、江西前线进行士兵营养状况调查的同时，郑集、万昕、王成发等科学家也分别在四川、贵州、重庆等地从事着改善战地士兵营养状况的工作。这些工作可见诸陆军营养研究所印制并发往战地的《营养研究专刊》和《营养简刊》等文献当中。

[④] 沈同的计划包括：查阅相关营养学研究和关于中国食物的资料；为不同的人群（难民、士兵、孤儿、学生）设计出最经济的饮食方案；上述方案需先在动物身上进行试验，然后在实验者身上进行试验，才能应用于战场；此后应该做一些扩展研究，比如清华大学学生的营养改善和维生素缺乏的治疗等；条件允许的话还应创建一个营养学研究实验室。具体内容参见沈同1939年9月17日写给桑德森的信，此信件现保存在康奈尔大学图书馆，保存路径为RMM02129，box4，Tung Shen letters 1938-1940。

[⑤] 这三名学生分别为1939年6月从国立西南联合大学生物系毕业的刘金旭、叶克恭（此时他们正在植物生理组做助教），以及国立西南联合大学先修班的郑仁圃。

[⑥] 林可胜（1897—1969），新加坡华侨，生理学家，北平协和医学院生理学系第一位华人系主任，曾任中华民国卫生部部长，美国科学院院士。

[⑦] 周寿恺（1906—1970），福建厦门人，内科医生，医学家，曾任救护总队内科指导员，中山医学院副院长。

林可胜总队长和其他专家的认可。此后，汤佩松返回国立西南联合大学，沈同被任命为营养指导员[3]。根据救护总队的相关研究，营养指导员在当时的主要工作是培训战地营养队员和医护人员，以及从储藏室、厨房、实验病室、手术室采集相关数据，并针对所需物品的补给提供建议[4]。

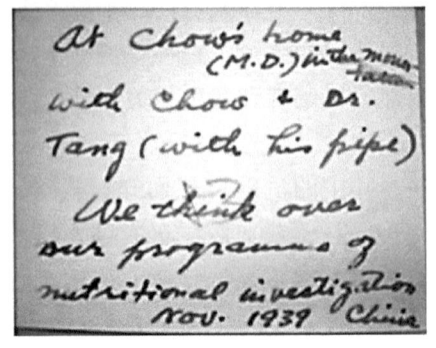

图 3　沈同（中）和汤佩松（左）、周寿恺（右）讨论前线士兵营养调查的方案
注：照片背后的文字为"at Chow's home with Chow and Dr. Tang(with his pipe). We think over our programme of nutritional investigation. Nov. 1939. China"

远在大洋彼岸的老师和朋友们想念并关注着回国抗战的沈同。在沈同离开康奈尔大学的第二天，桑德森①夫妇就在给沈同的信中写道："每次路过你的房间，我都好像看到你挂在那儿的灰色的外衣，我知道你的祖国需要你，你也会尽你最大的努力回报她。"②沈同在给桑德森的信里写道："明天一早，我将带领三名大学生奔赴湖南前线，预计将在战地工作到 6 月底。其间我们也会到阵地的前沿，想必会十分危险的。"③沈同一行（图 4）搭乘救护总队的汽车先到达湖南衡阳，再改乘火车至湘潭④，又搭小客船到达长沙。在救护总队的安排下，他们暂时在湘雅医学院对面的卫生院住下来，此时，这座城市已在战火中几成灰烬。在当地挑夫的协助下，沈同一行携带着测量器材，跋山涉水，步行 200 公里进入湘赣山区。这里距当时日军驻扎地湖北

---

① 桑德森（Dwight Sanderson, 1878—1944），美国人，原为昆虫学教授，后转攻社会学，任康奈尔大学乡村社会学系教授，曾创立美国乡村社会学学会。沈同在康奈尔大学读书期间曾长期住在桑德森家中，回国后亦与其长期通信。现存于康奈尔大学图书馆关于沈同的部分日记、信件、照片等资料均为其后人整理、捐赠。
② 1939 年 6 月 24 日桑德森夫人给沈同的信，此信件现存于沈同家人处。
③ 此信件保存于美国康奈尔大学图书馆，保存路径为 RMM02129，box4，Tung Shen letters 1938-1940。
④ 沈同先生的回忆文章（文献[11]）中写的是岳阳，但岳阳在长沙北面，且当时已经沦陷，沈同不可能从衡阳到岳阳再折回长沙，根据沈同给桑德森夫妇信中绘制的地图推断应为湘潭。

崇阳仅 120 公里[①]。

图 4　沈同（左一）以及随他一同前往前线的三名国立西南联合大学学生

注：照片背后的文字为 "Tung will go out into the war areas with this group of people. They just got their B.S. this autumn. Xmas 1939, Kwei-yang China"

对沈同来说，摸清前线士兵的营养状况是一个既紧迫又困难重重的工作。前线的情况比想象的要艰苦得多："士兵每日仅拨给 1 角 5 分的伙食费，一天所得食物远远不能满足前线战斗之生活需要，军医院的伙食费也不过 2 角，要充作重病士兵营养所需不敷远甚，所以伤病兵因营养不良患营养性浮肿及脚气病者比比皆是；此外，在营养不良的同时，不少士兵还患有疟疾，由此导致患有贫血的士兵随处可见，军医院中 20% 的伤病兵是由于营养缺乏而产生的各种症状。"[5]

根据当事者回忆："我国军队当时的供给状况大致为，主食南方多用米，北方多用面；副食为少量的蔬菜；油脂、肉类和蛋类则相当匮乏。"[6] 沈同等人用了一个多月的时间，对前线 11 338 名士兵的饮食和营养状况做了细致的调查。他们深入到连队的食堂，对士兵饮食原料的种类、烹制过程、搭配方法、新鲜程度等进行了仔细观察和记录，并带回样本进行检测和分析。他们共走访了 124 个连队的食堂，通过对不同班组士兵的饮食状况进行的调查和记录，最终得到 1178 组数据。结果表明，该部队军粮供给的基本组成为：主食以三等大米（水稻经过轻微抛光）为主；副食夏季为小白菜等绿叶蔬菜，冬季为萝卜等植物根茎；此外还有少许脂肪以及食盐[6]。根据调查所得的数据，沈同计算出前线士兵每日的营养摄取情况（表 1）。

---

① 参见 1940 年 3 月 22 日沈同于岳阳和 1940 年 5 月 4 日沈同于长沙写给桑德森的信，保存于美国康奈尔大学图书馆，保存路径为 RMM02129, box4, Tung Shen letters 1938-1940。

表 1　沈同所计算的前线士兵营养结构和对照的标准

分类	重量/克	热量/卡	蛋白质/克	脂肪/克	维生素 A/国际单位	维生素 B/国际单位	维生素 C/国际单位	钙/克	铁/毫克
三等大米	953	3316	69.6	3.8		477		0.31	17
小白菜	274	44	4.4	0.5	7670	30	110	0.39	11
脂肪	10	93		10					
盐	13								
总量	1250	3453	74	14.3	7670	507	110	0.70	28
一般劳动者的营养结构		3000	70	100	5000	600	300	0.80	12
剧烈劳动者的营养结构		4500	70	113	5000	765	300	0.80	12

注：沈同所采用的对照标准为美国国家科学研究委员会制定。

　　沈同将调查结果和已有标准进行对比，得出了以下结论。第一，前线士兵每日摄入的热量为 3453 卡，这一数值对一般劳动者说来，大致满足需求。然而，前线士兵时常需要剧烈行军和作战，对他们来说这些热量显然是不够的。第二，前线士兵每日饮食中所获取的蛋白质总量虽然看似大致符合标准，但是其所获取的蛋白质基本上是来自稻米的植物性蛋白，动物性蛋白严重不足。第三，前线士兵脂肪的摄入量每日只有 14.3 克，距标准所需的 113 克相差甚远，所提供的热量只占每日摄入总热量的 3%。第四，前线士兵每日摄入的维生素 B、C 不足。在绿叶蔬菜能够保障的前提下所摄入的维生素 A，可以达到标准；但进入冬季后，随着绿叶蔬菜被萝卜等植物根茎所取代，士兵们每日摄入的维生素 A 也变得严重不足[6]。

　　回到贵阳后，沈同根据前线调研的情况撰写出调查报告。在报告中，沈同指出前线士兵的营养状况存在着缺乏动物性蛋白、脂肪和维生素等营养物质的严重问题。这些问题的产生是由于中国军队军粮供给结构的单一性和不确定性。对此，他提出如下两种改进意见。第一，如果条件允许，可以使士兵每天的肉食含量提升至 16 克，并保证供给 50 克的黄豆芽。沈同认为，仅此两项便既可使士兵每日摄入蛋白质的质和量获得明显改善，又可解决士兵由于脂肪摄入不足所造成的问题。此外，还可以增加钙质和维生素 B、C 的含量，进而大幅改善士兵的营养状况[7]82。沈同指出："对于 300 万士兵来说，达到上述标准，每年需要耗费猪 36 万头，黄豆 100 万担，这看起来是一个很大的数字，但实际上只占用自由区年产猪的 1%和年产黄豆的 2%。"[8]83 第二，如果上述措施暂时无法实行，可以因地制宜，利用现有条件改善士兵营养状况。首先是改进食物的烹制方法。从对食物原料的计算上来看，维生素 B 的含量是勉强达标的，但是一些士兵仍然存在着维生素 B 缺乏引起的脚气病（beriberi，一种多发性神经炎）等症状。沈同发现，食堂在烹制过程中存在着稻米淘洗不当等问题，造成大部分维生素 B 的流失，而长时间的炖煮也导致绿色蔬菜所含维生素 C 的损失等，如果能改进烹制方法，这部分损失掉的营养成分能够得到有效利用[6]。其次，还可以根据当地条件，就地取材，添加一些廉价且易得的地产副食（如豆豉、竹笋等），从而比较经济地改善前线士兵的营养膳食结构[7]66。

沈同的调查报告获得林可胜等专家的好评，林可胜责成专人把调查报告及相关建议送交军医署，以备相关决策的参考[3]2。在抗战进入相持阶段后，与初期伤兵大于病兵的情况相比，此时病兵的比例逐渐高于伤兵。此一时期，"军阵卫生和士兵营养的改进，是增进士兵健康，维持并增强军队作战力量的紧要任务"[7]78。

三、国民营养保障及其理论探究

完成调查工作之后，沈同于 1940 年暑期结束后回到昆明，就任国立西南联合大学生物系副教授（次年被评为教授）。其研究工作主要是在汤佩松教授等领导的国立清华大学农业研究所进行的。该研究所包含植物、动物、生理三个研究组，沈同在生理组。在此期间，他将前一阶段对战场士兵营养状况的考察工作拓展到对大后方军民的营养状况的关注上，也开展与之相关的理论研究。

此时，营养状况的改善问题已扩展为战时重大的社会问题。国民政府内政部与军政部于 1940 年 12 月连续两次联合召开全国营养问题讨论会，行政院院长孔祥熙在会上明确指出："国民营养问题，关系民族健康极巨，亟应改进。因国家之强盛缘于民族之健康，民族之健康缘于食物之营养。应以我国现有之物资用科学方法使国人以极经济之代价获得最高之食物营养。"[8]

在国立西南联合大学，沈同将在前线进行士兵营养调查的方法进行了改进，并对 160 名成年学生的营养状况进行了调查。他指导助手分别在不同季节进行详细记录，还采用了尿检、维生素 C 注射等新的研究方法和手段，获得了必要的数据，并和驻守昆明的士兵膳食结构进行了对比，形成表2。

表2 沈同所计算的昆明士兵及大学生营养结构对照[7]85

单位	米/克	猪油/克	肉类/克	白菜等/克	萝卜等/克	蚕豆等/克	热量/卡	蛋白质/克	脂肪/克	钙/克	铁/毫克
士兵	953	6.4	0.4	139	128	21	3476	95	16	0.5	32
学生	423	0.7	67.5	124	48	61	2027	62	35	0.4	24

表2的数据表明，总体而言，国立西南联合大学学生的饮食结构优于士兵，尤其是脂肪和蛋白质的来源和总摄入量；但学生摄入的总热量却严重不足，矿物质的摄入量也很低。此外，尿检结果表明：半数被检测的国立西南联合大学学生缺乏维生素C，一些学生出现了浮肿等症状，沈同对他们进行了肌肉注射维生素C等治疗，收到了较好的效果[6]。与此同时，他还负责国立清华大学农业研究所与农林部中央畜牧实验所的合作项目，开展提高动物养殖能力方面的研究，以保障后方军民肉制品的供应。他还翻译国外动物营养学的相关著作，开展培训中央畜牧实验所的技术人员等工作[9]。此外，他利用暑期重返贵阳救护总队，继续关注前线士兵的营养状况。直到1945年2月，陆军总司令部卫生处仍向国立西南联合大学发函，聘请沈同兼任"一等军医"的职务[10]。

在继续上述调查工作的同时，沈同在艰苦的条件下，为国立西南联合大学建立了生理生化实验室。根据沈同本人回忆："实验室建在昆明西郊的大普吉乡下，物质条件十分艰苦，是泥地面、土墙和洋铁皮屋顶，还不时有日机空袭，由于战乱，最基本的实验材料都十分短缺，比如生理、生化试验中所必需的蒸馏水，他们就用土办法从手工注水的桶里自制蒸馏水。"[11]在这里，沈同带领学生进行了一系列实验，并针对与改善战时中国士兵和大学生的饮食相关联的大豆、茶叶、余甘等植物的维生素等营养物质含量及其对动物生理状况的影响展开了研究，并发表了一系列论文（表3）。

表3 沈同战时研究相关文章[12]

作者	题目	收录书籍或发表期刊及卷期
沈同	战时中国士兵和大学生的饮食	美国《科学》（Science），1943，（98）：303
张友瑞、陈德明、沈同	钴、抗坏血酸及其他水溶性维生素引起蝾螈红细胞增多症	美国《生化文档》（Archives of Biochemistry），1943，（3）：235

续表

作者	题目	收录书籍或发表期刊及卷期
陈德明、何申、谢广美、沈同、王通裕	一种中国南部维生素C含量丰富的野果——余甘的研究	英国《自然》(Nature)，1943，(152)：596
沈同	营养新论	重庆：中国文化服务社，1944
沈同、梅祖彤	昆明不同茶叶的咖啡因及维生素C含量	《中国生理学会成都分会会议论文》（英文版），1944，(2)：69
沈同、谢广美、陈德明	氯化镁和硝酸亚锰对大豆发芽时维生素C及其氧化酶活性的影响	英国《生物化学》(Biochemistry)，1945，(39)：107
陈德明、谢广美、沈同	肾上腺素引起的豚鼠及兔肾上腺肥大的机理	《科学记录》，1947，(2)：211
沈同、汤佩松	1940年华南11 338名士兵的春季膳食调查	《清华大学科学报告》（第二种），1947，(3)：64
陈德明、何申、谢广美、沈同、王通裕	一种中国南部维生素C含量丰富的野果——余甘的研究	《清华大学科学报告》（第二种），1948，(3)：1

可以看出，沈同从事的研究，既包含战地调查工作，又包含在调查工作基础上所展开的植物营养含量的理论分析。这些工作都与改善前线士兵和后方民众营养状况的工作密切相关。中国早期的营养学研究正是在这样的条件下起步的。

四、来自国际的支援和对世界的贡献

20世纪40年代，战时社会物资的分配对参战各国来说都是一个重要的问题。盟国的营养学者们通过对每日所需摄取碳水化合物、蛋白质、脂肪等营养物质的量和比例的计算，求出保障国民健康的最佳方案[13]。而在中国抗战艰苦的条件下，沈同的研究关注的是前线士兵和后方民众所需营养的最低保障问题。沈同的研究得到盟国学者的关注。

1943年，沈同将在前线进行的士兵营养状况调查和在昆明进行的高校学生营养状况调查的数据整理后写成《战时中国士兵和大学生的饮食》一文，后在美国学术期刊《科学》期刊上发表。该文获得了较大的反响，先后有多位学者论文引用该文数据。

美国儿童厌食研究和治疗学会创始人、匹兹堡大学医学院教授贝拉克（J. H. Barach）在其1945年研究蛋白质摄入量的文章中引用沈同的数据，并说："与美国不同地区所做调查进行对比，沈同的研究丰富了现有的理论。"[14]

1946年，美国南加州大学生物化学和营养学教授德尔（H. J. Deuel）在其研究中引用沈同的数据，并提出关于脂类在饮食中的最佳比例问题，以往认为脂类提供的热量应占据为人体提供总热量的 33%，战时美国士兵的热量有 40%来自脂类；但是沈同的研究表明，战时中国士兵的热量只有 3%来自脂类，德尔教授认为沈同的数据对研究脂类在饮食中的比例有重要的意义[15]。

中国学者的战时研究从一开始便受到反法西斯阵营科学共同体的关注和支持。早在沈同进行前线士兵的营养调查时，他在康奈尔大学的老师和同学们在得知由于维生素摄取严重不足，造成许多中国士兵体质虚弱，并引发疾病的情况后，就发起了向中国前线捐赠维生素的活动。他们通过募集资金，购买到沈同工作中所必需的结晶维生素药品，并通过前来中国援助抗战的医生辗转交到沈同手中。沈同将这批维生素中的一部分带到前方，用于士兵营养缺乏的治疗，与此同时，利用这些维生素进行结晶维生素替代品的研制工作。沈同通过将云南野生的水果余甘的果汁和康奈尔大学师生捐赠的结晶维生素 C 进行比对，发现了野果余甘中富含大量的维生素 C，且能够被人体高效吸收、利用。该项研究成果整理成一篇简短的报告，先发表于英国的《自然》期刊上，接下来详细的论文在战后发表在《清华大学科学报告》（第二种）上。

1944 年 6 月 25 日，美国副总统华莱士（H. A. Wallace，1888—1965）和"飞虎队"指挥官陈纳德（C. L. Chennault）将军访问了国立西南联合大学。梅贻琦校长在日记中记载，华莱士副总统此次国立西南联合大学之行，"仅在图书馆和生物系稍停留"[16]，从沈同 1944 年 7 月 15 日致桑德森教授的信中可知（图 5），华莱士一行在生物系所造访的正是沈同的实验室。正如陈纳德将军所称赞的，这里开展的工作解决的正是战场急需解决的问题。

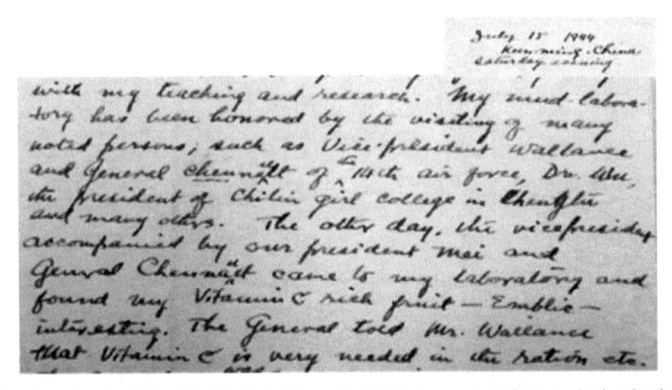

图 5　沈同信中记录梅贻琦陪同美国副总统华莱士、"飞虎队"指挥官陈纳德将军参观沈同实验室

资料来源：康奈尔大学图书馆，保存路径为 RMM02129

根据研究，当时东方战场上出现的士兵营养问题与西方战场的重要不同之处在于，以米为主食的东方人常常出现缺乏维生素 B 的现象，最主要的病症是脚气病，这一点须通过加强副食来加以控制[17]；而对以面包为主食的西方人说来，维生素 C 的缺乏是主要问题，它容易导致坏血病[18]。因此，西方学者更加关注维生素 C 的缺乏和补充问题，而在东方战线的科学家们则较多地谈到了维生素 B 的营养补充问题。沈同战时的研究工作受到了盟国学者的高度赞扬。曾经考察过国立西南联合大学的李约瑟教授也曾写道："西南联大生物系年轻的营养学教授沈同发现了余甘富含维生素 C，使得昆明市民吃余甘风靡一时。"[19] 李约瑟把沈同的文章《氯化镁和硝酸亚锰对大豆发芽时维生素 C 及其氧化酶活性的影响》推荐到英国著名的学术期刊《生物化学》上发表[20]311。他还通过中英科学合作会馆为沈同输送了一大批珍贵的参考资料[20]53。

上述事实表明，沈同针对抗战前线及后方需求所展开的研究及取得的成果，不仅部分解决了中国前线和后方的一些营养问题，还得到来自盟国科学界的支持和关注。在诸如营养学领域的若干重要问题上，双方也形成了一种互补关系。

五、结语

中国抗战时期的营养学研究起源于战事相持阶段维持战力的需求，而国家持久战的展开又凸显出民众营养保障的问题并促使科学家们立足于本地资源展开深入理论研究。中国战场环境的特殊性导致了营养学在中国发展的特殊路径，而在此路径下所获得的成果，不仅有效地支持中国抗战，同时也深化对该领域的研究。

二战时期的中国科学，尽管总体而言尚处在一个不尽如人意的水准，然而中国科学家同样表现出捍卫祖国尊严和促进人类知识进步的决心和意志，沈同就是他们中的一个杰出代表。沈同的工作表明，中国科学家们的战时研究工作，构成了反法西斯阵营科学共同体事业的一个重要组成部分。

致谢

本文的完成首先得益于沈同家人帮助和支持，尤其是沈同先生的夫人——

查良锭教授给予巨大的关怀和鼓励。中国科学院植物研究所匡廷云院士帮助辨认了部分照片，著名营养学家顾景范教授梳理、解答了一些营养学的专业知识。在此一并表示感谢。

（本文原载于《中国科技史杂志》，2016 年第 2 期，第 162-171 页。）

参 考 文 献

[1] Grunden W E, Kawamura Y, Kolchinsky E, et al. Laying the foundation for wartime research: a comparative overview of science mobilization in National Socialist Germany, Japan, and the Soviet Union. Osiris, 2005, 20: 79-106.
[2] 张思敬，孙敦恒，江长仁. 国立西南联合大学史料·三·教学、科研卷. 昆明：云南教育出版社，1998: 621.
[3] 沈同. 追求真理乐于教学. 生理科学进展，1988, 19(1): 1-3.
[4] 戴斌武. 中国红十字会救护总队与抗战救护研究. 合肥：合肥工业大学出版社，2012: 214.
[5] 中国红十字会救护总队. 中国红十字总会救护委员会第三次报告. 贵阳：贵州省档案馆，M116—14. 14.
[6] Shen T, Pei S T. A Dietary Survey of 11338 Soldiers in Southern China in the Spring of 1940. Science REP NAT Tsinghua University, 1947, 3(1): 64-66.
[7] 沈同. 营养新论. 上海：中国文化服务社，1944: 5-112.
[8] 内政部、军政部食物营养问题讨论会会议记录会议报告及有关文书. 南京：中国第二历史档案馆. 内政部. 1940 年 12 月—1942 年 1 月. 全宗号：11，案卷号：7553.
[9] 农林部中央畜牧实验所、国立清华大学农业研究所动物营养研究合作规约. 北京：清华大学档案馆，特种研究所，1942, 1-3: 18-19.
[10] 陆军总司令部请调沈同先生为一等军医函. 北京：清华大学档案馆. 沈同. X1-3: 2-118-048.
[11] 沈琨，沈靖. 舅舅给我们讲西南联大和联大人——记生物化学家沈同教授//沈同教授纪念文集. 北京：北京大学生物系内部出版，1995: 52-55.
[12] 国立清华大学理学院生物学系沈同教授学术论文著作调查表. 北京：清华大学档案馆. 沈同. 1949, 1-4: 2-182: 3-012.
[13] 国立清华大学农业研究所各组工作报告 1942 年 7 月—1943 年 6 月，丙植物生理组工作报告. 北京：清华大学档案馆，特种研究所. 1943, 1-3: 3-87.
[14] Barach J H. Normal standards in the treatment of young persons with diabetes. American Journal of Diseases of Children, 1945, 69(2): 92-98.
[15] Deuel H J. The role of fat in human nutrition. Oil & Soap, 1946, 23(7): 209-211.
[16] 梅贻琦. 梅贻琦日记. 北京：清华大学出版社，2001.
[17] 郑集. 食物与健康. 科学杂志，1934, 18(7-12): 1557-1559.

[18] 郑集. 维生素丙与外伤愈合. 现代医学, 1945, 2(1, 2): 43-44.
[19] 易社强. 战争与革命中的西南联大. 饶佳荣, 译. 北京: 九州出版社, 2012.
[20] 李约瑟, 李大斐. 李约瑟游记. 余廷明, 滕巧云, 唐道华, 等译. 贵阳: 贵州人民出版社, 1999.

中外交流科技史研究

苏联对"切尔诺贝利事故"应急处理的启示

| 王芳，鲍鸥 |

一、引言

1986年4月26日凌晨，莫斯科时间1时23分58秒，位于乌克兰苏维埃社会主义共和国境内的切尔诺贝利核电站4号反应堆在进行一项汽轮发动机的惰转试验过程中突然发生爆炸。这次事故直接造成31人死亡[①][1]，8吨多强辐射物质泄漏。"1986年4月26日早8点，尽管风力不大，但是已经能测到碘-131的气流扩散到很大区域,带有放射性物质的气流往西吹向波兰，第二天，在罗马尼亚测到碘-131。28日，放射云污染了丹麦，然后到瑞典。29日在芬兰测到大剂量的放射性物质。同一天，匈牙利的辐射剂量增高。30日在挪威碘-131剂量达到峰值。接下来的两天风向大转，从西风改为东风和南风，污染气流飘向黑海。5月初在中亚地区南部测到放射性物质，稍后，中国和日本也受到污染。带有强放射性的云团在一周之内，相继飘过瑞士、两德、意大利、土耳其、希腊、南斯拉夫、英国、加拿大、美国等国，可以说，在全球弥漫。"[2]269-270 欧洲有20多万平方公里的土地呈现铯污染[②]，其中，切尔诺贝利核电站周边的乌克兰、白俄罗斯和俄罗斯三个苏联加盟共和国共有2.94万平方公里土地呈现铯重度污染[③][3]23,[4]39。98.6万人吸收的辐射

---

① 该数据来源于国际原子能机构（IAEA）1996年的报告。在直接死亡的31人中，1人死于冠状动脉梗死，2人死于严重烧伤，其余28人死于急性放射病。

② 即 ^{137}Cs 活度超过每平方米37千贝克勒尔（kBq/m^2）。

③ 即 ^{137}Cs 活度超过每平方米185千贝克勒尔。

剂量大于 33 毫西弗（mSv），其中 1986～1989 年共计 60 万事故清理人员在事故后 20 年间吸收的年均辐射剂量在 100 毫西弗，远远超过一般的自然环境本底辐射剂量 2.4 毫西弗①[4]42, [5]。5000 多位发生事故时未满 18 岁的人在事故后患甲状腺癌[4]43。"专家小组认为，在暴露程度最高的三组人群[24 万名清理者（1986～1987 年）、11.6 万名被疏散者和 27 万名严格控制地区的居民]中可能还会有多达 4000 人在生命过程中死于癌症。由于这三组人群中可能最终死于癌症的人数超过 12 万人，所以源自暴露于辐射的癌症死亡增加人数比由各种原因导致的正常癌症发病率高 3%～4%。"②[3]14, [4]45 这就是震惊世界的"切尔诺贝利核电站爆炸事故"，简称"切尔诺贝利事故"。

国际原子能机构把核事故分为七级，其中第七级是极大事故。切尔诺贝利事故是人类自利用原子能技术以来造成的最大规模核燃料泄漏以及放射性污染的事故，是首例七级核事故，是人类和平利用核能史上的一大灾难，也是"20 世纪最大的技术性灾难"[7]。切尔诺贝利事故不仅给世界带来了巨大的不可逆转的生态灾难，而且给事故发生地苏联带来了沉重的政治和经济打击。严重污染区 33 万多居民被迫弃家移居，60 万参与事故清理的人员日后的身心健康严重受损，国家理赔无法及时全部到位，国家失信于民，这些都成为导致苏联国家解体的重要导火索，而这一点在以往我国对苏联解体问题的研究中没有引起足够重视！

其实，在切尔诺贝利事故发生之后，苏联共产党和苏联政府针对这一突发事故采取了一系列应急处理措施，有效避免了严重的次生灾害，但也遗存了许多遗憾。笔者在从科技灾难史的视角研究切尔诺贝利事故的过程中关注到以下问题：苏联党和政府是如何应对切尔诺贝利事故的？具体采取了哪些应急处理措施？在苏联的应急处理工作中哪些措施是非常必要及时的，哪些措施由于条件限制当时考虑不周？哪些措施避免了严重的次生灾害？哪些措施带来了巨大隐患，乃至关系到苏联国家的生死存亡？苏联的核应急处理工作给目前我国的核电发展实践提供了哪些经验教训？追溯上述问题足以构成一个值得深入研究的新方向。

---

① 联合国原子核辐射效应科学委员会认为，全球人类每年受到的平均自然环境辐射剂量大约为 2.4 毫西弗，正常幅度为 1～10 毫西弗。

② 关于切尔诺贝利事故中的死亡人数以及患癌症人数至今没有一致的说法。该数据来源于国际原子能机构 2006 年的报告，是目前各种争论中最保守的数据。与该数据差异最大的是绿色和平组织在 2006 年 4 月发布的报告《切尔诺贝利灾难的健康后果》，该报告基于白俄罗斯国家科学院的研究成果，采纳了 50 多个公开发表的科学研究数据。该报告认为全球共有 20 亿人口受到切尔诺贝利事故的影响，27 万人因此患癌症，其中有 9.3 万人死亡[4]48, [6]。

近年来，由于一次能源紧缺，二氧化碳排放压力过大，我国的核电产业从"适度发展"转为"积极发展"。在核电站的运营和管理中，核安全文化建设以及核事故应急处理研究的重要性尤为凸显。苏联对切尔诺贝利事故应急处理的一系列经验和教训不仅对我国亟待发展的核电站建设具有极其宝贵的借鉴价值，而且对我国其他领域防灾、减灾的应急处理工作都具有重要的参考价值。笔者期望，通过本项研究能够为我国核电产业发展以及其他领域中的应急处理工作提供有益参考，从而实现本文的实践意义。

二、苏联对切尔诺贝利事故的应急处理过程

本文涉及的时间范围是：从1986年4月26日凌晨切尔诺贝利事故发生到1989年10月苏联政府向国际原子能机构提出进行国际专家评价的正式请求，前后历经三年多。在这段时间里，苏联为尽力消除切尔诺贝利事故所造成的放射性污染开展了一系列应急处理工作。

笔者在解读档案资料及分析相关文献的基础上，根据苏联应急处理工作的措施变化，把从1986年4月26日到1989年10月的应急处理工作分为三个阶段：紧急处置突发事故阶段；消除事故影响阶段；后处理工作的公开化、国际化阶段。

（一）紧急处置突发事故阶段（1986年4月26日至1986年5月6日）

从1986年4月26日凌晨1时23分事故发生到5月6日放射性物质释放基本结束，苏联的应急处理工作从忙乱转为有序。在这关键的11天中，苏联政府迅速组建了政府工作组、政府委员会等机构，围绕"控制反应堆放射性物质的泄漏"主题边调研边救助，先后采取了灭火、调入军队和清理事故人员、隔离事故反应堆、疏散附近居民等多方面的紧急措施，基本控制了放射性物质的大规模释放，有效避免了更大次生灾害的发生。

1. 灭火、急救

1986年4月26日凌晨1时23分，切尔诺贝利核电站4号反应堆先后发生两次爆炸，在核电站内引发30多处火灾，堆芯碎片被抛射到厂房的顶部，一些油管被损坏，电缆短路，4号反应堆发出强烈的热辐射，机械大厅、反

应堆大厅及其邻近遭受破坏的建筑物成为火灾中心，大火直接危及邻近的正在工作的3号反应堆。伴随着4号反应堆的损坏，大量放射性物质泄出，在空气流的作用下迅速扩散。

核电站值班人员一边通知消防人员，一边向上级报告核电站爆炸情况。26日凌晨1时30分，切尔诺贝利核电站第二消防警队[①]和普里皮亚特第六市政联合消防队[②]的值班消防员到达事故现场实施灭火。但切尔诺贝利核电站的辐射剂量监测部门无法为在场的消防员提供所需要的辐射剂量监测仪器。消防员不了解4号反应堆及其周围放射性的真实辐射水平，在此之前从未接受过在放射性环境下灭火的专门训练，不了解辐射后果的严重性。他们首先集中压制汽轮机大厅屋顶的火焰，有效阻止其向邻近的3号反应堆蔓延。2时10分，这部分的火势得到控制。凌晨5时，反应堆厂房内的火焰被熄灭。与此同时，3号反应堆停堆，以避免事故扩大且方便检修[8]17, [9]。在灭火过程中，消防员、急救人员和核电站值班人员都没有采取任何防辐射措施。他们是这次事故中最先受到高辐射的人员，其中2人在事故发生时即刻死亡。清晨6时，108人被送往邻近的基辅临床医学研究所和莫斯科第六医院[8]26。这些人全部被诊断为疑似急性放射病（ARS），其中28人在事故发生后3个月内陆续死于急性放射病[1], [4]28。

2. 组建领导机构、调研、决策

1986年4月26日清晨，苏联能源部部长阿纳托利·伊万诺维奇·马约列茨（Анатолий Иванович Майорец）通过电话向苏联部长会议主席尼古拉·伊万诺维奇·雷日科夫（Николай Иванович Рыжков）汇报："核电站的核反应堆发生了爆炸，核电站的夜间密码警报显示'1、2、3、4'，这四个数字标示了核泄漏、核辐射、火灾和爆炸……目前切尔诺贝利镇的事态仍不甚明朗，需要立即采取紧急措施。"[10]169

雷日科夫立即组建政府委员会，苏共中央政治局组建政府工作组领导切尔诺贝利事故应急处理工作。

政府委员会由原子能、反应堆、化学等方面的科学家、工程技术专家及克格勃成员组成，着手调查事故原因并参与应急处理决策。第一批政府委员

---

① 切尔诺贝利核电站第二消防警队：Военизированная пожарная часть (ВПЧ-2) по охране Чернобыльской АЭС.

② 普里皮亚特第六市政联合消防队：Сводная военизированная пожарная часть (СВПЧ-6) по охране г. Припять.

会成员由苏联部长会议副主席鲍里斯·叶夫多基莫维奇·谢尔宾（Борис Евдокимович Щербин）领导，于1986年4月26日20时到达切尔诺贝利事故现场。同机到达的政府委员会成员包括：苏联能源部部长阿纳托利·伊万诺维奇·马约列茨、核物理学家瓦列里·阿列克谢耶维奇·列加索夫（Валерий АлексеевичЛегасов）院士、国家水文气象中心主席尤里·安东尼耶维奇·伊兹拉埃尔（Юрий Антониевич Израэль）等。此后政府委员会一直在切尔诺贝利地区办公。其成员实行轮流值班制度，直到1986年9月辐射剂量稳定后，轮流值班制度才取消[11]249。

政府工作组设在莫斯科，其主要成员包括：4名苏共中央政治局成员——尼古拉·伊万诺维奇·雷日科夫、叶戈尔·库兹米奇·利加乔夫（Егор Кузьмич Лигачев）、维塔利·伊万诺维奇·沃罗特尼科夫（Виталий Иванович Воротников）和维克托·米哈伊洛维奇·切布里科夫（Виктор Михайлович Чебриков），2名苏共中央政治局候补委员，3名苏共中央政治局秘书，2名苏联部长会议副主席，苏联中等机械制造部部长、第一副部长，以及该部16个主要部门主任，苏联科学院主席团主席阿纳托利·彼得罗维奇·亚历山德罗夫（Анатолий Петрович Александров）院士和名誉主席叶夫根尼·帕夫洛维奇·韦利霍夫（Евгений Павлович Велихов）院士，苏联卫生部部长和第一副部长，苏联内务部、国内贸易部、能源部、化工部、运输建设部、煤炭工业部、高等及中等专业教育部的部长，苏联国家劳动委员会主席，苏联国防部第一副部长、副部长、国防部防化部队主任及军事医疗机构主任，苏联外交部第一副部长，苏联通讯部副部长，苏联民防部主任，苏共中央政治局重工业与动力部主任和副主任，国家水文气象和自然环境监督委员会主任和副主任等。政府工作组的工作具体包括：了解、指导政府委员会的工作；听取各部门事故处理的工作汇报并加以指导；沟通各部门之间的信息；派出工作组成员赴重点地区进行考察等。

1986年4月26日全天，苏联的气象、辐射和公共卫生监测部门在紧急状态下迅速组成监测系统开始工作，调度直升机在事故反应堆上方的不同部位进行勘查，收集空气样本，对放射性物质做了一系列测量。连续几天的测量数据为未来苏联政府估计反应堆状况、编制初步放射性污染地区图以及进一步决策奠定了重要基础。

1986年4月26日深夜，尼古拉·伊万诺维奇·雷日科夫得到鲍里斯·叶夫多基莫维奇·谢尔宾的电话汇报："核电站4号机组的涡轮机组在进行非正式试验时，接连发生两次爆炸，反应堆机房被炸毁，数百人受到核辐射，两人当场死亡，辐射情况非常复杂，暂时还无法作出最后的结论……政府委员会已经按照各自的专业和分工划分成若干小组开始工作，但必须派军队参与事故处理工作，急需大型直升机，另外还需要防化部队，越快越好……政府委员会决定将紧靠核电站的普里皮亚特镇的居民紧急疏散……1000多辆汽车正连夜赶往普里皮亚特镇，乌克兰铁路局向普里皮亚特镇发出三趟专列。与切尔诺贝利毗邻的几个区也派出代表参加了政府委员会的工作，他们正在紧急确定附近临时撤离居民的地点。"[10]170-171

在上述初步调研的基础上，苏联政府作出应急处理决策：调入军队控制局面；封堵反应堆爆炸缺口；组织居民撤离；调入民防人员初步清理污染。

1986年4月26日晚，苏联政府工作组组长尼古拉·伊万诺维奇·雷日科夫给国防部总参谋长谢尔盖·费奥多罗维奇·阿赫罗梅耶夫（Сергей Фёдорович Ахромеев）打电话，调集军队赴核电站。27日早晨，国防部派遣更多的直升机和防化兵赶到切尔诺贝利，防化兵司令弗拉基米尔·卡尔波维奇·皮卡洛夫（Влади́мир Ка́рпович Пикалов）将军亲临现场指挥。

3. 封堵反应堆爆炸缺口

苏联政府委员会意识到封堵反应堆爆炸缺口，压制放射性物质大规模释放的重要性和紧迫性，把它列为近期应急处理的中心工作。国防部派遣空军和防化兵，承担改造直升机（在直升机底部焊上厚铅板）、紧急训练特种飞行员的任务。

最初，部队试图利用应急辅助给水泵向堆芯空间注水，以降低反应堆坑室内的温度，防止石墨砌体着火，但后来证明这一努力无效。于是，政府委员会研究通过了空投灭火材料以阻止石墨燃烧，压制放射性物质释放的方案。最初选定的灭火材料是铅和铁砂，预计总共需要1500吨，随后150吨铅被立即运到现场[12]536。最后确定的灭火材料为由硼、石灰石、铁砂、黏土和铅组成的混合物。

1986年4月27日到5月6日，直升机飞行员们在9天中连续向4号反应堆投下5000多吨灭火材料。5月6日，放射性释放物数量从4月26日的12 000千贝克勒尔降至100千贝克勒尔。这意味着4号反应堆的放射性物质大规模释放基本结束，封堵反应堆爆炸缺口的应急处理工作告一段落。

4. 撤离禁区居民

普里皮亚特镇是切尔诺贝利核电站工作人员的生活区，位于核电站以西3

公里，有4.9万名居民。在核电站东南15公里有切尔诺贝利镇，人口为1.25万。

1986年4月26日星期六是休息日。早晨，为避免引起居民恐慌，官方未通告事故情况，仅通知居民关闭门窗，尽量留在家里。绝大多数居民全然不知反应堆发生爆炸，更不了解被放射性物质辐射的后果，他们以为只是发生了一般的火灾事故，全镇秩序正常。在当地医生的坚持下，政府开始陆续给居民挨家挨户发放碘片，但并不及时。从下午2时开始，政府委员会组织普里皮亚特镇居民撤离，经过3个小时左右，约4万居民秩序井然地被撤到波列斯格纳等镇[10]171。国防部为当地机构提供了可供1.5万人居住的帐篷。普里皮亚特镇主要剩下政府委员会人员和军方人员，他们集中在普里皮亚特镇饭店办公。

政府委员会根据得到的数据，相继确定了距核电站10公里、30公里为半径的禁区，政府工作组集结苏联内务部、卫生部、国防部、民防部的力量，组织居民撤离禁区，对灾民重新安置并进行医疗救护。

具体安排是：由苏联内务部组织撤离禁区内的居民，并负责到指派的新区安置灾民；苏联卫生部负责检查和救助禁区和其他灾区的居民。

与事故现场相对缓和的局面相反，从灾区撤离的居民人数不断增多，使苏联卫生部面临的压力越来越大。根据档案记载，政府工作组对卫生部初期工作不满，指出"对从事故区撤出的居民的医疗救助严重不足，必须加强工作，给予必要的医疗帮助"[11]251。卫生部为此成立了指挥组，由卫生部第一副部长奥列格·普罗科皮耶维奇·谢平（Олег Прокопьевич Щепин）领导。

政府工作组和政府委员会要求卫生部汇报每天的住院人数，特别关注儿童住院人数及确诊放射病的人数，对患者进行分类治疗。政府工作组协调卫生部、全苏工会中央理事会、乌克兰医疗机构，重新安排了收治灾民的医院：莫斯科第六医院专门收治受强辐射的患者；位于莫斯科郊区的米哈伊洛夫斯克疗养院（Санаторий "Михайловское"）和敖德萨（Одесса）等地的疗养院用来收治轻度患者；从强辐射区撤出的儿童被送往专门的旅馆和少先队夏令营过暑假，必要时，安排部分儿童长期留驻。另外，联合教育机构在基辅郊区和乌克兰其他地区调出1900个床位，安排孩子们在寄宿学校和全年制少先队夏令营学习、生活[11]264。

截至1986年5月6日，共撤离居民13.5万人，入院治疗人数达3454人，其中包括471名儿童；确诊为急性放射病的有367人，其中包括19名儿童，重症患者34人；179人被送往莫斯科第六医院住院治疗，其中有2名儿童[11]273。

政府工作组针对卫生部药品储备不足的问题也进行了协调，责令卫生部尽快拟定药品、医疗器械清单，由外贸部负责从国外采购。

5. 初步清理放射性污染

在向外撤离居民的同时，苏联政府向事故区内调集了国防部防化部队和民防人员，以对重灾区的放射性做初步清理。

民防人员的主要任务是观测铁路车站、公路运输入口、航空港的辐射状况；在道路上建立清除放射性污染工作站，检查辐射剂量；清洗被放射性污染的道路。但是，在最初几天民防人员没有起到应有的作用。"我们一向引以为荣的民防体系被弄得'千疮百孔'，我们那些赫赫有名的防化训练和粗制滥造的宣传画根本不能发挥任何效能。说实话，都是纸上谈兵……从理论上讲，我们的'民防人员'已相当成熟，可实际上只能派他们去用洒水车清洁被污染的街道。不得不增加在核污染地区的防化兵数量，他们干得不错。"[10]174

鉴于民防人员工作不力，苏联国防部从防化部队抽调2600人、400辆汽车，建立了16个消除放射性污染工作站，严格测定核电站污染区域内所有运输工具的辐射剂量，并去污[11]257。

6. 被迫对外通报事故信息

在控制放射性物质释放的过程中，受高空气流影响，放射性烟云一直向北飘移、沉降，在苏联国土内外形成了一个放射性物质沉降地带。1986年4月28日，放射性烟云到达瑞典上空。瑞典一家核电厂测到放射物剂量升高，初步判断放射物来自境外。瑞典政府通过外交渠道质询苏联政府，但苏联方面没有任何回应。直到4月28日21时，苏联政府首次正式向世界发布有关切尔诺贝利事故的简要消息，但未对详细情况作任何说明。4月29日，苏共中央召开政治局会议。会上通过题为《在苏联部长会议上》的新闻稿[12]536。根据这份新闻稿，4月29日苏联塔斯社发表了较为详细的公告。苏联政治局向国外透露的消息比对国内公众通报的内容相对多一些，向国外发布的通知分为两份：一份通知社会主义国家领导人，另一份通知资本主义国家领导人[11]252。可见，苏联政府向外通报切尔诺贝利事故信息的行为是被迫、被动的。

（二）消除事故影响阶段（1986年5月7日至1986年8月中旬）

到1986年5月6日，放射性释放物数量迅速下降，这意味着应急处理工作的重心需要重新调整。随着获取的事故数据不断增加，有计划地清除放射性污染，避免放射性转移造成循环污染的工作被提上工作日程。苏联政府的应急工作重心转为全面有序地消除事故影响，并力图恢复切尔诺贝利核电站其他反应堆的生产工作。

这一阶段的主要工作包括：消除放射性污染，实施对居民的医疗保障，继续调查研究事故，尝试开展国际合作。

消除放射性污染任务十分艰巨。尽管反应堆的裂口已经被 5000 吨灭火材料填满，但在堵塞口的下方，反应堆底部仍有 195 吨的核燃料在闷烧，热气开始熔化沙子，堵塞口的表面开始出现裂痕。政府委员会担心这样会引发更大的爆炸。因为一方面由于洞口被沙土堵塞，内部温度还在升高，反应炉下方的水泥板逐渐变热并且有裂开的危险。水泥板一旦开裂，反应炉中的岩浆就会下渗。另一方面，灭火时消防员为了降低温度，曾向水泥板下方的水池注水，如果放射性岩浆接触到水，将引发比 1986 年 4 月 26 日爆炸更具有破坏性的爆炸。另外，反应炉的下方透过沙土质结构是地下水层，一旦反应炉中的岩浆下渗，将污染普里皮亚特河，进而污染第聂伯河，甚至污染黑海，后果不堪设想。

为了从根本上解决这个问题，苏联政府采取了建造人工除热水平层和建造"石棺"两项措施。首先派大量消防队员抽干反应堆底部的水，接着派矿工通过挖隧道的方式，在反应炉底部建造人工除热水平层，防止反应炉中的岩浆下渗，避免引发更大的爆炸。所谓"石棺"是事故反应堆的掩体工程，建筑工人把被破坏的反应堆封存在一个用混凝土和钢壳建造的盖子里，并在其内部安装通风过滤装置、辐射水平检测装置等，用于监测反应堆后续的状况，以彻底解决反应堆的放射性扩散问题。

事故清理人员对 1、2、3 号反应堆进行清理、调试，以便最终重新启动。同时，为了未来进行居民回迁，他们在核电站周围 30 公里的范围内开展了大规模的清理工作，尤其是对居民区和街道等进行了多次清理，但效果并不理想。

在实施对居民的医疗保障方面，苏联政府首先根据事故数据绘制了标有居民点和受污染状态的地图，对污染程度不同的农业区采取了不同的管理措施；着重研究了清理过的居民点是否适合居民回迁的问题，并对居民回迁的相关程序做了具体规定；建立了比较全面、系统的灾民健康监督、保障体系，设立了切尔诺贝利登记处，以便更好地掌握这部分灾民的健康状况。

在继续调查研究事故方面，苏联政府对事故原因进行了技术性分析；苏联科学院针对事故后果开展了一系列的研究活动,其中以生态学方面的研究为主。

消除切尔诺贝利事故影响后果的工作,促进了各国在这方面的合作和沟通,一些国家的政府、机构、社会团体、民间组织,甚至个人都向苏联政府表达了援助意向。对此,苏联政府接受了某些援助。同时,苏联政府第一次指出在核电发展上愿意进行国际合作,呼吁扩大与国际原子能机构内部的合作。

(三)后处理工作的公开化、国际化阶段(1986年8月底至1989年10月)

1986年8月25～29日国际原子能机构在维也纳召开专家会议,苏联国家原子能利用委员会为本次会议编制了《苏联报告:切尔诺贝利核电站事故及其后果》(USSR Report: The Accident at the Chernobyl Nuclear Power Plant and Its Consequences),全面介绍了切尔诺贝利事故及其后果。这标志着苏联政府对切尔诺贝利事故的后处理工作走向公开化、国际化,进入了纠错、改进,以及试图通过机构改革达到保证核电安全目的的新阶段。

在后续消除事故影响方面,苏联政府针对暴露出的个别地区放射性污染清理不干净的严重问题,进行了调查和分析,并采取了相关措施。与此同时,政府为灾民建立了一座新城,并建立了大规模的福利系统。但是,由于福利系统的后续资金来源不稳定,政府承诺的许多救济福利没有到位。

在核安全建设方面,对发生事故的石墨沸水反应堆(简称 RBMK 型反应堆)的安全性能进行了改进,并在 1989 年 4 月正式撤销了拟建的四个以 RBMK 型反应堆为基础的核电站建设计划,全面停止建设 RBMK 型反应堆;研制新一代核反应堆,并确定了相关各部门的职责,以便迅速启动这项工作;在核安全方面提出了两个建议:一是建立核动力安全发展的国际制度,二是防止核恐怖行为。

在机构改革方面,苏联政府经过机构合并成立了国家工业及核电安全监督委员会,这是一个独立于电力生产部门、负责制定核电安全条例的机构;还成立了国家原子能动力部,但后来被新成立的核电核工业部所替代;建立了一批核安全部门,如全苏核电站运行科学研究所[①]、苏联科学院核能安全

---

① "全苏核电站运行科学研究所"成立于 1979 年美国三哩岛核电站事故发生之后,在 1986 年苏联发生切尔诺贝利核电站事故后,该研究所增设了核电站安全防护新研究方向。该所俄文全称为:Всероссийский Научно-исследовательский институт по эксплуатации атомных электростанций,缩写:ВНИИАЭС。

发展问题研究所[①]、世界核电运营者协会[②]、全俄生态医学中心[③]等。但是，这些行政组织方面的变革遭遇到官僚主义的压制和一些工作人员的漠视。

由于苏联政府的前期工作出现了许多不尽如人意之处，在国内民众不信任的呼声高涨和国外要求信息公开化的压力下，苏联政府于1989年10月向国际原子能机构提出请求，希望国际原子能机构"对苏联为使其居民能在因切尔诺贝利事故而遭受放射性污染的地区里安全生活而形成的总体设想作一次国际专家评价，并对该地区的居民保健措施的有效性进行评估"[13]。国际原子能机构接受了苏联政府的请求，并组织了各方面的科学家和工程技术专家展开评估工作。从此，对切尔诺贝利事故的处理已经不再是苏联政府的内部事务，而成为国际化行为。

综上所述，苏联对切尔诺贝利事故的应急处理措施如下：①启动紧急应对措施；②自上而下组建应急处理机构；③集中兵力解决主要矛盾；④从外向内调入军队和清理事故人员；⑤从内向外有序疏散灾民，分类救治伤员；⑥逐步公开通报事故信息；⑦继续完善清理放射性污染，消除隐患；⑧建立灾民福利保障系统；⑨重新组建核电制度和机构；⑩寻求国际合作。

实际上，随着1991年12月苏联的解体，苏联政府对切尔诺贝利事故再也不负有任何责任。切尔诺贝利核电站问题成为其现所属国——乌克兰一块抹不去的阴影，至今没有得到最终解决。

三、苏联对切尔诺贝利事故应急处理的经验及其教训

回顾往事，我们看到苏联共产党和政府面临突发的切尔诺贝利事故，尽国家所能，采取了许多必要的应急处理措施。总结苏联政府对切尔诺贝利事故应急处理的经验和教训是历史研究的需要，也是未来发展的需要。

（一）苏联对切尔诺贝利事故应急处理的经验

第一，核电站拥有必备消防系统和情况上报机制，及时遏制事态扩大。

[①] "苏联科学院核能安全发展问题研究所"成立于1988年，俄文全称：Институт проблем безопасного развития атомной энергетики Академии наук СССР，缩写：ИБРАЭ АН СССР。

[②] "世界核电运营者协会"成立于1989年，俄文全称：Всемирная ассоциация операторов атомных электростанций，缩写：ВАО АЭС。

[③] "全俄生态医学中心"成立于1991年，俄文全称：Всероссийский оссийскийпцийераторов атомны，缩写：ВЦЭМ。

苏联于 1954 年建成并投入运营的世界上第一座核电站，在核电站设计、建造、运营以及配套设施建设方面积累了丰富的经验。1970 年开始建造的切尔诺贝利核电站拥有 4 个当时属于先进的 RBMK 型反应堆。其中，1 号反应堆于 1977 年启用，4 号反应堆于 1983 年启用，另外，已经开始建设 5 号和 6 号反应堆。核电站具有配套的消防和医疗设施，同时具备直接向上级政府通报信息的必要渠道。这些核电站自身配套的防护系统和情况上报机制，在事故突发的第一时间起到了紧急遏制事态扩大、向上传递信息的重要作用。假如没有消防队员及时切断通向 3 号反应堆的火源并扑灭火灾，切尔诺贝利事故的后果无疑将更加严重。信息上报机制保证了苏联党和政府能够及时掌控局面，为后续工作赢得先机。

第二，及时组建最高权力指挥中心，充分发挥计划经济体制下的社会主义优势。

事故初期，苏联迅速组建政府委员会和政府工作组作为指挥中心。这是一项非常重要的应急措施。

政府委员会是"战地司令部"，集中了各相关领域的科学家、工程技术专家和克格勃成员，在事故现场进行调查和研究，并指挥具体应急处理工作。

政府工作组从属于苏共中央政治局，设在莫斯科，由政府各部门主要负责人组成，实行例会制度，被授权领导苏联 24 个部委和 10 个地方机构[9]52-55，旨在汇总、沟通包括政府委员会在内的各部门信息，对应急工作进行总体指挥和监督。

这两个机构的关系是：政府委员会成员通过掌握和分析现场数据进行判断，向政府工作组提供应急措施建议；政府工作组听取政府委员会的建议，统一指挥应急处理工作，协调、部署各部门的具体工作，统一调配人力、物力资源，在各地方机构的配合下共同完成应急处理工作。1987 年 3 月这两个应急处理指挥机构解散。

在整个应急处理过程中，苏共中央政治局是最高领导机构，主要负责制定、出台相关管理条例以及与国际组织的信息交流工作。它的工作更多地体现了宏观的全局管理和高层交流的特点。

苏联上述应急处理机构的内部结构充分体现了从上至下的集权系统指挥模式、横向权力配置以及社会主义大家庭的协调互助关系。

1988 年，苏联专门设立了"苏联最高苏维埃调查切尔诺贝利灾难原因和消除灾难后果委员会"（简称"切尔诺贝利委员会"）。切尔诺贝利委员会全权负责继续调查切尔诺贝利事故原因，协助法院对肇事者行为进行裁决，研究设计核电站新型反应堆，研究恢复切尔诺贝利和其他受污染地区的生态方案，帮助灾民和事故清理人员获得政府救济和心理安抚等工作。委员会成员包括：政府官员、科学家、工程技术人员、医生、记者、律师和社会工作者等。至此，苏联对切尔诺贝利事故的应急处理转为常态工作。

可见，苏联计划经济的社会主义体制保证了苏共中央和政府机构拥有绝对权威性，便于从全局出发，按照统一步骤，采取统一计划，调配一切需要的应急资源，充分发挥了国家集权在应急处理中的优势。

第三，把科学家和工程技术专家的意见作为应急处理决策的首要依据。

苏联科学院是苏联国家的科学家基地。无论在国家建设时期还是在危难关头，苏联政府首先考虑依靠科学家应对突发事变。政府委员会的中坚力量是苏联科学院的院士。他们冲在事故第一线，掌握第一手资料，并立即分析、判断情况，为决策提供了最有价值的信息。1986年4月27日政府委员会的专家从直升机上测定"反应堆整体和反应池均遭到彻底破坏；池里的石墨片被炸飞到反应堆外四周的开阔地上；从反应堆的炸口处升起一股数百米高的白色烟柱……从反应堆残余物中还能清楚地看到深红色的燃点……辐射强度在增加，其扩散面积为600平方公里，辐射云正向西和向南移动……第聂伯河未发现污染"[12]534。与此同时，核物理学家列加索夫院士乘坐装甲车亲自抵临4号反应堆近距离观察，发现反应堆的反应过程确实已经停止，但是内部的石墨仍在燃烧，爆炸口的白色烟柱正在大量释放放射性物质。他推断这一过程将持续很长一段时间，提出必须想办法将其扑灭。政府委员会的科学家们认为，"这不仅关系到切尔诺贝利地区的安危，甚至连苏联整个欧洲部分的生态环境都会受到极大的威胁"[10]172。在此之后，政府工作组批准把堵塞放射源作为工作重心。这样的事实在整个应急处理过程中比比皆是。可见，科学家和工程技术专家的研究结果与建议是政府工作组决策的首要依据。

第四，突出重点，把堵塞放射源、切断放射污染路径作为首要工作。

苏联政府在应急处理的第一阶段工作重点突出：不惜一切代价，堵塞放射源。他们通过临时研制灭火材料配方、改装直升机、编组投放飞行组等措施，及时堵住了4号反应堆的爆炸缺口，迅速降低了放射性物质的辐射剂量，极大地减少了放射性污染的进一步扩散。尽管事后有国际舆论批评苏联政府在第一阶段应急处理中让军人和事故清理人员付出的健康代价过大，但没有人否认堵塞放射源工作的重要性和迫切性。苏联政府在没有任何经验和准备的前提下，能够迅速作出上述决策并予以实施，与苏联军人和事故清理人员的勇敢和献身精神分不开，这永远值得世人称赞。

第五，军队是国家可以调用的最得力的应急力量。

切尔诺贝利事故发生后，苏联空军出动直升机在反应堆上方检查反应堆损坏情况；经过训练的飞行员驾驶重型直升机执行空投任务，压制放射性物质释放，堵塞反应堆燃烧口；在后来长期的建设与清理工作中，苏联陆军部队在高辐射区建设人工设施、反应堆掩体工程；防化部队作为主要参与单位，开展对重灾区的清除放射性污染工作；大批18岁左右的预备役军人组成医疗营，参与灾区居民的疾病防治工作。可见，苏联军队在这次应急行动的各个阶段都起到了重要作用，充分发挥了军队的高度组织化、迅速而高效的特点，突出体现了军人作为国防力量在和平时期参与应急行动的重要意义。

第六，充分发挥人道主义精神，紧急救助、疏散灾民。

在事故发生后不到24小时，苏联政府调动了1000辆大型公共汽车到事故发生地，按照儿童、妇女、老人的撤离顺序，有序地完成了第一批灾民撤离任务。这些灾民得到安置地政府和居民的妥善接待，收到来自苏联各地的食品、饮用水和药品支援。特别是受灾撤离儿童得到及时照顾，在健康、生活和学业等方面获得了基本保障。苏联政府还考虑到灾民回迁、重建新城和福利保障系统工作。这些措施充分体现了苏联社会主义国家的人道主义精神以及社会主义大家庭"一方有难，八方支援"的温暖。

第七，平时设置放射专科医院，发生核事故时采取分类分散治疗放射病患者的方案。

苏联对放射性疾病的研究起步早，而且建立了诸如莫斯科第六医院这样的放射病专科医院，拥有治疗专家和专业设备。当核事故发生后，第一批放射病患者在此得到了及时诊断和医治。当然，由于切尔诺贝利事故造成的放射性污染后果前所未有，所以，仅靠专科医院不能解决全部问题。政府委员会提出的对放射病患者分类、分散治疗的方案在当时起到了重要作用。首先，阻断了轻重患者之间、患者与健康人之间再次受到辐射的渠道；其次，充分发挥各地方医院的医疗潜力，在一定条件下缓解了医患压力。

第八，支持后续清理、监控和研究工作，汲取事故教训。

苏联政府对切尔诺贝利事故的后续清理、监控和研究工作一直没有间断。从1986年到1989年，苏联从各地先后抽调60万事故清理人员到切尔诺贝利核电站及其附近区域，从事监控辐射剂量，建造人工除热水平层和"石棺"，给建筑物和道路清污，阻断受污染水源，抓捕、处理并深埋受污染的动物等工作，力求依靠人的力量，把放射性污染造成的生态灾难降到最低程度。

除此之外，苏联政府对当时所有的核电站工作进行安全检查，改组核电产业机制，停止建造 RBMK 型反应堆；重新制定、明晰核电站安全责任制度；研究并公开通报切尔诺贝利地区和其他相关地区的生态状况。

总之，切尔诺贝利事故使苏联政府和公众深切体会到核安全的重要性，当然也暴露了原有计划经济体制中的弊病和社会观念中的误区。

（二）苏联对切尔诺贝利事故应急处理的教训

切尔诺贝利事故是人类历史上最大的和平利用原子能所带来的灾难，让人类遭遇了与看不见敌人的战争，面临闻不到硝烟的战场。其中有许多值得深入研究的教训。

第一，缺乏核安全意识，没有充分认识、宣传原子能的负面影响。

苏联作为第一个和平利用原子能的国家，在国内以往的宣传中过分夸大了原子能给人类带来的福祉，而对原子能的负面作用（即放射性危害）研究力度不够。即使有研究，政府出于政治需要，封锁了相关研究成果，并对其加以保密。对于原子能的负面作用，不仅公众不得而知，包括核物理科学家、国家领导人、核电站的管理和技术工作人员也了解不够。可见，当时社会普遍缺乏核安全意识，切尔诺贝利核电站辐射检测站的作用没有得到应有的发挥，核电站职工、家属以及周边居民不懂辐射防护知识，没有经过避免辐射的应急处理培训。切尔诺贝利核电站的消防警察和普里皮亚季的市政消防员没有经过任何防辐射消防训练，在事故现场没有采取任何辐射防护措施，致使他们成为第一批重症急性放射病患者。另外，苏联政府为清除事故区的放射性污染，从 1986 年到 1989 年陆续向事故区内调派了 60 万名事故清理者。由于对放射性危害认识不够，政府包括事故清理者本人对防止辐射的劳动保护没有予以足够重视，从而导致事故清理者在 20 年间吸收辐射剂量年均高达 100 毫西弗[5]，身心健康受到严重损害，甚至影响到他们下一代的健康。苏联政府在 1986 年春天从距离切尔诺贝利核电站半径为 30 公里禁区内撤出 11.6 万人，在禁区之外的"严格控制区"有 27 万居民。虽然这些人 20 年间年均吸收辐射剂量都大于 33 毫西弗，但比起那些事故清理人员，受污染人员的数量要少，吸收的辐射剂量相对要轻得多。可见，在苏联政府应急处理的"撤出"与"派进"决策中，"撤出"是正确的，"派进"则是不得已而为之，是有重大漏洞的下策。这是日后苏联政府遭到国际舆论指责以及国内反对者攻击的最主要根源。

第二，对公众封锁信息导致失信于民。

当我们称赞苏联政府运用集权指挥方式达到应急处理高成效的同时，更应该注意其背后的隐患：政府为了稳定秩序，对公众隐瞒事故状况、封锁正常信息发布，最终导致公众对政府产生严重不信任。

苏联政府通过核电站上报机制几乎在 1986 年 4 月 26 日事故发生的同时就知晓了此事，随后立即展开应急处理工作。但政府没有在第一时间向事故发生地周围居民以及国际社会公布事故信息，致使放射性污染地区的居民没能及时采取任何防范措施。

1986 年 4 月 26 日事发当天恰逢星期六休息日，而且临近苏联最重要的节日——五一国际劳动节，当地居民像往常一样在街上散步、购物，无形中增大了接受辐射的剂量、范围和时间。直到 4 月 28 日瑞典核电站测到大气中放射物含量升高，并向苏联发出质询后，苏联方面才被迫发布事故消息。这使得苏联党和政府在国内和国际社会处于完全被动的境地。

地方机构在执行中央政府决策的过程中，为了维护党和政府的形象、利益，没有向公众做任何说明，缺少主动性，擅自减少自己的工作量，或简单、机械地执行政府决策。而公众由于无从了解事故真相，消息来源不一，信息不匹配，加之对核事故从一无所知到心生恐惧，无形中增加了精神上的不安、烦躁和压力，最后集中发展成对政府的严重不信任。民众自发组成"切尔诺贝利人社会同盟""切尔诺贝利的孩子们""切尔诺贝利的残废者""切尔诺贝利的遗孀"等社会组织，在苏联国内掀起了一场范围广泛、形势高涨的"切尔诺贝利运动"，人们走上街头游行示威，要求废除机密制度、公布事故的真实规模、惩治切尔诺贝利核灾难的罪犯、确定被污染土地的居住危险程度、建立国家对蒙难者的救助体系等。这些迫使苏联政府不得不通过借助国际原子能机构调查来缓和国内压力。这为苏联最终解体埋下了导火索。

第三，军队的非专业化增加了伤亡率，影响了应急处理实施效果。

在切尔诺贝利事故全程应急处理行动中，苏联军队表现出高度组织化、纪律化和自我牺牲精神，为苏联战胜这场灾难起到了重要作用。但需要指出的是，一般的军队完全缺乏处置核应急状态的专业训练。军人们在核应急处理行动中缺乏自我保护意识和必要的保护措施，因此造成许多无谓的牺牲。在最终受到强辐射的人员中，军人占了大多数，尤其是第一批进入事故区进行放射性清理工作的军人。以直升机飞行员为例，尽管对直升机机体进行了加焊铅层的改造，但仍然有约 600 名飞行员受到严重辐射。后来进驻事故区的防化部队尽管比一般的军队具备专业化训练经验，但也同样缺乏防护放射性辐射的经验。

第四，一些具体的应急处理措施不当，衍生遗留问题。

由于苏联对切尔诺贝利事故既无思想和物质准备，又对其所引发的后果估计不足，来不及对应急处理工作做整体布局，也没有把这项应急处理工作与全球生态循环、国际社会稳定等问题进行相互关联，所以前期采取的一些应急处理措施为后续工作留下了隐患。比如：消防员以灭火作为工作重点，但大量注水成为引发反应堆再次爆炸以及地下水污染的隐患，因此后续工作中必须派人从反应堆下层抽水，建隔离层，这样造成后续工作人员遭到辐射。另外，封堵反应堆爆炸缺口的灭火材料中含有大量铅，因为铅的吸热效果很好，有效降低了反应炉温度，熔化后的铅封住了洞口，降低了辐射。但这样的做法后来受到一些科学家的批评，因为有些被熔化的铅蒸发到大气中，20年后在切尔诺贝利病童的身体中仍然可测到微量铅。还有，往禁区内调入大量事故清理者的决策也存在计划不周的缺陷。除此之外，苏联由于前期只把切尔诺贝利事故作为国内事务处理，严重影响了其国家形象和国际地位。

第五，福利体系缺乏稳定的资金来源。

苏联政府在事故后，为事故的受灾者建立了大规模的福利体系，但是这个福利体系建立在庞大的计划经济体制基础之上。由于苏联的经济体制本来就存在计划过细的固有缺陷，长期过重的国防开支一直成为国民经济的极大包袱，再加上切尔诺贝利事故发生后，又造成核电事业受损，农业生产受损，多重因素致使切尔诺贝利灾民的福利体系缺乏稳定的资金来源。当时用于支付这些福利的资金数目巨大，在无形中为苏联政府增加了计划外的沉重负担，犹如"压死骆驼的最后一根稻草"，对苏联解体起到了推波助澜的作用。当苏联解体以后，原有的福利体系自然崩塌，切尔诺贝利事故受害者的福利待遇由独立的乌克兰共和国、白俄罗斯共和国、俄罗斯共和国按本国情况自行制定。实际上，在这些国家的经济转型期，切尔诺贝利受害者无法真正获得原有的福利待遇，即使获得了，也不能解决实际困难，成为这一事故的再次受害者。

第六，缺乏与原子能相关的法律体系，造成无法可依的后果。

原子能是一种特殊的能源，苏联在长期利用原子能的过程中，缺乏与其相关的法律体系。所以，在事后审判切尔诺贝利事故当事人时，无法可依。1989年7月14日在苏联最高苏维埃联席会议上，人民代表什切巴克指出，"即使在当前，有关核电站的站址、计划、建设和操作运行的安全条例仍然经常被忽视"[14]。学者们普遍认为，由于缺乏原子能方面的法律，当苏联在政策上的举措和制定的核安全规章制度遭到破坏时，没有任何法律框架去束缚、处分，或者审判核工业领域的那些失职人员，包括那些忽视核安全的人员。

四、苏联政府应急处理对我国的启示

通过切尔诺贝利事故，我们可以看到核事故不同于其他事故，有其自身的特殊性。

其一，核事故造成的放射性污染范围广，生态后果复杂。在放射性物质释放过程中，由于其主要通过大气传播，加上风向、气候等因素的影响，往往难以控制。当放射性尘埃落定后，对岩石、水体、土壤、植被、生物等都会产生一系列不同程度的影响，而且还会通过生物链形成交叉辐射，后果异常复杂，难以彻底清除。放射性物质污染的水源、农副产品会给事故地区和非事故地区的人们带来长期负面影响。

其二，核事故造成的放射性污染只有借助仪器才能发现。放射性污染无色、无味、无臭，必须借助特殊仪器检查才能发现。一旦发生核事故，如果没有辅助仪器，人们往往因为不能直接发现而忽视辐射危害的存在，贻误治疗时机。

其三，放射性辐射对人体的危害存在多样性。放射性辐射对人体的照射分为外照射和内照射。当人们吸食了被放射性污染的物质后，人体内所接受的放射性辐射叫内照射。内照射的危害性更大，一是因为它直接损害人体内部器官和组织，二是因为它具有潜伏性，容易被人们忽视。据研究，切尔诺贝利事故发生后当地所产的牛奶成为造成儿童患重症急性放射病的一个重要原因。

其四，核事故严重损害公众心理健康。严重的核辐射不仅可能引起受辐照者近期的身体损伤，还可能具有远期效应，即可能引发癌症或对后代产生遗传影响。这正是影响公众心理的关键性因素，会造成公众心理紊乱、焦虑、恐慌，从而引发不良的社会行为。其危害或许比辐射本身导致的直接后果更为严重，切尔诺贝利灾难甚至造成了严重的"切尔诺贝利阴影"[15]。

基于核事故的上述特殊性，各国均应该十分重视核安全宣传工作和核事故应急处理的培训工作，避免导致难以控制的次生社会灾难。切尔诺贝利事故就是一个活生生的典型案例，它不仅仅是技术灾害，更引发社会灾难，导致时至今日许多人仍"谈核色变"。

通过总结苏联对切尔诺贝利事故应急处理的经验和教训，我们可以获得许多启示。

第一，创建安全文化系统是长期、首要的任务。

迄今为止对引起切尔诺贝利事故的原因说法不一，主要集中在"技术因"和"人因"两种观点。

持"技术因"观点的人认为：切尔诺贝利事故是由于该核电站所使用的 RBMK 型反应堆在设计上存在缺陷。诚然，这次事故的确暴露了 RBMK 型反应堆固有安全性不强的漏洞。事故发生以后，苏联全面停建 RBMK 型反应堆，启动研制新一代核反应堆。国际核电产业一度因为切尔诺贝利事故极大受挫，但随着反应堆技术逐步得到发展，许多人特别是核技术专家认为，只要改进反应堆的设计，切尔诺贝利事故或类似的事故完全可以避免。

持"人因"观点的人认为：苏联 RBMK 型反应堆的设计的确存在自身安全隐患，但是，为什么其他相同型号的反应堆没有发生事故，而这次事故仅发生在 4 号反应堆上？事实上，这次事故的直接原因在于 4 号反应堆的负责人擅自违规进行惰转试验，又违规关闭了安全防护设施，所以，这次事故是人为因素导致的。除此之外，在 20 世纪 80 年代苏联的社会背景下，切尔诺贝利事故的发生也不是偶然现象，似乎是一次不可避免的事故。它触及苏联社会体系的意识形态环境、社会生活、经济、生态、文化等深层的背景。长期以来，苏联政府对核能研发实行保密制度，其结果是：一方面，造成科学技术人员不全面了解核能技术的局限性，对核事故的后果没有足够清醒的认识，对核电站设施存在盲目乐观和绝对信任的态度，导致核电站员工没有严格遵守核电站工作制度；另一方面，公众对核事故的应急处理缺乏基本的认识和物质准备，缺乏核应急处理的训练。因此，存在发生事故的必然性。

对于工程事故，有学者论及："75 000 次事故中的 88%产生的原因可归结为人的不安全行为。"[16]"人类的失误在许多重大事故产生的原因中发挥着一个关键的作用……因此，对于人类失误所造成的风险，我们需要采取有效的方法去改变它，其目的在于管理好计划中的有限资源来减轻这些风险。"[17]

基于对切尔诺贝利事故的反思，国际核安全咨询组（INSAG）在 1986 年所作的《切尔诺贝利事故后审评会的总结报告》中首次提出"安全文化"（safety culture）概念[18]，旨在提升人们的安全文化意识，促使人们充分认识原子能对人类、对生态产生的负面影响。1991 年，INSAG 明确指出："安全文化是存在于组织和个人中的种种特性和态度的总和，它建立一种超出一切之上的观念,即核电厂的安全问题由于它的重要性要保证得到应有的重视。"[19]

由于核电具有特殊性,所以提高核反应堆的固有安全性技术是保障核电安全的重要前提,但是,创建安全文化系统不仅是核电产业,同时也是保障民生安全的首要而长期的任务,具有深远的意义[20]。

第二,树立全局观念,把应急处理作为工程进行统一管理。

我国是社会主义国家,在中国共产党的统一领导下,一旦突发事变,需要立即组建拥有最高权力、包括科学家和工程技术专家在内的应急处理机构,在这个机构的指挥下,从全局出发统一调配人力、物力、财力,国家、各部委、地方政府、集体组织,乃至个人都要服从应急处理机构的指挥和调动。应急处理应该形成工程化统一管理。

第三,建立专业化、组织性强的应急处理队伍。

为了更好地防范、应对重大的灾难、事故,我们应该把分散的应急部门加以整合,建立专业化、组织性强的应急处理队伍。

以核应急为例,应该认识到,核应急队伍的职业化是提高和保持应急处理能力的重要措施,将兼职、半专业的和分散的应急处理力量转变为专业应急处理力量,形成统一高效的专业救援队伍,有利于积累应急处理经验,保持、提高并充分发挥应急处理队伍的能力。目前,我国在核应急方面拥有核应急办公室,并且有公安、消防、环保、卫生等部门作为应急成员单位,各成员单位由行政首长作为负责人。但这些机构之间缺乏内在统一结构,一旦遇到事故,容易产生各行其是、无章可循的混乱局面,造成不必要的牺牲和人力、物力、财力的极大浪费。随着核应急处理工作的深入开展和我国积极发展核电的政策推进,建立专业化的核应急处理队伍势在必行。

第四,既要重视军队在核应急行动中的重要作用,也要认识到军队的局限性。

从苏联政府的应急行动中,我们看到了军队所具有的高度组织性和高效的特点,成为应急行动的中坚力量。但同时我们也看到,面对各种救灾行动,军队不具有专业性知识、技术和社会性资源的储备。这一特点在核事故的应急处理中表现得尤为突出,从而造成军人在受辐射的人员中占有很高比重。因此,笔者认为,在充分肯定军队的功绩和战斗力的同时,也要充分考虑突发事件中动用军队的原则、范围和限度。调用训练有素、设备相对齐全的防化部队,完全可以减少军队在事故中的不必要损失,降低应急行动的人力成本。

第五,充分认识信息公开化的"双刃剑"作用。

从苏联的教训中可以看出，对事故信息的保密不仅会带来谣言四起，造成公众的恐慌，进而引发社会动荡，更重要的是公众无法从正规的渠道获得准确、有效的信息，无法做出理性判断和采取正确的自我保护措施，政府会因此失去民众的信任。所以，一旦发生核事故和任何突发事变，应十分重视信源的真实、可靠，确保信道通达，及时向公众公开事故的相关信息和应对措施。

信息公开化是一把"双刃剑"，它还可能带来复杂的负面影响。因此笔者认为，更应该从注重建设安全文化入手，以各种有效的形式开展科普宣传，向公众普及辐射防护和其他各种灾难防护知识，使公众树立安全文化观，对核事故、核应急处理和防灾措施形成科学的、理性的认识，同时针对核事故的应急处理进行必要的培训。只有平时注重创建安全文化氛围，做好宣传工作和加强应急训练，才能保证一旦突发事故，在保障事故信息公开的同时，公众能够安全自救或者服从统一指挥，有秩序实现撤离，不引发由于混乱所造成的次生灾害。

第六，建立"核安全保障基金"，解决突发事故后福利保障资金的来源问题。

切尔诺贝利事故的一个重要教训是国家没有福利保障资金的稳定来源。鉴于核事故的特殊性，建议核电企业在利润收益中预留一部分作为"核安全保障基金"，这部分基金平时可以参与金融运作营利，一旦出现核事故，"核安全保障基金"将与国家社会保险和其他商业保险共同作为福利保障资金的来源，以减轻国家、企业应急处理的经济压力。

第七，研究制定核能相关法律，力争做到有法可依。

核事故的特殊性要求核电企业必须把核安全放在企业头等重要的地位。但是，由于缺少与核能配套的相关法律，在核能这个特殊领域中留下法律"真空地带"。所以，需要研究制定与核能相关的法律，对可能出现的失职或犯罪行为做到有法可依，追究到底，向人类负责。

总之，切尔诺贝利事故给人类带来了巨大的痛苦，引发了不可逆转的生态灾难，但是，它也让我们痛定思痛，使我们获得新智慧，为我们预留了成长的空间。

致谢

衷心感谢俄罗斯科学院自然科学和技术史研究所资深研究员、原苏联切尔诺贝利委员会主席阿纳托利·格奥尔吉耶维奇·纳扎罗夫（Анатолий Георгиевич Назаров）教授对本项研究所给予的悉心指导！

（本文原载于《工程研究——跨学科视野中的工程》，2011年第1期，第87-101页。）

参 考 文 献

[1] EC, IAEA, WHO. The International Conference on One Decade of the Chernobyl: Summing Up the Consequences of the Accident. Vienna: International Atomic Energy Agency, 1996.

[2] Ярошинская А. А. Ядерная энциклопедия. нциклопедияялопедияНа фонд Ярошинской, 1996.

[3] International Atomic Energy Agency. Environmental effects of the Chernobyl Accident and their remediation: twenty years of experience: Report of the UN Chernobyl forum expert group "environment". Vienna: International Atomic Energy Agency, 2006.

[4] 曹朋. 对IAEA关于切尔诺贝利事故后果研究的历史考察. 北京: 清华大学人文社科学院科技与社会研究所, 2008.

[5] International Atomic Energy Agency. Chernobyl's Legacy: Health, Environmental and Socio-economic Impacts and Recommendations to the Governments of Belarus, the Russian Federation and Ukraine, the Chernobyl Forum: 2003-2005. Vienna: International Atomic Energy Agency AEA, 2006: 14.

[6] Yablokov A, Labunska I, Blokov I, et al. The Chernobyl Catastrophe: Consequences on Human Health. Amsterdam: Greenpeace, 2006: 25.

[7] Белорусская Энциклопедия. Чернобыль//М.: Время. 2006: 8.

[8] 苏联国家原子能利用委员会. 切尔诺贝利核电站事故及其后果: 为IAEA1986年8月25-29日在维也纳举行的专家会议编制的资料. 核动力工程, 1986, 7(6增刊): 1-69.

[9] 王芳. 切尔诺贝利事故中苏联政府的应急过程研究: 1986. 4. 26-1989. 10. 北京: 清华大学科技与社会研究所, 2009.

[10] 尼·雷日科夫. 大动荡的十年. 王攀, 等译. 北京: 中央编译出版社, 1998.

[11] Ярошинская А А. Чернобыль-совершенно Секретно, Изтайных Архивов Политрюро ЦК КПСС. Документы. М. : Другие Берега, 1992.

[12] 鲁·格·皮霍亚. 苏联政权史(1945～1991). 徐锦栋, 等译. 北京: 东方出版社, 2006.

[13] International Atomic Energy Agency. The International Chernobyl Project. An Overview: Assessment of Radiological Consequences and Evaluation of Protective Measures, Reported by an International Advisory Committee. Vienna: IAEA, 1991: 1.

[14] William C. Potter. 切尔诺贝利事故对苏联核安全决策的影响. 秦光道, 译. 科学对社会的影响, 1992, (3): 211-219.

[15] 赵鸣. "切尔诺贝利阴影"与地方核应急心理环境的构建. 辐射防护通讯, 2006, 26(4): 27-29.
[16] Hammer W, Price D. Occupational Safety Management and Engineering. 5th ed. New Jersey: Prentice-Hall, 2000: 27.
[17] Ale B J M. Safety Engineering and Risk Analysis. New York: The American Society of Mechanical Engineers Press, 2001: 81.
[18] INSAG. Summary Report on the Post-accident Review Meeting on the Chernobyl Accident. Vienna: International Atomic Energy Agency, 1986: 1.
[19] 国际核安全咨询组报告. 安全文化. 大亚湾核电运营管理有限责任公司, 安全文化与人因改进项目组, 译. 北京: 原子能出版社, 2005: 3.
[20] 刘宽红, 鲍鸥. 安全文化的人本价值取向及其系统模式研究. 自然辩证法研究, 2009, (1): 97-102.

When Overseas Education Meets a Changing Local Context: The Role of Tokyo Higher Technical School in the Industrial Modernisation of China in the Early Twentieth Century

| Lei Wang, Jian Yang |

Introduction

In 1853, when the black ships arrived at Uraga Harbor in the Kanagawa Prefecture of Japan under the command of United States Commodore Matthew Perry[①], the closed-door policy of Japan came to an end. Two years later, the famous educator Fukuzawa Yukichi promoted the "Datsu-A Ron", the thesis that Japan should "leave Asia" and "join Europe". Here, "leave" and "join" do not refer to geographical position, but to the study of the advanced knowledge and policy systems of Europe to bring Japan "spiritually" closer to Europe[②].

To help Japan overcome its backwardness and quickly catch up with the

---

① Perry Ceremony Today: Japanese and U. S. Officials to Mark 100th Anniversary, The New York Times, July 8, 1953.

② Xiaojun Shi, Zhongri liangguo xianghu renshi de bianqian [The Change of Mutual Understanding Between China and Japan] (Taipei: Commercial Press, 1999), 243-245.

West, the Meiji government initiated the Meiji Restoration in 1868, which marked the emergence of Japan as a modernising nation. To meet the needs of Japan's developing industry, in 1881 the Meiji government founded the Tokyo Vocational School, later known as the Tokyo Higher Technical School (THTS)[1], to produce young craftsmen and engineers. From the early 1900s, this school, with its well-developed industrial education curriculum, attracted the attention of other Asian countries, such as China, the Republic of Korea, India, the Philippines, Thailand and Myanmar, which were even less developed than Japan (see Figure 1).

Figure 1　Main building of the THTS in 1903

After its official renaming as Tokyo Higher Technical School in 1901, the THTS became an overseas education base for Chinese students who wished to study advanced technical subjects abroad. Due to the enormous disparity between the numbers of potential students from China and those from other countries, there were considerably more Chinese students at the THTS than from anywhere else. During the 1910s, there were about 40 students from China every year at the THTS, while there were no more than five students from other countries.[2] Up to 1928, there were a total of 604 Chinese graduates, while only 65 came from other

---

[1] Tokyo Higher Technical School was originally named Tokyo Vocational School in 1881, later renamed Tokyo Technical School in 1890 and then Tokyo Higher Technical School in 1901. The current name, Tokyo Institute of Technology, was adopted in 1929. It is now a top-tier institution and also the largest university dedicated to science and technology in Japan. See https://www.titech.ac.jp/about/overview/history.html [2018-10-03].

[2] See 東京高等工業学校一覧, 1911-1912, 1914-1915, 1917-1918, 1920-1921, 1924-1925 and 1928-1929 (A general survey of Tokyo Higher Technical School, 1911-1912, 1914-1915, 1917-1918, 1920-1921, 1924-1925 and 1928-1929). 東京高等工業学校一覧 was the annual report published by the THTS. According to its statistics, there were a total of 604 Chinese graduates up to 1928; however, only 65 graduates came from other foreign countries.

foreign countries. Due to the small number of graduates from other countries, neither the THTS nor the Koa-in made a record of their occupations after they returned home.

This disparity in numbers was also closely related to Japan's diplomatic policies towards other Asian countries. The Japanese government believed that the fates of China and Japan were inextricably linked, therefore it put forward the "shi'na hozen ron (Shi'na protection theory)" to advocate the establishment of the Japan-Qing government league, for cooperation in non-military fields. The Japanese claimed the mantle of "Asianism" and set up a barrier in China to prevent Western powers from offending Japan. The industrial education of Chinese students at the THTS was part of the Japanese colonial strategy towards China, helping China cultivate its future technicians.

Japan took a very different stance from other countries, however. Taking the Republic of Korea as an example, Japan's intention was to colonise it and implement a policy of obscuration. With such a political strategy in place, Japan was, of course, not very motivated to help the Republic of Korea by training its skilled workforce. The THTS accepted six students from the Republic of Korea in 1896, but thereafter stopped. Instead, the Japanese established the Keijou Imperial University (the current Seoul National University) in the capital of the Republic of Korea in 1924, and it only accepted Japanese nationals as students; Koreans were not allowed to enrol.

By the 1930s, more than 800 Chinese students had studied at the THTS, exceeding the number enrolled at other schools in Japan, as well as those who studied engineering at a U.S. or European university during that period[1]. At the same time, Chinese students also made up 90% of all the overseas students who studied at the THTS[2]. After completing their studies at the THTS, these Chinese

---

[1] See Koa-in (Academy for Revitalization of Asia), Nihon ryugaku chukka minkoku jinmei-cho (Investigation of the students from the Republic of China who studied in Japan), Survey Data No. 2, October 1940. According to this report, the number of THTS graduates before 1937 was nearly 800. However, this statistic did not include graduates from Manchuria. Had it done so, the total number of THTS graduates would definitely exceed 800. Correspondingly, the total number of graduates who studied at imperial universities would be more than 300 and the total number of graduates who studied at any other technical school in Japan would be more than 600.

[2] Tokyo koto kogyo gakko ichi-ran, 1927-1928.

students returned home and contributed to Chinese industrial modernisation. This pattern of study and return continued until 1937 when the War of Resistance Against Japanese Aggression broke out comprehensively.

Records relating to the activities of the Chinese students' enrolment at the THTS can be found in the *Sixty-year History of Tokyo Institute of Technology*[①] as well as the *One-hundred-year History of Tokyo Institute of Technology*[②]. These general historical studies highlight the establishment of a specific educational system for foreign students. However, educational outcomes, especially those related to the activities of foreign graduates once they were back in their homeland, are not mentioned. There have also been studies focusing on the history of the reasons why modern Chinese studied abroad, in a historical evaluation of Chinese students' study in Japan, as well as comparative studies of the academic work of Chinese students in Japan, the United States and Europe, in the context of contemporary politics, law and education[③]. However, little research has examined the activities of Chinese students after they returned to their homeland, from a science, technology and society perspective.

Previous research has examined the main features of the wave of Chinese students studying in Japan at the beginning of the twentieth century. Most of this scholarship has contributed to the understanding of Sino-Japanese interaction in the Meiji period by taking Chinese students who had studied in Japan as its medium. From the perspective of social change, the research raises questions about how these students acquired knowledge of advanced institutions, such as political institutions, economic institutions, cultural institutions and educational institutions, when they were studying in Japan, and subsequently how they introduced this knowledge to China, thereby exercising great influence on the development of the economy, politics and ideology in modern China. Educational

---

① See Tokyo Institute of Technology, Tokyo kogyo daigaku rokujunenshi [Sixty-year History of Tokyo Institute of Technology] (Tokyo: Tokyo Institute of Technology, 1940).

② See Tokyo Institute of Technology, ed., Tokyo kogyo daigaku hyakunenshi (tsushi) [One hundred-year History of Tokyo Institute of Technology: A General History] (Tokyo: Tokyo Institute of Technology, 1985).

③ See, for example, Sanetou Keishuu, Chugokujin ryugaku nipponshi [History of Study in Japan for Chinese Students] (Tokyo: Kurosio Publishers, 1981), 1-5; Abe Hiroshi, Chugoku no kindai kyoiku to meiji nihon [Modern Education in China and Meiji Japan] (Tokyo: Ryuukei, 2002), 223; and Xincheng Shu, Jindai zhongguo liuxueshi [History of Studying Abroad in Modern China] (Shanghai: Shanghai Culture Press, 1989), 7-27.

historians have also researched specific figures like Xun Lu, Jin Qiu, Duxiu Chen and Yuanpei Cai, who later became great revolutionaries and thinkers after returning to their homeland, playing key roles in the Revolution of 1911, the New Culture Movement, and the subsequent May Fourth Movement in China at that time[①].

Furthermore, there are some scholars who take Chinese students as their research objects and focus on the process of their studying in Japan. For instance, they investigate the reasons why Chinese students stayed abroad, how they studied and lived their lives in Japan, and what knowledge they took from modern Japan[②]. Generally speaking, they discuss the "process" of the students' studies in Japan, with little mention of their activities and contributions after their return.

This, however, ignores an important aspect, that is, the specific group of Chinese students who studied in technical schools in Japan. After returning to their homeland, they made a great contribution to the technological and industrial development in China during that time. They were the people who helped most with promoting industrial modernisation, which was an indispensable part of the process of the general modernisation of China. However, with only a few scholars conducting related research, for example, Elman has discussed Chinese students' achievements in translating and introducing Japanese science books to China[③]—it is still a relatively unexplored area. There is still a lack of macro-level analysis in the review of the history of these returning students who learnt about advanced foreign technology in Japan. We also need to figure out what roles the technical schools in Japan, represented by the THTS, played in the development of China's industrial modernisation. This is an indispensable and meaningful topic in both modern East Asian history and the history of education research.

---

① See Paula S. Harrell, Asia for the Asians: China in the Lives of Five Meiji Japanese (Portland: Merwin Asia, 2012), 13; Ruth Hayhoe, China's Universities, 1895-1995: A Century of Cultural Conflict (London: Routledge, 1996), 29-72; and Abe Hiroshi, 'Borrowing from Japan: China's first modern educational system', in China's Education and the Industrialised World: Studies in Cultural Transfer, ed. Ruth Hayhoe and Marianne Bastid (London: Routledge, 1987), 57-80.

② See Sanetou, Chugokujin ryugaku nipponshi, 29-41; Fuqing Huang, 'Qingmo liuri xuesheng' [Chinese students in Japan at the end of the Qing Dynasty], Journal of Institute of Modern History, "Academia Sinica" No. 34 (1975); and Shimizu Minoru, 'Chugokujin ryugakusei wa nipponteki kindai' [Chinese students in Japan and modern Japan], Japan in Asia: Bulletin of the Research Institute of Bukkyo University 1 (1995): 119-138.

③ Benjamin A. Elman, A Cultural History of Modern Science in China (Cambridge: Harvard University Press, 2006).

This paper examines the activities of the Chinese students who went back to China after completing their studies at the THTS and determines the role that the THTS played in the process of industrial modernisation in China from the early twentieth century until the outbreak of the July 7th Incident in 1937. It attempts to address the following questions. Why did so many Chinese students attend this school at that time? What did the graduates do after they returned to their homeland? And, finally, what were the merits of the THTS compared with other schools, such as the University of Tokyo? This paper investigates the overall background of the rising trend in Chinese enrolment at the THTS against the specific historical background, then analyses the activities of the graduates after they returned homeland, dividing this into different time periods, and concludes with a discussion of the role that the THTS played in China's industrial modernisation.

Beginning of the Admission of Chinese Students to the THTS

The First Opium War (1840-1842) marked a transformation in China from a feudal society to a semi-colonial and semi-feudal society. Within this context, the Qing government launched the Self-Strengthening Movement from 1860 to 1890 under the slogans "seeking for strength" and "seeking for wealth", the purpose of which was to refortify national strength and help resist foreign aggression[1]. This represents the first large-scale attempt by the ruling class at modernisation, along with an endeavour to learn Western science and technology[2]. The Qing government adopted the policy of *zhong xue wei ti, xixue wei yong* (Chinese classics learning as the fundamental structure, Western learning for practical use) in the hopes of continuing its feudal rule while at the same time using advanced science and technology from abroad. It introduced advanced Western military equipment to China, developed machine production for the manufacture of guns, cannons and warships, and strengthened both naval and military forces[3].

---

[1] Barton C. Hacker, 'The weapons of the West: Military technology and modernization in 19th-century China and Japan', Technology & Culture 18, No.1 (1977): 43-55.

[2] Shiran Du et al., Zhongguo kexue jishu shigao [Historical Manuscript of China's Science and Technology] (Beijing: Science Press, 1985), 243.

[3] Benjamin A. Elman, 'Naval warfare and the refraction of China's Self-Strengthening Reforms into scientific and technological failure, 1865-1895', Modern Asian Studies 38, No.2 (2004): 283-326.

However, in 1894-1895, the Peiyang Fleet, which was established during the Self-Strengthening Movement, and was deemed the most powerful navy ever to be developed during the Qing Dynasty, was totally destroyed by the Rengou kantai (the Grand Fleet) from Japan. This disastrous defeat marked the failure of the Self-Strengthening Movement, and China's defeat in the Sino-Japanese War of 1894-1895[①].

In light of this, Chinese politicians such as Youwei Kang (1858-1927) and Zhidong Zhang (1837-1909) concluded that the underlying reasons for the failure of the Self-Strengthening Movement were not only the lack of advanced weapons, but also the closed and lagging political system of the Qing government. They advocated taking a cue from the modernising experience of Meiji Japan[②], because, from a synchronistic perspective, compared with the failure of the Self-Strengthening Movement in China, Japan had achieved extremely positive results from learning advanced technology from the West. The reforms in the Japanese educational system during the Meiji Restoration of the 1860s also helped to ensure that there was training in the new disciplines to help meet the country's practical demands. Youwei Kang commented in the preface to his book *Riben Bianzheng Kao* (*Study on the Meiji Revolution in Japan*) that "if the broad masses of the Chinese people would learn from Japan, the Qing Dynasty would be powerful state within ten years". In 1896, the Qing government sent the first batch of 13 students to study in Japan[③].

In 1901, after the Boxer Rebellion, the Qing government implemented the Xinzheng Reform (New Policies Reform), a series of systematic reforms in the military, bureaucracy, law, commerce and education. To bring about the smooth advance of this institution-wide transformation, the Qing government urgently

---

① Stephen R. Halsey, 'Sovereignty, self-strengthening, and steamships in late Imperial China', Journal of Asian History 48, No.1 (2014): 81-111.

② Youwei Kang, Jincheng riben bianzhengkao [Preface of 'submitting the investigation on the revolution in Japan'] (Beijing: China Renmin University Press, 2011), appendix; Renkai Li and Kangmo Zhong, Zhang zhidong yu jindai zhongguo [Zhang Zhidong and modern China] (Baoding: Hebei University Press, 1999), 122-125. Xuexun Chen and Zhengping Tian, eds., Zhongguo jindai jiaoyushi ziliao huibian (liuxue jiaoyu) [Compilation of Chinese Modern Educational History: Overseas Education] (Shanghai: Shanghai Education Press, 1991), 320.

③ Xisuo Li, Jindai zhongguo de liuxuesheng [Students Studying Abroad in Modern China] (Beijing: People's Publishing House, 1987), 118.

required a large, well-educated talent pool to carry out the operations of the Xinzheng Reform, and began actively to encourage the sending of more students to Japan to learn about the experience of Japan's advancements during the Meiji Restoration. At the same time, due to the abolition of the imperial examination system in 1905, young people in China were more willing to study abroad, especially in Japan, as a new way of furthering their knowledge. There were many advantages to studying in Japan, such as geographical closeness, relatively lower costs, a similar language and an educational system requiring less time. On 2 August 1898, Emperor Guangxu announced in an imperial edict that "It is better to study in Japan than in the Western world. Japan is closer, cheaper and has similar writing, which is easy for us to understand. Moreover, all the important Western masterpieces have been translated by the Japanese"[1]. In 1906, the total number of Chinese studying in Japan peaked at more than 10,000[2].

Japan itself also played an important role in encouraging Chinese students to come there and study. After the Sino-Japanese War of 1894-1895, the Western powers increased their aggression and partitioned China. As an Asian country whose national power was still limited, and backward compared with Europe, Japan felt a sense of crisis as well. Using a new colonialist strategy, stating that "China's rise or fall is closely related to the survival of Japan", Japanese hardliners proposed the so-called "*Shi'na hozen ron* (Shi'na protection theory)"[3].

---

[1] Youhuan Zhu, ed., Zhongguo jindai xuezhi shiliao [Historical Data of Modern Chinese School System], vol.2 (Shanghai: East China Normal University Press, 1989), 17.

[2] Xincheng Shu, Jindai zhongguo liuxueshi, 9; Fuqing Huang, 'Kiyosue ni okeru tome-bi gakusei haken seisaku no seiritsu to sono tenkai' [Establishment and development of the policy of sending students to Japan at the end of the Qing Dynasty], Journal of Historiography 81, no.7 (1972): 81-87; Haruomi Koji, 'Kiyosue Tome-bi kyokusei-ki no keisei to sono ronri kozo: Seitaigo shinsei no shido rinen to shina-hozen-ron teki taio o megutte' [Formation of the peak period of studying in Japan and its theory structure: Response of the guiding ideology for the revolution presented by Empress Ci Xi and the theory of China-preservation], Bulletin of the National Institute of Education 94 (1978): 39-59.

[3] Shimizu, 'Chugokujin ryugakusei wa nipponteki kindai', 119-138. The Shi'na protection theory was proposed by a group of "foreign bashers" in Japan at a time when the Western powers were demonstrating aggression against China after the Sino-Japanese War of 1894-1895. Most of the "foreign bashers" were Ronin and some were also politicians, such as Konoe Atsumaro and Kuga Katsunan (1857-1907), as well as Ookuma Shigenobu (1838-1922). The Shi'na protection theory advocated that Japan should support China's independence superficially, but its ultimate purpose was to help Japan eventually dominate China through the promotion of economic expansion.

An important feature of this was that the Japanese government should actively recruit Chinese students to study in Japan. In 1898, Yano Bumi (1851-1931), who was the Japanese ambassador to China at that time, put forward a student-aid proposal to the Chinese government, on behalf of the Japanese government, to attract more Chinese students to Japan. Konoe Atsumaro (1863-1904), the speaker of Japan's upper legislative body, the House of Peers, also presented this proposal to Chinese senior officials, such as Zhidong Zhang (mentioned above), Baixi Zhang, Kunyi Liu and Shikai Yuan, when he visited China for the first time in 1899. Liberal Arts Professor Ueda Kazutoshi of the Tokyo Imperial University published a commentary in the *Taiyo* magazine proposing that the education of Chinese students was not the duty of other educators, but rather the responsibility of the Japanese government[1]. Thus, from the end of the nineteenth to the beginning of the twentieth century, the Japanese government took positive steps to improve its educational facilities and curriculum to meet the potential needs of students from China[2].

One of the first Japanese educational institutions to accept foreign students, the THTS admitted its first group of students from abroad in 1896: six students from the Republic of Korea. The school prepared "special courses" to meet their needs, offering individual tuition. In 1900, the Japanese government formally announced the "special enrolment regulations for foreign students who enrol in affiliated schools of the Ministry of Education". As a response to these new regulations, the THTS cancelled the temporary "special courses", replacing them with a system of select courses for foreign students, in which the students were not required to complete all the courses that the school required for Japanese students, but instead just the select courses that they wished to pursue. The next year, when the Tokyo Technical School was officially renamed the THTS, the first group of Chinese students arrived[3].

---

[1] Ueda Kazutoshi, 'Kiyokuni ryugakusei ni tsukite' [On the students from China], Taiyo 4, no.17 (1898): 10-15.

[2] Shimizu, 'Chugokujin ryugakusei wa nipponteki kindai', 119-138; Abe, 'Borrowing from Japan: China's first modern educational system', 58-62.

[3] Koa-in, Nihon ryugaku chukka minkoku jinmei-cho, Survey Data No. 2, October 1940.

However, between 1904 and 1908, only 21 Chinese students were trained through the select course system and graduated from this particular school, although the number of students studying in Japan peaked in the thousands during that period[1]. There were two reasons for the small number of students completing the programme. First, China lacked a modern educational system, and many Chinese students who went to Japan were unable to meet the admission criteria of the regular schools. Second, it was difficult for regular educational institutions to accommodate the growing number of fresh students wishing to pursue further studies. Most students, therefore, could only be enrolled in specially established preparatory schools for Chinese students.

Most Chinese students who did study in Japan chose study programmes in political science, law and education, to help the Chinese government cope with its need for political reform. They would return after one or two years, having completed these crash courses. Few students wished to take courses in engineering at higher-level schools such as the THTS[2].

China was poor because it had not yet industrialised; the solution was to develop modern education in the sciences[3]. The graduates returning from Japan helped build a basic modern educational system in China. Along with the continuing reforms, the Chinese government gradually began pursuing an innovative and high-quality educational system, and the students who graduated from the crash courses were no longer able to provide what their country needed. Furthermore, as mentioned earlier, about 80% of overseas students in Japan concentrated on the areas of political science, law and education, with the result that a shortage of high-level engineering talent suddenly became obvious.

In 1906, in an attempt to remedy its lack of domestic educational resources, the Chinese government sent a delegation, made up of education directors from the provinces, to visit educational institutions in Japan. When the delegates

---

[1] 'Senka shuryo-sha' [A list of foreign graduates registered in selective courses], in A General Survey of Tokyo Higher Technical School 1927-1928, 174-188.

[2] Zixun Lin, Zhongguo liuxue jiaoyushi [History of Chinese Students Studying Abroad] (Taipei: Huagang Publication Co., 1976), 37.

[3] Suzanne Pepper, Radicalism and Education Reform in 20th-century China: The Search for an Ideal Development Model (Cambridge: Cambridge University Press, 1996), 60.

toured the THTS, all of them were deeply impressed with the whole educational ethos, and the philosophy relating to industrial education[①] presented by Seiichi Teshima (1850-1918), the president of the THTS (see Figure 2)[②]. One member of the delegation, Botao Chen (1855-1930), from Nanjing City, visited Teshima several times, and requested permission to send a certain number of local students each year from the Three Jiang Area (Jiangsu Province, Jiangxi Province and Zhejiang Province), which was under his jurisdiction, to pursue advanced studies at the THTS[③]. Teshima accepted his request. At that time, the Three Jiang Area, located on the southeast coast of China, had a rapidly developing modern industry, so industrial talent was urgently required.

Figure 2 President of the THTS, Seiichi Teshima

---

① See Seiichi Teishima, 'kaiko 50 nen' [Reviewing the past 50 years], in Seiichi Teshima sensei iko [Mr. Seiichi Teshima's posthumous manuscripts], ed. Dainippon Industry Association (Tokyo: Dainippon Industry Association, 1940), 3-56.

② Ibid. Seiichi Teshima was not only enthusiastic about the industrial education provided in Japan, but also willing to contribute to this kind of education in China and other Asian countries. Teshima believed that the common prosperity of Asian countries would be favourable to Japan. After his visit to the Philadelphia International Exhibition 1876 and the Exposition Universelle de Paris 1878, Teshima realised the importance of industrial education and therefore established Tokyo Vocational School in collaboration with Kuki Ryuichi and Hamao Arata in 1881.

③ Tokyo koto kogyo gakko ichi-ran, 1927-1928, 208-223.

After the delegation was sent to Japan, the Chinese government decided to seek a basis for advanced education in Japan on a large scale to cultivate high-level talent that could meet China's growing needs. In 1907, China and Japan signed the Special Agreement for the Five Schools, to maximise the use of Japan's superior educational resources and facilities[1] for training the talented individuals the Chinese government urgently required in its educational reforms[2]. According to the agreement, the five Japanese state-run high schools, starting in 1908, would admit 165 Chinese students each year for the next 15 years, with Tokyo First Higher School admitting 65 students, Tokyo Higher Normal School 25, THTS 40, Yamaguchi Higher Commercial School 25 and Chiba Medical School 10. The Chinese government would cover the educational expenses.

Once the contract was signed, the THTS set up a special training system for Chinese students, where students who had finished a preparatory year of study could be promoted to the undergraduate level and continue their education[3]. Those students who had studied preparatory lessons in mathematics, physics, Japanese language, English language, painting and gymnastics, and had passed the final exam, were able to enter the bachelor student phase[4]. From then on, for a long period of time, the THTS admitted dozens of Chinese students every year, and became an important overseas education base for the Chinese government, training a large talent pool with the aim of developing modern industry and technology in China.

Statistical Features and Background Factors in 1904-1924

Along with the New Policies Reform already mentioned, after the Boxer Rebellion, the Qing government drew up plans to abolish the imperial examination system. To satisfy China's urgent demand for technical knowledge,

---

[1] Abe, Chugoku no kindai kyoiku to meiji nihon, 124-130.

[2] Haruomi, Kiyosue Tome-bi kyokusei-ki no keisei to sono ronri kozo: Seitaigo shinsei no shido rinen to shina-hozen-ron teki taio o megutte, 22, 39-59.

[3] Tokyo koto kogyo gakko ichi-ran, 1927-1928, 208-223.

[4] Tokyo Institute of Technology, Tokyo kogyo daigaku hyakunenshi tsushi [Hundred Years of Tokyo Institute of Technology: A General History] (Tokyo: Tokyo Daigaku Hyakunenshi Henshu Iinkai, 1981), 221.

and to strengthen its domestic power and its stance towards foreign powers, the Qing government began its reform of the educational system[1]. After the new Gui-Mao School System[2] was promulgated by the Qing government in 1904 as an integral part of modern education, industrial education was officially included in the educational system, and the establishment of mechanised industry and the training of technicians became an urgent need[3]. This was also the year when the first group of Chinese students graduated from the THTS and returned home. In the specific social context in which the Chinese government was actively promoting industrial modernisation, how would the government allocate these graduates, and what occupational fields would they enter after returning to China? For the graduates returning during this period, such questions had even more weight (see Figure 3)[4].

---

[1] Franke Wolfgang, The Reform and Abolition of the Traditional Chinese Examination System (Cambridge: Harvard University Press, 1968), 70-71.

[2] The Gui-Mao School System was the first official and formal schooling system in the modern history of China, and it marked the establishment of the modern education system. Based on the levels of primary, secondary and higher education, it made clear the school education curriculum, education administration and school management, which had a great influence on Chinese modern education. See: Zhen Liu, Jiaoyu xingzheng [Education Administration] (Taipei: Zhengzhong Press, 1950), 93.

[3] Although the Qing government set up some technical schools specialising in shipbuilding, machine building and telegraphy as part of the Self-Strengthening Movement, which was launched in the late nineteenth century, there was still no education system officially established in China until 1904.

[4] Sources of Figures 3, 4, 5, 6 and 7 are as follows: Koa-in Nihon ryugaku chukka minkoku jinmei-cho, Survey Data No. 2, October 1940; Government affairs department of the Academy for Revitalization of Asia, Nihon ryugaku shina yojin-roku [A register of important Chinese people who studied in Japan] Survey Data No. 27, 1942; Tokyo koto kogyo gakko ichi-ran [A general survey of Tokyo Higher Technical School] 1911-1912, 1914-1915, 1917-1918, 1920-1921, 1924-1925 and 1928-1929; Association of Chinese Studies, ed., Shina Kan Shin-roku [A Register of Chinese Officials], Tokyo: Association of Chinese Studies, 1918; Youchun Xu, ed., Minguo renwu dacidian [Dictionary of the Characters of the Republic of China] (Shijiazhuang: Hebei People's Press, 1991); Jialuo Yang, ed., Minguo mingren tujian [Illustrated Handbook of Celebrities in the Republic of China] (Nanjing: Dictionary House, 1936); Fuwenshe, ed., Zuijin guanshen lüli huilu [Collected Personal Records of Current Officials and Gentries], vol. 1 (Beijing: Fuwenshe, 1920); and Shoulin Liu, ed., Xinhai yihou shiqinian zhiguan nianbiao [Table of Officials in the 17 years after the Revolution of 1911] (Beijing: Zhonghua Publishing House, 1966).

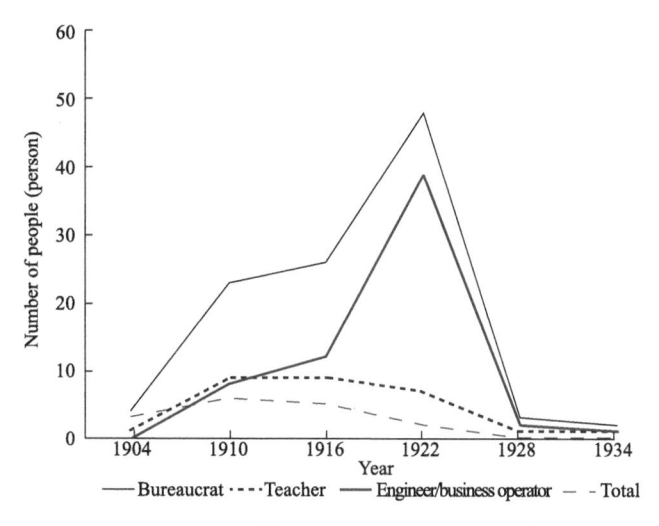

Figure 3 The THTS graduates by occupation

As shown in Figure 3, the number of Chinese graduates rose constantly between 1904 and 1922, with sharp growth in 1916 and 1922. The increase in 1910 was due to the impact of the Special Agreement for the Five Schools mentioned above, while that of 1922 can be attributed to the influence of the expansion of mechanised industry in China following the First World War. This figure also shows that the number of THTS graduates gradually began to decrease after 1922. This was partly due to the establishment of Chinese universities and the rapid development of the educational system in the early 1920s, which led directly to fewer students travelling overseas to study. It was also because of the termination of the Special Agreement for the Five Schools in 1922, meaning Chinese students in Japan were no longer assigned to just a few particular educational institutions but could enter others. Figure 3 also shows the occupations of the Chinese graduates from the THTS, which are classified into three main categories: bureaucrat, teacher, and engineer/business operator. Most of these graduates worked for the government during the period 1904-1914 but later, more and more graduates returned to become engineers or business operators, and this reached a peak in 1922.

Roles of Returning Graduates in 1904-1914

After the Self-Strengthening Movement failed, the Qing government realised that truly bringing modernisation and prosperity to the country meant implementing "self-strengthening" in an all-inclusive way. Therefore, along with the Xinzheng Reform, the demands for institutional reform in the field of industry gradually attracted the attention of the Qing government. In 1904, the Qing government established the Ministry of Commerce to deal with industrial and commercial affairs, and two years later this office was renamed the Ministry of Agriculture and Commerce. In the same year, it also established the Ministry of Post and Transportation[①]. To train more people to fill this new need for government officials, the Qing government set up numerous special industrial schools, and recruited people to serve as faculty members who were willing to receive accredited modern and professional industrial training abroad.

However, because the Qing government was forced to sign a series of unequal treaties with the western powers after the end of the Sino-Japanese War of 1894-1895 and the Boxer Rebellion, it was under pressure to pay huge war indemnities, and was no longer able to support the development of Chinese industry[②]. In these new circumstances, the Qing government designed two measures to cultivate talent. The first was the signing of the Special Agreement for Five Schools with the Japanese government to send students to study in Japan; the second was the sending of young students to the United States with Boxer indemnity funding. 70% of the 140 who graduated from the THTS and went back to China between 1904 and 1914 worked in the teaching profession or became governmental officials, only rarely taking up industrial occupations[③].

With the abolition of the feudal imperial examination system in 1905, the Qing government set up a new talent selection mechanism specifically for those who had studied abroad. Classified titles based on exam results would be

---

① See Jun Gong, Zhongguo xingongye fazhanshi dagang [An Outline of the Historical Development of the New Industry in China] (Beijing: Commercial Press, 1933), 60-68.

② Hatano Yoshihiro, Chugoku kindai kogyo-shi no kenkyu [Study of Modern Industrial History in China] (Kyoto: Oriental History Research Association, Department of Literature, Kyoto University, 1961), 283-290.

③ Koa-in, Nihon ryugaku chukka minkoku jinmei-cho, Survey Data No. 2, October 1940; Tokyo koto kogyo gakko ichiran 1911-1912 and 1914-1915; Association of Chinese Studies, ed., Shina Kan Shin-roku; Youchun Xu, ed., Minguo renwu dacidian, 1991; Jialuo Yang, ed., Minguo mingren tujian [Illustrated Handbook of Celebrities in the Republic of China] (Nanjing: Dictionary House, 1936); Fuwenshe, ed., Zuijin guanshen lüli huilu, vol. 1, 1920; and Shoulin Liu, ed., Xinhai yihou shiqinian zhiguan nianbiao, 1966.

conferred on those candidates who passed the new examination, the same titles whose assignation had previously been based on the abolished imperial examinations. During the seven years between 1905 and 1911, the exam was held about 10 times and 65 students received the highest title—Imperial Scholar in Engineering. Moreover, 29 of these students had graduated from the THTS[①]. There were also many THTS graduates who received the title of First-degree Scholar in Engineering[②].

During this period, since most of the THTS graduates had received only crash-course programme training at the THTS, they were unable to do more than play the role of ordinary teachers serving at central or local technical schools, or grassroots bureaucrats who served in central or local government. Therefore, from a diachronic perspective, they were considerably less influential than those who returned from the United States thereafter. According to *Dangdai Mingrenlu* (*Contemporary "Who's Who" Records*), published in 1931, among the total number of 1,103 "movers and shakers", 82% had overseas study experience, most of whom had studied in the United States; only a few had studied in Japan[③].

There were indeed several remarkable THTS graduates who served as bureaucrats in ministries under the control of the central government. Among them, eight worked in the Ministry of Agriculture, Industry and Trade, such as Dalü Lin (major: mechanical engineering; year of return: 1909), who was the director of the Bureau of Mining Industry; Zhiyi Yan (applied chemistry; 1907), who was the director of the Bureau of Industry and Trade; Xiaokan Wang (electrical engineering; 1907), who was the director of the Fengtian Industrial Department; and Jidian Wang (applied chemistry; 1905), who served as the director of the state-owned Hanyeping Mining and Metallurgical Company. Another eleven worked in the Ministry of Post and Transportation, such as

---

① Chaoying Fang and Lianji Du, eds., Zengjiao qingchao jinshi timingbeilu fuyinde [An Enlarged Edition and Index of the Blockprinted Copy of the Inscribing of Jin-Shi on the Stone of Qing Dynasty] (Beijing: Harvard-Yenching Institute, 1941), 241-244.

② For a list of names of the overseas graduates who received honours under the new talent selection exam system, see'Xuebu kaoyan youxue biyesheng dengdidan', in Zhengzhi guanbao [Political Official News], no.341, September 13, 1908.

③ 'Dangdai zhongguo mingren zhi diaocha yu yanjiu' [Survey and research of contemporary Chinese celebrities], National Magazine, 1935, vol.3, 2.

Shixuan Zhao (architectural engineering; 1910), who was the director of the Bureau of Railways; Peibing Zhou (applied chemistry; 1904), who was the director of the Bureau of Jingsui-Zhengtai Railways; and Dalü Lin, who was also the director of the state-owned Changxindian Rolling Stock Plant. Four were assigned to the Ministry of Education, including Xiuzhu Lin (textile engineering; 1911), who was the vice-minister; and Hongtai Fan (mechanical engineering; 1904), who was the director of the Vocational Education Department; and two worked at the Ministry of Foreign Affairs: Shoushan Wang (applied chemistry; 1904), who served as the consul general in Kobe, Japan; and Shoushu Kuai (textile engineering; 1907), who was the president of the Bureau of Educational Affairs in Japan. Additionally, there was one person in each of the Ministry of the Interior, the Ministry of Justice and the Ministry of Defence[1].

There were also a number of graduates who chose to take teaching positions in leading schools or established schools on their own[2]. In 1902, the well-known Imperial University of Peking (jin shi da xue tang), the predecessor of Peking University, was established, and the THTS graduates like Hongtai Fan, Shilun Liao (applied chemistry; 1905), Jidian Wang and Shoushan Wang became the first teachers at this school[3]. Meanwhile, among the THTS graduates who had become teachers, 80% preferred to work at technical schools, and a number of them became the presidents of technical schools located in Beijing and the southeast coastal area. For example, Rong Hong (mechanical engineering; 1904), who served as the president of Beijing Higher Technical School; Shixuan Zhao (architectural engineering; 1910), who served as the president of Jiangxi Technical School; Shiheng Tong (electrical engineering; 1911), who served as the

---

[1] For personal details concerning Dalü Lin, Zhiyi Yan, Xiuzhu Lin, Shixuan Zhao, Peibing Zhou and Shoushan Wang, see Youchun Xu, ed., Minguo renwu dacidian; and concerning Shoushu Kuai, see Lin, Zhongguo liuxue jiaoyushi, 233.

[2] For personal details concerning Jidian Wang, Hongtai Fan and Shiheng Tong, see Youchun Xu, Minguo renwu dacidian; for details concerning Rong Hong and Shilun Liao, see Association of Chinese Studies, Shina Kan Shin-roku; for details concerning Xiaokan Wang, see Jialuo Yang, ed., Minguo mingren tujian; and for details concerning Bingkun Xu, see Koa-in, Nihon ryugaku chukka minkoku jinmei-cho, Survey Data No. 2, October 1940.

[3] Zuxiang Wu and Shaotang Liu, eds., Memorial of National Peking University: Sixth Years of the Republic of China, the 20th Anniversary Memorial Book, 1st photocopy ed., vol. 2 (Taipei: Biographical Literature Publishing House, 1971), 215-290.

president of Jiangsu Technical School; and Bingkun Xu (textile engineering; 1907), who established Zhejiang Industrial School (the predecessor of the current College of Engineering of Zhejiang University) in 1911 to meet the increasing demand for technical talents in the local business development of Zhejiang Province (especially the silk industry), and served as its first president. This school concentrated on the two disciplines of mechanical engineering and dyeing & textile engineering, and then added applied chemistry, electrical engineering and civil engineering. Then, to train vocational teachers, the Zhejiang Vocational Teacher Training Institute was established within the school, and four classes—metalworking, woodworking, weaving and dyeing were created to train the teachers. Bingkun Xu laid the emphasis in school policy on "the importance of both manual practice and brain thinking". The students studied theoretical aspects for 14 hours a week and had workshop practice for another 18 hours[1].

During this period, a remarkable group of graduates who had studied ceramics engineering and returned to China became acknowledged as educators, training pioneers and those talented in ceramics, using advanced technology to reform the ceramic industry in modern China. These were Hao Zhang (who returned from Japan in 1907), Rugui Zou (1913), Xinwei Shu (1918), Ji'nan Zhang (1922), Chongyuan Du (1923), Pan Wang (1930) and Liangji Dai (1936)[2]. Hao Zhang became the first principal of Jiangxi Provincial Pottery School in 1912; Zou, Shu, Zhang, Du, Wang and Dai were to follow[3]. The length of the course at Jiangxi Provincial Pottery School was two years. The school hired Japanese technicians to teach new machine operating skills and the latest kiln technology. It was the only specialist ceramics institution in China, and its students came from not only Jiangxi Province, but all over China, making technical improvements in industrial test institutes, as well as in kiln factory technology, after their graduation.

---

[1] Editing group for the history of Zhejiang University, ed., Zhejiang daxue jianshi [A Brief History of Zhejiang University], vols. 1-2 (Hangzhou: Zhejiang University Press, 1996), 1897-1966.

[2] Tokyo Institute of Technology Internal Data, Ceramics engineering alumni membership list, December 1983.

[3] Editing group for the history of college, ed., Jingdezhen taoci xueyuan yuanshi (neibu ziliao) [History of Jingdezhen Ceramic College (internal data)], September 2008.

The educational mission of the THTS was to "teach students the sciences of daily life" and to "train engineers with practical abilities for factories"[①]. However, as shown in Figure 3, most Chinese THTS graduates during this period served as government bureaucrats or teachers, because modern industry, especially private enterprise, had not yet developed in China. The discrepancy between the educational mission of the THTS and the occupations that the graduates pursued was a result of the different social contexts of China and Japan, that is, the contradiction between the backwardness of China and the rapidly developing modernisation of industrial education in Japan.

The Meiji government took lessons in advanced industrial education systems from western technology to promote the development of the Chinese industry. As representatives of the earliest industrial talents in Japan, graduates who studied at Kogaku Ryo (Schools of Engineering of Imperial University) were usually assigned to work in the central government[②]. Meanwhile, playing a supplementary role in the Schools of Engineering of Imperial University, the THTS was established to produce technicians and engineers who could engage in technology-related fieldwork.

Although during the late Qing Dynasty and the early Republic period, the Chinese government began following the lead of the Meiji Restoration, the modernisation of industrial education was not yet complete. Few students who graduated from Schools of Engineering of Imperial University in Japan could meet the demand for industrial talents in China, first because many Chinese students were unable to pass the admission exam to Schools of Engineering of Imperial University[③], and second because the courses of the Imperial University lasted much longer than those of the THTS. Thus, the THTS graduates who returned to China during this period played a key role as the main force of the

---

① Nakamura Konosuke, 'Preface', in Tokyo Institute of Technology, ed., Tokyo kogyo daigaku rokujunenshi.

② Nakayama Shigeru, Teikoku daigaku no tanjo: Kokusai hikaku no naka de no Todai [The Birth of the Imperial Universities: The University of Tokyo in Global Comparison] (Tokyo: Chuko New Press, 1978), 77-84.

③ According to Koa-in, Nihon ryugaku chukka minkoku jinmei-cho, Survey Data No. 2, October 1940, before the Revolution of 1911 (the Chinese bourgeois democratic revolution led by Yat-sen Sun that overthrew the Qing Dynasty), only five Chinese graduates from the engineering department of the University of Tokyo and Kyoto University went back to China.

first modern industrial technology talents in China and worked in government or in schools. The THTS functioned in the same way as the Schools of Engineering of Imperial University in cultivating government bureaucrats as well as teachers.

Roles of Returning Graduates in 1915-1924

With the outbreak of the First World War, the European powers temporarily paid less attention to the Chinese market and transferred their focus to the battlefield, which provided a precious opportunity for the development of Chinese capitalism. Answering the call of Jian Zhang (1853-1926), who was known for being an industrial entrepreneur and pioneer, a number of domestic industrial factories emerged along the southeast coast[①]. The domestic industries, especially light industries such as textiles, flour, oil and tobacco, as well as some other sectors manufacturing daily necessities, advanced solidly during this period. The amount of available capital was much greater than that in the pre-war period. In addition, in the area of foreign trade, the trade deficit, 210,030,000 ounces of silver in 1914, declined sharply to 1,600 ounces by 1919[②].

With the rapid growth in domestic capital at this period, the number of THTS graduates also gradually increased, finally reaching a peak in 1922. The graduates who returned to China at this peak time were usually those who had enrolled in the four-year educational system (the one-year preparatory course plus the three years of the undergraduate programme) in 1918, the last year of the First World War. Most of these graduates preferred to work in business (see Figure 3).

[①] Jian Zhang stressed the importance of both "industry" and "education". In his opinion, in order to enhance national power, China needed to follow the strategy of "Fu jiaoyu er mu shiye" [treating industry as father, treating education as mother]. (See Jian Zhang, 'Tongzhou zhongxue fu guowen zhuanxiuke shuyi bing jianzhang' [Introduction to the Chinese language discipline at Tongzhou College], in Zhang Jian jiaoyu wenlun xuanzhu [Annotation of Selected Papers on Education by Zhang Jian], ed. Xingtian Shen (Nanjing: Nanjing Normal University Press, 2016). In Zhang's life, he founded over 20 companies, such as the famous Dasheng Cotton Mill, which became the only private mill in China operating at a profit. (See Samuel C. Chu, Reformer in Modern China, Chang Chien, 1853-1926 (New York and London: Columbia University Press, 1965). Zhang also built over 370 schools. See Marianne Bastid, Educational Reform in Early Twentieth-century China, trans. Paul J. Bailey, (Ann Arbor: Center for Chinese Studies, University of Michigan, 1988). In conclusion, he made a significant contribution to both the industrialisation and education of modern China.

[②] Gong, Zhongguo xingongye fazhanshi dagang, 60-68; Ichiko Chuzo, Chugoku no kindai [Modern China] (Tokyo: New Kawade Shoboo Press, 1990), 233.

Moreover, among the returning graduates, a certain number chose to work in the comparatively developed southeast coastal region, and the number of graduates who worked in this area peaked in 1924 (see Figures 4 and 5)[①].

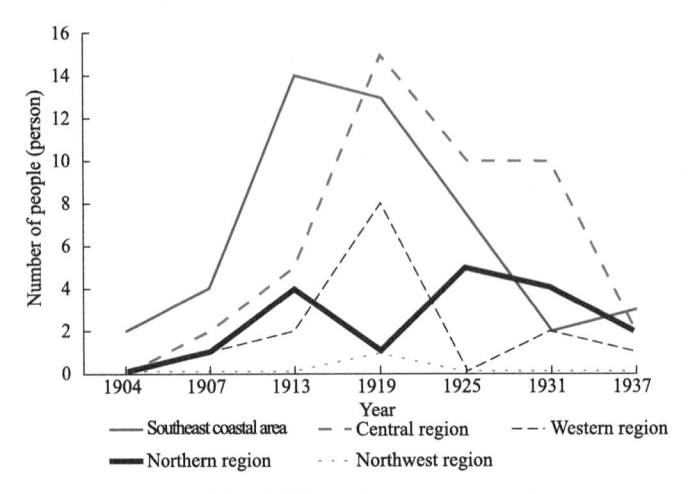

Figure 4　The THTS graduates by the origin area

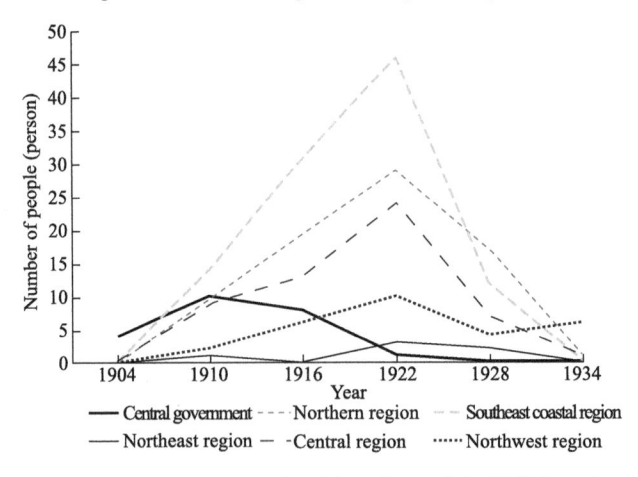

Figure 5　Geographical distribution of the working place of the THTS graduates in 1904-1934

The increasing number of THTS graduates was accompanied by the rapid development of Chinese industries. It is possible to draw several conclusions

---

① Koa-in, Nihon ryugaku chukka minkoku jinmei-cho, Survey Data No. 2, October 1940; Tokyo koto kogyo gakko ichiran 1914-1915, 1917-1918, 1920-1921 and 1924-1925; Association of Chinese Studies, ed., Shina Kan Shin-roku; Youchun Xu, ed., Minguo renwu dacidian, 1991; Jialuo Yang, ed., Minguo mingren tujian, 1936; Fuwenshe, ed., Zuijin guanshen lüli huilu, vol. 1, 1920; and Shoulin Liu, ed., Xinhai yihou shiqinian zhiguan nianbiao, 1966.

about these graduates from the information given in Figures 4 and 5. First, most of the graduates came from Central China, along the southeast coast and along the Yangtze River. Second, after graduation, they remained for the most in these two major areas, or worked at large companies in Shanghai, Tianjin or other port cities, where the best conditions existed for the rapidly developing Chinese industries. The distribution of graduates was directly influenced by the development of Chinese industries during this period.

About 350 THTS graduates returned home to China during this period. Compared with the earlier period, this was not just an increase in numbers, but also a change in the distribution of professions. More than 70% of the returning graduates became technicians, engineers and business owners, who then contributed to the development of the Chinese light industry. In addition, some of the earlier returnees quit their jobs and applied for new positions as technicians and engineers in factories, or started running businesses of their own. The percentage of the graduates who became teachers was still around 30%, and over 90% of those who were teaching at specific technical schools. Unlike the first wave of graduates, very few became government officials during this period. The occupational classifications of the THTS graduates who worked in Chinese industries can be seen in Figure 6[①].

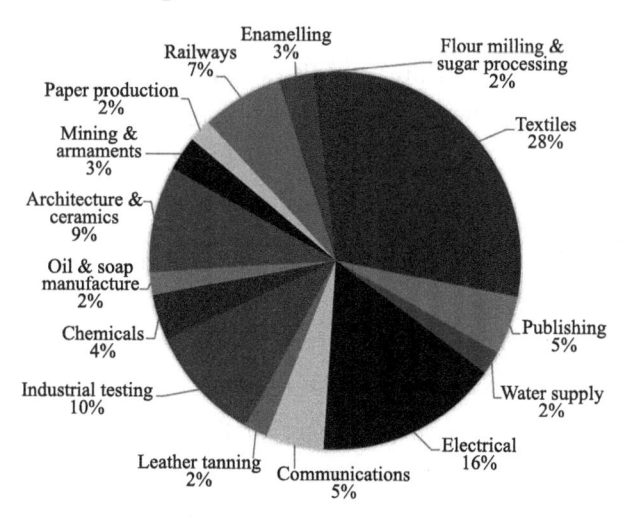

Figure 6 Occupations of the THTS graduates

① Ibid.

During this period, many outstanding engineers and entrepreneurs emerged in tandem with the rapid development of Chinese industries. The following is a list of some of the important representative figures. In the textile industry, there were graduates such as Xianfang Zhu (textile engineering; 1916), who served as the manager of the Shenxin Textile Mill, which was equipped with 20 thousand spindles, edited China's first textile technology book *Lilun Shiyong Fangjixue* (*Theory and Practice of Spinning Studies*), and was the first president of the China Textile Association; Shupan Wang (textile engineering; 1918), who was the general engineer of the Hengfeng Textile Mill and Fangzuo Zhang (textile engineering; 1925), who took the position of the director of the Dasheng Textile Mill and was the manager of the Shenxin Textile Mill; Shengxin, Hengfeng and Dasheng were top-level textile mills in China. An important individual in the silk industry was Guangtao Zhu (dyeing engineering; 1909), who set up the Weicheng Company in Hangzhou. After his return to China in 1909, Zhu worked first as the chief in the industrial department of Zhejiang Province, then became the director of the colour dyeing division of an industrial school, and finally became involved in business in the late 1910s. In the electrical field, Chonglun Liu (electrical engineering; 1909), Tianmin Lin (electrical engineering; 1910), Shi'an Zhao (electrical engineering; 1915) and Guangji Zeng (electrical engineering; 1915) jointly set up the Fuzhou Electric Company, to which they brought the modern enterprise management modality of Mitsui Corp; Xueliang Wang (electrical engineering; 1914) established the Xuzhou Electric Company; Nansheng Lu (electrical engineering; 1915) set up both the Shanhaiguan Electrical Company and the Datong Electrical Company; and Shiheng Tong, mentioned above as holding the position of president of the Jiangsu Technical School soon after his return to China in 1911, also began to be involved in Chinese industries during this period. He founded several companies in different industrial fields, such as the Nanjing Electrical Company and the Zhufeng Enamel Ware Company[①]. At the same time, he served as the manager of the Shanghai Commercial Press. There were also graduates involved in daily chemical enterprises, such as Shu Peng (applied chemistry; 1918), who founded the Aihua'Ruiji Facial Soap

---

① Gong, Zhongguo xingongye fazhanshi dagang, 244.

Company, the largest Chinese company of the time; Qixiu Song (ceramics engineering; 1915), who set up both the Weiyu Flour Manufacturing Company and the Yulin Flour Manufacturing Company; and Zhuchen Li (electrical chemistry; 1918), who worked as the director of the Yongli Soda Factory. When the First World War broke out in 1914, imports of soda were interrupted, as the British Brunner Mond Soap Company withheld goods from the market to create a spike in prices, seriously affecting the daily needs of the Chinese people. From 1919 to 1925, under the lead of Li, Yongli Soda Factory finally developed the first Chinese-made sodium carbonate, which immediately led to the breaking of the monopoly of the British consortium in the Chinese market. Li also helped establish the Jiuda Table Salt Company. The modern table salt production of Jiuda ended an unchanged thousand-year history of edible salt in China, and opened up new avenues for the domestic chemical industry. Graduates such as Shuchen Song (dyeing engineering; 1921), Jinbi Zeng (electrical engineering; 1915) and Shushi Zhang (applied chemistry; 1915), who served as the director of the Industrial Testing Institutes in Shandong Province, Sichuan Province and Shanxi Province, carried out industrial research as well[1].

With the development of modern industry in China, the China Engineering Association was established in 1913 as an organisation of technicians and engineers. At first, the membership numbered 148, but it quickly rose, reaching 500 by 1921. During this period, the THTS graduate Shixuan Zhao, mentioned earlier, served as the vice-president of the association[2]. In addition to joining the association, THTS graduates also set up an alumni association of their own, called the THTS Alumni Association for Chinese Graduates. This organisation was established at the THTS in Tokyo around 1920, and published the *Journal of the THTS Alumni Association* for graduates who had already returned to China. Guided by its purpose of providing a timely exchange

---

[1] For personal details concerning Xianfang Zhu and Fangzuo Zhang, see Youchun Xu, Minguo renwu dacidian; for details concerning Shupan Wang, Guangtao Zhu, Chonglun Liu, Tianmin Lin, Nansheng Lu, Qixiu Song, Guangji Zeng, Shuchen Song and Shushi Zhang, see Koa-in, Nihon ryugaku chukka minkoku jinmei-cho, Survey Data No. 2, October 1940; for details concerning Shu Peng, see 'New members list', Wissen and Wissenschaft Journal 5, no.4 (1923); and Gong, Zhongguo xingongye fazhanshi dagang, 242-243.

[2] Shaohua Zhong, 'The China Engineer Association', Chinese Journal for the History of Science and Technology 6, no.3 (1985): 36-43.

of information between alumni, the journal published articles and reports introducing the latest industrial knowledge, such as development trends in the global dyeing industry, progress in the electrical and chemical industries, investigations of Japan's largest power generation company, and so on. It also published interactions among members in the column "Letters between Members". This journal played a role in popularising advanced technical knowledge in China during this period.

In academic circles, when organisations of technicians and engineers are mentioned, most people think of the China Engineering Association, mentioned above, as well as the China Engineers Association, established in the United States, but few would know of the activities of the THTS Alumni Association for Chinese Graduates. However, the membership of this association outstripped that of the China Engineering Association, which was established at almost the same time, reaching 750, according to an issue of the *Journal of the THTS Alumni Association* from 1925. In that same year, the membership of the China Engineering Association totalled 420, and the membership of the China Engineers Association was around 500.

Role Orientation of the THTS Graduates in Context: A Comparative Perspective

From a synchronistic perspective, the THTS had a unique and indispensable role in the training of Chinese technical talents, making it stand out from other Japanese schools. In Japan, there were two kinds of industrial education systems. One was the colleges of engineering at the seven imperial universities, represented by Tokyo Imperial University, and the other was the groups of technical schools, as represented by the THTS. Tokyo Imperial University was ranked higher than the THTS academically, because the former was aimed at the training of government bureaucrats and academic researchers, while the latter focused on training engineers for factories and private business owners, as well as teachers for technical schools.

The Qing government, before the study boom in Japan, began a tradition of sending students to study abroad in 1872-1875, during which time it sent 120 children between 10 and 16 years old, in four batches, to the United States[①]. Because of age limits, these students received a basic education in primary and secondary schools. The plan was to send students for a 15-year span, but they were forced to return to China in 1881, due to obstruction by conservative forces and the destruction of the Chinese exclusion powers in the United States. A second effort by the Qing government arose in the mid-1880s. This consisted of a series of arrangements directed primarily towards training arsenal personnel, from Fuzhou Shipping College and Beiyang Marine College, in military industries in England and France, where they would learn shipbuilding and the manufacture of guns, gunpowder and cannons[②]. This was finally suspended in the 1880s because of chronic underfunding[③].

Thus, during the first stage of industrial modernisation (1904-1914), when political reform was the main theme, and because the first two booms in study abroad were not successful, the Qing government had an urgent requirement for more technical talents to take up positions as bureaucrats in the industrial department to help with the industrial reform. To absorb Japan's advanced experience from the Meiji Restoration, the strategic focus in sending students to Japan needed to be altered; the Qing government hoped that the graduates could fulfil their needs as soon as possible. However, for two reasons few graduates from imperial universities had the ability to meet China's needs. First, due to the weak educational system in China, few Chinese students could gain admission to imperial universities; and second, those universities usually required a much longer period of study, almost twice that of the THTS (see Figure 7).

[①] Yanling Zhao, 'Jindai liumeisheng yu liurisheng dui zhongguo shehui yingxiang zhi bijiao' [A comparison of the influence on China's society by the returned students from the U. S. and Japan in modern times], Journal of Sun Yat-sen University (social science edition), no.2 (2002): 38.

[②] Shuping Yao, 'Zhongguo jindaihua jinchengzhongde shici liuxuechao' [Ten waves of students abroad coincided with China's entire modernisation process], Science & Culture Review 12, no.2 (2015): 43-44.

[③] Paula Harrell, Sowing the Seeds of Change: Chinese Students, Japanese Teachers, 1895-1905 (Stanford: Stanford University Press, 1992), 11-12.

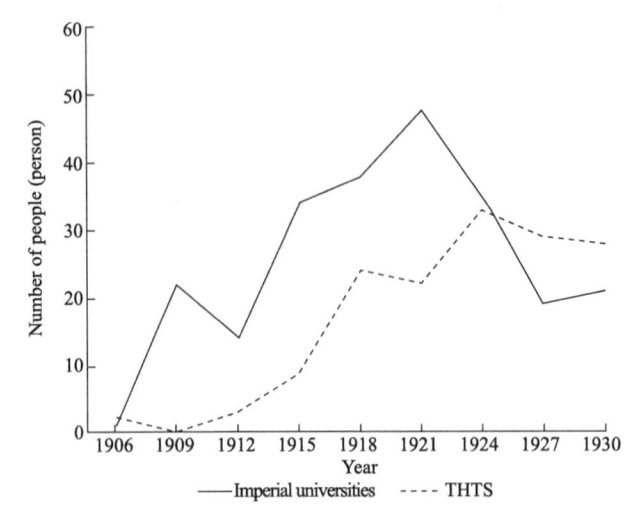

Figure 7 Chinese graduates majoring in engineering from the THTS and seven imperial universities in 1906-1930

As a result, imperial universities were unable to meet the pressing need for talents in China. However, the educational programme of the THTS was more flexible and effective, and required less time, which allowed it to successfully meet China's needs during the first stage of reform.

The imperial universities and the THTS had different requirements for the length of a course of study, and different focuses on industrial fields. The imperial universities mainly focused on various heavy industrial domains under government control, such as civil engineering, mining, metallurgy, shipbuilding and weaponry[①], whereas the THTS mainly concentrated on light industries such as weaving, colour dyeing, applied chemistry, mechanics, electrics and various other facets of daily life (see Table 1).

Table 1 Courses offered to students who majored in engineering in the THTS and imperial universities at the beginning of the twentieth century

Comparison items	THTS	College of Engineering of the Imperial University of Tokyo
Course length	2 courses	Single course: 6 years
	2 years: undergraduate programme	2 years: preparatory course; 2 years: major course
	1 year: crash course programme	2 years: factory practice

① Koa-in, Nihon ryugaku chukka minkoku jinmei-cho, Survey Data No. 2, October 1940.

		Continued
Comparison items	THTS	College of Engineering of the Imperial University of Tokyo
Disciplines	Applied chemistry	Architectural engineering
	Architectural engineering	Chemical engineering
	Ceramics engineering	Civil engineering
	Dyeing engineering	Mechanical engineering
	Textile engineering	Metallurgical engineering
	Electrical chemistry	Shipbuilding
	Electrical engineering	Telecommunication
	Industrial design	Mine engineering
	Mechanical engineering	

The Revolution of 1911, which was the Chinese bourgeois democratic revolution led by Yat-Sen Sun, overthrew 268 years of rule by the Qing Dynasty and promoted the development of national industry in China[1]. Subsequently, the regime of the Revolution of 1911 fell into the hands of Shikai Yuan. Yuan was one of the northern feudal warlords who had always tried to restore the monarchy. In order to cajole the bourgeoisie, he appointed Jian Zhang as his chief financial officer and formulated policies and decrees to revitalise industry[2], and these measures provided legal protection for the development of national capitalism. Thereafter, the outbreak of the First World War provided a favourable environment for the development of China's national industry. Since the import of western manufactured goods was halted during the war, China's industrial development came to possess completely different characteristics from the previous Self-Strengthening Movement. After Shikai Yuan stepped down from rule in 1916, Chinese society experienced a period of unrest and the development of heavy industry slowed down. Meanwhile, national industry, which was at the centre of the mechanical production of daily necessities, had been under development. The industrialisation of domestic capital, and the goal of the mechanisation of traditional material production, were at the core of the new

---

[1] Bo Shi, 'Xinhai geming yu zhongguo minzu zibenzhuyi jingji de fazhan' [The Revolution of 1911 and the development of China's national capitalist economy], Hubei Social Sciences, no.8 (1991): 36-39.

[2] Yong Ma, 'From constitutional monarchy to republic: The trajectory of Yuan Shikai', Journal of Modern Chinese History 6, no.1 (2012): 15-32.

industry revitalisation movement[1]. During the period in which new industries were growing rapidly, THTS graduates were more active after returning home than those who came from the seven imperial universities in Japan. The first reason for this may be that most graduates from the imperial universities majored in mining, metallurgy, shipbuilding and other heavy industries, while graduates from the THTS studied techniques relating to industries that manufactured daily necessities, and were in great demand in the fast-growing Chinese industries. The second reason is that hundreds of overseas students studying under the Boxer Indemnity Scholarship in the United States began to return in the 1920s; 90% had received a bachelor's degree, and more than 40 received doctorates; most majored in science, engineering, agriculture and medicine[2]. After they returned, most entered universities and research institutions and conducted scientific research, entering administrative leadership, instruction or research. The graduates from the imperial universities therefore fell into a dilemma: on the one hand, there was fierce competition with the students who had studied in the United States; on the other hand, because of the limitations of the disciplines they studied, they were not able to enter the prosperous industrial economy.

After the September 18th Incident in 1931, a militarised Japan waged a war of aggression against China for 14 years; the two countries had long been in "hostile" status, and this had a serious impact on the students studying in Japan. By the end of October 1931, more than 2,000 students had returned to China, many of them immediately joining the anti-Japanese national salvation movement upon their return.

Conclusion

At the beginning of the twentieth century, the Chinese government began following the example of the Meiji Revolution in Japan. To improve its backward educational system, the Chinese government signed the Special Agreement for

---

[1] Koa-in, Nihon ryugaku chukka minkoku jinmei-cho, Survey Data No. 2, October 1940.

[2] Xiaohui Zheng, 'Zhongguo liumei jiaoyu lishi huigu' [Historical review of China's foreign education in the United States], Journal of Tsinghua University (Philosophy and Social Sciences) 16, no.2 (2001): 37-41.

Five Schools to take advantage of Japan's superior educational resources to train talented individuals who would be able to contribute to the modernisation of industry. The process of industrial modernisation in China can be divided into two main stages in the first 20 years of the twentieth century. The events of the first stage included the government's efforts at political reform and its improvement of the industrial educational system in order to revitalise the modern industry, and the second stage witnessed the rise of new industries and the development of domestic capital during the First World War. The THTS played an important role in the entire development of industrial modernisation in China. In both these stages, the THTS was a source first of bureaucrats and teachers, and then of future technicians, engineers and entrepreneurs.

In the late 1920s, with the continuous improvement in the domestic educational system in China and the diversification of overseas study, the number of THTS gradates gradually decreased year by year[1]. Furthermore, when Japanese military forces entered China, the conflict between the two countries could not be reconciled. The Chinese government therefore set restrictions on the number of students permitted to study in Japan. On 7 July 1937, Japan launched the July 7th Incident, and as a result 20 of the 23 Chinese students who were studying at the THTS were forced to discontinue their studies and return home[2]. This date also marks the end of THTS's work in cultivating modern engineering talents for China.

Although the educational resources provided by the THTS were not superior to those of the imperial universities, the returning THTS graduates played a more important role than their counterparts from the imperial universities because, in the first stage of modernisation, when the THTS graduates went home and assumed positions there, students from the imperial universities were still studying, due to the longer period of study required. Furthermore, the students who had been sent to the United States under the Indemnity Scholarship had not yet returned. These internal and external factors determined that the THTS

---

[1] Lin, Zhongguo liuxue jiaoyushi, 409-410.
[2] Koa-in, Nihon ryugaku chukka minkoku jinmei-cho, Survey Data No. 2, October 1940.

graduates played a more important role than graduates from both the imperial and U.S. universities. In the second stage, with the development of the civil industry, THTS students who studied "daily life sciences" were able to meet the demands of the sharp development of industry, whereas the academic background of the graduates of the imperial universities, who had focused on heavy industries, was not compatible with the rise of Chinese industries. Although the tide of returning students studying in the United States increased during this time, most of them were to enter universities and research institutions, and seldom engaged in work in industrial companies or technical schools.

As previously argued, each of the local educational institutions that provided technological education in Japan, namely the THTS and the imperial universities, had a distinct outlook. Although they formed part of the same educational system for overseas students and local students, they produced different results, depending on the match of the educational system with the desired outcomes and the foreign students' local social context. There is a consensus in the study of technology transfer that, for developing countries, the introduction and implantation of the most advanced technologies from developed countries might not be the most beneficial and compatible approach but, rather, the introduction of the technologies that happen to fit a specific social context. In this way, the THTS, as a successful overseas education base for Chinese students, contributed significantly to the development of industrial modernisation in China in the early twentieth century. During the first stage of modernisation, it successfully met China's demand for graduates who could work as bureaucrats, as the school had a flexible and effective system, and the period of study was relatively brief. During the second stage, the graduates from the THTS, who had learned techniques that could be applied to industries that manufactured daily necessities, just happened to be able to meet the great demand in fast-growing Chinese industries during the First World War. This paper confirms that, for developing countries, the best technical education is not that which teaches the most advanced technologies, but rather that which teaches the most beneficial and compatible technologies to suit the specific social context.

Acknowledgements

The authors would like to thank Mark Freeman, Andy Metcalfe and the anonymous reviewers for their helpful feedback on this paper; they also appreciate the help of Gong Wang for the resources collection.

(This paper was originally published by Lei Wang & Jian Yang, "When Overseas Education Meets a Changing Local Context: The Role of Tokyo Higher Technical School in the Industrial Modernisation of China in the Early Twentieth Century", History of Education, 2019, Vol. 48, pp. 1-23.)

Compatible Humanists: Yuen Ren Chao Meets George Sarton

| Dian Zeng, Jian Yang, and Lewis Pyenson|

Yuen Ren Chao's Preparation for Philosophy

Yuen Ren Chao was the first serious student of the historian of science, George Sarton. An undergraduate at Cornell University as a Boxer Indemnity student, Chao moved from physics and mathematics to philosophy, and took Lawrence Joseph Henderson's and Sarton's history of science courses at Harvard University between 1915 and 1918. Chao was a man of universal interests. He is best known as a linguist and musicologist: he was the author of widely used Mandarin and Cantonese primers and studies on Chinese dialects and a composer of popular music in China[①]. He acted as a translator for Bertrand Russell and Dora Black when they resided and lectured in China from 1920 to 1921. Teaching at Tsinghua University in the mid-1920s, he became the youngest of the "Four Tutors in Chinese Learning". As one of the founding fathers of the Institute of History and Philology within the Academia Sinica, he launched the Chinese

---

① The most popular Mandarin textbook authored by Yuan Ren Chao was published in 1922: Yuen Ren Chao. A Textbook of the National Language with Gramophone Records (Shanghai: Commercial Press, 1922). His book about Chinese dialects, *Studies in the Modern Wu Dialects* (Beijing: Science Press, 1956), originally published in 1928 by the Tsinghua Academy, was the first modern linguistic study of dialects in China. Most of his famous studies on Chinese dialects (including Cantonese) were carried out after 1927.

dialect survey. Later Chao taught at Harvard, Yale, and Berkeley, and he was present at the inception of the United Nations Educational, Scientific and Cultural Organization (UNESCO) in 1946[①]. He also wrote drama.

　Chao received his early education at home, taught by his magistrate grandfather, his parents, and tutors. His family moved frequently when he was young, following his grandfather's assignments. This mobility may have led to his interest in and acquisition of Chinese dialects. Chao recalled that by the age of twelve he could speak Mandarin and the dialects in Zhangzhou, Suzhou, and Changshu. "I was rather language conscious just because of the complexity of the dialects around me." He used small cards as an aid in learning Chinese characters, the character on one side and a picture on the other, although "it was hard to learn the abstract words, which you couldn't picture"[②]. Then came the four classics: *Great Learning*, *The Doctrine of the Mean*, *Confucian Analects*, and *Mencius*, read aloud in school; the Tang poems, read by his mother; and *The Zuo Tradition*, read with his father[③]. Private tutors at home conducted lessons for the family children and the children of friends. The size of the class and its composition varied in the manner of a one-room schoolhouse in rural nineteenth-century in North America, and the practice of reading aloud produced a continual din in the classroom. Chao's parents died in 1904, following which he went to live with an aunt. For the first time, beginning in 1906, he attended school with strangers in a separate building, the so-called foreign school. There he began to learn English,

---

　[①] Yuen Ren Chao, "The efficiency of the Chinese language", in Reflections on Our Age: Lectures Delivered at the Opening Session of UNESCO at the Sorbonne University, Paris, ed. UNESCO (London: Wingate, 1948), pp. 317-326.

　[②] Rosemary Levenson, "Interview history", in Chinese linguist, phonologist, composer, and author, Yuen Ren Chao: An Interview Conducted by Rosemary Levenson (Berkeley: University California, Bancroft Library, 1977), pp. iii-vii; the quotation is from the transcript of the interviews, p. 3. The transcript repeats many items found in Chao's autobiography: Yuen Ren Chao, Life with Chaos, the Autobiography of a Chinese Family, Vol. 2: Yuen Ren Chao's Autobiography, First Thirty Years, 1892-1921 (Ithaca: Spoken Language Services, 1975). The information in this essay on Chao's early family life and education is taken from these two sources, especially the Levenson interview.

　[③] For English readers: James Legge, The Chinese Classics: With a Translation, Critical and Exegetical Notes, Prolegomena, and Copious Indexes, 5 Vols. (Hong Kong: Legge; London: Trübner, 1861-1872); Heng-t'ang-t'ui-Shih, Tang Shi San Bai Shou (Three Hundred Tang Poems) (New York: Knopf, 1920); and Burton Watson, The Tso Chuan: Selections from China's Oldest Narrative History (New York: Columbia University Press, 1989).

mathematics, and natural sciences, as well as Western perspective drawing; from 1907 to 1910, he attended Kiangnan High School in Nanjing, a new provincial governmental institution, and grew proficient in English with the *Jones Third Reader*[1].

Chao's American high school teacher at Kiangnan directed him to the Boxer Indemnity examinations, the qualifying tests for scholarships funded by the reparations paid to the United States as a result of the defeat of the Boxer insurrection; they formed a model for the Fulbright fellowships created in 1946[2]. Chao recalled that he warmed to the idea of studying in America, which suited his growing opposition to the Qing government and his increasing sympathy for revolutionary thought and action. The Chinese and English examinations for the Boxer scholarship took a morning; the Chinese topic came from Chapter 4 of *Mencius:* "Without ruler and compasses one cannot form circles and squares." Then came subject examinations in mathematics and natural sciences (physics, botany, zoology, physiology, and chemistry) and in Chinese history. In the 1910 ranking, Chao placed second in a field of seventy-two aspirants.

In 1909, the Chinese government moved to an emphasis on science and engineering for students studying in the West[3]. Chao set off for America with his sights set on electrical engineering. The new direction stipulated by the government fit with Chao's early passion for numbers and physical instruments: as a youngster he had explored the properties of a magnifying lens, and he constructed a telephone using string, a diaphragm of paper and bamboo, and the

---

[1] L. H. Jones, Jones Third Reader (Boston: Ginn, 1903); and Kiangnan High School, "Examination Report", South Sea News, 1907, no.70, pp. 53-57.

[2] See Weili Ye, Seeking Modernity in China's Name: Chinese Students in the United States, 1900-1927 (Stanford: Stanford University Press, 2001), on the impact of the Boxer scholarships.

[3] The Chinese government started to send students to study in the West in the mid-nineteenth century. There were several stages of emphasis: a focus on military technology from 1868 to 1903; a focus on politics from 1903 to 1908; and a focus on science and engineering after 1909. See Xincheng Shu, The History of Students Studying Abroad in Modern China (1926; Shanghai: Shanghai Bookstore Publishing, 2011, p. 126). By regulation, in this last period, 80 percent of the Boxer students had to major in science and engineering: industrial technologies, agriculture, mechanical engineering, mining, physics and chemistry, railway engineering, architecture, banking, and railway management. See "The Regulation for Students Studying in the U.S.", released in 1908, collected in Tsinghua University, Collections of Historical Materials for Tsinghua University, Vol. 1 (Beijing: Tsinghua University Press, 1991).

lower section of a Chinese violin. But on the voyage to America, following discussion with the educational chief of the Boxer students, Tunfu Hu, Chao turned away from technology[①]. Hu instructed Chao in the difference between pure science and applied science, and Chao decided that pure science was what he wanted to study, particularly mathematics and physics. Boxer students were free to choose not only their course of study, within the limits established by the 1908 regulations, but also their institution of higher learning. Chao decided on Cornell University, which was also on the advice of Hu.

In the decades before World War I, the United States developed a robust academic environment for teaching mathematics and physics, in which Cornell University was a leader. Cornell University was one of the largest American universities at the time, and it welcomed a continuing stream of Chinese students. When Chao arrived in Ithaca, New York, along with thirteen other new Chinese students, he would have found algebraic geometry vigorously promoted by Virgil Snyder, who had completed a doctorate under Felix Klein at Göttingen. Snyder's enthusiasm for his subject stimulated departmental colleagues like Francis Robert Sharpe, who had begun mathematics study under Ernest William Hobson at Cambridge University and who in 1910 was working in hydrodynamics, to take it up[②]. Although Chao took analytical geometry and introductory calculus as well as projective geometry with Snyder, physics was where his interests settled at Cornell[③].

---

① Tunfu Hu, born in 1886, studied at Cornell from 1907 to 1909. After graduation he went back to China and worked in the Boxer Indemnity Program Office. He was the first president of Utopia University, founded in 1912. He had two young brothers: Gangfu Hu, a Boxer student enrolled in 1909; and Mingfu Hu, a Boxer student enrolled in 1910. Mingfu Hu was a classmate of Yuen Ren Chao at Cornell. On the Hu brothers see Youyu Zhang, "Hu Dunfu, a Pioneer of China's Higher Education", China Historical Materials of Science and Technology, 1993, No. 1, pp. 34-41; An Xia, "Hu Mingfu's life and road of saving nation by science", Journal of Dialectics of Nature, 1991, No. 4, pp. 6676, 6680; and Chenghui Luo, "Hu Gangfu: A Pioneer of Modern Physics of China" (master's thesis, Zhejiang University, 2014).

② On Snyder and Sharpe see http://www-history.mcs.st-andrews.ac.uk/Biographies/Snyder.html[2018-06-06]; and https://ecommons.cornell.edu/bitstream/handle/.../Sharpe_Francis_Robert_1948[2018-06-06]. On Cornell more generally—and on the physics department in particular—see Morris Bishop, A History of Cornell (Ithaca: Cornell University Press, 1962); and Paul Hartman, The Cornell Physics Department: Recollections and a History of Sorts (1984; Ithaca: Internet-First University Press, 1993), http://dspace.library.cornell.edu/handle/1813/62[2018-06-06].

③ Chao's courses are listed on his academic transcript, available in the Division of Rare and Manuscript Collections, Kroch Library, Cornell University, Ithaca, New York. According to the transcript, Cornell accepted fluency in Chinese as an entry-level language substitute for Greek and Latin.

Cornell University had one of the most prominent physics departments in the United States at the time, in terms of both the number of staff and funding; in floor area its new physics laboratory, inaugurated in 1905, was the largest in the nation[①]. At Cornell University, as at many other universities, physics was closely connected with electrical engineering, but the general laws of nature were of most interest to Chao. Most of his physics courses dealt with measuring phenomena. Edward Leamington Nichols's demonstration of the Cavendish gravitational attraction experiment with heavy and light lead spheres made a lasting impression.

At Cornell Chao learned German (as a sophomore he earned an "A" for translating from German to English). Later, at Harvard, he studied French. In 1914 he took the A.B. degree, having completed seventeen semesters in physics, two semesters in astronomy, and twelve semesters in mathematics—up through Galois theory and the theory of equations, transformations, and determinants. But Chao's interests continued to evolve, and he settled on philosophy for graduate study. (As an undergraduate he had taken nine semesters in philosophy and four in psychology.) Admitted to graduate study at Cornell in 1914, he devoted a year to courses on ethics and aesthetics; the rationalists, focusing on Spinoza, Leibniz, and Kant; and the philosophy and culture of the Renaissance.

For a Boxer student transitioning from physics to philosophy around 1915, Harvard University would have seemed an obvious choice. First, in the public eye Harvard University's philosophy department was without peer. Second, Harvard University was putting the finishing touches on the grandest university library building in the United States, Widener Library (inaugurated in June 1915). Third, the Harvard College Library had the largest East Asian collection in the Americas, a collection to which it was adding aggressively. Finally, Harvard University was beginning the process of amalgamating four Beijing missionary schools with a literary bent for what would become Yenching University, which it supported financially. Some or all of these considerations likely led one of Chao's perceptive compatriots—Tunfu Hu or the meteorologist Kezhen Zhu (Chu

---

① Paul Forman, John L. Heilbron, and Spencer L. Weart, Physics circa 1900: Personnel, Funding, and Productivity of the Academic Establishments (Princeton: Princeton University Press, 1975), pp. 24, 63, 95.

Coching)—to recommend that he attend Harvard University for a doctorate in academic philosophy[①].

Yuen Ren Chao and George Sarton: Compatible Humanists

By the time he began lecturing at Harvard, George Sarton, eight years older than Chao, had an unusual but impressive resume. Like Chao, Sarton was educated in the classics (in his case, Latin and Greek), was familiar with law (his early university studies), and took a first university degree in natural sciences (chemistry) before turning towards physics and astronomy. Like Chao, he had nourished revolutionary sympathies in his youth, and as a young man he wrote literary works, criticism, and popular science.

Sarton's literary efforts also found a mirror in Chao's activities. In 1914 at Cornell Chao cofounded the earliest Chinese scientific society, the Science Society of China, and in 1915 he helped create its journal, *Kexue*[*K'o-hsueh (Science)*] (published in China)[②]. Before the European war, Sarton would surely have concurred with a statement from Chao's diary in June 1914: "The reason American and European countries became prosperous is because they developed applications for scientific discoveries. In addition, scientific ideas play an important role in Western academia, ideology, and human behavior. In today's world, a nation cannot become powerful without science. Therefore the most important thing for China is science. It is our responsibility to introduce modern science into China."[③]

Chao was indeed "a warrior for science" in his work for *Kexue*. Over the eleven years up to 1926, he authored 384 pages in total—three pages every

---

[①] Zuoyue Wang, "Saving China through Science: The Science Society of China, Scientific Nationalism, and Civil Society in Republican China", Osiris, 2002, N.S., 17: 291-322, esp. p. 304.

[②] The Science Society of China modeled itself on the Royal Society, as its president, Jen Hung-chun (Hongjun Ren), noted in an address prepared for the first annual meeting on 3 Sept., 1916. The address, "Foreign Science Societies and the History of Our Society", was published in *Kexue*, 1917, 3(1). On the journal see Wang, "Saving China through Science".

[③] Quoted in Sheng Jia, "The Origins of the Science Society of China, 1914-1937" (Ph.D. diss., Cornell University, 1995), p. 29.

month, on average. That made him the journal's second most prolific contributor[1]. A large number of the articles he published in *Kexue* were about physics. In the first issue, in 1915, he discussed the differences between psychology and material science, choosing physics as one of the typical material sciences. In the same year, he introduced direct current, energy, perpetual motion, and radio to the Chinese public. He explained the electric generator and the measurement of the inclination of the magnetic field. Chao's musical composition in the Western style published in the first issue of *Kexue* in 1915, "March of Peace"—possibly a reaction to World War I—would certainly have resonated with Sarton. It is the first piano solo by a Chinese composer.

Chao's writing and editing resemble Sarton's activity. Upon receiving a doctorate from Ghent University in 1911 for a dissertation on the history of early modern mechanics, Sarton devoted his energy to *Isis,* his journal in the history of science that first appeared in 1913. It spanned the history of knowledge and was intended to consolidate a community of scholarly interest, somewhat as *Kexue* sought to promote science in the Western sense. Sarton ran *Isis* with a firm hand, contributing a number of early articles and much of the other content.

Chao saw the fall of the Qing Dynasty from America, while Sarton witnessed the fall of Belgium to the German army, following which he left Ghent University with his family—first for England, where he worked as a military censor, and then for America, where he found occasional lectureships and contracts for writing until the wealthy Belgian-American entrepreneur Leo Baekeland made it possible for him to teach at Harvard for two years. Sarton's political writing on behalf of peace in Europe continued into the period when he gave the courses attended by Chao[2].

Similarities between the two scholars extend to their family backgrounds and psychological inclinations. Both Chao and Sarton had lost their parents years

---

[1] The Kexue Editorial Board surveyed the journal's authors: "A Survey of the Contributions to *Kexue*: From Vol. 1 (No. 1) to Vol.11 (No.12)", Kexue, 1926, 11(12).

[2] Lewis Pyenson, The Passion of George Sarton: A Modern Marriage and Its Discipline (Philadelphia: American Philosophical Society, 2007) (hereafter cited as Pyenson, Passion of George Sarton), pp. 296-297 (writings on behalf of peace). Unattributed biographical details on Sarton are taken from this source, which discusses the secondary literature and introduces new material.

before they met, and both men began professional life without the security of family funding or support. (Chao's and Sarton's families were well connected in government and letters; Sarton's father had been a senior railway engineer.) Chao recalled that in the house of his magistrate grandfather, where he and his parents lived, Confucian and Buddhist rites were followed in a perfunctory way, but the ethical side of both traditions was conveyed clearly in the texts the young man committed to heart in his schooling. As a student, Sarton joined the wave of European interest in Asian philosophy. Early in July 1915, he recorded three writing projects: "Why I became a Buddhist", "A Buddhist on the war", and "Buddhist art". He had professional mentors to guide him. One was Moncure Daniel Conway, the leader of the religious congregation in London attended by his wife in her youth; Sarton credited Conway's autobiography for awakening his interest in Buddhism. Another guide was the American philosopher Paul Carus, a Buddhist devotee who published Sarton's early articles in the New World[1].

At the time Chao began his studies in the United States, Sarton was deepening his knowledge of Asia. Having been interested in Japan since his student years, in 1910, Sarton took in an exhibit of Japanese art in London. There he met Ananda Kentish Coomaraswamy, a South Asian geologist who was transforming himself into an authority on Indian art. Before the war interrupted the publication of *Isis*, Sarton had planned to devote the sixth number to Indian science. As a refugee in the United States in 1915, he corresponded with the former Belgian ambassador to China, Emile de Cartier de Marchienne, about obtaining a position at the Peking University, which was being reorganized to emphasize sciences taught by Western professors. Emile de Cartier de Marchienne discouraged the idea[2]. The same period saw Sarton's dedication to learning Arabic, a project begun with his move to America.

Chao and Sarton also shared psychological sensibilities. Both men were

---

[1] Ibid., pp. 6, 246.
[2] Ibid., pp. 244-245, 265 (on de Cartier and China). In the 1920s, helped by Coomaraswamy, who had become a conservator at the Boston Museum of Fine Arts, Sarton explored Asian art, publishing several articles on Chinese painting. Ibid., pp. 387-388. See also Minerva: Jahrbuch der gelehrten Welt, Vol. 22 (Strasbourg: Trübner, 1913), s.v. "Peking", for the University of Beijing in transition.

inveterate list makers and diarists, logging the hours devoted to the various activities in their lives. Chao noted in his diary, for example, that it took him 130 hours over three months to write a long treatment of Chinese-Occidental uranography, which he completed for his Chinese journal, *Kexue,* around the time he started Sarton's course in October 1916[①]. Following an introduction to stars, constellations, and the rules for naming stars and constellations in the West and China, Chao produced eight comparative charts. There is no mention of Sarton's course in Chao's publication, but it is the kind of inventory that Sarton found appealing.

Over the course of his career, Chao marshaled facts to advance significant theses in linguistics, a synthetic denouement that eluded his teacher Sarton, whose collection of facts surpassed his ability to use them. Though they were both professional scholars who respected facts, neither Chao nor Sarton qualifies as that master often invoked by twentieth-century philosophers—a positivist. Though they were in material progress through science, Chao and Sarton affirmed the importance of theories. In particular, Chao's engagement with cybernetics at the end of his career is a speculative literary exploration very much of the sort essayed by the young Sarton's friend Paul Otlet, a pioneering bibliographer and harbinger of information technology[②].

From 1890 to around 1990, reason and science were widely held to be common resources for all of humanity[③]. The transnationality of learning continues to be interrogated by historians of the twentieth century[④]. Compatible

---

① When published in 1917, the monograph was divided into two articles, "Jong-Shi Shingming kao" and "Jong-Shi Shingming Twukao", one in issue 1 and the other in issue 3. The Science Society of China also published the paper separately. Chao began the study after reading William F. Rigge, "A Chinese Star Map Two Centuries Old", Popular Astronomy, 1915, 23: 29-32. Rigge's paper was a review of the 1911 annual report of the Jesuit Zô-sè Observatory (Sheshan Hill), which discussed star names.

② Chen Pang Yeang, "From Modernizing the Chinese Language to Information Science: Chao Yuen Ren's Route to Cybernetics", Isis, 2017, 108: 553-580; and Lewis Pyenson and Christophe Verbruggen, "Ego and the International: The Modernist Circle of George Sarton", ibid., 2009, 100: 60-78.

③ The Universal Declaration of Human Rights (1948) of the United Nations carries the notion of universally valid reason forward into the realm of human affairs. https://www.un.org/en/universal-declaration-human-rights/[2019-05-11].

④ See, e.g., Daniel Laqua, "Transnational Intellectual Cooperation, the League of Nations, and the Problem of Order", Journal of Global History, 2011, 6: 223-247.

sensibilities in the thinking of Yuen Ren Chao and George Sarton provide a new dimension to the centrality of this transnational notion.

Unsettled Times at America's Premier Universities

In transferring from Cornell to Harvard in 1915, Chao cast his lot with a philosophy department in turbulence. William James, one of Harvard's most illustrious professors, had died in 1910; George Santayana had resigned; George Herbert Palmer had retired; Josiah Royce had suffered a stroke. By 1914, classes were being taught by five temporary appointees, including Bertrand Russell. The turbulence threatened to escalate to crisis in September 1916. Royce died on 14 September and Hugo Münsterberg on 16 December (while lecturing at Radcliffe College). Russell was contracted to replace Royce in early 1917, but his pacifist activities (which in any case soured Harvard's president, Abbott Lawrence Lowell) meant that he was prohibited from leaving Great Britain for the duration of the war. The American poet T. S. Eliot, who in April 1916 completed a doctoral dissertation under Royce on the idealist philosophy of Francis Herbert Bradley, neither returned from England to defend the dissertation nor accepted an appointment to succeed his professor. During the summer of 1916, in the middle of this confusion, George Sarton landed at Harvard as a temporary lecturer in philosophy, paid by an external subscription[1].

When Chao contacted him in June 1916, Sarton was well aware of the intellectual eminence of Cornell University[2]. In 1913, as Sarton was looking for funding to support *Isis*, the Belgian consul in Edinburgh had advised him to contact Andrew Dickson White, a scholar and the former president of Cornell University. Having arrived in New York in 1915, Sarton read White's autobiography. He wrote to Hendrik van Loon, an author of popular histories who was then teaching at Cornell University. Sarton traveled to Cornell University in May 1916, meeting with White and his historian colleague George Lincoln Burr

---

[1] Bruce Kuklick, The Rise of American Philosophy: Cambridge, Massachusetts, 1860-1930 (New Haven: Yale University Press, 1977), pp. 408-411.

[2] See Pyenson, Passion of George Sarton, p. 281, for Chao's letter of 30 June 2016, in bMS Am 1803 (289), Houghton Library, Harvard University, Cambridge, Massachusetts.

about organizing an institute for the history of science. Sarton recorded in his diary on 19 May 1916: "That a great institution like this one could develop in less than 50 years, nothing shows better not only the material power of this country, but more especially its moral power, its idealism."[①]

Introducing himself to Sarton in June 1916, Chao reported that he had taken Henderson's course on the history of science. Henderson was a physician-biochemist and physiologist, six years older than Sarton, who was interested in extending biology to philosophy and sociology; he and the instructor of philosophy Henry Maurice Scheffer took charge of Josiah Royce's Tuesday evening seminar on logic following Royce's death[②]. Henderson, who held the rank of professor and was a laboratory head, became the titular director of the history of science at Harvard and Sarton's effective academic superior until Sarton eventually received a professorship in 1940, two years before Henderson's death[③].

Arriving at Harvard in 1915, Chao studied with Henderson because of his interest in philosophy, Chao's main focus. According to Chao's correspondence with Sarton, the program of the history of science course Chao attended in 1915-1916 (which appears on his Harvard transcript) consisted mainly of reading the first two volumes of John Theodore Merz's study of science and philosophy in the nineteenth century, a study that Sarton criticized in 1918: "This book certainly conceals a considerable amount of material, but it is so prolix and discursive that its rich substance has to be almost entirely redigested to be of any great service." Chao was clear in writing to Sarton that he wanted to declare the

---

① Pyenson, Passion of George Sarton, p. 275. See also Andrew Dickson White, A History of the Warfare of Science with Theology in Christendom (New York: D. Appleton, 1897). Burr did much of the research for this two-volume work but declined to appear as a coauthor. See Bishop, History of Cornell (cit. n.9), pp. 288-289.

② Vincent Charles O'Keeffe, "James Lockhart Mursell: His Life and Contribution to Music Education" (Ed.D. diss., Teacher's College, Columbia University, 1971), p. 62. "Prof. Henry M. Scheffer, 80, Long on Harvard's Faculty", The New York Times, 1964-03-18, gives 1916 as the date of Scheffer's appointment at Harvard; Susanne K. Langer, "Henry M. Scheffer, 1883-1964", Philosophy and Phenomenological Research, 1964, 25: 305-307, dates Scheffer's arrival as an instructor to 1917.

③ John Parascandola, "L. J. Henderson and the mutual dependence of variables: From physical chemistry to Pareto", in Science at Harvard University: Historical Perspectives, ed. Clark A. Elliott and Margaret W. Rossiter (Bethlehem: Lehigh University Press, 1992), pp. 146-190, esp. pp. 176-178.

history of science as one of his doctoral fields[1].

Sarton's First Courses at Harvard

Two young scholars with similar ambitions and temperaments, one Chinese and one Belgian, were thus in each other's company at Harvard University during the final years of World War I. Both scholars wrote about the association, and institutional archives documented it[2].

Although Chao's Harvard transcript shows no history of science courses in 1916-1917, Chao himself, in notes deposited at the American Institute of Physics in 1964, wrote that he took Sarton's courses during the academic years 1916-1917 and 1917-1918. He mentioned that he was the only student in the first year and one of two or three students in the second year. Sarton's diary provides a variant account, recording four students in attendance in 1916-1917, among them Chao[3]. It is possible that Chao's solitary attendance was in Sarton's more specialized treatment on physics and mechanics in 1917-1918. In the Harvard course catalogue, Sarton's courses are listed in his name under Henderson's supervision, while the general introduction to the history of science is listed as Henderson's responsibility. Class meetings were given three times weekly.

---

[1] Yuen Ren Chao's academic transcript recording his course with Henderson is in the Harvard University Archives, Cambridge, Massachusetts; this and subsequent transcripts were obtained through the kindness of archival staff, who did not indicate accession or location numbers. The text studied in Henderson's course is John Theodore Merz, A History of European Thought in the Nineteenth Century, 4 Vols. (1912; New York: Dover, 1965); the first two volumes are titled "A History of European Scientific Thought in the Nineteenth Century". See Pyenson, Passion of George Sarton, pp. 281 (for Chao's letter of 30 June 1916), 322 (for Sarton's criticism of Merz), 381 (on Sarton as Merz's substitute on salary from the Carnegie Institution of Washington beginning in 1918), 384 (for Sarton's sour evaluation of Henderson).

[2] The individuals responsible for the documentary texts were professionals scrupulous about recording and transmitting evidence. The present writers, initially working independently in China and the United States, sought to understand the scholars better by placing end-to-end the texts they uncovered. Here the varying accounts in the texts are examined and evaluated.

[3] Chao's notes can be found in the Niels Bohr Library, American Institute of Physics, College Park, Maryland, AR227 01 01. Yuen Ren Chao to W. James King, 22 Apr. 1964, describes the course notes and the enrollment; Sarton's account, from his diary, can be found in Pyenson, Passion of George Sarton, p. 293. See also Harvard University Catalogue, 1916-1917 (Cambridge: Harvard University, 1916); and Harvard University Catalogue, April 1917 (Cambridge: Harvard University, 1917): Harvard University Archives.

Chao's dated notes record his attending courses once or occasionally twice weekly in the fall and winter terms.

In addition to Chao, Sarton mentioned three other students who attended his course in 1916: Frederick Edward Brasch, Ralph Monroe Eaton, and James Lockhart Mursell. Brasch eventually worked at the Department of Terrestrial Magnetism of the Carnegie Institution in Washington, D.C.; Eaton became a philosophy professor at Harvard; and Mursell became a music educator at Lawrence University in Appleton, Wisconsin, and Teacher's College, Columbia University.

In October 1915, Brasch, who had attended university without completing an undergraduate degree, applied to graduate school at Harvard to study the history of science; he followed his application in December with a copy of his extensive survey of the teaching of the history of science, published in *Science*. Brasch also sent Harvard an earlier letter published in *Science* that advocated the history of science and mentioned, in passing, Sarton's journal *Isis*[1]. Graduate Dean Charles H. Haskins replied in December 1915 that Harvard could see its way to admitting Brasch as a special or unclassified student, and he wrote to the chair of the Committee on Admission, John G. Hart, recommending that Brasch be encouraged to work in the history of science. Harvard has no record of any courses taken by Brasch[2]. Ralph Monroe Eaton, who received a Litt.B. from the University of California, Berkeley, in 1914, took an A.M. in 1915 and a Ph.D. in 1917, both in philosophy at Harvard. He served as a professor at Harvard until his death, and declared a suicide in 1932. Eaton's transcript lists no course in the history of science. James Lockhart Mursell arrived at Harvard in 1915 as a graduate student with an A.B. from the fledgling University of Queensland, Australia, and a scholarship, vaguely anticipating ordination in the Baptist ministry[3]. Mursell's transcript also lists no course in the history of science.

---

[1] Frederick E. Brasch to Charles H. Haskins, 12 May 1915, 21 Oct. 1915, 7 Dec. 1915; Frederick E. Brasch, "The teaching of the history of science", Science, 1915, 42: 740-760; and Brasch, "The history of science", ibid., 1915, 41: 358-360: Frederick E. Brasch's student folder, Harvard University Archives.

[2] Haskins to Brasch, 15 Dec. 1915; and Haskins to Hart, 15 Dec. 1915: Harvard University Archives.

[3] O'Keeffe, "James Lockhart Mursell" (cit. n.26), p. 84. O'Keeffe closely follows James A. Keene's treatment of Mursell in Giants of Music Education (Centennial: Glenbridge, 1970), pp. 121-156.

We are led to suppose that Brasch, Eaton, and Mursell attended Sarton's lectures irregularly as nonregistered auditors (there is a suggestion that the meteorologist Kezhen Zhu was also an auditor)[①]. But what about Chao's Harvard transcript? Might Chao's notes have recorded a history of science course actually taught by Henderson?

Chao's meticulous notes for the history of science courses in 1916-1918 are written on one side of paper sheets, the size of large index cards (on the verso of Chao's notes for 1918 are notes for an unidentified psychology course). Even though there is no mention of Sarton's name (nor of Henderson's), the notes reveal an affinity with what we know about Sarton's writings. To an early lecture on the calendar in October 1916, Chao appended comments in Mandarin when summarizing the lunar/solar calendar with 29- or 30-day months, surplus days, and 7 intercalary months in the 19-year Metonic cycle with 235 synodical months[②]. On 13 November 1916, Chao recounted the inception of the Julian calendar. He is attentive to Chinese inventions for measuring time. Early affirmations in the course express the vigorous endorsement of science as an international enterprise and a firm belief in pacifism: "The evolution of figures illustrates how the progress of science is international. Material for hist. of sci. was meagre because most of ordinary history gives the pathological (war) relations among nations & much less of normal relations (20 Oct. 1916)." This entry bears an uncanny resemblance to Sarton's plans for a general history of science, which he outlined in his diary on 13 April 1916: "I want to place a very great importance on international relations, not morbid relations (war, etc.) which historians are more interested in, but normal and healthy relations: intellectual and commercial exchanges between peoples. This history of international relations, especially in antiquity and the middle ages, is very interesting in itself, and has not been written. My history of science will be thus the first history of internationalism."[③] Chao's recording of Aristotle's fate in modernity is also typical of Sarton: "By the 18thc., the reaction had reached as far

---

① Wang, "Saving China through Science" (cit. n.12), p. 304.
② For an accessible discussion of ancient Mediterranean astronomy see James Evans, The History and Practice of Ancient Astronomy (Oxford: Oxford University Press, 1998), Ch. 4.
③ Pyenson, Passion of George Sarton, pp. 269-270.

as that the scientists take it for granted that Aristotle knew nothing. Only with Cuvier & Hegel was Aristotle read with some appreciation, thus swinging the pendulum back (13 Oct. 1917)"; the reference may be to Cuvier's appeal to Aristotle as a founder of comparative anatomy and Hegel's view of Aristotle as "one of the richest and deepest of all the scientific geniuses that have as yet appeared"[①].

Consider also the Sartonian ring to the view that Rome counted for little in science: "Rome was great in administration, in making law, etc., but not in art or science. The Romans have no scientific spirit. Cicero said that the scientists are people who are interested in things no one cares to know & which are no use to know (20 Oct. 1916)."[②] How very like Sarton's evaluation in one of his enduring essays, "East and West", from 1930: "The reader knows how Greece was finally conquered by Rome, and how in the course of time it conquered its conquerors. Yet the old spirit was subdued, and Roman science even at its best was always but a pale imitation of the Greek. The Romans were so afraid of disinterested research that they went to the other extreme and discouraged any research, the utilitarian value of which was not immediately obvious."[③] Chao recorded the Sartonian view that "the golden age of science & art usually coincide (23 Oct. 1916)", and his notes emphasize that Leonardo continued the medieval Archimedean tradition. At this very time, Sarton was finishing the text of his Lowell Institute lectures on "Science and Civilization in the Time of Leonardo da Vinci"; Leonardo was the model for Sarton's notion that the history of science

---

① James Lennox, "Aristotle's Biology", in the Stanford Encyclopedia of Philosophy, ed. Edward N. Zalta, https://plato.stanford.edu/archives/spr2017/entries/aristotle-biology[2018-07-19]; G. W. F. Hegel, Hegel's Lectures on the History of Philosophy, trans. E. S. Haldane and Frances H. Simson (London: Kegan Paul, Trench, Trübner & Co, 1894), Vol. 2, p. 117; and George Sarton, Introduction to the History of Science, Vol. 1: From Homer to Omar Khayyam (Baltimore: Williams & Wilkins, 1927), p. 128 (Aristotle as the "founder of comparative anatomy").

② Cicero is perhaps more circumspect: "With the Greeks geometry was regarded with the utmost respect, and consequently none were held in greater honor than mathematicians, but we Romans have restricted this art to the practical purposes of measuring and reckoning." Cicero, Tusculanae disputationes, trans. J. E. King (1927; Cambridge: Harvard University Press, 1971), cited in Jens Høyrup, In Measure, Number, and Weight: Studies in Mathematics and Culture (Albany: State University New York Press, 1994), p. 288.

③ George Sarton, "East and West", in the History of Science and the New Humanism (1931; New York: Braziller, 1956), pp. 59-110, pp. 77-78.

could form the core of a "New Humanism"[1]. Sarton had recorded a variant of this notion in 1910 in a letter to his fiancée Mabel Elwes, referring to Plato, Leonardo, Dürer, and Goethe: "Great scientists and great artists, great thinkers and great musicians, great dreamers and great doers, live in the same atmosphere, breathe the same air. I am one of those who think that the enterprise of science is an enterprise of art."[2]

Documents at Harvard add complexity and nuance to this picture. The term "history of science" appears in the Harvard course catalogues from the year in which Henderson started teaching the subject. In the letter Chao wrote to Sarton in June 1916, he noted that "of the physical historical sciences (except astronomy), and the biological sciences, I know very little". Chao had learned the "history of science (physical and biological sciences)" from Henderson's course before he heard about Sarton. In his Harvard transcript, the course "History of Science 1" in his academic year 1915-1916 received an "abs." (absent) mark. No note cards are available for the course.

Sarton formally started his two-year appointment at Harvard as a temporary lecturer in the Department of Philosophy in the fall and winter terms of 1916. The Harvard catalogue recorded his courses "Science and Civilization in the Fifteenth and Sixteenth Centuries", "History of Physics to (and including) Newton", and "History of Physics in the Eighteenth and Nineteenth Centuries"—three courses in total, under Henderson's auspices[3]. Although Sarton's diary and Chao's notes both described their meeting in Sarton's courses of 1916, there was no corresponding record in Chao's transcript at Harvard. Sarton's courses in the first year might have been informal ones that would not be counted for credit.

During the academic year 1917-1918, Chao attended two courses taught by Sarton that were recorded in his transcript: "History of Science 2a1" and "History of Science 2b2". He achieved an "A" for the former but another "abs." for the

---

[1] At this time, the Lowell Institute's curator was the MIT biologist and public health officer William T. Sedgwick and its solitary trustee was Abbott Lawrence Lowell, President of Harvard. See Pyenson, Passion of George Sarton, pp. 284, 299.

[2] Ibid., p. 110.

[3] Harvard University Catalogue, 1916-1917 (cit. n.30); and Harvard University Catalogue, April 1917 (cit. n.30).

latter. Sarton's course plans kept by Harvard tell us in detail what he might have taught. The thick stack of papers with the general title "History of Physics" was prepared for a series of lectures to be given by Sarton for one unspecified year[①]. The lectures were for two courses, "History of Physics to (and including) Newton" and "History of Physics in the Eighteenth and Nineteenth Centuries". The "History of Science 2a*1*" taken by Chao conforms to "History of Physics to (and including) Newton", the first part of Sarton's complete plan to present the history of physics.

Sarton taught the history of physics in chronological order. The outline listed seventy-eight lectures. The first part, "Panhellenic", included four lectures; the second part, with nine lectures, was "Greek, Roman physics"; the third part, "Medieval physics", also had nine lectures; and the fourth part, "XV-XVI" (fifteenth and sixteenth centuries), had seven lectures. The "XVII" (seventeenth century) part had eleven lectures. The five parts constituted "History of Science 2a*1*". The thirty-eight lectures left for "History of Physics in the Eighteenth and Nineteenth Centuries" were organized in three parts: "XVII" (physics in the seventeenth century with Newton; two lectures), "XVIII" (eighteenth century; twelve lectures), and "XIX" (nineteenth century; twenty-four lectures). The "XIX" part included five different subjects of physics: mechanics (three lectures), acoustics (one lecture), heat (four lectures), optics (four lectures), and electricity (twelve lectures). For half a year, beginning at the end of summer 1917, Sarton taught Chao the history of physics from Panhellenic times to the seventeenth century.

Another course plan, entitled "Science and Civilization in the XVth & XVIth Centuries", written for 1918 is possibly what Sarton prepared for "History of Science 2b*2*"—namely, "Science and Civilization in the Fifteenth and Sixteenth Centuries" in the catalogue. There were only two types of history of science courses recorded in the Harvard catalogue during the war years, Henderson's and Sarton's. Henderson's courses were labeled as "History of Science 1". "History of Science 2" represented Sarton's courses. "Science and Civilization in the Fifteenth and Sixteenth Centuries" was a course in the spring

---

① George Sarton, "History of Physics", in bMS Am 2614 (5), Houghton Library, Harvard University.

term, so Chao immediately turned to another course of Sarton's after he finished "History of Science 2a*1*". Sarton seems to have prepared thirty-nine lectures in total for this course, which was divided into three parts—"XV" (fifteenth century), "XV/XVI" (fifteenth and sixteenth centuries), and "XVI" (sixteenth century)—organized by the field of learning. The "XV/XVI" part included three lectures about humanism. In the last part were twenty-four lectures[①].

Of course, Sarton might actually have talked about other topics. In the spring of 1918, Chao was preparing for his dissertation defense. That could be the reason why he received another "abs." in a history of science course. Chao's notes for 1916-1917 might conceivably be from his having taken Henderson's survey of the history of science a second time without credit. It seems unlikely, however, that with Royce's seminar added to his responsibilities, Henderson would have wanted to lecture on the history of science when Sarton had been hired for precisely this purpose.

Two Compatible Intellectuals Depart

In May 1918, Sarton took a position with the Carnegie Institution of Washington. It allowed him to continue residing in Cambridge, Massachusetts, and to continue using his room in Widener Library. He spent the second half of 1919 in Europe, where he was tempted to remain, before finally returning to Harvard and Cambridge in 1920. Chao defended a doctorate in philosophy in 1918, and went off for a year to Chicago and Berkeley on Harvard's Frederick Sheldon Traveling Fellowships; he then returned to Cornell to teach physics.

Chao's dissertation director was the logician Henry Maurice Scheffer. Scheffer had studied with Bertrand Russell at Cambridge and earned his esteem. In contrast to the prolific Russell, Scheffer published very little. His bibliography, including mimeographed texts and abstracts of papers read to the American Mathematical Society, comes to twenty-five items; of these, seven are book

---

① George Sarton, "Science and Civilization in the XVth & XVIth Centuries", in bMS Am 2614 (6), Houghton Library, Harvard University.

reviews published in Sarton's *Isis* between 1921 and 1926[1]. Chao's dissertation, titled "Continuity: A Study in Methodology", examined the distinction between the difference of kind and difference of degree.

Chao recalled that he had initially identified his dissertation topic as the classification of disciplines. He was inspired by his memory of moving frequently from one city to another as a child living in northern China. Because packing for moving was always time-consuming and unpacking was hard sledding after they settled down, Chao and his family became proficient in putting everything in order. Gradually, Chao formed the habit of clarifying and classifying things, even in daily life. His advisor, Josiah Royce, however, commented that the classification was dry. After Royce died, Scheffer took over Chao's dissertation supervision and helped him choose the final topic.

In Chao's application for Ph.D. candidacy in philosophy, dated 18 May 1918, there was mention neither of Sarton as one of his instructors nor of the history of science as a field of study, although Chao did name Henderson as a professor[2]. Given the arrangement thanks to which Sarton was able to teach, it is unlikely that he would have been allowed to sit on Chao's committee, much less direct his research. In his memoirs, Chao did not say whether Sarton had attended his defense. Nevertheless, Sarton established cordial contact with Chao, and during his student years at Harvard Chao served as Sarton's first assistant, establishing a dictionary of Mandarin characters for his use[3].

Scheffer was an expert in symbolic logic of the kind promoted by the *Principia Mathematica* of Bertrand Russell and Alfred North Whitehead. It might be thought that Scheffer's focus on symbols naturally drew him to Chao, a student for whom ideographic writing was second nature. Symbolic forms, however, are fundamental to a number of currents in twentieth-century European thought: Aby Warburg's and Erwin Panofsky's respective studies of the afterlife of classical antiquity and the medieval world, psychoanalysis and Surrealism, and Ernst Cassirer's humanistic philosophy. We read in an early note of Chao's from

---

[1] "Henry M. Scheffer: A Bibliography", in Structure, Method, and Meaning: Essays in Honor of Henry M. Scheffer, ed. Paul Henle, Horace M. Kallen, and Susanne K. Langer (New York: Liberal Arts, 1951), pp. xv-xvi.

[2] Yuen Ren Chao's application for candidacy, Harvard University Archives.

[3] Pyenson, Passion of George Sarton, p. 413.

his history of science courses: "Mathematics ... very often progress by new symbols (20 Oct. 1916)."[①] Whether symbols are at the center of Chao's scholarship is a topic for the future, but they were certainly on his mind in 1946 when he participated in the first colloquium organized by UNESCO at the Sorbonne in Paris. There he sought to show the efficiency of the Chinese language by examining it as a "symbolic system"[②].

In the association of Yuen Ren Chao and George Sarton, we see two young, idealistic scholars from opposite sides of the globe making their way in the world while their native lands variously experienced revolution and war. To their classical learning, both Asian and European, they welded a faith in both modern science and the fraternity of humankind, hallmarks of their generation. Before they bowed to the inevitable demands of specialization, they looked to assimilate all learning. But their scholarly enterprise may be judged, as their two circles of colleagues and acquaintances counted many of the finest and most sympathetic minds of the first half of the twentieth century. In our uncertain times, when higher learning is seen largely as preparation for the guilds and trades, Chao and Sarton remind us of how scholarship may lead to a reflective, even noble life.

Acknowledgements

We acknowledge the help of Professor Hong Wei of Tsinghua University and support from the Burnham Macmillan Fund, Department of History, Western Michigan University.

(This paper was originally published by Dian Zeng, Jian Yang and Lewis Pyenson, "Compatible Humanists: Yuen Ren Chao Meets George Sarton", ISIS, 2019, Vol. 110, No. 4, pp. 742-753.)

---

① The sentence is an argument for attributing the 1916 course to Sarton: the plural use of "mathematics" is characteristic of European, not American, expression. See Edward Gibbon, The History of the Decline and Fall of the Roman Empire, Vol. 6 (London: Bell & Daldy, 1871), p. 147, for one example of both "physics" and "mathematics" as plural nouns.

② Chao, "Efficiency of the Chinese Language" (cit. n.2).

Process and Impact of Niels Bohr's Visit to Japan and China in 1937: A Comparative Perspective

| Lei Wang and Jian Yang |

Introduction

A dominant figure in the development of quantum mechanics and the founder of the Copenhagen School[①], Niels Bohr (1885-1962) is the first to use the quantum approach to build the theory of atomic structure. In 1921, he founded the Institute for Theoretical Physics at the University of Copenhagen (officially named the Niels Bohr Institute in 1965, after his death) and became its director. Research at Bohr's Institute, both from an experimental perspective and a theoretical perspective, focused first on atomic structure, then gradually morphed into the study of the atomic nucleus, and then, pivoted to quantum theory in the 1920s. Bohr put forward the famous principle of complementarity in 1927[②], and

---

[①] The Copenhagen School is centered on the theories developed by Niels Bohr as well as researchers from the Institute for Theoretical Physics at the University of Copenhagen. Famous scientists of that era, such as Max Born, Werner Heisenberg, Wolfgang Pauli, and Paul Dirac, were the representative figures of the Copenhagen School. See Sanqiang Qian, "Commemorate the Centenary of the Birth of Niels Bohr", Physics 15, No. 4(1986): 196-197.

[②] The principle of complementarity, which was formulated by Bohr in 1927, is both a theoretical result and an experimental result of quantum mechanics and is closely associated with the Copenhagen interpretation. It holds that objects have complementary properties that cannot be observed or measured at the same time. See George M. Hall, The Ingenious Mind of Nature: Deciphering the Patterns of Man, Society, and the Universe (New York: Springer US, 1997), p. 409. Andrew Whitaker, Einstein, Bohr and the Quantum Dilemma: From Quantum Theory to Quantum Information (Cambridge: Cambridge University Press, 2006), p. 414.

then, in the 1930s, laid out the liquid-drop model of the atomic nucleus and the compound nucleus hypothesis①, which became the theoretical framework for understanding nuclear fission and exploring the release of nuclear energy.

Bohr was famous not only for his great contributions to physics, but also for his tremendous internationalist spirit. He understood international exchange to play a positive role in the development of physics and to enable physicists from different countries to understand one another. As a powerful leader in science, he enlightened scholars who visited his Institute and helped them obtain excellent results—which in turn contributed to forming the Copenhagen School, whose adherents followed Bohr's lead in interpreting quantum mechanics. In 1937, Bohr received invitations from both Japanese and Chinese scientists to give lectures. Exemplifying his willingness to share his ideas and latest theories with people all over the world, he accepted both invitations. During his first stay in China and Japan, he gave several lectures, not only to physicists, but also to the public; he also communicated with various scientists from these two countries.

As a world-leading scientist, Bohr made a strong impact on both countries. Herein we analyze his influence in Japan and China and the factors that affected the long-term impact of his visit. This paper reviews the details of his trip to Japan and China, compares the impact Bohr made on each country, and discusses the reasons why his visit to Japan and China, although made in the same year, had such different outcomes.

Bohr's Visit to Japan (April 15-May 19, 1937)

In Japan, the person most connected with Bohr was Yoshio Nishina, who is universally acknowledged to be the "father of atomic physics in Japan"②. Since 1918, he had studied physics under Hantaro Nagaoka from RIKEN, Ernest Rutherford from Cambridge, and then Niels Bohr. He studied under Bohr in

---

① The liquid-drop model in nuclear physics is the description of atomic nuclei formulated by Bohr in 1936 to explain nuclear fission. According to the model, nucleons (neutrons and protons) behave like molecules in a drop of liquid. If given sufficient extra energy, such as through the absorption of a neutron, the spherical nucleus may be distorted into a dumbbell shape and then split at the neck into two nearly equal fragments, releasing energy in the process. See Renfen Yu and Baoshu Liao, Nuclear Energy: The Infinite Energy (Beijing: Tsinghua University Press, 2011), pp. 32-33.

② Izumi Inoue and Shozo Ishii, Father of Atomic Physics: Yoshio Nishina (Osaka: Nippon Bunkyo Publishing, 2004).

Copenhagen from April 1923 to February 1928 (Figure 1).

Figure 1 The "Japanese team" at the Niels Bohr Institute in 1927
From left to right are Yoshio Nishina, Shinichi Aoyama, Takeo Hori, and Kenjiro Kimura. Source:
The Niels Bohr Archive (hereafter Bohr Archive)

Nishina had persistently striven to attract his tutor Bohr to Japan. Early in 1928, hearing that Bohr was interested in visiting Asia, he immediately wrote to Nagaoka to discuss the possibility of inviting Bohr to visit Japan. After his return to Japan from Copenhagen, he maintained contact with Bohr and never abandoned the hope of having Bohr visit Japan. In his letter to Bohr on 19 February, 1929, he wrote: "We are all looking forward to having both of you here next year. If you want to know anything about your journey and stay in Japan, please write to me. As soon as our arrangement for you is fixed, I shall let you know."[1] As the leader of a world's top institution in theoretical physics, Bohr was too busy to make such a visit until 1931, when he at last accepted one of Nishina's many invitations[2]. However, because of his busy schedule, Bohr was still not able to leave Copenhagen in 1931, so he postponed his visit. On 26 January, 1934, Bohr told Nishina that he would come to Japan the next year with his wife and their eldest son Christian. At the same time, they exchanged ideas

---

[1] "Both of you" here refers Professor Bohr and his wife Margrethe. Nishina always appreciated Margrethe for her thoughtful kindness for him when he was studying in Copenhagen. Yoshio Nishina, Letter to Niels Bohr, 19 February, 1929, Bohr Archive, Copenhagen, Denmark.

[2] Ryohei Nakane, Yuichiro Nishina, Hiroshijiro Nishina, Yuji Yazaki and Hiroshi Ezawa, eds., Yoshio Nishina Ofuku Shokan-Shu (Tokyo: Misuzu Shobo, 2006), p. 333.

about the subjects of the lectures that Bohr would present during his visit[①]. Unfortunately, in July of that year, the Bohr family was devastated by the loss of their son Christian, who accidentally drowned. Bohr was so grieved that he postponed his visit until 1937.

Before Bohr's visit, two representative figures of the Copenhagen School, Werner Heisenberg and Paul Dirac, had visited Japan and brought with them details of the latest achievements in Europe quantum mechanics, which had a great impact on Japanese scientists in 1929. Heisenberg and Dirac had gotten to know Nishina when they were working at Bohr's Institute in the 1920s. After returning to Japan, Nishina sent letters to both of them to invite them to visit, and they immediately accepted. From 30 August, 1929, to 21 September, 1929, Heisenberg and Dirac visited Japan and lectured at RIKEN and Kyoto Imperial University, introducing Heisenberg's uncertainty principle as well as Dirac's relativistic electron theory[②]. In 1935, Dirac journeyed to Japan again, and during his stay Nishina wrote a postcard to Bohr to report the news of Dirac's coming and invite Bohr to visit Japan as soon as possible (Figure 2). On 15 April, 1937, the Bohrs and their son Hans arrived at last in Yokohama, Japan. The Keimeikai Foundation, which had financed Heisenberg's and Dirac's 1929 visit, also sponsored Bohr's trip. Between early 1928, when Nishina first had the idea of inviting Bohr to visit Japan, and the spring of 1937, when Bohr and his family finally arrived, nearly a decade of ups and downs had passed.

Figure 2 Nishina's handwritten postcard to Bohr in 1935
Source: Bohr Archive

---

① Ibid.
② Helge Kragh, Dirac: A Scientific Biography (Cambridge: Cambridge University Press, 1990), pp. 74-75.

Before coming, Bohr had serious discussions with Nishina on the subjects to cover in the lectures in Japan. Bohr told Nishina about his plan of "giving in a course of about ten lectures a summary of the principles of atomic theory, including the most elementary as well as the open problems"[①]. Nishina thought that ten lectures were a huge workload for Bohr, so he asked for fewer lectures and more discussions[②]. However, Bohr insisted on giving the ten lectures. He gave seven at the Tokyo Imperial University and one each at Tohoku Imperial University, Kyoto Imperial University, and Osaka Imperial University. At Tokyo Imperial University, the major theme of Bohr's lectures was the principles of quantum theory. These lectures covered the topics of quantum mechanics, atomic theory, and the philosophy of physics (Table 1 and Figure 3)[③]. Bohr's lectures had a wide influence on Japanese academia, including not only physicists, but also chemists, biologists, and scholars from other fields.

Table 1 Bohr's academic schedule in Japan from April 19 to May 12, 1937

Dates	Locations	Themes
19 April	Tokyo Imperial University	From the Atomic Theory to the Forefront of Quantum Mechanics
20 April	Tokyo Imperial University	The Uncertainty Principle
21 April	Tokyo Imperial University	The Basis of Quantum Mechanics
22 April	Tokyo Imperial University	Mathematical Representation of Quantum Mechanics
24 April	Tokyo Imperial University	Problems Associated with Scattering
27 April	Tokyo Imperial University	Atomic Nucleus
28 April	Tokyo Imperial University	Relationship between Quantum Mechanics and Philosophy
3 May	Tohoku Imperial University	Structure of Atomic Nucleus
10 May	Kyoto Imperial University	Atomic Nucleus
12 May	Osaka Imperial University	Causality in Atomic Theory

Source: Shadan hojin Nihon butsuri gakkai, ed., Nihon no Butsuri Gakushi (Tokyo: Tokaidaigaku shuppan-kai, 1978), p. 306 and S. Nishio, Gendai butsurigaku no chichi Niels Bohr (Tokyo: Chuo koronsha, 1993), p. 193.

① Niels Bohr, Letter to Yoshio Nishina, July 2, 1936, Bohr Archive.
② The full text is: "Ten lectures may be too much for a month's stay. It, of course, depends on the subjects and contents as well as your attitude towards the lectures. All what is important for us is, I think, to become well acquainted with your theories and opinions about the present day problems in physics. ... We are also very anxious to show you various parts of our country and we feel that a month's stay is too short." Yoshio Nishina, Letter to Niels Bohr, 21 February, 1937, Bohr Archive.
③ Kenji Yoshihara, Kagaku Ni Mise Rareta Nihonjin (Tokyo: Iwanami shinsho, 2001), p. 75.

Figure 3 Bohr's writing on the blackboard in a lecture in Japan to show the Einstein's box
Source: Bohr Archive

Nishina always accompanied Bohr at his lectures in Japan. While Bohr lectured, Nishina stood by his side, translated Bohr's words, and explained in layman's terms as best he could. Sometimes during the lectures, Bohr would write brief formulae on the blackboard; if Nishina found problems with the formulae, he would pause his translation and directly discuss the formulae with Bohr, just as they used to do in Copenhagen (Figure 4). After several minutes of discussion, Nishina would continue translating for the audience.

Fujioka Yoshio, who was in charge of scheduling and arranging Bohr's visit, looked back on this period and made the following observation: "Professor Bohr did not go sightseeing until he finished all the lectures during his stay in Tokyo. The lectures were usually arranged in the afternoon; Professor Bohr always arrived at the lecture hall two hours early to make meticulous preparations, such as drawing the figures or writing the outline on the blackboard ... Nishina served as a translator during Professor Bohr's keynote speeches."[①]

---

① Shigeko Nishio, Gendai Butsurigaku No Chichi Niels Bohr (Tokyo: Chuo koronsha, 1993), p. 192.

Figure 4 Nishina and Bohr in discussion while Bohr was giving a lecture in Japan
Source: the Nishina Memorial Foundation

Nishina also did his best to arrange as many academic exchanges as he could between Bohr and Japanese scholars. For instance, the young theoretical physicist Hideki Yukawa, who studied nuclear forces in the Nishina Laboratory by applying quantum mechanics, introduced to Bohr his new theory that he proposed in 1935—the meson theory. When Yukawa submitted to Bohr a copy of his paper on the meson theory, Bohr just blandly responded with "you seem like the new particle", and paid no attention to his theory[1]. At that time, Yukawa's meson theory was generally considered to be "too unconventional" by his colleagues; only Kikuchi Seishi and Nishina encouraged him to continue with this line of study. Bohr doubtless never imagined that Yukawa's theory would win him the

---

[1] Takuji Okamoto, "Science and Competition: A Case Study of Physics in Japan, 1886-1949", Science & Culture Review, No. 2(2006): p. 46.

first Japanese Nobel Prize in 1949.

Before his visit to Japan, Bohr had been interested in applying the principle of complementarity to biology, psychology, and even to the relationships between cultures of different nations[①]. After returning to Copenhagen, he frequently discussed his experience in Japan with his sons. In recalling the deep friendship between Nishina and Bohr, one of his sons, Aage, who won the Nobel Prize in Physics in 1975, wrote that Bohr discussed his divergent opinion about the application of complementarity with Japanese scholars during his visit to Japan[②]. After Bohr's visit, Nishina wrote a letter to thank Bohr for his guidance not only for himself, but also for the many Japanese scholars who met Bohr during his stay. He wrote: "It is needless to say how grateful all us are for your visit to this country. Personally I have now much to think over what you told me during your stay, which has given me so much encouragement, consolation, and strength in my life."[③] He further added that, "However, from our conversation with you, we clarified many things which we never discussed before. The Japanese scholars always hold the fear that our science will never catch up with Western science. ... However, from what you have said, the science in Japan still has a chance to become top class in the world"[④]. This prophecy held true. In the decades that followed, several young Japanese physicists shined in the international academic forum, just as Bohr had expected, and Japan became a country that contributed greatly to science and technology. Several Japanese physicists, such as Yukawa and Tomonaga, subsequently won the Nobel Prize in Physics.

Bohr's successful visit to Japan and Nishina's outstanding performance throughout the whole trip also reinforced the high position of the scientific

---

① Around 1929, Bohr suggested that the general notion of complementarity could apply in fields other than physics, particularly in psychology and biology. He advanced a perspective on the role of physics in explaining biological phenomena that was different from the one later prevalent in the history of molecular biology. Bohr's commitment to the Copenhagen interpretation was undoubtedly a genuine determining factor such that his approach in biology reflects his position as a philosophically minded theoretical physicist. See Leyla Joaquim, Olival Freire Jr., and Charbel N. El-Hani, "Quantum explorers: Bohr, Jordan, and Delbrück venturing into biology", Physics in Perspective 17, No. 3(2015): pp. 239-241.

② Aage Bohr, "Recollection of Mr. Nishina and my father", in Yoshio Nishina: Nihon No Genshi Kagaku No Akebono, ed. Hidehiko Tamaki and Hiroshi Ezawa (Tokyo: Misuzu Shoho, 2005), pp. 200-201.

③ Yoshio Nishina, Letter to Niels Bohr, 28 May, 1937, Bohr Archive.

④ Tamaki and Ezawa, Nihon (ref. 15), p. 201.

community in Japan. After Bohr's visit to Japan, Nishina's laboratory attracted the country's most outstanding young research talents, and the number of researchers even swelled to over a hundred[①]. Nishina brought the spirit from the Niels Bohr Institute to Japan, which led to the distinctive tradition of the Nishina Laboratory. This spirit was raised to a great height by Nishina's students, including the famous Yukawa and Tomonaga.

Shortly after Bohr finished his trip to Japan, World War Ⅱ began, and Japan started its march towards fascism and militarism. As the only Axis power in the East Asia battlefield, Japan waged large-scale aggression against China and the Soviet Union. After the 1941 Pearl Harbor attack, leading Japanese physicists such as Nishina, Yukawa, and Tomonaga held a seminar in RIKEN to discuss the responsibility of scientists during wartime. Nishina vigorously advocated the value of theoretical research during such an extraordinary period in order to maintain the status of Japanese physics with respect to its foreign counterparts. In other words, even during the war, scientists at RIKEN and Imperial Universities continued their daily studies in nuclear physics. Although involved in World War Ⅱ as a belligerent, as an aggressor country, Japan opened new battlefields overseas in other East Asian countries rather than in its own homeland. Under such conditions, the work of local research in physics was able to launch continuously as usual. Just four years after the end of World War II, Yukawa won the Nobel Prize in Physics in 1949 for his prediction of the existence of mesons on the basis of his theoretical work on nuclear forces. Furthermore, Tomonaga won the 1965 Nobel Prize in Physics for fundamental work in quantum electrodynamics, with deep-seated consequences for the physics of elementary particles[②].

Bohr's Visit to China (20 May-7 June, 1937)

Prior to Bohr's visit to China, only Peiyuan Zhou (1902-1993), a student of

---

① Ryogo Kubo, "Yoshio Nishina, the Pioneer of Modern Physics in Japan", in Nishina Memorial Lectures: Creators of Modern Physics, Lecture Notes in Physics, ed. Nishina Memorial Foundation (Berlin: Springer, 2008), pp. 17-26.

② Tomonaga shared this prize with Julian Schwinger and Richard Feynman. See "The Nobel Prize in Physics 1965", NobelPrize.org, http://www.nobelprize.org/nobel_prizes/physics/laureates/1965/[2016-03-27].

Heisenberg in Leipzig, had been in contact with Bohr; they met when Zhou went to Copenhagen for a meeting that Bohr had organized in April 1929[1]. Early in 1937, while Bohr was visiting the United States with his family, Zhou met Bohr again at Princeton University and invited him to visit China. Looking back on this period, Zhou recalled in the preface he wrote for the Chinese translation of Peter Robertson's *The Early Years: The Niels Bohr Institute 1921-1930* that: "In 1937, ... Professor Bohr came to China for a friendly visit and lectured about his research. I feel honored that I was commissioned by Peking University and Tsinghua University jointly to invite Bohr to visit China when we met in Princeton in the spring of 1937."[2]

From February to April 1937, Youxun Wu (1897-1977), dean of the School of Sciences at Tsinghua University in China, wrote to Bohr three times to invite him to drop by China after his trip to Japan. On 27 March, 1937, several institutions such as the Academia Sinica, National Academy of Peiping, National Central University, Peking University, Tsinghua University, Zhejiang University, and the China Foundation for the Promotion of Education and Culture also jointly invited him to China. The leader of the foundation, Hongjun Ren, collected 10,000 yuan (in silver) to cover the cost of Bohr's visit[3].

On 30 April, 1937, while he was still in Japan, Bohr wrote back to Youxun Wu to thank the Chinese universities and scientific institutions for the invitation. He replied that he would arrive in Shanghai on 20 May and would stay in China for two or three weeks. He also explained that, during his stay, he planned to give lectures mainly on two themes: the nucleus and causality in atomic physics. Youxun Wu immediately replied on 7 May that "these two themes that Bohr has chosen are quite appropriate"[4].

Between 1920 and 1936, Bohr's theory of atomic structure and the

---

[1] Dainian Fan, "Niels Bohr and China (I): A Collection of Related Historical Materials (1920-1949)", Science & Culture Review 9, No. 2(2012): 6-7.

[2] Peter Robertson, The Early Years: The Niels Bohr Institute 1921-1930, trans. Fujia Yang (Beijing: Science Press, 1985), preface.

[3] Kangnian Yan, "Niels Bohr in China", in Chinese Studies in the History and Philosophy of Science and Technology, ed. Dainian Fan and Robert S. Cohen (Dordrecht: Kluwer Academic Publishers, 1996), pp. 433-437.

[4] Fan, "Niels Bohr and China" (ref. 20), p. 11.

Copenhagen interpretation of quantum mechanics were introduced to China[1]. Before Bohr's visit to China, the Chinese media began to report the news on Bohr's coming because "it might be a good idea to have a brief introduction of Professor Bohr's biography in the newspaper first to give the domestic scientists the opportunity to know him in more detail"[2]. *Ta Kung Pao* and *Science Magazine*[3] both published articles to report Bohr's trip to China and to introduce Bohr's profile and academic achievements. Qianxiu Yu, a young scholar who had just finished his studies in Japan and returned to China during that period, commented:

> According to our observation, studying abroad is the only way for scholars to improve themselves. Of course, there are also a considerable number of people who have criticized this viewpoint. However, from an economical point of view, it's a wise way to save money by inviting foreign experts to give lectures in China rather than spending much more money to send a few native people to go abroad to study, and more people can acquire new knowledge. ... I still remember that, more than ten years ago, Einstein went to Japan to give lectures and later passed through our country; but after all, we did not have the opportunity to invite him to visit China to give a lecture. Thus, the Japanese wantonly slandered the Chinese saying that no one understood the theory of relativity, which is why Einstein was not willing to give lectures in China. Professor Bohr now attaches great importance to our scientific community and is willing to give lectures in China, which is really great news for us[4].

On the heels of his visit to Japan, Bohr arrived in Shanghai on 20 May, 1937. On the afternoon of 21 May, Bohr gave his first lecture, entitled "The Nucleus of the Atom", at Shanghai Jiao Tong University. Bohr first mentioned the history of research into the structure of the nucleus and the results that had

---

[1] Ibid., p. 24.

[2] *Ta Kung Pao*, 18 May, 1937. *Ta Kung Pao*, which was founded in 1902, was one of the most influential newspapers in China during 1912-1949.

[3] *Science Magazine*, which was founded in 1915, is the oldest comprehensive scientific journal; it mainly publishes articles in the fields of nature science as well as applied science.

[4] Ibid. The original text was published in Chinese and is translated by the author.

been obtained, and then introduced the discovery of artificial radioactivity and the various phenomena that occur during nuclear collisions, such as changes between neutrons and protons. Finally, he outlined the energy structure of the atomic nucleus and explained that there was slim hope for harnessing the energy of the nucleus. Everything he introduced was based on his latest studies[1].

On 24 May, Bohr gave a lecture entitled "The Nucleus of the Atom" at Zhejiang University, which lasted an hour and a half. The President of Zhejiang University, Kezhen Zhu, commented on Bohr's lecture: "Professor Bohr arrived at five o'clock. He is 52 years old this year and he is a very amiable person. He gave his lecture on the 3rd floor of the building of the college of art & sciences to introduce his latest atomic theory. ... the lecture hall was full from the beginning to the end; nobody was willing to leave."[2]

During Bohr's visit to Hangzhou, professors from Zhejiang University, Ganchang Wang (1907-1998) and Xingbei Shu (1905-1983), discussed several physics problems with him. They asked him what caused the air shower phenomenon triggered by cosmic rays. Bohr replied that this problem had been solved: air showers were caused by electromagnetic interactions[3]. Ganchang Wang once recalled that: "It was very fortunate for me to receive Professor Bohr's visit at Zhejiang University, where I was working as a teaching staff member, and together with Professor Xingbei Shu, we accompanied Professor Bohr to visit the beautiful scenes in Hangzhou. This was my first time to meet Professor Bohr. During our visit to those places of interest, Professor Bohr also happily told us his new ideas about the compound nucleus and the liquid-drop model of the nuclei."[4]

In Nanjing, Bohr gave a lecture on the atomic nucleus and another lecture on causal laws in atomic physics on 26 and 27 May, respectively, at Central University. Bohr mentioned his ideas on causality in atomic and nuclear physics several times. In his opinion, the traditional principles of causality were too narrow to explain experimental results obtained in nuclear physics. He also thought that his idea of complementarity and Heisenberg's principle of uncertainty provided a rational and

---

[1] *Ta Kung Pao*, 1 June, 1937.
[2] Kezhen Zhu, Zhu Kezhen's Diaries, vol. 1 (Beijing: People's Publishing House, 1984), pp. 115-116.
[3] Dainian Fan, "Niels Bohr and China", China Reading Weekly, 24 October, 2012.
[4] Ganchang Wang, "Deep friendship, memorable meeting", Impact of Science on Society, 137(1985): 51-57.

relatively broad explanation for the principles of causality[①].

On the morning of 31 May, Bohr arrived in Beijing. In the afternoon, prior to his lecture at Peking University, Bohr visited the physics laboratory. He admired the advanced technology of the 984 spectral line photography, which usually needed hundreds of hours of exposure, when he saw the images taken by Dayou Wu (1907-2000) and Huachi Zheng (1903-1990) in their research of the Raman effect[②]. On the morning of 2 June, accompanied by Youxun Wu, Bohr visited Zhongyao Zhao's (1902-1998) laboratory, whose research topic was "neutron and the selective capture", and Bingquan Huo's (1903-1988) laboratory, whose research topic was the "Wilson cloud chamber and the air shower".

Bohr delivered two lectures, "The Nucleus of the Atom" and "The Structure of the Atom", at Peking University and a lecture on "The Structure of the Atom" at Tsinghua University (Figure 5), which were attended by several hundred people, including scholars, students, and laymen. Table 2 presents all the topics of his lectures in China.

Figure 5　Bohr lecturing in Beijing in 1937
Source: Bohr Archive

---

① Yan, "Niels Bohr in China" (ref. 22), p. 436.
② Kangnian Yan, "Niels Bohr visited China", Journal of Dialectics of Nature, 3(1981): 79.

Table 2 Bohr's academic schedule in China from 21 May to 4 June, 1937

Dates	Locations	Themes
21 May	Shanghai Jiao Tong University	The Nucleus of the Atom
24 May	Zhejiang University	The Nucleus of the Atom
26 May	Central University	The Nucleus of the Atom
27 May	Central University	Causality in Atomic Physics
31 May	Peking University	The Nucleus of the Atom
2 June	Tsinghua University	The Structure of the Atom
4 June	Peking University	The Structure of the Atom

Source: Kangnian Yan, "Niels Bohr in China", in Chinese Studies in the History and Philosophy of Science and Technology, ed. Dainian Fan and Robert S. Cohen (Dordrecht: Kluwer Academic Publishers, 1996), pp. 433-437.

Altogether, Bohr gave six lectures on atomic physics and one lecture on causality during his visit to China. He used slides, billiard balls, and other devices to illustrate his research results and scientific ideas[1]. He demonstrated the whole experimental process of how bombarding atomic nuclei with rays can induce atomic transformations; he also explained artificial radioactivity and nuclear transmutation caused by neutron capture, and introduced the latest liquid-drop model, which he had proposed in 1936.

During his visit to China, he met the leaders of important academic institutions, such as Kezhen Zhu and Yiqi Mei, exchanged ideas with first-class scholars such as Gangfu Hu (1892-1966), Ganchang Wang, and Xingbei Shu, and met the well-known linguist Yuen Ren Chao (1892-1982) and the philosopher Qian Hong (1909-1992). Bohr was the first foreign scientist in modern times to be honored with such a grand reception in China (Figure 6).

Xueyi magazine published an article titled "Professor Bohr's lectures" by Yungui Dai (1899-1982) and another article titled "Niels Bohr and quantum theory" by Yanhan Shi (1909-1992)[2]. Yungui Dai stated in his article that

---

[1] Yan, "Niels Bohr in China" (ref. 22), pp. 435-436.

[2] Yanhan Shi, "Niels Bohr and Quantum Theory", Xueyi 16, 1937, No. 3(1937). *Xueyi* Magazine was founded in 1917 in Tokyo by several Chinese students who were studying in Japan. It published articles in not only science and technology, but also social science field. It was an academic journal that aimed at promoting the blends of nature science and social science. It played an important role in the dissemination and development of the early quantum mechanics and the relativity theory in China.

Bohr

Figure 6　Bohr with Chinese physicists and mathematicians in Beijing in 1937
Source: Bohr Archive

was "the pioneer of atomic physics in the twentieth century", and introduced the details of Bohr's two lectures in Nanjing. Yanhan Shi referred to Bohr in his article as "one of the greatest physicists in the world today"[①]. Just after Bohr left Beijing, the July 7 Incident of 1937 took place. This Incident led directly to a full-scale war between Japan and China and to the opening of the East Asian battlefield of World War II. China experienced the arduous fourteen years of the War of Resistance Against Japanese Aggression. The horrible crimes committed by the Japanese Imperial Army during their invasion of China seriously interfered with China's progress in science and technology. Moreover, during the war, a great number of universities and research institutions had to move their campuses and book collections. Experimental equipment was destroyed. The teaching and research environment became extremely harsh, and the living conditions of teachers and students deteriorated significantly. Even after the war ended, three

---

① Fan, "Niels Bohr and China" (ref. 20), p. 18.

years of civil war broke out, and the situation was just as chaotic as the previous period. At this time, the development of physics suffered a major setback, and physics studies in China entered a state of stagnation[①].

Impact of Bohr's Visit to Japan and China: A Comparative Perspective

As an internationalist, Bohr always held to the principle that exchange in the realm of science and technology should not be blocked by national borders. He was therefore delighted to accept the invitations from both Japan and China, and ultimately, brought the latest knowledge on physics to these two countries in 1937. However, it was impossible for Bohr to control his influence on these two countries because the actual impact of his lectures was determined not only by Bohr himself, but also by the social context at the time.

Japan has a fine tradition of drawing lessons from other countries. To change the circumstances of Japanese society, which some in Japan had come to regard as backward, the Japanese government, as early as the Meiji Restoration in 1868, had started to promulgate new policies to introduce not only the latest ideologies and cultures, but also advanced science and technology from the West. A conspicuous number of scientists and technicians were invited from abroad in the early years of Meiji. The government also sent students to universities in Europe and the United States[②]. As stated by Shin-ichiro Tomonaga, "the physics of Japan was not produced locally but was transmitted from Europe", and physicists in Japan exemplified this statement by always studying with Westerners[③].

Modern science originated in Europe, and the development of quantum physics, in particular, was quite Eurocentered. In 1922, Einstein visited Japan and quickly set off an "Einstein boom". During his five-week stay in Japan in 1922, Einstein received the reception of the highest specifications given by the Japanese

---

[①] Daiyou Wu, Memories of the Development of Physics in Early China (Taipei: Linking Publishing, 2001), p. 123.

[②] Hideki Yukawa, "Hundred Years of Science in Japan: From a Physicist's Point of View", AAPPS Bulletin 17, No. 1(2007): p. 11.

[③] Shadan hojin Nihon butsuri gakkai, ed., Nihon no Butsuri Gakushi (Tokyo: Tokaidaigaku shuppan-kai, 1978), p. 630.

Emperor. Nonetheless, because of the weak development of pure physics during that time, Einstein's influence on Japan was manifested more in the awakening of social consciousness and the rising of science popularization, sometimes even to the point of fetishism. His lectures attracted thousands of Japanese people although most of them did not understand his theories. He received great cheers from the crowd everywhere in Japan because Japanese people treated him as an idol. The emergence of quantum mechanics heralded a new era in physics research, and from that time on, gave Japanese scientists an opportunity to compete with European scientists. One such area of development was in the field of theoretical research, which had little relationship with the development of industrial technology[①].

The introduction of advanced scientific ideas did not translate into the abandonment of local traditions. The Japanese grafted lively sprigs of western science onto their traditional cultural plants. As science does not operate in a vacuum, neither is it static; looking at a non-Western scientist's career trajectory shows the local and transnational contexts in the emergence of modern science[②]. As the one who was hailed as "the only Japanese to have witnessed the birth of new physics"[③], Nishina absorbed and localized the scientific culture and spirit from the West in the 1920s. During his studies abroad from 1921 to 1928, Nishina was influenced by the experimental tradition of the Cavendish Laboratory, the quantitative tradition of the University of Göttinge, and above all, by the Copenhagen spirit of Bohr's institute from 1923 to 1928[④].

At the beginning of the twentieth century, the physics community of Japan was still far from the world's center of physics, and few scholars in Japan had access to the latest physics. This situation would improve rapidly as soon as

---

[①] Okamoto, "Science and Competition" (ref. 13), p. 43.

[②] Somaditya Banerjee, "Transnational Quantum: Quantum Physics in India through the Lens of Satyendranath Bose", Physics in Perspective 18, No. 2(2016): 157-181.

[③] Tamaki and Ezawa, Nihon (ref. 15), pp. 55-62.

[④] Regarding the "Copenhagen spirit", there is yet to be a consensus among scientists. For instance, John Heilbron, quite directly, considered it the Copenhagen interpretation of the quantum mechanics field. Meanwhile, Finn Aaserud defined it as a specific atmosphere or style of work. See John L. Heilbron, "The Earliest Missionaries of the Copenhagen Spirit", Revue d'histoire des sciences 38, No. 3(1985): p. 200; Finn Aaserud, Redirecting Science: Niels Bohr, Philanthropy, and the Rise of Nuclear Physics (Cambridge: Cambridge University Press, 1990), prologue.

Nishina arrived back in Japan from Europe[1]. Although he studied in Europe for eight years as a young man, he never forgot the Japanese traditions, and this attitude was reflected not only in his private life, but also in his research[2]. Nishina started to build a laboratory of his own, based on the traditional regulations of RIKEN, in July 1931. Since he was deeply affected by Bohr, he adopted the Copenhagen spirit, with its characteristics of equality, freedom, and willingness to discuss and cooperate within a research team, and advocated the importance of both theory and experimentation in his laboratory. He guided his young colleagues and students, such as Shin-ichiro Tomonaga, Shoichi Sakata, and Hidehiko Tamaki, to research on cosmic rays and nuclei, which required both theory and experimentation.

Transplanting scientific traditions from other countries and making them local are more efficient ways for a less developed country to develop its own science than just directly importing practical technology[3]. The Japanese understood science and technology in terms of not only their utility for the nation's industrial development, but also as something they could graft onto indigenous values that remained largely intact despite Western incursions[4]. As a result, even before Bohr's visit to Japan, Nishina had adopted the successful scientific traditions he had learned during his studies abroad in the West and had started a unique academic genealogy[5] for the Nishina Laboratory at RIKEN. This started a distinctive tradition at the Nishina Laboratory, which has continued

---

[1] Shiyu Duan and Xiaodong Yin, "Nishina Yoshio's Contribution to Physics in Japan", Journal of Capital Normal University (Natural Science Edition) 33, No. 1(2012): 21.

[2] Nishina was still very traditional even though he received the Western thinking culture during his stay in Europe. After his return to Japan, he chose the traditional mode to get married. In his letter to Bohr, he wrote: "I am going to have a wedding on next Saturday, the 23rd Feb. The thing which shall most surprise you is that I am going to marry a person whom I have seen only three times in my life and have never talked with before. This is surely an old fashioned marriage. ... I have, however, sufficient reasons to do this." See Nishina, Letter to Bohr (ref. 5).

[3] Yasu Furukawa, ed., A Social History of Science: From the Renaissance to the Twentieth Century, trans Jian Yang and Bo Liang (Beijing: Science Press, 2011), pp. 1-4.

[4] Graeme J. N. Gooday and Morris F. Low, "Technology transfer and cultural exchange: Western scientists and engineers encounter Late Tokugawa and Meiji Japan", Osiris 13(1998): 99-128.

[5] Qiqige Wuyun and Jiangyang Yuan, "On the construction of the first class tradition in science: From the perspective of genealogy of winners of Nobel Prize in Physics in Japan", Studies in Dialectics of Nature 25, No. 7(2009): p. 59.

to this day and has been further nurtured and developed by Nishina's students. In turn, they perpetuated this tradition by cultivating top-class students, many of whom won the Nobel Prize in Physics, as documented in Figure 7.

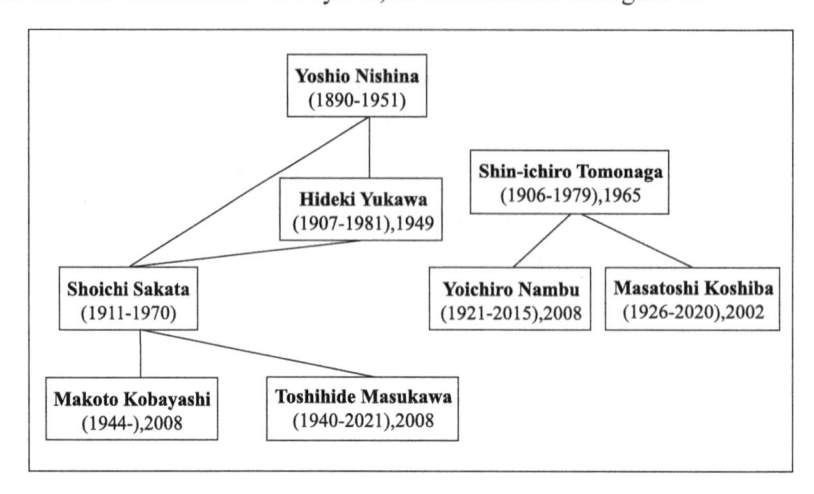

Figure 7　The "family tree" of winners of the Nobel Prize in Physics from the Nishina Laboratory
Note: Shoichi Sakata did not win the Nobel Prize, but he studied from both Nishina and Yukawa, and he also played the role of the supervisor for Kobayashi and Masukawa

The impact of Bohr's visit to Japan in 1937 was nevertheless not as big as that of Heisenberg's and Dirac's visit to Japan in 1929. Modern physics had already developed to a relatively high level and theoretical physicists such as Yoshio Nishina, Hantaro Nagaoka, Seishi Kikuchi, Shin-ichiro Tomonaga, and Hideki Yukawa had achieved excellent results before Bohr's visit to Japan. The Japanese scientists could already understand Bohr's lectures on quantum mechanics and the atomic nucleus quite easily, which contrasted sharply to their ignorant embarrassment caused by their lack of basic knowledge that prevailed during Heisenberg's and Dirac's lectures. With Bohr, the Japanese scientists could exchange their scientific ideas smoothly, not only on physics, but also on the philosophy of science. Even a young scientist such as Hideki Yukawa could communicate on an equal footing with Bohr about his innovative meson theory.

Shifting our focus to China, we see that, since the first Opium War in 1840, which almost coincided with the Meiji Restoration in Japan, aggressive wars waged by Western powers and domestic wars were frequent. During this period, several protestant missionaries established missionary schools in China to teach science, although their fundamental goal was to train capable Chinese to spread their religious thought. As the American Presbyterian mission's Calvin Matter remarked, "Western science" was "coming into China", whether anyone would "will it or not"; the country was "slowly but surely opening her gates to western knowledge"[1].

During this period, the Chinese received scientific knowledge from abroad with a passive, rather than active, attitude. To strengthen its influence on China, the American government formally adopted a resolution in 1908 to spend the remaining part of the Boxer Indemnity on subsidizing Chinese students to study at universities in the United States[2]. The introduction of Western physics before 1910 was sporadic and incomplete, so systematic teaching or research in classical physics was not yet available[3]. Despite this, changes occurred because many students who had earned advanced degrees in the United States later became famous scientists. For instance, in the field of physics, we find famous figures such as Gangfu Hu, Peiyuan Zhou, and Qisun Ye (1898-1977). The history of modern physics in China starts with the students who studied abroad and returned to China. In 1926, Tsinghua University established the Department of Physics. The dean of the department, Qisun Ye, together with professors such as Bendong Sa (1926), Youxun Wu (1928), Peiyuan Zhou (1929), and Zhongyao Zhao (1932), planned the curriculum, prepared experiments, and installed instruments, all on their own. In 1931, China counted twenty-seven universities with established departments of physics and almost three hundred physicists. Before the Anti-Japanese War, most Chinese physicists engaged in experimental studies, such as spectroscopy[4]. In contrast to the topics chosen for Japan, in China, Bohr focused more on atomic and nuclear physics. Bohr's authoritative report on the

---

[1] Peter Buck, American Science and Modern China, 1876-1936 (Cambridge: Cambridge University Press, 2010), pp. 10-11.

[2] In 1908, the United States Congress passed a bill enabling the establishment of the Boxer Indemnity Scholarship Program for Chinese students to be educated in the United States, using the excess funds from the Boxer Indemnity paid by China as reparation for American losses incurred during the Boxer Uprising against foreign legations in Beijing in 1900. See Weili Ye, Seeking Modernity in China's Name: Chinese Students in the United States (Stanford: Stanford University Press, 2001), p. 10.

[3] Danian Hu, China and Albert Einstein: The Reception of the Physicist and His Theory in China 1917-1979 (Cambridge: Harvard University Press, 2005), p. 46.

[4] Nianzu Dai, "A Brief Review of the Achievements of Chinese Physicists in Twentieth Century", China Historical Materials of Science and Technology 12, No. 4(1991): 57.

theory of nuclear structure, which he presented in China, introduced the latest results from the West. This was an appropriate choice of subject for his lecture, because at that time, Chinese physics was dominated by experimentalists.

The famous Chinese historian of science, Guangbi Dong (1935-), once argued that the country that most influenced physicists in China in the twentieth century was the United States[①]. The study-in-America programs were apparently more successful than other overseas-study programs. Furthermore, these American-trained Chinese physicists not only advanced physics in China, but also played leading roles in the development of Chinese science and technology during the twentieth century[②]. Table 3 shows that, of the scientists who met Bohr, only Xingbei Shu conducted research in theoretical physics. Furthermore, most of them, such as Gangfu Hu, Yutai Rao (1891-1968), and Shaozhong Zhang (1896-1947), went to study in the United States with the support of the Boxer Rebellion Indemnity Fund. During the first forty years of the twentieth century, the development of theoretical research in the United States was relatively slow compared to Europe; however, the American electronics industry was well-developed, which provided a solid foundation for the future progress of experimental science. Table 3 also shows that, of the scientists who met Bohr in 1937, most studied experimental physics rather than theoretical physics in the United States.

Table 3 Name list of Chinese physicists who met Bohr when he visited China in 1937

Names	Affiliations	Places of study abroad	Research fields
Xingbei Shu	Zhejiang University	United States (1926-1931)	General relativity and quantum mechanics
Gangfu Hu	Zhejiang University	United States (1913-1918)	X-rays
Ganchang Wang	Zhejiang University	Germany (1930-1934)	Nuclear physics, cosmic rays, and elementary particle
Shaozhong Zhang	Zhejiang University	United States (1920-1927)	Pressure physics
Zenglu He (1898-1979)	Zhejiang University	United States (1929-1933)	Vacuum technology

---

① Guangbi Dong, "Physics in Twentieth-Century China", in the Tenth International Conference of the History of Science in China (Harbin, China: 2004); Danian Hu, "American Influence on Chinese Physics Study in the Early Twentieth Century", Physics in Perspective 17, No. 4 (2016): 268-297.

② Hu, "American Influence on Chinese Physics" (ref. 52).

			Continued
Names	Affiliations	Places of study abroad	Research fields
Yutai Rao	Peking University	United States (1913-1922)	Stark effect and molecular spectroscopy
Dayou Wu	Peking University	United States (1931-1934)	Atomic and nuclear physics, Raman spectroscopy
Huachi Zheng	Peking University	Germany, Austria, and France (1928-1935)	Spectroscopy
Youxun Wu	Tsinghua University	United States (1921-1926)	X-ray scattering and Compton effect
Zhongyao Zhao	Tsinghua University	United States (1949-1950)	Nuclear physics and hard γ-rays
Bingquan Huo	Tsinghua University	Britain (1930-1935)	Cosmic rays, high energy physics, and nuclear physics
Xielin Ding (1893-1974)	Physics Institute of Academia Sinica	Britain (1914-1919)	Manufacture of equipment for physics laboratories

Source: Dainian Fan, "Niels Bohr and China (I): A collection of related historical materials (1920-1949)", Science & Culture Review 9, No. 2(2012): 5-25; Hans Bohr, Professor Niels Bohr and Margrethe Bohr in China, 1937, Bohr Archive.

Bohr's lectures in China were more like science popularization sessions, which clearly enlightened promising young scientists and students such as Sanqiang Qian(1913-1992), who later came to be considered the "father of atomic energy science in China" because of his significant contributions to developing China's atomic bomb, hydrogen bomb, and artificial satellite from the 1960s to the 1970s. As Sanqiang Qian once recalled: "When Bohr visited China in 1937, I had just graduated from Tsinghua University and was working at the Institute of Physics of Beijing Academy. Bohr came to visit our institute and then made his speech at Peking University. He explained the atomic structure and nucleus images in plain language such that all the audience, including me, was deeply attracted by his wonderful lectures. His concept of the compound nucleus inspired my subsequent work on nuclear fission."[1]

At the same time, Bohr's trip to China greatly promoted scientific exchange between China and Europe; it opened the door for Chinese students and young scholars to study in Denmark, especially at Niels Bohr Institute. From the end of

---

[1] Qian, Commemorate (ref. 1), pp. 195-198.

the 1950s to the beginning of the 1960s, China was isolated from the West because of the Cold War and was in a passive position regarding the international exchange of knowledge. However, in 1962, Bohr's son Aage went to China, where he represented the Danish government in their effort to reach a long-term agreement with the Chinese government on academic exchange and cooperation between the two countries. Bohr's visit to China in 1937 laid the foundation for such an agreement[①].

Starting in the 1950s, the Chinese physicist Ge Ge began his systematic research into Bohr's scientific ideas. He translated eight volumes of the *Niels Bohr Collected Works* into Chinese. In 1985, to commemorate the hundredth anniversary of Bohr's birth, Chinese academia held various commemoration ceremonies. Mainstream newspapers as well as famous scientific journals also published Bohr's stories and contributions in their pages. In addition, under Ge Ge's initiative, the first statue of Bohr in the world was erected at the Changing campus of China University of Petroleum, which became a symbol of friendship between the Chinese and Danish people (Figure 8). In fact, Hans Bohr, who had

Figure 8　Niels Bohr statue in China
Source: Image by the authors

---

① Xiaodong Yin and Zuoyue Wang, "A historical study of Chinese physicists' visits at the Niels Bohr Institute of Denmark in the 1960s", Studies in the History of Natural Sciences 32, No. 4(2013): 470-488.

accompanied Bohr to China in 1937, gave the opening address of the dedication ceremony for the statue on 12 May, 1995[①]. All these actions reflected the respect and friendship felt within Chinese academia for Bohr, who was a good friend of the Chinese people.

Conclusion

The international exchange of knowledge is an indispensable element in the process of science, especially when it concerns the transfer of knowledge from a developed country to a less developed country. In this case, the country playing catch-up in the arena of science and technology stands to gain significantly from transferring advanced scientific ideas from abroad. A well-designed knowledge transfer process can make knowledge transfer more efficient, thereby stimulating the process of transplanting science and technology from abroad and shaping it to fit the local culture. When a less developed country has been introduced to advanced science by a developed country and the former is able to allow the field to be absorbed, localized, and innovated, the less developed country can build the capabilities necessary to catch up or even surpass the country that introduced it to the advanced sciences in the first place. When Bohr visited Japan as a representative of quantum mechanics, his student Nishina had already successfully completed the process of localizing the Copenhagen spirit by reforming and creating a research style of his own, while cultivating promising young talents at the Nishina Laboratory. In Japan, Bohr gave lectures both on quantum mechanics and quantum philosophy. He seemed to be sure that his audience could not only understand, but also communicate with him about these topics.

Bohr's visit to China and Japan in 1937 also demonstrates that knowledge exchange can be implemented not only by a country or a research institution, but also by individuals. The impact of Bohr's trip to China and Japan proves that an individual scientist can use his or her influence to advance the development of science in other countries. In addition, at some point, an unequal collaboration

---

[①] Ge Ge, "The First Niels Bohr Statue in the World", Nature Magazine (China) 17, No. 3(1995): 170.

can produce great insights[①], and in a specific globally social context, the international exchange of knowledge on the individual level becomes even more powerful and effective in promoting the circulation of knowledge, and better promotes scientific exchange between countries.

Moreover, the topics that Bohr chose for lectures in the two countries exactly met the needs of the audiences in each country and were suitable for their development in physics and within the given social context. The actual effect of Bohr's visit to China and Japan concerned not only the knowledge Bohr provided, but was also closely related to the current status and social background of the recipients at the time. This paper shows that the quality of international knowledge exchange is determined not only by the supplier, who provides certain advanced notions of science and technology, but also by the "soft" elements involved, such as the status of the recipients like the local social context, the level of scientific development, the scientific tradition, or the cultural background. The circulation of knowledge is a two-way street.

Acknowledgements

We thank Dr. Martin, Dr. Bellon, Dr. Waller, and the anonymous reviewer for their helpful feedback on this paper; we also appreciate the Bohr Archive in Copenhagen for the precious original resources provided.

(This paper was originally published by Lei Wang and Jian Yang, "Process and Impact of Niels Bohr's Visit to Japan and China in 1937: A Comparative Perspective", Endeavour, 2017, Vol. 41, No. 1, pp. 12-22.)

---

① Deepanwita Dasgupta, "Stars, peripheral scientists, and equations: The case of M. N. Saha", Physics in Perspective 17, No. 2(2015): 103.

科学技术传播理论研究

国家创新系统视野中的科学传播与普及

| 曾国屏 |

"知识经济""知识社会"等术语的出现,表明了人们对知识在经济增长和社会进步中的作用有了更充分的认识,科技的传播和扩散使科普工作的意义也进一步彰显出来。从知识的生产、传播扩散和利用的角度看,所谓科普,是指通过知识的传播扩散,促使知识的生产、传播扩散和利用成为一个有机的整体,使科学技术的发展惠及整个社会的过程。从狭义上讲,科普特别专注于公众科学素质的提高,专注于公众科学素质与科学技术知识的生产、传播扩散和利用的相互促进。

知识经济时代,国家创新系统的重要意义更加凸显出来,从国家创新系统来理解知识的传播扩散、理解科普事业也就是题中之义。本文从国家创新系统中知识传播的本性、知识传播机制,以及知识传播与全民科学素质建设几个方面进行初步的探讨。

一、国家创新系统中知识传播的本性

知识传播,也就是知识扩散,也被称为知识分配、知识流通等,特指一部分社会成员在特定的社会环境中,借助特定的知识传播媒体,向另一部分社会成员传播特定知识信息内容,并期待取得预期传播效果的社会活动过程[1]。

知识传播从受众方面来说有两个层面:科学共同体内部的传播扩散以及社会公众之间的传播扩散。科学共同体内部的传播扩散包括学科同行之间的学术交流与跨学科交流,这种知识传播扩散有利于推进传统学科与新兴学科、中心学科与边缘学科、新研究范式与旧研究范式之间的交流和对话，是原始性知识创新的源头。知识在社会公众之间的传播扩散指的是把一般公众作为知识传播的对象进行科学技术信息的交流和普及活动，包括基本的科学技术知识、科学方法、科学精神，以及对科学与社会关系的认识。它促进了公众科学素质的提高，已成为建设国家创新系统和创新型国家的基础性工作。

从历史的演进看，知识传播的发展是社会知识存量扩张的必然要求，并伴随着人类关于自然、社会和思维的知识存量不断扩张而日益显示出其重要性。自近代科学革命以来，随着"实验型"科学知识生产方式的确立[2]，科学逐渐成为一种独立存在的社会劳动，逐渐形成了为社会所肯定和支持的增进科学知识生产、传播和使用的社会建制。科学体制化使得科学知识稳定而迅速增长，科学家和科技工作者数量愈益庞大，科技文献量不断增加，从而导致整个社会知识存量急剧扩张。相对于成熟完善的科学知识生产方式，知识传播交流机制的功能缺失致使科学知识传播交流方面出现了严重的"传播瓶颈"[3]，已直接影响到科学知识生产本身及其应用。科学技术学的奠基人贝尔纳（J. D. Bernard）于20世纪30年代已经指出："今天我们已经明白科学情报数量之多已使其交流成为巨大问题，现有的机构完全不能应付。"他提议，"建立一个系统，或者说服务体系，来对科学情报进行记录、归档、协调和分配"，以"解决科学交流的全盘问题，不仅包括科学家们之间的交流问题，而且包括向公众交流的问题"[4]。在此，他不仅已经明确地指出科学知识传播交流对科学知识生产的重要意义，同时也已经意识到科学知识在公众层次的普及传播问题。

事实上，随着20世纪科学技术的迅猛发展，科学技术与社会相互作用的日益紧密，科学技术的传播扩散以及科普都逐步发展成为蔚为大观的社会事业。在走向21世纪之际，面临着知识经济的兴起和知识社会的构建，形成了国家创新系统思想和理论。国家创新系统的建设受到世界各国的高度重视。

国家创新系统研究进路为我们研究科学和知识传播提供了重要的理论研究框架。从理论来源上看，国家创新系统研究进路缘起于新熊彼特主义将创新活动看作是基于知识传播的生产要素的重新组合的重要观点，即知识传播扩散导致创新结果来源于创新过程中不同种类行动者间复杂的相互作用。因此，在知识经济、国家创新系统的建设中，承认知识的传播和知识的生产与使用同等重要。于是，"知识传播网络"建设内化于"国家创新系统"之中，与创新绩效和经济活动联系起来。这使得我们不仅需要从社会文化意义上来理解科技知识的传播扩散，而且必须内在地联系着社会经济的绩效来理解科技知识的传播扩散。

在国家创新系统研究进路看来，知识的传播扩散根植于特定国家的社会、经济、政治和文化语境之中，具有网络化和系统化的重要特征。弗里曼（Freeman）基于日本国家创新系统的分析，将创新系统界定为"公共和私人部门中的机构网络，其活动和相互作用激发引入、改变和扩散着新技术"[5]；艾奎斯特（Edquist）将关于创新活动的系统描述为"要素间相互制约的复杂行为从而构筑整个系统的复杂性"[6]；伦德沃尔（Lundvall）则更强调和关注系统内部知识和学习的重要作用，指出"创新系统由不同要素及其相互关系所组成，要素在生产、扩散和使用新的、具有经济价值的知识过程中发生强烈交互作用"[7]。经过学术界的研究，经济合作与发展组织（OECD）在1997年发布的《国家创新系统》报告中是这样阐述的："国家创新系统的概念基于这样的前提：理解参与创新的各行动者之间的联系是改善技术绩效的关键所在。创新和技术进步是创造、传播、应用各种知识的行动者之间错综复杂关系的结果。"[8]

在以上种种研究中，虽然不同学者以及OECD对国家创新系统的定义在表述的文本上有这样或那样的差异，但是这些表述更有着共同的基础，即将知识的传播扩散摆在创新系统中非常突出的重要位置。这些研究表明，知识传播扩散的效率是国家创新系统良性运行的关键所在，系统内的知识流动是各行为主体之间的复杂交互作用的主要渠道和方式。

二、国家创新系统中的知识传播机制

国家创新系统研究进路高度重视"知识分配力"的重要作用[9]，它是创新系统中创新主体随时可以接触到相关知识存量的重要保证。而创新系统的知识分配力很大程度上取决于知识传播扩散的机制和效率，正是通过知识的传播扩散机制，"知识分配"才成为现实。

不同层次、不同领域的知识密集型服务中介是沟通知识生产与利用之间知识流动的纽带和桥梁，各国都把这种知识密集型中介服务及其机制的建设看作是政府推动知识、科学技术传播扩散的重要途径。值得注意的是，这种中介服务机制并不简单地等同于独立于知识的生产和利用部门的专门的中介服务机构，它们事实上往往包括在知识的生产和利用的部门之中作为组织功能或职能部门而存在，或是通过各种各样的流通渠道而存在。

通过知识密集服务，那些显著依赖于专门技术或功能领域的专业性知识，通过报告、培训和咨询等方式，向用户和社会提供以知识为基础的中间产品和服务。根据在国民经济技术动力学中的角色定位，知识密集服务中介可以表征成为技术和非技术创新的发动者、使用者和转移中介，在创造、搜集、扩散组织性、制度性、社会性知识的过程中发挥着重要作用。而且，除了如咨询、培训等行业作为知识传播与扩散的载体外，知识密集服务中介本身也成为一体化的新知识和新技术的生产者。例如，在OECD有关报告的"国家创新系统的核心知识流"[10]过程中，知识密集服务中介由于同时扮演三重角色从而保证国家创新系统的高效运转。首先，作为知识的获取者，知识密集型服务中介从大学、公共研究机构、制造业部门或其他服务业中购买知识和机器设备；其次，作为知识的生产者，知识密集服务中介为制造业或其他服务部门提供知识和服务；最后，作为知识的传播者，知识密集服务中介在制造业、大学、公共研究机构或其他服务部门等不同创新系统行动者间交流和分享互补知识。创新系统中知识密集服务中介与其他行动者间的知识传播是双向的，在获取来源于用户的知识后反过来为用户提供针对特定用户的专业化服务，并在此基础上提升自身的知识存量。

然而，知识是一个复杂的体系，从知识的主体论维度看，包含着显性知识和隐性知识。显性知识是可编码且易于整理、存储和流动的，因而这种知识本身具有一定的传播、普及和自强化功能，倾向于扩散进入社会公共领域。隐性知识以人们头脑中的经验、诀窍和灵感等形式存在，难以编码和量度，这种知识具有难以通约性和非言性，也难以传播。有效的知识传播扩散机制，必须要解决好两类知识之间的关系。正如野中郁次郎在1994年的研究中指出的，有效的知识传播实际上是内隐知识和外显知识循环转换的过程[11]。这样，创新便可以理解成为包括内隐知识和外显知识交互作用的循环和传播。实质上，人员以及内嵌于人本身的隐性知识的流动和传播是国家创新系统知识传播的重要组成部分。OECD的报告指出，创新系统中人员间的相互流动，不论是基于正式或非正式的场合，都是大学、产业、公共和私人部门间知识传播的重要渠道。

多数研究表明，在广泛水平上的知识传播扩散对产业的生产率有积极的影响；知识传播扩散的重要性在许多情况下如同R&D投入对于创新绩效的重要性一样。尽管我们目前的许多关于科学技术和科技创新的测度中往往只问科技投入和产出，往往将科学技术传播和扩散作为黑箱进行处理，但借鉴联合国教育、科学及文化组织和OECD关于科学技术活动的定义和解释，仍然可以窥见和理解科学技术传播和扩散的重要地位。

按照联合国教育、科学及文化组织的经典定义（《关于科学和技术统计国际标准的建议》，1978年），科技活动包括：在科学和技术的所有领域内，与科学和技术知识的产生、发展、传播及应用密切相关的系统性活动。这些活动包括研究与开发（R&D）、科技教育与培训（STET）和科学技术与社会（STS）等。STET包括：非大学的专科高等教育和培训，可获得大学学位的高等教育与培训、研究生及其他可获得大学学位后的教育与进一步培训，以及为科学家和工程师设置的终身培训。STS则是指与R&D有关的和有助于科学和技术知识的产生、发展、传播和应用的活动。科技服务包括以下9个类别：①图书馆等科技服务活动；②博物馆等科技服务活动；③科技文献的翻译、编辑等；④调查（地质、水文等）；⑤勘探；⑥社会经济现象数据的收集；⑦测试、标准化和质量控制等；⑧委托咨询，包括面向公众的农业和工业咨询服务；⑨公共团体、部门开展的专利及许可证活动。这个规定恰恰表明，在科学技术活动中，除了R&D之外，其余的STET和STS几乎都是科学技术传播扩散活动。因此，科技活动也就大致上可以划分为研发活动和传播扩散活动两大类。在此意义上，有必要进一步深入研究科学技术传播扩散机制并进行测度。

三、知识传播与全民科学素质建设

当代社会正在向知识社会转型，这是科学技术迅猛发展并向人类生活各个领域、各个方面快速渗透的必然结果。

概括地说，知识社会强调：①知识将成为生产力的主要特征，知识和智力开发是未来经济发展的动力；②知识将改变未来社会人们劳动的含义和结构；③知识和学习把人们联系在一起，增加人与人之间的相互依赖，增强人与社会、人与自然的联系；④人将是知识社会的主体，终身学习将成为人的自我完善、自我发展的必然要求；⑤构建学习化社会是迈向知识社会的必然环节。在知识社会中，对有熟练技能工人的需求日益增加，受过教育和有熟练技能的劳动者更有价值。显然，人力资源和知识越来越成为最重要的资本，知识化、科学素质成为在这一社会中具有竞争力的劳动者的显著标志。

科学素质是公民素质的重要组成部分。公民具备基本科学素质一般指了解必要的科学技术知识，掌握基本的科学方法，树立科学思想，崇尚科学精神,并具有一定的应用它们处理实际问题、参与公共事务的能力。在知识社会中,这种素质和技能不仅是个人,而且是整个社会发展的基础,除了从正规教育主渠道以及从岗位培训和技能培训中获取科学素质和技术能力之外,"从干中学"和"从用中学",从而不断地获取隐性知识也成为知识社会的必然要求。在劳动力市场上,以处理编码化知识的能力的形式表现的隐含经验类知识比以往更为重要,这就意味着员工将不能仅仅满足于正规教育,还需要不断地提高获得和应用新的理论和分析知识的能力。

从公民科学素质与知识传播扩散的关系看,公民科学素质建设既是知识传播扩散的重要内容,也是影响知识传播扩散深度与广度的重要因素。在知识社会化和知识全民化的语境下,知识传播与扩散的接受者的文化特质、知识基础和吸收能力等就直接影响着知识传播的效果,接受者有足够的知识储备是使传播能够顺利完成的前提条件;如果接受者的知识水平太低,就很难理解并吸收有关的科学知识。从这个意义上说,公众的科学素质是知识有效传播的基础。只有通过各种方式提高全民的科学素质,才能够提高人们理解和利用当代科学和技术的能力,成为知识社会的合格公民。

值得指出的是,在国家创新系统中,知识的生产、传播扩散和利用之间形成的是复杂的相互作用网络,因此,即或是侧重于知识生产或利用的系统和部门,也必然要承担着知识传播扩散的责任,发挥相应的功能。例如,国家创新系统中科学系统不仅从事着知识生产,也承担着知识传播的重要职能,甚至还承担着为社会服务,包括促进知识利用的功能。国家科学系统的核心是公共研究实验室和高等教育机构,其知识传播功能主要体现在教育和开发人力资源以及科学研究人员和研究机构在网络内和网络间转移知识的能力。从这个角度看,人力资源本身在国家创新系统中扮演着知识传播中介的角色,而科学家和科学研究人员更是知识传播网络中的重要节点;通过网络中人员的流动及不同等级的知识转移能力,整个国家和社会的知识存量得以增加和极大地扩张。

创新系统的知识传播功能及人员流动和相互作用,使能熟练地创造、获取和传递知识,善于修正自身行为和提高自身素质,以适应新的知识进步和技术发展的新型公民的出现成为可能;也使得科学素质的提高,从作为少数成员追求的精英主义价值取向,转变为社会共同体对每一成员的必然要求。因此,知识、科学技术的传播扩散,不仅包括通常的社会文化意义上的传播扩散,也包括社会经济意义上的生产和生产能力的传播扩散和提高。

在我国的"全民科学素质行动计划"中,科学普及也正是基于这种社会文化和社会经济两重功能来理解和应用的。因此，提高公民科学素质，对于为我国知识经济的可持续发展提供智力支持，对于增强公民获取和运用科技知识的能力、提高生活质量、实现全面发展，对于提高国家自主创新能力，建设创新型国家，实现经济社会全面协调可持续发展，构建社会主义和谐社会，都具有十分重要的意义。

四、结论

从国家创新系统的研究进路进行考察，科学传播扩散不仅表现为知识在科学家与公众之间的流动，更包括产业界、科学界和政府在内的不同行动者之间的复杂非线性相互作用关系；知识传播与知识生产和使用同等重要，科学技术传播扩散机制及其测度都有待深入的研究；公众科学素质是知识有效传播扩散的基础，公众科学素质建设不仅具有社会文化发展的重要意义，也具有社会经济发展的重要意义。

（本文原载于《科普研究》，2006年第1期，第13-18页。）

参 考 文 献

[1] 倪延年. 知识传播学. 南京：南京师范大学出版社, 1999.
[2] 李正风. 科学知识生产方式及其演变. 清华大学博士学位论文, 2005.
[3] 翟杰全. 科技传播：迈向新的历史纪元. 新视野, 1999, (5): 36-38.
[4] J. D. 贝尔纳. 科学的社会功能. 陈体芳, 译. 桂林：广西师范大学出版社, 2003: 341.
[5] Freeman C. Technology Policy and Economic Performance: Lessons from Japan. London: Pinter Publishers, 1987.
[6] Edquist C. Systems of Innovation: Technologies, Institutions and Organization. London: Pinter Publisher, 1997.
[7] Lundvall B-A. National Systems of Innovation: Towards a Theory of Innovation and Interactive Learning. London: Pinter Publishers, 1992.
[8] OECD. National Innovation Systems. Paris: OECD, 1997.
[9] 李正风. 从"知识分配力"看科技中介机构的作用与走向. 科学学研究, 2003, (4): 405-408.
[10] 曾国屏, 李正风. 世界各国创新系统——知识的生产、扩散与利用. 济南：山东教育出版社, 1999: 27-28.
[11] Nonaka I. A dynamic theory of organizational knowledge creation. Organization Science, 1994, (1): 14-37.

公民科学素质的本土化探索

| 刘立 |

什么是科学素质，它应该具有怎样的内涵，国际上目前已有若干种典型的说法。例如，美国科学促进协会的《面向全体美国人的科学》、美国国家研究理事会的《美国国家科学教育标准》、经济合作与发展组织（OECD）的国际学生评估项目（PISA）、印度的《促进科学文化素质》，以及国际公众科学素质促进中心的米勒（J. Miller）教授等都提出了科学素质的定义。

国际上关于科学素质的定义，对中国只有借鉴意义，不能照抄照搬。世界各国都应探索符合自己国情的本土化定义。2002年12月在南非开普敦召开的科学和技术公共传播网络第七次国际会议提出，为了确保科学技术的传播能真正满足发展中国家人民和社会的需求，需要对科学素质重新进行定义[1]。笔者参与的调查研究也显示，提出本土化的定义是必要的。

笔者是"全民科学素质行动计划"、"我国公民科学素质的基本内涵与结构"项目清华大学课题组（以下简称"课题组"）的成员。为了解公民对科学素质的"直观"理解，并倾听公民的声音，课题组设计了包括12个问题的调查问卷。其中问题包括：你听说过"科学素质"或"科学素养"这个概念吗？国际上已有科学素质的定义，你认为我国有没有必要提出自己的本土化定义？你认为科学素质应包括哪些内容？你认为提高我国公民科学素质的目的是什么？国家"全民科学素质行动计划"提出目标：到2049年即中华人民共和国成立100周年的时候，全体公民人人具备科学素质，你认为这个目标能达到吗？

由于条件的限制，调查对象只包括清华大学的学生（包括本科生、硕士生和博士生）以及清华大学附属中学的学生。共收到清华大学学生的调查表436份，清华大学附属中学学生的调查表96份。调查表回收之后，课题组对调查结果进行了统计分析。

关于中国有没有必要提出本土化的科学素质定义，调查显示，65%的大学生和69%的中学生认为"有必要"。这个结果使课题组确信，关于科学素质，中国应该提出本土化的定义。

一、什么是"公民科学素质"

"公民科学素质"这个概念，包括三个组成部分，分别是"公民"、"科学"和"素质"。

这里的"公民"是指全体公民，既包括在校的学生，也包括社会上的各种人群，如工人、农民、军人、家务劳动者等。通俗地讲，就是"一个都不能少"。所以，公民科学素质应该是面向全体公民的对科学技术的一种最基本的标准和要求。它与针对专业技术人员或管理人员的科学素质显然是不同的。公民科学素质建设，必须时时刻刻把公民放在心上。

这里的"科学"，在"科学素质"这个概念刚提出来的时候，主要是指自然科学，后来人们又提出了"技术素质"的概念。科学素质和技术素质是相互依存的，对生活在现代科技社会的公民来说，二者同等重要。目前，国际上一般对科学素质作广义理解，即把科学素质和技术素质统称为科学素质（需要强调技术素质的情形除外）。所以，笔者认为对科学素质中的"科学"也应该作广义的理解，它既包括自然科学，也包括数学、技术和医学，同时还涉及相关的人文和社会科学。

"公民科学素质"中的"素质"，是从英文 literacy 翻译而来的，也有人把它翻译为"素养"。"科学素质"是"素质"概念的延伸和派生。所以，要理解"科学素质"的概念，需要对"素质"的本义有所了解。在英文中，literacy 的基本含义是能读会写，也即通常所说的"有文化"。据此可以推断，"科学素质"是指在科学技术方面，具有基本的读写能力，科学素质的研究权威——米勒就是这样来定义"科学素质"概念的。当然，仅仅从词源学上来理解"科学素质"的概念是不够的。

《美国国家科学教育标准》对科学素质的界定是，科学素质是指制定个人决策、参与公民和文化事务、从事经济活动所需要掌握的科学概念和科学过程。该标准还做了补充说明：科学素质意味着一个人对日常经历中各种事物能够提出、发现或回答因好奇心而引发出来的一些问题；意味着一个人具有描述、解释和预测自然现象的能力；意味着一个人能够读懂通俗报刊刊载的有关科学的文章，能就有关结论是否有充分根据发表看法；意味着一个人能识别国家决策和地方决策所赖以为基础的科学议题，并且能提出有科学技术根据的见解。一个具有科学素质的公民，应能根据信息来源和产生此信息所用的方法，来评估科学信息的可靠程度；还应该有能力提出和评价建立在论据之上的论点，并且能恰如其分地应用从这些论证中得出的结论[2]。这个定义是针对美国这样的发达国家的公民提出来的，对发展中国家的公民来说，显然要求过高。

印度把科学素质理解为"全民最低限度的科学"，指的是每个公民都需要具备的某种最低限度的、基本的科学（或技术）知识，以及对科学方法有一个操作性的、实践性的熟悉和理解。它强调公民应对关系到日常生活和安全，关系到家庭、社区、城市、省和国家的科学技术，有较好的理解。可以看出，印度对科学素质的本土化理解是成功的，值得借鉴。

中国在科学素质的实践中，对科学素质的理解主要有两种：一种是中国公众科学素养调查，它基本上采用的是米勒对科学素质（定义和内涵）的理解。这种理解虽然能较好地与国际接轨，但是不太适合中国国情。另一种是中国科学技术协会在全民科学素质行动计划中对科学素质的理解。它指出：科学素质是国民素质的组成部分，是指公民了解必要的科学知识，具备科学精神和科学世界观，以及用科学态度和科学方法判断及处理各种事务的能力[3]。这个定义体现了本土化的色彩，包含了"四科"（科技知识、科学方法、科学思想和科学精神），既体现了科学素质的知识内容，也体现了科学素质的能力特征。但是，该定义中的一些措辞有待推敲，比如"各种事务"的含义较含糊。

综合国际国内关于科学素质的定义，考虑到中国国情，如 2002 年制定的《中华人民共和国科学技术普及法》中说到的"四科"，以及中国公民对科学素质的基本需求，课题组提出了公民科学素质的一个定义，即公民科学素质是国民素质的重要组成部分，是指公民了解科学技术知识、掌握科学方法、具有科学思想、崇尚科学精神的程度，应用它们来处理生存与发展问题、生活与工作问题，以及参与公共事务问题的能力。

该定义具有以下特点：规定了科学素质的知识内容，主要是"四科"，这与《中华人民共和国科学技术普及法》关于科普工作的内容是"普及科学技术知识、倡导科学方法、传播科学思想、弘扬科学精神"一致；指出科学素质是应用作为整体的科学技术（知识、方法、思想和精神）解决与公民密切相关的实际问题的能力；强调了科学素质的"解决问题"导向，即具备科学素质，是为了解决与公民密切相关的三个层次问题，即生存与发展问题、生活与工作问题，以及参与公共事务的问题；指出科学素质是公民整体素质系统中的一个组成部分，科学素质要与文化素质、思想道德素质统筹协调发展。

二、确定公民科学素质内涵的原则

本文在提出公民科学素质的本土化定义之后，进一步探索公民科学素质的内涵与结构的本土化问题。确定公民科学素质的内涵，必须遵循一定的原则。

（一）针对公民自身发展的需要

提高公民科学素质，首先是为了满足公民自身的需要，这与"以人为本"的思想是一致的。公民自身的需要可以概括为三个层次：第一，生存、生活的需要；第二，参与就业竞争的需要；第三，全面发展和终身发展的需要。

（二）针对国家社会经济发展的需要

提高公民科学素质，也是为了国家经济社会发展的需要。宏观上讲，是为了全面建设小康社会和实现现代化建设"三步走"战略；为了实施三大战略，即科教兴国战略、可持续发展战略和人才强国战略；为了推进三个文明（即物质文明、政治文明和精神文明）的建设。公民科学素质的提高，可以为社会全面、协调、可持续发展提供必要的支撑。

（三）要充分考虑国情

改革开放以来，中国发生了从"本本意识"到"国情意识"的转变。只有对国情有正确的定位，才会合理选择实践方式。

就经济发展水平而言，中国的人均GDP刚超过低收入国家的平均水平，并且发展存在着严重不平衡，北京、上海、深圳等地区，按照国际标准属于高收入地区，但主要分布在中西部贫困地区、少数民族地区、农村地区及边远地区的约 6.3 亿人口，人均收入还低于世界低收入国家平均水平。

中国的教育发展水平，从毛入学率看，与美国、日本、韩国、俄罗斯还有很大的差距。与印度相比，虽然中国中等教育毛入学率大大高于印度，但是高等教育的毛入学率却落后于印度，估计要到2015年才能赶上印度（图1）。

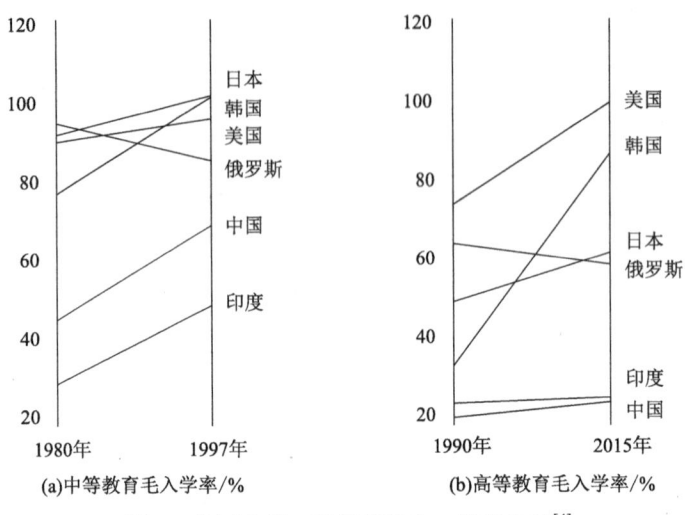

图 1　各国中等、高等教育毛入学率比较[4]

(a)中等教育毛入学率/%　　(b)高等教育毛入学率/%

从科技论文和专利看科技发展的水平，中国国际论文的产出已经上升到世界第 6 位，可谓"论文大国"，但衡量论文质量的被引率却很低；国内专利数量庞大，但国际专利数量还非常少，可以说是"专利小国"。另外，中国科技进步对经济增长的贡献率较低，约为 30%，与发达国家 60%～80%的水平还有很大的差距。

从公众科学素质的水平来看，2003 年中国公众具有科学素养的比例为 1.98%，远远低于美国（2000 年，17%）、欧洲共同体（1992 年，5%）和日本（1991 年，3%）的水平。公众科学素质调查，主要调查公众对基本科学术语、基本科学方法以及科学与社会之间的关系的了解程度。这种调查，美国早在 1957 年就已经开始，之后从 1972 年起固定为每两年进行一次，至今没有间断。中国的调查基本上采用了美国、日本和欧盟国家所采用的标准，但也根据中国国情作了少量修改。这里提供几个有趣的数据，中国最新的调查显示，只有 38.3%的人知道地球绕太阳转一周的时间是一年，65.7%的人弄不清楚因特网是什么东西，而 71.3%的人认为，科学技术是利大于弊（相比之下，美国这一比例为 47%）[5]。

（四）坚持普及性和基础性

确定公民科学素质的内涵，针对的是全体公民，而不是少数知识精英分子，所以，它应该具有普及性。科学素质的内容，必须是与广大公民的生存、生活和工作及参与公共事务有关的最基本的内容，如基本劳动技能，以及与衣食住行、生老病死有关的知识和技能。

（五）要面向世界和面向未来

人类社会继农业经济、工业经济之后，知识经济已初见端倪。由于信息通信技术的发展，特别是互联网的普及，人类进入了信息时代，世界已经变成了"地球村"。当今世界已经进入全球化的时代，在这样的背景下，中国公民科学素质的建设也必须面向世界，面向未来。

三、公民科学素质的要素结构："五科"

基于文献研究及对国情的基本分析，课题组提出，公民科学素质的内涵，既包括要素成分，也包括功能成分。以下从三个方面来分析公民科学素质的要素内涵。

首先，基本文化素质是具备科学素质的基本条件。任何提高科学素质的措施都要以基本文化素质，即以母语的基本读写能力作为前提，科学素质是基本文化素质在当今科学技术时代的发展和延伸。因此，基本文化素质一方面是提高科学素质的基础和前提，另一方面也是最基本的科学素质的组成部分。

其次，应该把"科学"当作一个系统结构来理解，它不仅包括科学技术知识，也包括科学方法、科学思想和科学精神等内容。

最后，科学技术这个系统从来不是独立于社会的。科学，从来就是社会中的科学；技术，从来就是社会中的技术。科学、技术与社会发生着复杂的互动关系。研究科学、技术与社会互动关系的学科在国际上被称为"科学技术与社会"（STS）。

因此，课题组提出，科学素质的要素结构应该包括科学技术知识、科学方法、科学思想、科学精神，以及科学技术与社会，简称"五科"，其中科学技术知识是科学素质要素结构的基础，而科学精神则是科学素质要素结构的灵魂。

课题组对科学素质要素内涵的界定，得到了所做的问卷调查的支持。对于"你认为科学素质应包括哪些内容？（可多选）"的问题，在九个答案中，被访问者选择的比例分别为：最高的是"掌握基本的科学技术知识"（52%）；第二位是"具备基本的科学精神"（46%）；第三位是"具备基本的科学思想"（41%）；第四位是"了解基本的科学方法"（34%）；第五位是"大致了解科学技术与社会的关系"（24%）；第六位是"了解科学与人文的关系"；第七位是"了解关于人类社会的知识"；第八位是"具有某一方面的劳动技能"（14%）；最低的是"了解科学的本质"（13%）。

从调查结果看，这些比例与前面提出的科学素质的要素结构能很好地吻合：排在前四项的正好符合"四科"；加上第五项"科学技术与社会"，恰好是"五科"。另外，在科学素质的内涵中，人们非常强调"基本的科学技术知识"，这说明科学技术知识是科学素质的基础。

四、公民科学素质的功能结构：四个层次

国际上一些学者从科学素质的功能角度来分析科学素质的内涵。申恩（B. Shen）将科学素质划分为实用（practical）科学素质、公民（civic）科学素质、文化（cultural）科学素质三个层次。实用科学素质，指的是可以直接用来解决实际问题的某些科学知识和技术知识。人类最基本的需求是生存和健康，实用科学素质必须面向这些需求。公民科学素质，指的是能够理解科学决策和与科学有关的决策背后的科学问题，经过思索表达其民意，参与和影响公共政策。文化科学素质，即对作为人类活动和文化现象的科学，有一个基本了解。

申恩的工作，为探究科学素质提供了很有价值的思路，此后还有学者对他的工作进行了扩展[6]。课题组借鉴这些分析思路提出：考虑到中国国情，科学素质的功能结构由低到高分为四个层次：第一个层次是为了满足基本生存；第二个层次是为了满足一般的物质生活；第三个层次是在物质生活基础上更高的精神文化生活；第四个层次是作为现代公民参与公共事务、参政议政在内的社会生活。

生存科学素质，指的是与劳动基本技能相关的科学素质。

中国还有相当大比例的人口，其主导需求是生存问题。这里"生存"主要强调的是最低限度的物质生活，侧重职业谋生活动。生存科学素质是公民在现代社会赖以生存的最基本的科学素质，是公民科学素质中要求最为迫切

的部分，也是中国社会经济建设所必需的职业劳动素质的必要组成部分。它涉及更多的是操作性的、实践性的科学知识，不必要求理论化、系统化的认知。生存科学素质与下面介绍的"生活科学素质"相当于申恩科学素质三个层次说中的"实用科学素质"。之所以把生存科学素质与生活科学素质区别开来，是要强调前者更关注科学素质对于谋生职业的意义，后者更关注科学素质对个人生活的意义。

生活科学素质，指的是现代健康文明的生活方式所必需的科学素质。

这里"生活"强调的是现代文明社会中的基本生活，侧重于公民身心的健康和基本的社会参与，因此它要求的科学素质的水准和丰富性也要高于生存科学素质。生活科学素质是公民在现代社会中保证基本生活品质的科学素质，也是中国现代化发展所需全面文化素质的一个内在组成部分。

文化科学素质，即现代文明的精神生活所必需的科学素质。

这里的公民"文化"生活，是指在公民基本的物质生活和身心健康得到保障的前提下，享受高层次文化活动的生活。文化科学素质是公民在现代社会中享受高素质的精神生活所必需的素质。只有掌握了科学精神和科学方法、科学的思维习惯，培养了实事求是的工作作风，才能具备理性健全的精神素质，才能破除迷信盲从，才能抵御邪教。

参与公共事务的科学素质，即参与社会公共事务和民主决策所需要的科学素质。

这一素质是建设中国特色社会主义的政治文明、充分实现公民参政议政权利所必需的能力，也是知识经济时代社会公共生活和民主决策必须具备的科学素质。"参与公共事务的科学素质"大体对应于申恩科学素质三个层次说中的"公民科学素质"。

总结起来，课题组提出了公民科学素质的一个本土化定义，并对公民科学素质的内涵与结构进行了本土化探索，结论是：公民科学素质是建立在基本文化素质基础上的，以科学素质的要素结构（"五科"）与功能结构（"四个层次"）相互耦合的系统。

（本文原载于《科学》，2005年第57卷第3期，第29-32页。）

参 考 文 献

[1] 何真. 发展中国家的科学素养. 国外社会科学, 2003, (6): 113.

[2] 国家研究理事会. 美国国家科学教育标准. 戢守志, 等译. 北京: 科学技术文献出版社, 2002: 28.
[3] 中国科协全民科学素质行动计划大纲. 中国教育报, 2003-02-14.
[4] 卡尔·J. 达尔曼, 让-艾立克·奥波特. 中国与知识经济: 把握 21 世纪. 熊义志, 杨韵新, 常志霄, 等译. 北京: 北京大学出版社, 2001: 70.
[5] 中国科学技术协会中国公众科学素养调查课题组. 2003 年中国公众科学素养调查报告. 北京: 科学普及出版社, 2004.
[6] Laugksch R C. Scientific literacy: a conceptual overview. Science Education, 2000, 84: 77.

生活科学与公民科学素质建设

| 曾国屏，李红林 |

2006 年，中国政府公布了《全民科学素质行动计划纲要（2006—2010—2020 年）》。该行动计划的实施方针是"政府推动，全民参与，提升素质，促进和谐"[1]。"政府推动"是中国公民科学素质建设的一个特点，更宽泛地说，也是中国科学技术发展的一个特点。这是由中国作为一个科学、经济以及社会发展都落后于发达国家的后发追赶型国家的特征所决定的。

科学发展的滞后、历史发展的曲折以及政府主导的特征，使得中国的公民科学素质建设表现出自身的独特性。在中华人民共和国成立初期，主要表现为科普工作—科学大众化—紧紧围绕不同阶段的社会发展目标，从恢复和发展生产、保证基本生活以及反对封建愚昧落后几个方面展开[2]。随着社会的发展，特别是通过 20 世纪 80 年代改革开放以来的社会和经济发展，科普工作出现了新的转变，比如从单向的"科学走入大众"到开始注意"科学与大众的交流"，从直接的"改进生产、改善生活"到开始转移到"提高人的科学文化素质"[3]。《全民科学素质行动计划纲要（2006—2010—2020 年）》的颁布，便反映了在国内和国际新形势下形成的新认识。在此背景下，我们来考察现阶段中国（以下所指不包括港澳台地区）公民科学素质的现状及特征。

一、现实考察：我国公民科学素质的现状及国际比较

发达国家自 20 世纪 50 年代就已开始对公民科学素质的讨论和定量调

查。1983年，美国学者米勒明确提出公民科学素质测量的三个维度[4]，并在此基础上建立了公民科学素质的测量体系（即"米勒体系"），该体系在西方各国得到了普遍应用，并逐渐成型。

我国直至1990年才开始引入和借鉴西方国家关于科学素养的思想和概念，逐步形成对科学素养的理解[5]。1990年，我国采用米勒体系，并借鉴发达国家公众科学素养调查的指标体系和调查方法，对成年公众（18~69岁）的科学素养进行了调查研究，1992年完成了第一次全国抽样调查[6]，此后共进行了6次全国性的调查。

2003年的调查结果显示，我国公众具备基本科学素养的比例为1.98%[7]18，比1996年的0.2%和2001年的1.4%有较大提高，但与发达国家20世纪90年代的水平仍有很大的差距，美国1995年具备基本科学素养的公众比例为12%，欧盟1992年的比例为5%，加拿大1989年的比例为4%，日本1991年的比例为3%[8]。

具体到公民科学素质的三个维度，我们以中国2003年的调查结果与欧盟、美国、日本2001年的调查结果中的核心要素——对科学观点、科学方法以及科学与社会之间关系的理解程度，进行国际比较。

1. 对科学观点的理解程度及国际比较

整体来看，我国公众对科学观点的理解程度普遍低于其他国家，并且与其他国家表现出大致相同的变化趋势，在第5、6、7、8题上的正确回答比例较低，而在第2、3、11、14题上的正确回答比例较高。

但是在这种普遍性和相似性之下，我们看到，我国公众能正确回答第2题和第10题的比例均高于美国和欧盟，而第1、13、15题的正确回答比例却远远低于其他3个国家/地区（图1）。

2. 对科学方法的理解程度及国际比较

在对科学方法的理解程度上，美国和欧盟以及中国都表现出同样的特性，对"概率"的理解比例高于对"对比试验"的理解比例，但日本例外。

但是，就中国来看，公众对"对比试验"理解的比例远低于其他国家/地区，而对"概率"理解比例接近于日本而低于欧盟和美国，但差距不及"对比试验"明显（图2）。

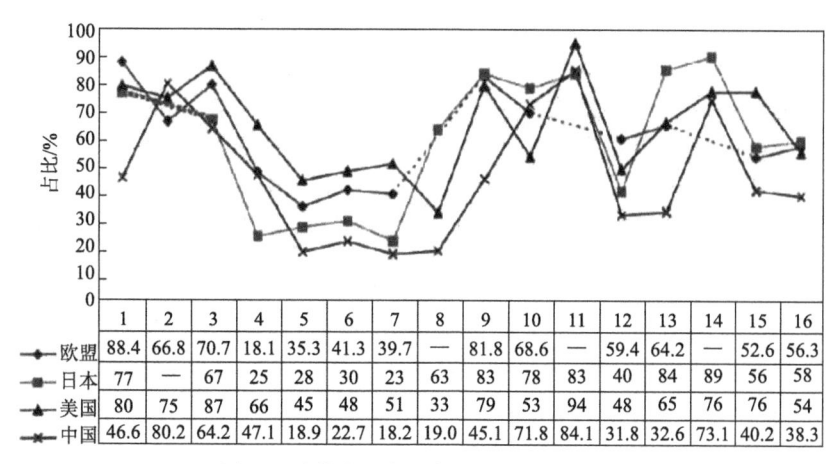

	1	2	3	4	5	6	7	8	9	10	11	12	13	14	15	16
欧盟	88.4	66.8	70.7	18.1	35.3	41.3	39.7	—	81.8	68.6	—	59.4	64.2	—	52.6	56.3
日本	77	—	67	25	28	30	23	63	83	78	83	40	84	89	56	58
美国	80	75	87	66	45	48	51	33	79	53	94	48	65	76	76	54
中国	46.6	80.2	64.2	47.1	18.9	22.7	18.2	19.0	45.1	71.8	84.1	31.8	32.6	73.1	40.2	38.3

图 1　对科学观点理解程度的国际对比

资料来源：中国科学技术协会中国公众科学素养调查课题小组. 2003 年中国公众科学素养调查报告. 北京：科学普及出版社，2004：7

注：横坐标轴代表题号，分别是：1. 地心的温度非常高；2. 地球围绕太阳转；3. 我们呼吸的氧气来源于植物；4. 父亲的基因决定孩子的性别；5. 激光不是靠汇聚声波而产生的；6. 电子比原子小；7. 抗生素不能杀死病毒；8. 宇宙产生于大爆炸；9. 数百万年来，我们生活的大陆一直在缓慢地漂移并将继续漂移；10. 就我们目前所知，人类是从早期动物进化而来的；11. 吸烟会导致肺癌；12. 最早期的人类不与恐龙生活在同一个时代；13. 含有放射性物质的牛奶经过煮沸后对人体仍然有害；14. 光速比声速快；15. 放射性现象并不都是人为造成的；16. 地球围绕太阳转一圈的时间为一年。《2003 年中国公众科学素养调查报告》指出：从科学观点的测试题目来看，欧盟、日本和美国等国际组织和国家调查科学观点测试题目仍采用米勒的测试题目。但是，中国、美国和日本的测试题目基本一致，欧盟略有不同。欧盟的测试题目中，没有"宇宙产生于大爆炸"、"吸烟会导致肺癌"和"光速比声速快"这三个题目。该调查报告中也没有提供日本的关于"地球围绕太阳转"的测试数据。图中以虚线表示相应的数据缺失

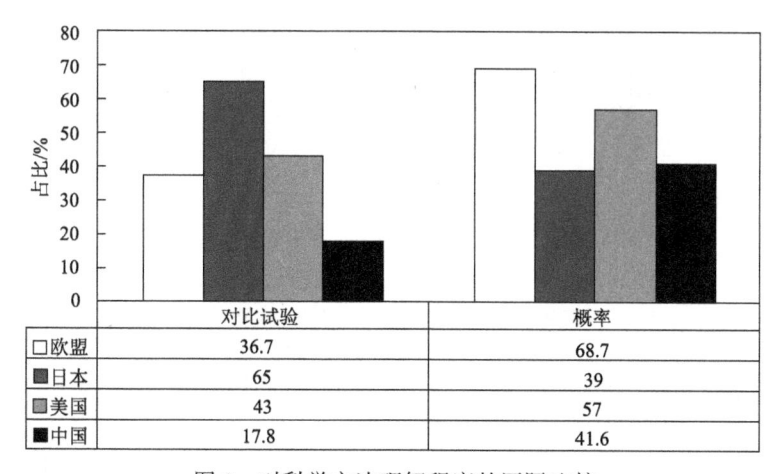

	对比试验	概率
欧盟	36.7	68.7
日本	65	39
美国	43	57
中国	17.8	41.6

图 2　对科学方法理解程度的国际比较

资料来源：中国科学技术协会中国公众科学素养调查课题小组. 2003 年中国公众科学素养调查报告. 北京：科学普及出版社，2004：7

3. 对科学与社会之间关系的理解程度及国际比较

所谓的对科学与社会之间关系的理解，各国实际上测量的都是公众对伪科学和迷信的认知程度。欧盟、美国和日本都将公众能否识别"占星术"这种伪科学方法作为测试题目，而我国则在综合考虑我国各种迷信方式的背景下将我国目前盛行的五种迷信方式——求签、相面、星座预测、碟仙或笔仙、周公解梦——设计成一组测试题。由于各个国家/地区对于这个问题的理解不同，测试的方法也不一样，因此也难以进行国际比较。

但就调查的结果来看，我国公众的迷信程度较高。有 26.6%的人相信"相面"，22.3%的人相信"周公解梦"，20.4%的人相信"求签"，14.7%的人相信"星座预测"，4.8%的人相信"碟仙或笔仙"[7]17。

基于以上的分析来看，我国公众的科学素质与发达国家/地区存在着较大的差距。但是，从中国的整个社会来说，我国公众对科学技术信息却是高度感兴趣的。如图 3 所示，我国公众对科学技术信息的整体感兴趣程度高于欧盟，对科学发现以及新技术应用的感兴趣程度高于日本和美国，对医学新进展的感兴趣程度高于日本而略低于美国。

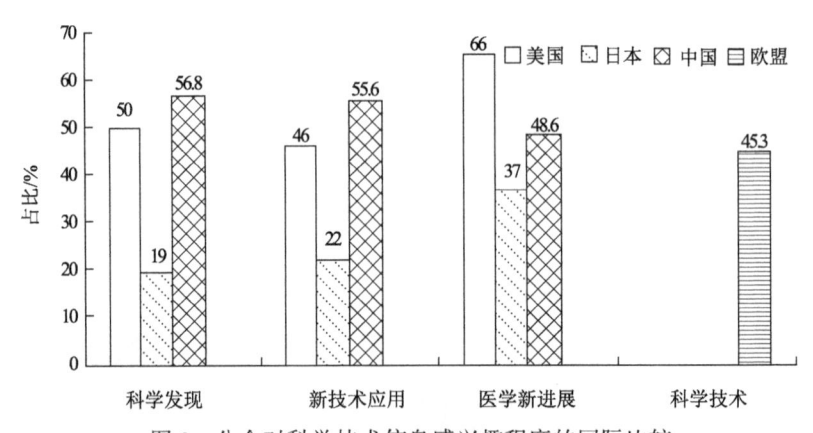

图 3　公众对科学技术信息感兴趣程度的国际比较

资料来源：中国科学技术协会中国公众科学素养调查课题小组. 2003 年中国公众科学素养调查报告. 北京：科学普及出版社，2004：57

注：欧盟在 2001 年的调查中将信息分为体育、文化、政治、科学技术和经济金融五个方面。对科学技术是作为一个项目来调查的。其中，科学技术排在第三位，之前分别为体育、文化。但是在对某种科学技术进步最感兴趣的调查中，欧盟的排序依次为医药（60.3%）、环境（51.6%）、互联网、基因技术等。美国的数据来自美国《科学与工程指标（2002 年）》第 7 章，其有关科学技术信息的选项为粮食和农业问题、空间探索、国际和国外政策问题、军事和国防政策、经济问题及商业环境、新发明和技术的应用、科学新发现、地方教育问题、环境污染、新的医学发现。日本的科学技术信息选项未知。我国的科学技术信息选项为科学新发现、新技术的应用、医学新进展、外交、国防、教育、国家经济发展、工业生产形势、农业生产形势、环境污染与治理、健康与卫生保健、体育和娱乐、生产适用技术、致富

我国公众对科学技术信息的"高度感兴趣"与"低科学素质水平"之间形成了强烈反差。这种反差反映了我国公民科学素质的独特性。我们不能简单地用中国公众的科学素质水平很低来一言以蔽之地概括我国公民科学素质的现状，而应以地方性的视角来深入分析中国公民科学素质的特性。这种地方性（locality），不仅是在特定的地域意义上说的，还涉及在知识的生成与辩护中所形成的特定的情境（context），包括由特定的历史条件所形成的文化与亚文化群体的价值观，由特定的利益关系所决定的立场和视域等[9]。

二、生活科学：我国公民科学素质的特性分析

考虑到地方性特点，即我国公民科学素质建设的特定环境（科学发展的滞后、公民科学素质建设的滞后性和复杂性）和经济社会发展水平（后发的追赶型国家），同时深入考察我国公民科学素质的现状，我们不难发现，我国公众感兴趣的、关注的以及理解的科学是一种与学院科学（academic science）以及后学院科学（post-academic science）具有较大差异的科学，我们将之称为"生活科学"（living science），其表现出以下五方面的典型特性。

1. 与生活基本需求密切联系

所谓生活科学，首先与人们的衣食住行的生活基本需求密切相关。联系到马斯洛（A. H. Maslow）的需求层次论，这是人类生存的最低层次却也是第一位的需要，是社会存在和发展的基本条件。

结合图3各国和地区公众对科学技术信息感兴趣程度的比较，我们能发现，美国和日本公众对医学新进展的感兴趣程度远高于科学发现和新技术应用。我国公众对医学新进展感兴趣的程度却较低。实际上，我国公众对健康和卫生保健感兴趣的比例却达到了75%。这表明，我国公众感兴趣的是日常意义上与健康相关的信息，而对于当代医学科学前沿高深复杂的进展在目前阶段还不那么在意。

结合图1的调查结果来看，对于与日常生活紧密相关的概念，我国公众能很好地理解，如第2、3、11、14题。但对于远离日常生活、较多涉及学院科学原理、与现代高科技原理相关、需要阅读较多书籍和报刊等才能了解的问题，我国公众能答对的比例就较低，如第5、6、7、8题等，并且对某些问题的理解远远低于发达地区/国家，如第1、13、15题。

可见，我国公众有所诉求且能理解的科学是与生活密切联系的。当然，这种基本需求会随着人们的生活条件和社会发展水平的转变而发生变化，但归根结底仍是与日常生活息息相关的。

2. 将实用性和工具性置于优先位置

人类理性被划分为工具理性与价值理性。所谓工具理性，即"通过对外界事物的情况和其他人的举止的期待，并利用这种期待作为'条件'或者'手段'，以期实现自己合乎理性所争取和考虑的作为成果的目的"[10]。简言之，就是人为实现某种目标而运用手段的价值取向观念。

这里所指的生活科学将实用性和工具性置于优先位置，并不意指对工具理性的过度崇拜而忽视价值理性，而是指从现阶段来看，工具理性在我国公众的认知和理解中的凸显。结合公民科学素质的表征来看，这种工具理性体现为一种朴素的关注，它侧重于工具的适用性与有效性，关注的是如何改变生活环境等的直接效应。事实上，就我国公民科学素质建设的目标来说，从早期的"改进生产、改善生活"到现阶段的"改善生活质量，实现全面发展"，都深深地体现着将实用性和工具性置于优先位置。

2003 年的调查结果显示，我国公众最感兴趣的信息是致富信息，其次为健康与卫生保健信息，再次为教育信息。很显然，这三类信息都是能带给公众可见的物质性成果的有用信息。它们既与生活基本需求密切联系，又承载着关注实用的工具理性。

在生活中，随处可见"科学健身""科学养生""科学饮食"等说法，但这里的"科学"，实际上是"科学地（的）"的含义，是一种建立在朴素的功利性基础上要求实践能取得实效的"科学的"方法。"科学"在这个意义上与"有效地（的）""合理地（的）"等同，即"科学健身"亦指"合理地健身""有效地健身"。这也是生活科学在我国公众意识中的一种实用工具性表现。

3. 突出感性和直观的作用

相对于广泛受到尊重的科学理性原则来说，生活科学突出的是一种基于感性的认识，这种认识往往建立在直观的、易感知的乃至简便的基础之上。

2003 年的调查显示，我国公民对科学术语的了解程度达到 12.5%，对科学观点的理解达到 30%，对科学方法的理解达到 8%，对科学与社会之间关系的理解达到 46.7%[11]。4 个数据显示了我国公众对科学认知的层次，对于能通过直观判断的科学与社会之间的关系能有较好的理解，但是深入到结合理性要素的科学术语及科学观点层次理解程度则较低，特别是在涉及科学认识的严格操作程序——科学方法上，表现出更低的理解能力。并且在对科学方法的理解上，关于对比试验的理解比例远低于概率问题（图2），这是意味深长、值得深思的。

同样，在获取信息的途径上，公众也表现出这样的特性。在我国，电视是公众获取信息的首位渠道，且比例远高于美国和欧盟，其后依次为报纸、广播和亲友，因特网这一新兴渠道在我国的比重则非常低（图4）。除了与我国的社会发展程度及科学普及程度相关之外，公众很有可能出于将电视、报纸、广播和亲友作为低操作难度和易接受的直观简便的信息来源的考虑。

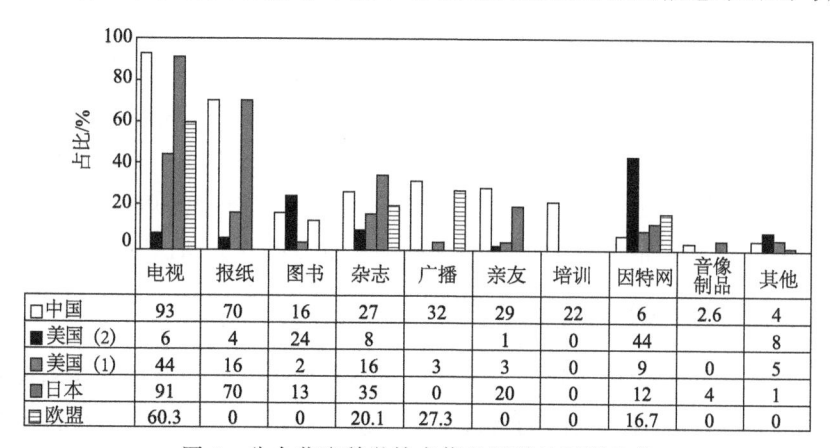

	电视	报纸	图书	杂志	广播	亲友	培训	因特网	音像制品	其他
中国	93	70	16	27	32	29	22	6	2.6	4
美国(2)	6	4	24	8	0	1	0	44	0	8
美国(1)	44	16	2	16	3	3	0	9	0	5
日本	91	70	13	35	0	20	0	12	4	1
欧盟	60.3	0	0	20.1	27.3	0	0	16.7	0	0

图4　公众获取科学技术信息渠道的国际比较

资料来源：中国科学技术协会中国公众科学素养调查课题小组.2003年中国公众科学素养调查报告.北京：科学普及出版社，2004：34

注："0"代表"—"。中国、日本和欧盟国家在渠道调查中为多选题，因此数据总和大于100%。美国为单选题。欧盟杂志选项为科学期刊。美国（1）指公众获得一般科学技术信息渠道的比例，美国（2）指公众获得详细的科学技术信息渠道（即获得进一步的科学技术信息倾向于采取的方式）的比例。美国的数据可以进一步从美国《科学与工程指标（2002年）》第7章中获得，百分比合计不足100%是由于回答"不知道"的未列出。欧盟的科学技术信息渠道来源选项为电视（60.3%）、新闻报道（37%）、广播（27.3%）、学校（22.3%）、科学杂志（20.1%）、因特网（16.7%），欧盟的原始数据来自欧洲晴雨表（2001年）

4．与社会知识紧密结合

这里所说的社会知识，是指人类的社会生活所涉及的知识。社会作为许多个人的结合体，较多地涉及个人与个人之间必须遵守的共同规范或道德行为，因而社会知识可能更多地集中于人的主观世界及群体层次的知识，如经济的、法律的、心理的、人类的、社会的、政治的等方面的知识。如果一定要从学科分类上来说的话，那么更可能偏重社会和人文科学知识，而非自然科学知识。

例如，一个人可以不知道某种药物的自然机理，但是，以一种心理学上的"趋同效益"就可以进行决策去购买药物。或者，换一种说法，公众可以不去深究某种事物或事件深层次的有关自然科学的原理知识，而只需要通过社会科学的知识或方法就能达到预期的目的。而在现实生活中，人们通过这种途径往往要直接简单且易行得多。

又如，以一些学者社区科普调研中提到的"心理科普"为例。所谓"心理科普"，是指针对社区中的弱势人群，如老年人、单亲母亲或者失业人员等所存在的心理问题进行必要的指导，帮助他们战胜心理问题重拾生活的信心[11]。这种典型的围绕社会知识进行普及的例子，目的在于让公众在社会中更好地生存。

我们经常会听到"科学地填报高考志愿"，这里的"科学地"除了指填报高考志愿时需要遵循程序规范之外，更多的是指参考以往的报考和录取情况、目前的整体状况、他人的经验、社会的评论等各方面的知识来进行决策。这是公众在处理日常性社会事务的过程中注重参考社会知识的表现。

5. 与文化传统底蕴内在相关

一般来说，文化分为物质、制度以及精神三个层面。除了对我国现实的物质水平的影响之外，我国的传统文化从制度和精神层面特别是精神层面深刻地影响着公民"生活科学"观念的形成。

文化的制度和精神层面主要指人类在长期的社会实践和意识活动中所形成的各种社会规范、约定俗成的习惯定式、价值观念、审美情趣、思维方式等。在中国传统文化之中，人文精神被认为是其灵魂之所在[12]，人文精神所推崇的个人修养、伦理纲常、社会秩序之中，存在着近代科学所倡导的理性批判、严格逻辑、数学方法、实验手段等科学精神基本要素的相对缺失，从而影响了我国公众对科学的理解与认识现状的形成，具体分析如下。

我国公众对科学观点的理解中第 2 题与第 10 题的高正确回答率所形成的反差（见图 1 分析），联系到传统文化的影响可以有很好的解释。对第 2 题而言，中国传统的主流文化中，孔子无法回答"小儿辩日"的著名故事广为人知。或者，联系到中国的现代文化，"太阳"蕴含的解放、光明、孕育大地万物的意思，数十年来在中国人的生活中被赋予了特殊政治含义，且深刻影响着人们生活的各个方面。对第 10 题而言，中国当代文化中无神论占主导地位，中国公众很可能更容易接受生物进化论而不是神创论的思想[13]。

对科学方法的理解上，也能探察到传统文化的影响。我国的传统思维模式中具象思维由来已久，特别是在古代以来的中医、养生之中。具象思维有别于形象思维和抽象思维，它是指以物象为媒介的思维活动，物象即感官对于事物形象的具体感知，也就是感知觉[14]。这种认知事物所采用的思维方式，对方法论的形成具有决定性的影响，从而影响了我国公众更易于理解概率问题而不是对比试验。

从公众对科学与社会的关系的理解这一维度上，更是充分体现了我国传统文化的影响。有学者认为"中国文化的源头，当从巫文化开始"[15]，而巫文化在中国古代政治中的渗透进一步导致其传播和扩散，从而促使了我国迷信形式的多样化发展。这是我国公众科学素养第三个维度题项设计的直接原因。

三、公民科学素质建设：学院科学与后学院科学、生活科学的结合

以上的分析和讨论，引发了我们对于学院科学、后学院科学以及生活科学三者关系的思考，同时也引发了如何进行公民科学素质建设的思考，特别是对于后发国家如何进行公民科学素质建设的思考。

英国学者贝尔纳曾在其巨著《历史上的科学》中指出："科学可作为一种建制、一种方法、一种积累的知识传统、一种维持或发展生产的主要要素以及构成我们的诸信仰和对宇宙与人类的诸形态的最强大势力之一。"[16]这一概括实际上包含了我们现今所称的"学院科学"（亦称"学术科学"）和"后学院科学"（亦称"后学术科学"）两种建制。

学院科学，"是科学最纯粹形式的原型"，科学家出于好奇心，"为了追求真理和人类利益而相互信任地一起工作"，"为知识而知识"。学院科学处于作为知识体系的科学的核心，从事这类科学的人多是处于大学、研究中心等学院机构中的科学家。他们远离世俗利益，享有充分的自主性，遵循一套不成文的规范自行运作。这套规范也就是默顿所概括的科学精神气质——普遍主义（universalism）、公有主义（communalism）、无私利性（disinterested）、独创性（originality）和有条理的怀疑精神（organized skepticism），简记为UCDOS。

齐曼则注意到20世纪80年代以来科学发生着"一场悄然的革命",他将这种转变后的新的科学社会建制概括为后学院科学。后学院时期,科学与社会政治、经济的相互作用日趋复杂,科学知识的生产日益同国家、企业的利益紧密相连,由此后学院科学也被称为"产业科学"。在这种新型科学建制中,科学家的行为规范发生了转变,齐曼将其概括为所有者所有的(proprietary)、局部的(即地方性的,local)、权威管理的(authoritarian)、被定向的(commissioned)、作为专家的(expert),简记为PLACE[17]。

生活科学则是基于人们现实生活需要而形成的对知识的诉求、理解、获取以及运用的过程。这种知识可能是来自学院科学或者后学院科学已成体系的识见(sense),更可能是人们在日常生活中形成的感性的、直观的、有用的但是还未进入体系层次的常识(common sense),即经验性的认知。如前所述,生活科学所表现出的特征为与生活基本需求(basic living demand)密切相关、将实用性和工具性(instrumental and practical result)置于优先位置、突出感性和直观(sensibility and perception)的作用、与社会知识(social knowledge)密切联系、与文化传统底蕴(cultural tradition)内在相关。类似地,我们在此简记为BISSC。

如果将学院科学、后学院科学以及生活科学的对象及目标进行对应的话,可以认为,学院科学对应着客观世界,独立于利益或效应,以追求学术上的建树(for learning)为旨趣;后学院科学对应着现实世界,与产业和经济紧密结合,以追求财富(for wealthy)为目标;生活科学则对应着生活世界,出于实用和有效性的考虑,谋求生存的福祉(for well-being)。

事实上,从科学走入生活、关注生活,到形成专门的"生活科学",已经成为一种现实。我们不仅看到了众多的"生活与科学"这样的媒体栏目,以及各种各样的"生活科学研究中心",还看到了,也许正是受我国文化传统和现实的影响,台湾空中大学"生活科学系"的设立体现的是"生活科学正在进入教育体制的建设中"。

从学理上讲,学院科学的UCDOS或后学院科学的PLACE,都只是对科学在不同时期的表现的概括,并未回答科学的来源。贝尔纳紧接着上一句话对此给出了启示,他指出:"在以上所列各形相中,科学作为建制和作为生产要素的两种形相,几乎是专属于现代的。科学方法以及它对于信仰的影响,至少已见于希腊时代。至于知识传统则是由父母传给子女,由师傅传给徒弟,这就成为科学的真正根源。知识传统自从人类史的最早时期起,远在科学够得上称为建制,或脱离常识和传说而演变成为一种方法以前,早就存在了。"[16]

也就是说，远在科学建制化之前，科学就已经在孕育之中了，而孕育它的一个重要来源就是常识，即"生活科学"所蕴含的内容。在此我们注意到，所谓的"生活科学"，已不仅仅是对于现实状态的概括，也是对于科学基本来源的一种探索。换言之，生活科学既联系着现实的、直接的感受，又蕴含着对于科学究竟是什么的追问。

爱因斯坦指出，科学"只不过是我们的日常思维的精致化"，也就是说，科学起源于对常识的批判和提升。正是在这个意义上，苏珊·哈克提出的批判常识主义（critical common-sensism）指出：从本质上说，科学的证据类似于与日常的经验判断相关的证据，科学调查和最平常的日常经验调查是相通相连的；并且，科学使得日常探究的那些程序得到强化和精致化，如汽车技工、水暖工、厨师以及科学家，都使试验得到控制，但是科学已经提炼和发展出更为复杂精妙的试验控制技术[18]。

相对于常识来说，科学知识具有更强的系统性。常识是零散的、零乱的，首尾可能不一致；而科学知识则内在地要求它必须是系统化的、内部是逻辑自洽的[19]。可以认为，消除常识的不自洽和整合其零散性的活动推动了科学的产生和进步，由此科学完成了从常识到知识的提升。或者换一种说法，基于常识，以科学的方法如推理、论证、解释等对其进行甄别、提炼、去伪存真，逐渐达到理论的程度，是完成从常识到知识提升的有效途径。并且，常识是动态变化的，也是可错的，在进化的过程中达到更深刻的真理性认识，这是科学得以形成的过程。

在此意义上，从常识到知识，是一个提升的过程。从生活科学到学院科学、后学院科学，也是一个提升的过程。结合公民科学素质建设，就是对科学的认识、理解及运用水平不断发展的过程。对于后发国家来说，注重这一过程具有特别重要的意义，立足现实并关注前沿，注重常识并结合学术，是促进公民科学素质提高的一条有效途径。

从当前的发达国家来看，美国公民科学素质建设的"2061计划"，其立足点就是中小学的科学素质教育。《科学素养的基准》将"2061计划"中提出的科学素质目标转化为具体的学习目标，并直接影响了美国《国家科学教育标准》的制定。加拿大"国家 K-12 科学学习成果共同框架"也是以科学教育作为提高公民科学素质的主要方法。强调学院科学的正规教育作为公民科学素质建设的主渠道已经在世界各国得到了认同，尤其在发达国家已展开了有力的实践。

但是对于后发国家来说，以正规教育为主渠道传播已成体系的学院科学知识的同时，以非正规教育渠道传播生活科学知识显得尤有必要。因为对于大多数公众来说，他们更关心的是与现实需求相关的知识的实际应用及其影响后果，而非晦涩难懂、远离人们现实生活的尖端科技和知识本身。

作为发展中国家，印度的《大众基础科学》强调了包括特定科学原理和事实所要求的知识、科学方法的内在化应用，以及继续学习所要求的能力[20]。这主要是通过解决五大类与公众生活和工作关系密切的问题——健康及其相关问题、环境及其相关问题、测量及其他多种问题、农业科学与技术、用于城市和城市化人口的技术——来体现的。印度的这一标准是从最低限度的要求进行讨论的，认为每个公民都需要具备最低限度的、基本的科学技术知识，以及对科学方法有操作性、实践性的熟悉和理解。这些很大程度上就是我们所说的生活科学知识。

可见，对于我国来说，公民科学素质建设既需要重视学院科学的深刻性，更要结合现实及生活所需要的后学院科学和生活科学来进行，从而全面地而有效地引导公众理解科学、运用科学。

（本文原载于《科普研究》，2007 年第 5 期，第 5-13 页。）

参 考 文 献

[1] 全民科学素质行动计划纲要(2006—2010—2020 年). 北京: 人民出版社, 2006: 1-2.
[2] 申振钰. 对中国科普历史研究的思考. 科普研究, 2006, (5): 3-10.
[3] 吴彤. 我国公民科学素质建设的历史经验和教训//全民科学素质行动计划制定工作领导小组办公室. 全民科学素质行动计划课题研究论文集. 北京: 科学普及出版社, 2005: 204-206.
[4] Miller J D. Scientific literacy: a conceptual and empirical review. Daedalus, 1983, (112): 29-48.
[5] 李大光. 提高公民科学素养目的到底是什么. 民主与科学, 2006,(6): 22-26.
[6] Zhang Z L, Zhang J S. A survey of public scientific literacy in China. Public Understanding of Science, 1993, (1): 21-38.
[7] 中国科学技术协会中国公众科学素养调查课题组. 2003 年中国公众科学素养调查报告. 北京: 科学普及出版社, 2004.
[8] 中国科学技术协会中国公众科学素养调查课题组. 2001 年中国公众科学素养调查报告. 北京: 科学普及出版社, 2002: 67-69.
[9] 盛晓明. 地方性知识的构造. 哲学研究, 2000, (12): 36-44, 76-77.
[10] 马克思·韦伯. 经济与社会. 上卷. 林荣远, 译. 北京: 商务印书馆, 1998: 56.
[11] 高建中，曾国屏. 贴近生活的科普: 对北京市社区科普实践的调研//曾国屏, 刘立.

科技传播普及与公民科学素质建设的理论实践. 呼和浩特: 内蒙古人民出版社, 2008: 337-391.

[12] 张岂之教授谈中国传统文化. http://www.xawb.com/gb/news/2007-07/30/content_1265842.htm[2007-09-10].

[13] 曾国屏, 谭小琴. 后发国家进入科学全球化的两个困惑——以中国为例. 民主与科学, 2006, (4): 5-7.

[14] 刘天君. 具象思维是中医学基本的思维形式. 中国中医基础医学杂志, 1995, (1): 33-34.

[15] 史继忠. 巫文化对中国社会的影响. 贵州民族研究, 1997, (2): 64-69.

[16] 贝尔纳. 历史上的科学. 伍况甫, 等译. 北京: 科学出版社, 1959: 6.

[17] 约翰·齐曼. 真科学: 它是什么, 它指什么. 曾国屏, 匡辉, 张成岗, 译. 上海: 上海科技教育出版社, 2002: 37-99.

[18] Haack S. Defending Science—Within Reason: Between Scientism and Cynicism. New York: Prometheus Books, 2003: 93-98.

[19] 曾国屏, 高亮华, 刘立, 等. 当代自然辩证法教程. 北京: 清华大学出版社, 2005: 71.

[20] Sehgal N K. Scientific literacy: minimum science for everyone//全民科学素质行动计划制定工作领导小组办公室. 公民科学素质建设: 理论与实践——2004年北京公民科学素质建设国际论坛论文集. 长沙: 湖南科学技术出版社, 2006: 9.

关于提高我国全民科学素质的战略思考

| 李正风，刘小玲，王凌晶 |

一、提高全民科学素质的意义

关于"科学素质"的概念和内涵，联合国教育、科学及文化组织以及OECD等国际组织，各国政府相关研究报告以及学术界都进行了比较深入的探讨。本文拟以《中国科协全民科学素质行动计划大纲》提供的"科学素质"的初步定义作为进一步研究的基础。该定义认为："科学素质是国民素质的组成部分，是指公民了解必要的科学知识，具备科学精神和科学世界观，以及科学态度和科学方法判断及处理各种事务的能力。"[1]

据此定义，我们认为，科学素质是一个有内在结构和外在功能的多层次、多因子、开放型的动态发展系统。就科学素质的内在结构而言，包括四个相互关联并具有显著递进关系的层次。第一层次是掌握基本的科学技术知识；第二层次是掌握科学方法；第三层次是培养科学精神；第四层次是掌握科学与社会的关系。就科学素质的外在功能而言，基于所掌握的科学知识，以及对科学方法和科学精神的认识，对科学与社会关系的理解，人们形成了不同程度的科学能力，这种能力可以表现为知识学习能力、知识应用能力和知识生产能力。

科学素质的概念，既可以被用于指个体科学素质，也常常被用于指公众的科学素质。个体科学素质、公众科学素质与全民科学素质是既相互联系又有内在差异的概念。"个体科学素质"指的是特定社会成员科学素质状况，这种状况与该成员个性化生活体验、社会环境、受教育状况及其特殊的生存需求密切相关，是高度个体化和因人而异的。而"公众科学素质"是一个比较笼统的概念，因为"公众"一词具有多种意义。英国皇家学会 1985 年公布的《公众理解科学》报告认为，"公众"（the public）的类型包括：①追求个人的满足与财富的独立个体；②作为民主社会成员履行公民职责的个体公民；③从事技术及半技术性工作的人群，其中绝大多数人具备一定的科学背景；④从事中层管理工作、专职性工作及商务活动的人员；⑤在社会中负责制定大政方针的人员，特别是在产业界和国家担当要职的人员。"公众"类型的多样性，使得"公众科学素质"所指的是一个从个体到群体的科学素质状况的谱系。

相对于"个体科学素质"和"公众科学素质"，"全民科学素质"是一个集合概念。在一些国际组织的文献中，"全民"指全人类所有民众或某个国际区域内的所有民众。在更多的情况下，"全民"主要指某个国家的所有国民，在这种情况下，"全民科学素质"试图形成对特定国家内所有国民科学素质总体状况的描述和判断。由于在特定国家内，国民个体科学素质具有明显的差异，因此，"全民科学素质"这一概念通常可以在两种含义上使用，而这两种含义分别对应着"提高全民科学素质"的"低纲领"和"高纲领"。

其一指所有国民都具有的科学素质。例如，美国"2061 计划"提出的《面向全体美国人的科学》，就强调适用于所有国民的科学素质，不论这些国民的社会环境和生平抱负如何[2]。又如，印度学者纳兰德·K.塞加尔在《提高科学文化素养》的报告中也指出"全民基础科学"是对每个人的最低要求。从这一含义出发，可以说，"全民科学素质"这一概念的提出，体现了当代社会对特定国家所有国民在科学素质上的基本要求，也反映了这样一个理念：正如目前在世界范围内每个（在某一年龄段以上的）自尊的人都有识字受教育的需要一样，一个国家的每个自尊的国民都应当"具有科学素养"。从这种含义出发，提高全民科学素质的基本任务是使所有国民具有基本的科学素质，这构成了"提高全民科学素质"的"低纲领"。

其二指所有国民在统计的意义上达到某种科学素质要求的程度。在进行科学素质的国别比较时，人们往往是在这种意义上使用"全民科学素质"这一概念的。由于每一个国民在科学素质上的差异，统计意义上"全民科学素质"反映的是所有国民在特定科学素质标准下的分布状况。从这种含义出发，达到基本的科学素质对部分国民来说往往是不够的，正如只是有读写能力对于一个想要经常性地很好地利用书面语言的人来说是很不够的。如果考虑到全体国民达到基本科学素质，不应以高素质国民科学素质的进一步提升的停滞为代价，那么，政府在提高全民科学素质方面的职责，要在保证使全体国民具有基本的科学素质的同时，兼顾进一步提升具有较高科学素质的国民的素质层次，为每一个公民科学素质的不断提高创造条件，要构建全民共同发展的学习型社会，这构成了"提高全民科学素质"的"高纲领"。

不论是从"低纲领"出发，还是从"高纲领"出发，提高全民科学素质都具有极其重要的意义。联合国教育、科学及文化组织1997年发表的《明天的素养》（Literacy for Tomorrow）认为：有科学素质的人能获得自信，他们在解决问题中获得的新知识与技能可以应用于日常生活，他们在计划与项目中也强化了技能，有助于对稀缺资源的有效管理[3]。2000年的《全民教育世界宣言》（The World Declaration on Education for All）强调：受基础教育是人类的一项基本权利，因此可以说科学素质本身与人的生存权一样是天赋的，是人的发展必需的，因为素质自身就是一项技能，同时也是其他生活技能的基础[4]。2002年的《联合国扫盲十年：普及教育；国际行动计划；大会第56/116号决议的执行》（United Nations Literacy Decade: Education for All; International Plan for Action; Implementation of General Assembly resolution 56/116）再次强调了全民具备科学素质是全民基础教育的核心，认为营造一个有文化的环境和社会十分有利于消灭贫困、降低婴儿死亡率、约束人口增长、获得性别平等的目标实现，并且保证了可持续发展、和平与民主[5]。

例如，OECD在1997年发表的《促进公众理解科学技术》（Promoting Public Understanding of Science and Technology）中认为，从事范围广泛的职业或行业需要合理水平的科学素质，至少是中等程度的正式的科学技术教育才能有助于解决很多国家正在经历的就业不足和失业问题[6]。在2000年发布的《信息时代的素养》（Literacy in the Information Age）中，OECD再次强调了信息科学和技术素养对于经济成功、个人与社会发展的重要性[7]。

世界各国政府也高度重视提高全民科学素质。美国于20世纪80年代启动了"2061计划"，并形成了很多重要的研究成果，如《面向全体美国人的科学》《科学素养的基准》《科学教育改革的蓝本》。其中，《面向全体美国人的科学》中对"2061计划"的意义从以下几个方面进行了分析：第一，科学教育的意义。"教育的最高目标是为了使人们能够过一个实现自我和负责任的生活做准备。科学教育——传授科学、数学和技术——是教育的一部分，这些知识有助于增进学生的理解，养成好的思维习惯，使他们变成富有同情心的人，使他们能够独立思考和面对人生。这些知识也应使他们作好准备同公众一道，全心全意地参与建设和保卫一个开放的、公正的和生机勃勃的社会。"第二，公众的科学素养不仅对实现自我和当前的国家利益具有意义，而且对许多亟待解决的事关国家和人类前途的问题更为重要。第三，科学的思维习惯能够帮助各界人士明智地处理问题。"没有批判性思维和独立思考的能力，公民就很容易成为教条主义者和欺诈骗子们的牺牲品，成为用简单方式处理复杂问题做法的传播者。"该报告强调："如果广大公众不了解科学、数学和技术，以及没有科学的思维习惯，科学技术提高生活的潜力就不能发挥。没有科学素养的民众，美好世界的前景是没有指望的。"[2]

二、提高我国全民科学素质的必要性和紧迫性

提高我国全民科学素质，是一项紧迫而艰巨的战略任务。这是我国目前公民科学素质的状况，以及全面建设小康社会和实现中华民族全面复兴的目标要求所决定的。我国公民科学素质的状况可以概括为以下三个方面。

（一）我国公民的受教育程度依然较低，劳动者素质总体状况亟待提高

联合国教育、科学及文化组织的研究资料表明，劳动者文化素质与其劳动生产率呈现出一定的相关性，以文盲的劳动生产率为基准，小学毕业可以提高生产率43%，中学毕业可以提高108%，大学毕业可以提高300%。这都说明科学文化素质是使知识形态的潜在生产力转变为现实形态的生产力的直接桥梁。然而，由于历史的原因，中国目前的劳动力素质还是比较低下的。截至1998年底，全国农民平均受教育年限为6.8年；少数民族文盲、半文盲占其人口的33.38%，成人文盲率超过50%的民族还有18个；2000年我国还有8507万的文盲人口，占总人口比重的6.72%；25岁及以上人口的平均受教育年限是7.42年。劳动者素质总体状况亟待提高。表1是我国平均每百名劳动力中的受教育情况。

表1 我国平均每百名劳动力中的受教育情况

年份	文盲	小学	初中	高中	中专	大专及以上
1990	20.73	38.86	32.84	6.96	0.51	0.10
1992	16.20	39.06	36.20	7.82	0.60	0.12
1994	14.68	37.19	38.59	8.51	0.82	0.21
1996	11.23	35.52	42.83	8.91	1.20	0.31
1998	9.56	34.49	44.99	9.15	1.46	0.37
1999	8.96	33.65	46.05	9.38	1.57	0.40

资料来源：中国科学院可持续发展研究组. 2002中国可持续发展战略报告. 北京：科学出版社，2002.
注：因四舍五入原因，个别年份加和不等于100。

（二）与发达国家相比，我国公民科学素质总体很低，还无法适应当代全球竞争的需要

从我国具备公民科学素质的人群比例看，20世纪90年代在1%以下徘徊，进入21世纪后情况稍有好转，2001年中国公众科学素养调查，该比例达到了1.4%，2003年达到了1.98%，总体水平仍然很低。

反观发达国家，欧洲共同体1992年调查结果为5%；美国1995年的调查结果为12%；加拿大1989年的调查结果为4%；日本1991年的调查结果为3%。即便用这些数据进行对比，仍然可以看出我国与这些发达国家的差距：我国分别比美国低10.6%，比欧盟低3.6%，比加拿大低将近2.6%，比日本低1.6%。可以设想，如果以2001年的同年数据进行比较，我国与这些发达国家的差距将更为明显。

（三）我国公民科学素质存在严重的不平衡

2001年中国公众科学素养调查，显示出城乡之间公民科学素质的差距。我国城市人口与农村人口比例为9∶16，但城乡之间具备科学素质的公民的比例为4∶1，城市公众具备基本的科学素养的比例明显高于农村公众。从地区之间公民科学素质的比较看，2001年调查表明，我国东部、中部和西部地区总人口比例为30.6∶43.0∶26.4，而具备科学素质的公民的比例则为54.2∶32.1∶13.7，中部和西部地区公民的科学素质明显低于东部地区。

我国集中表现出来的科学素质方面的地区差距和城乡差距，很大程度上与普遍受到人们重视的收入差距是互为因果的。以科学素质为基础的知识差距是解释中国各地区经济和社会发展差距最重要的可控因素，而反过来，知识差距又会在知识迅速发展和地区、城乡不平衡发展的过程中继续被扩大，并导致新的知识贫困。正是由于存在知识差距与发展差距之间的相互放大，科学素质低下者难以摆脱贫困的恶性循环。目前我国还有3000多万名贫困群众，脱贫最困难的原因主要是科学素质低下。他们的科学素质低，所以没办法采用先进科学技术来脱贫，这也导致脱贫后又返贫的现象普遍存在。

我国公民科学素质的地区差距和城乡差距，说明公众在接受科学技术教育方面的机会是不平均的，这种不平均也反映在不同年龄段之间。从不同年龄段的数据比较看，我国青少年的科学素养水平很高。但是，在接近30岁时却急剧下降，在40岁以后呈逐步下降的趋势，起伏很大。这表明我国的

正规教育阶段的学生的知识水平很高，但是一旦毕业或者从事工作以后，科学素养水平却下降很快。这一方面说明，我国的非正规教育和科普工作还需要加强；另一方面也表明，我国与学习型社会所要求的全民终身学习的差距还甚大。

我国公民科学素质的上述状况，与全面建设小康社会、实现现代化建设第三步战略目标的要求形成了极大的反差，也无法配合和推进社会与科学的健康和可持续发展。这种严峻形势表明，在我国提高全民科学素质是极其必要和紧迫的，也表明了我国提高全民科学素质任务的艰巨性。

我国全面建设小康社会、实现现代化第三步战略目标的伟大事业正在对公民的科学素质提出越来越高的要求。我国改革开放20多年的发展，取得了发达国家历经上百年才达到的发展水平，但也在很短的时间里相继出现了严重的环境和资源等问题，巨大的人口压力、在传统发展模式下的经济高速度增长，使资源和环境问题成为我国社会经济协调和可持续发展的严重制约因素。要改变这种状况，必须实现经济增长方式的根本性转变，实现全面、协调、可持续的发展。而如前所述，这种发展是以科学技术的发展和科学技术的广泛应用为基础的，是以全民科学素质的快速提高为前提的。如果我们不把提高全民科学素质作为一项具有长远意义的战略性任务，不把提高全民科学素质放在优先发展的重要位置，在向新的发展模式转变的过程中，在全面建设小康社会的历史进程中，我们将面临有更深远影响的新的发展瓶颈，即包括科学素质在内的国民素质的发展瓶颈。因此，提高全民科学素质是具有深远意义的战略性任务。

我国公民科学素质相对落后的状况也表明，在我国公民中存在着挖掘其人力资源的巨大潜力。相关研究分析中国1978～2000年经济增长来源时发现，有形资本的贡献为37.4%～38.5%，劳动力的贡献为16.5%～18.7%，全要素生产率（TFP）的贡献为42.7%～45.7%，成为经济增长的主要来源。然而未来20年，劳动力教育成为劳动力贡献于经济增长的主要方式。考虑全要素生产率所包含的因素，那么中国广义的人力资本对于经济增长的贡献比重可能达到20%以上[8]。正是从这个意义上，我们认为人力资源是经济增长的重要源泉，提高包括科学素质在内的国民素质，把巨大的人口压力转变为强大的人力资源优势是最具战略性和长远性的发展道路。这也是在21世纪全面建设小康社会要实施知识发展战略，要把提高全民科学素质放在优先发展的重要位置的根本原因，是把提高全民科学素质作为具有现实的紧迫性和长远的重要性的战略任务的重要根据。

三、提高我国全民科学素质的战略目标与战略原则

提高全民科学素质的重要性和我国全民科学素质的状况，决定了我国必须迅速着手大力提高全民科学素质。我国在先后制定颁布并实施了《全民健身计划纲要》《公民道德建设实施纲要》，审议通过了《中华人民共和国科学技术普及法》之后，进一步制订和实施提高全民科学素质的长期规划，即"全民科学素质行动计划"，是非常及时和必要的。

"全民科学素质行动计划"的战略目标是：立足我国基本国情，分阶段、分层次，有步骤、滚动式地全面提高全民科学素质，实现 2049 年我国公民人人具有科学素质的远景目标。同时，形成比较完备的持续提高我国全民科学素质的社会体系，逐步建立相对完善并具有较强自我更新能力的全民共同发展的学习型社会，促进人的全面发展和中华民族的伟大复兴。

为实现上述战略目标，我国"全民科学素质行动计划"应当坚持以下三个战略原则。

（一）"全民科学素质行动计划"是"全民计划"

所谓"全民计划"包括以下两层含义。

其一，以提高全民科学素质为远景目标，使全体国民都成为该行动计划的受益者。因此，我们一再强调"全民科学素质行动计划"的"低纲领"是要努力为"所有的公民"获得基本的科学素质提供平等的条件，保障全国各个地区、各个民族的人口都有机会和条件具备基本的科学素质，并进而获得参与以知识为基础的社会发展的机会，避免被边缘化。在此基础上，"高纲领"进一步保证知识精英在当代社会中的适应和竞争能力，从而实现整个中华民族素质"与时俱进"地不断提升、"阶梯式递进"或"滚动式发展"。

其二，全体国民既是行动计划的实施对象，是计划中不同程度的"受益"客体，又都是行动计划的积极的实践者和推动者，是计划中不同方式的"参与"主体。因此，"全民科学素质行动计划"需要全社会的所有公民为了共同的目标而努力和探索。基于此，该计划的实施不仅要指导公民提高科学素质并为之创造良好的环境，提供必要的条件和足够的资源，更要注重充分调动广大公民提高科学素质的积极性和主动性，鼓励和支持越来越多的公民自觉自主地提升自身的科学素质，进而促进我国社会向学习型社会转变。

（二）"全民科学素质行动计划"是"国家行为"

所谓"国家行为"，包括以下三层含义。

其一，提高全民科学素质是政府的职责，是以人为本、全心全意为人民服务的执政理念的体现。

其二，提高全民科学素质是与维护国家利益、实现国家目标紧密联系在一起的。在当前，最大的国家利益就是全面建设小康社会，为实现我国现代化第三步战略目标打下扎实的基础。

其三，提高全民科学素质行动计划面向全体公民，涉及社会各个方面，其实施不是一个或几个系统、部门所能主导的，需要上升到国家行为。"全民科学素质行动计划"需要正规的学校教育、各种形式的继续教育、社会化的科技普及与传播和鼓励公民自我学习同步并举，因此，实施的主体绝不是一两个相关的部门，而是全社会。在学习型的社会尚未形成、全民学习的条件尚不完善的情况下，需要国家通过有效的社会动员和资源供给，包括物力资源、人力资源和制度资源，来集成政府、社会和个人的力量，共同推进全民科学素质的提高。把"全民科学素质行动计划"上升为国家行为，也可以比较充分地发挥我国政府社会动员能力强的传统优势。

通过国家行为，全力推进全民科学素质的提高，体现了政府将提高国民素质置于优先发展的战略地位的战略抉择，也体现了党和国家对包括提高全民科学素质在内的人才强国的战略思想。正如《中共中央 国务院关于进一步加强人才工作的决定》所指出的："在建设中国特色社会主义伟大事业中，要把人才作为推进事业发展的关键因素，努力造就数以亿计的高素质劳动者、数以千万计的专门人才和一大批拔尖创新人才，建设规模宏大、结构合理、素质较高的人才队伍，开创人才辈出、人尽其才的新局面，把我国由人口大国转化为人才资源强国，大力提升国家核心竞争力和综合国力，完成全面建设小康社会的历史任务，实现中华民族的伟大复兴。"[9]

（三）"全民科学素质行动计划"是目标长远、分阶段、分类型、分层次、滚动式推进的国家长期计划

"全民科学素质行动计划"是立足于当前、着眼于未来的长期行动计划，这是由提高全民科学素质"是一个长期、渐进的过程"这一特点决定的。这要求我们充分注意到提高全民科学素质的基础性、长期性和艰巨性。科学素

质具有历史动态性，随着科学技术的不断发展，对公民的科学素质又会有新的要求，全民科学素质的任务也不会因为"全民科学素质行动计划"的完成而中止，变化的只是我们对全民科学素质的要求，以及在学习型社会逐渐形成并完善的过程中，我们提高公民科学素质所采用的方式和策略。

由于我国公民科学素质分布不平衡、差异性大，低素质人群比重大，因此，"全民科学素质行动计划"需要分类型、分层次实施。"全民科学素质行动计划"的"全民性"和"公正性"，在本质上应体现在为所有公民提供平等的接受科技教育、提高科学素质的机会和渠道，使全民具有基本的科学素质，这种全民科学素质"既然是针对全体公民的，其标准和要求显然与对科学家、科技工作者和领导干部的不一样，是一种基本的、最起码的标准和要求"。但如果再考虑到科学素质本身的系统层次性和历史动态性，也考虑到我国公民不同群体提高科学素质要求的多样性，以及对科学素质需求侧重点上差异，有必要分类型、分层次地制定和实施公民科学素质标准。在这个过程中，根本的任务是保证实现提高全民科学素质的"低纲领"——全民具有基本的科学素质，也要兼顾提高全民科学素质的"高纲领"，为全民科学素质"与时俱进"地不断提升、"阶梯式递进"或"滚动式发展"创造条件。

这样一个长期的行动计划需要分阶段实施。在未来 40~50 年，我国全面建设小康社会并实现现代化建设第三步战略目标，这是一个从追赶到超越的过程。我们认为，我国"全民科学素质行动计划"可以从大的时间跨度上分为三个阶段：①第一阶段（2005~2010 年）：基础建设期。重点在于为所有公民提供平等的接受科技教育、提高科学素质的机会和渠道，初步形成相对完善的提高全民科学素质的社会资源配置和组织体系。关键是解决弱势群体和欠发达地区的资源供给，包括物力、人力和制度资源等。②第二阶段（2010~2020 年）：全面提升期。全民具备科学素质的比例全面提升，全民科学素质的层次全面提升，在较大程度上缩小与发达国家的差距，初步建立一个学习型的社会。③第三阶段（2020~2049 年）：超越发展期。全民具备科学素质比例大大提高，至 2049 年实现"人人具备科学素质"的远景目标，全民科学素质具有比较充分的"全面性"，大大缩小了与发达国家的差距并超越一些中等发达国家，建成相对完善并具有较强自我更新能力的学习型社会。

（本文原载于《中国软科学》，2005 年第 4 期，第 52-57 页。）

参 考 文 献

[1] 中国科协全民科学素质行动计划大纲. 中国教育报, 2003-02-14(7).
[2] 美国科学促进协会. 面向全体美国人的科学. 中国科学技术协会, 译. 北京: 科学普及出版社, 2001.
[3] UNESCO. Literacy for Tomorrow. Hamburg, 1999.
[4] UNESCO. The World Declaration on Education for All. 2000.
[5] UNESCO. United Nations Literacy Decade: Education for All; International Plan for Action; Implementation of General Assembly resolution 56/116. 2002.
[6] OECD. Promoting Public Understanding of Science and Technology. Paris, 1997.
[7] OECD. Literacy in the Information Age. Paris, 2000.
[8] 中国教育与人力资源问题报告课题组. 从人口大国迈向人力资源强国. 北京: 高等教育出版社, 2003: 151-152.
[9] 中共中央 国务院关于进一步加强人才工作的决定. 人民日报, 2004-01-01(1).

关于科普文化产业几个问题的思考

| 曾国屏，古荒 |

2006年，中国政府公布《全民科学素质行动计划纲要（2006—2010—2020年）》。为提高公民的科学素质，该纲要提出的重要措施之一便是"制定优惠政策和相关规范，积极培育市场，推动科普文化产业发展"[1]。也有学者对科普文化产业、科普与文化产业的结合做过初步的探讨，认识到了科普事业与科普产业协调发展的重要性[2-4]；也对科普文化产业的发展机制方面进行了一些战略分析及案例研究[5-7]。然而相关研究仍处于初步阶段，相关概念也缺乏明晰界定，这与该问题的重要性并不匹配。这表明，对于科普文化产业的研究、科普与文化产业结合的研究还有待进一步地深入考察与系统分析。其中，部分原因在于该领域探索性强、交叉性强，还未形成固有的讨论主题与研究范式，而科普文化产业概念虽见诸学术期刊与政府文件，但该产业类别的合法性也还未得到各界广泛与充分的认同。本文从科普与文化、文化产业的关联出发，分析国家《文化及相关产业分类》（国统字〔2004〕24号）（以下简称《分类》）以阐述科普文化产业研究的合法根据，进而尝试建立科普文化产业的四象限动态谱系以明晰科普文化产业研究的问题域。

一、科普的文化属性及其与文化产业的关联

在科普研究中，"科学普及""公众理解科学""科学传播"是关于科普内涵的三个常用概念。

科学技术普及是国家和社会普及科学技术知识、弘扬科学精神、传播科

学思想、倡导科学方法的活动，是实现创新发展的重要基础性工作。公众理解科学（public understanding of science，PUS）兴起于二战之后，20世纪80年代的《博德默报告》[8]宣告了公众理解科学概念的正式形成与该运动的展开。与传统的科普概念相比，公众理解科学的新动态强调，不仅仅帮助公众理解科学知识以适应日新月异的现代生活，同时促进公众与科学的沟通交流与平等对话，推动公众参与科学决策。而科学传播是近年科普研究领域使用较多的说法，可以看作是"科技知识信息通过跨越时空的扩散而使不同的个体间实现知识共享的过程"[9]，多元、平等、开放、互动是科学传播强调的内涵，在此意义上，科学传播是公众理解科学的延续。

事实上，随着时代的发展与进步，科普具有越来越强的文化属性。传统科普往往被认为侧重于目的与结果，而"科学传播"中"传播"的英文communication的基本含义是交流、沟通等，与传统科普相较更为强调交流、沟通的过程。如果科普既可以理解为过程，也可以理解为结果的话，那么这就可以被看作是通过科学传播最后实现科学的社会化、大众化的结果。从三个概念内涵的发展与演进来看，科普不再被简单地看作是一种知识的灌输与普及。新时代的科普被赋予了多元、平等、开放、互动等丰富的文化内涵。西方公众理解科学也指出，公众理解的不仅仅是科学知识，也包括科学方法以及科学与社会的关系。只有对上述三者都具有一定的认识和理解的公民才是具有科学素质的。因此，无论从科普本身的内涵来看，还是从科普的内容来说，科普不仅仅是知识性的，同样饱含着丰富的文化精神。因此，在本文中，这几个概念一般不加以区分，以"科普"概念统称之。

在不同的历史语境中，科普的内涵不尽相同。但从最初向公众传播科学知识，到公众参与科学决策以及科学知识在不同主体间的民主、开放地交流传播，有一个特征是不同阶段的科普所共有的，这便是科普的传播属性。自知识诞生并扩散的第一天开始，它便与传播有着密不可分的关联，科学同样不能例外。虽然"科学普及""公众理解科学""科学传播"所强调的内涵有所差异，但都离不开书籍、电视、大众传媒等系列文化交流渠道。这也表明，科普不仅仅是文化的，也与文化产业密不可分。从文化产业的发展动态与科学普及的新趋势来看，二者具有结合发展的优势与空间，更有必要互动发展。

首先，从文化产业的发展动态来考察，文化产业的发展越来越强调先进科技的推动与支持，越来越彰显个人潜能的实现与表达，越来越依赖文化生产者与消费者个体的沟通与互动。其中诸多要素与科普发展的新趋势相吻合。文化产业最初被看作是资本主义社会奴役大众、异化人性的统治工具，并"不断地向消费者许愿来欺骗消费者"[10]。然而，随着时代的变迁与发展进步，人们越来越多地认识到文化产业不仅仅能丰富人民群众的精神文明生活，更是社会主义生产力大发展所不可或缺的重要因素。文化创意产业的兴起则进一步强调了生产者与消费者的个体创造与消费体验。文化创意产业创造财富与增加就业的潜力深植于"个人创造性、技能与才干，以及知识产权的运用与开发"[11]。强调个体创造、开放交流与消费体验成为文化产业新发展的重要标识，这充分表明文化产业能够负载起实现新时代科普的多元性、平等性、开放性、互动性的重要使命。从文化产业的自身发展来看，文化产业的每一次革新和进步都离不开印刷、电视、网络等科技的大力推动，然而科技不应仅仅为文化产业提供技术支持，更应该将科学精神、科学方法进一步融入文化产业的内容建设当中。文化产业的发展不可能完全割裂与意识形态的关系，尤其需要先进文化的引导。为了提高公众科学文化素质，我国文化产业的发展建设有责任，也有义务在科普中发挥更大的作用，做出更大的贡献。

其次，从科普的新趋势来看，国内外优秀的科普案例往往采纳了丰富多彩的文化手段。西方学者对"缺失模型"①的不足有着比较充分的认识。布赖恩·温就提出"内省模型"，认为公众不应该被先天不平等地认为"缺失"知识，出问题的恰恰是"政府"自身。英国公众理解科学专家约翰·杜兰特的后期思想也以"民主模型"为表征代替了"缺失模型"。在科学的民主化、大众化的历史进程中，以丰富多彩的文化手段介入公众理解科学的进程恰恰可以认为是最基本的策略之一。通过"影视""动漫""咖啡吧""实验室开放""天文观测"等娱乐性强的手段，通过"科学形象"或"富含科学的形象"向种种商业产品的"衍生"，公众由此大大拉近了与科学的距离并在潜移默化中提高了科学素养。由此可见，在历史实践中，科普与文化产业的携手共进已经开始成为现实。科普要进一步深入生活世界，需要与文化产业的发展形成良好的互动与结合。

二、《文化及相关产业分类》与科普文化产业的合法性

科普与文化、文化产业都有着紧密的联系，探索频道（Discovery Channel）、

---

① 缺失模型主要认为，公众缺少科学知识，因而需要提高他们对于科学知识的理解。这一模型隐含了科学知识是绝对正确的潜在假设，还设定了科学知识自上而下灌输式的传播模式。

《铁臂阿童木》等的面市也向我们表明只要科普与文化产业结合好,完全能够实现社会效益与经济效益双丰收。然而,"科普文化产业"却还没有获得学界的充分关注与社会的充分认同。这与科学与我们的文化传统若即若离有一定的关联。

在西方文化语境中,科学与文化的关系较为紧密。古希腊文中没有"科学"一词,只有"知识"(episteme)一词,但与近代的"科学"还是有很大的差别。在拉丁文中,"科学"一词写作 scire,即指"学问""知识"等意。英文的 science、德文的 wissenschaft、法文的 scientia 均沿用自拉丁文的 scire。从"科学"一词的词源考究看,西方文化中的自然科学知识与人文社会科学知识并没有严格的界限,科学也往往内在地植根于整个文化土壤之中。虽然自 C. P. 斯诺提出"两种文化"命题以来,科学文化与人文文化间的复杂关系被不断聚焦,但这并不意味着科学被从诞生它的文化土壤中剥离开来。中国文化的传统则往往更侧重人文伦理,对自然的理性探索相对缺乏。就如李约瑟所指出的那样"儒家对于自然科学的兴趣,比起对人事的兴趣少得多"[12]。而自近代科学引入中国以来,基于科学在改造自然方面的强大力量,也催生了一些科学主义的崇拜。可正如李醒民所指出的"工具主义地和实用主义地看待科学,无异于买椟还珠——因为它消解了作为一种文化和智慧的科学的本真,泯灭了科学的精神价值和文化意蕴"[13]。这就使得科学与我们的文化传统不免有些疏离。再加之我国公民科学素质水平与发达国家仍有一定的差距,科普工作的开展也往往不得不落脚于向公众传播科学知识、抓紧提高公民科学知识水平,而在科普与整个社会的文化产业建设的结合方面还处于初步探讨之中。

从我国现行的《分类》来看,也没有直接涉及科普文化产业的内容。但这并不表明,在我国大力发展科普文化产业的时机没有成熟,反而我们更加需要关注这个问题,抓住当前落实《全民科学素质行动计划纲要(2006—2010—2020年)》的历史机遇,通过科普文化产业的大发展来推动科学、科普和文化的紧密结合与共同进步。通过对《分类》的解读,对于寻求到科普文化产业的合法性与目标定位恰恰有诸多启示。

第一,《分类》并没有与科普文化产业直接关联的内容,但科普文化产业却与各产业分类处处有所联系。

《分类》在《国民经济行业分类》(GB/T4754—2002)的基础上,规定了我国文化及相关产业的范围。《分类》将文化产业分为文化服务与相关文化服务两大部分。文化服务部分包括:①新闻服务;②出版发行和版权服务;

③广播、电视、电影服务;④文化艺术服务;⑤网络文化服务;⑥文化休闲娱乐服务;⑦其他文化服务。相关文化服务部分包括:⑧文化用品、设备及相关文化产品的生产;⑨文化用品、设备及相关文化产品的销售。其中,①~③可归入文化产业核心层;④~⑦可归入文化产业外围层;⑧和⑨可归入相关文化产业层。《分类》根据产业链和上下层分类的关系,又将九大类文化产业分为 24 个中类。《分类》最后根据产业的具体活动类别,将 24 个分类分为 80 个小类,对应相关的国民经济行业代码[①]。文化产业的九大类别、24 个中类与 80 个小类都没有出现与科普直接相关的内容,但科普却又基本与《分类》中的各个类别均有所联系,如表 1 所示。

表 1 《文化及相关产业分类》的九大类别及与其相关的科普文化产业内容

《文化及相关产业分类》的九大类别	与其相关的科普文化产业内容
(1)新闻服务	科学新闻、科普新闻等
(2)出版发行和版权服务	科普书籍、科普音像制品等
(3)广播、电视、电影服务	科普广播、科普电视、科普电影与科幻电影等
(4)文化艺术服务	科普艺术表演、自然博物馆、科技馆等
(5)网络文化服务	科普网络文化服务等
(6)文化休闲娱乐服务	科普旅游、科普休闲等
(7)其他文化服务	与科普文化产业相关的代理、广告、会展服务等
(8)文化用品、设备及相关文化产品的生产	科普用品、设备及相关产品制造等
(9)文化用品、设备及相关文化产品的销售	科普用品、设备及相关产品销售等

第二,《分类》将部分与科普文化产业紧密相关的行为主体与活动内容排除在文化产业之外。

《分类》的附件对部分文化活动做出补充说明,例如,"专业性社会团体"隶属第四大类文化艺术服务,在其相关的界定上,《分类》认为文化社会团体服务包括与作家有关的社会团体服务、与记者有关的社会团体服务等内容,但不包括学术性社会团体服务、专业技术社会团体服务、卫生社会团体服务、体育社会团体服务、环境保护社会团体服务、其他与文化无直接关系的专业性社会团体服务。又如,"野生动植物保护"隶属第六大类文化休闲娱乐服务,在其相关界定上,《分类》认为野生动植物保护包括植物园保

[①] 限于篇幅,24 个中类与 80 个小类不一一列举,可参见:文化及相关产业分类. http://www.sdpc.gov.cn/cyfz/zcfg/t20051020_45735.htm[2005-10-20].

护管理活动、动物园管理活动等,但不包括动物保护专业机构服务、野生植物保护服务、其他野生动植物保护服务。在实践中,学术性社会团体服务、专业技术社会团体服务、动物保护专业机构服务、野生植物保护服务等活动内容均可在科普文化产业中发挥相当功效与重要作用。除《分类》涉及的相关内容之外,专利保护、知识产权意识、创新文化培养等内容同样可以成为科普文化产业的重要构成。

由此,可以认为"科普文化产业"并非仅仅是通常"文化产业"的简单子集。

从现行的文化产业分类看,科普文化产业与文化产业应是两个有所交叠的集合。《分类》的划分,一方面说明了科普与现行的文化产业相关活动在很大程度上有所结合,科普文化产业有其存在并良好发展的产业基础;另一方面,文化产业并不能将科普文化产业简单涵盖,这也恰恰是"科普文化产业"相对独立存在的合法根据。而《分类》之所以未将一些与科普文化产业有关的活动内容纳入其中,恰恰是因为学术性社会团体服务等活动带有较强的事业性质。对于一般文化产业而言,将它们剥离出去情有可原,但对于科普文化产业而言,学术性社会团体服务等活动却能够在推动产业的发展中大有可为。这也揭示出科普文化产业有别于一般文化产业的重要特点,即科普文化产业所包含的产业活动内容与许多事业活动并不一定存在明显的界限,要推动科普文化产业的发展也恰恰需要处理好二者的重要关系。因此,仅从活动上分析而非出于相关活动单位性质的考量,我们更愿意将科普文化产业作为一个动态的谱系来看,而不是将科普事业活动与科普文化产业活动严格划分开来[①]。

三、科普文化产业的象限分析

为此,我们尝试通过象限分析来阐明科普文化产业研究的问题域。如图 1 所示,纵、横坐标分别表示科学、文化的含量。通过斜向分割的方式从左至右构建出四个象限分别对应科普事业、科普文化产业、科普与文化产业、一

[①] 《文化及相关产业分类》采用的是社会上普遍认同的"产业分类"名称,既包括公益性的文化单位,又包括经营性的文化单位。由于《文化及相关产业分类》是依据活动的同质性原则划分的,没有按照公益性和经营性划分,因此,无法用其划分公益性文化单位和经营性文化单位。这说明,仅从文化活动上讲,对于一般文化产业而言,公益性和经营性亦难严格区分开来。因此,可将科普文化产业活动与科普事业活动作为一个谱系来看待,而不是严格区分二者。

般文化，由此构建出一个科普文化产业[①]的动态谱系[②]。正是科普文化产业能够在科学与文化的交融中发挥不可替代的、重要的桥梁作用。

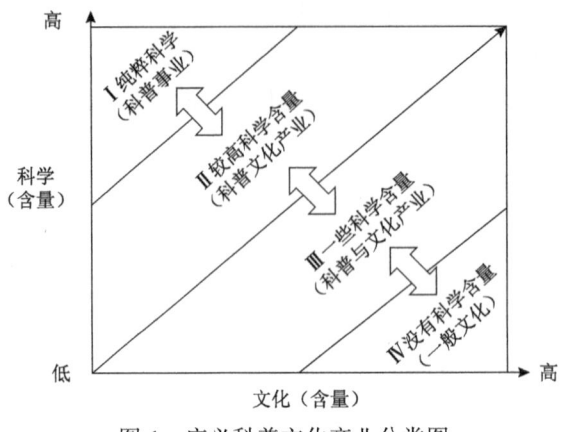

图 1　广义科普文化产业分类图

（1）科普事业以向公众传播科学知识，尤其是联系着公共科学服务，包括将艰深的科学知识深入浅出地传播给更广大的社会为主要职责，科学含量很高，其他文化含量较低，在资金上主要依赖政府的投入，其自身的创收能力不强，如科技类博物馆、科普大篷车、数字科技馆、各类基层科普设施等。科普事业虽以公益事业为己任，但也并非与产业绝缘。一方面，门票运营等收入虽不旨在营利，但同样需要在市场经济轨道中运转。另一方面，在科技类博物馆、科普大篷车及各类科普设施等科普事业载体的背后则是与之紧密相关的产业链条，如博物馆商店、科普展品生产企业，以及科学形象标识向各种商品的转移等。

（2）科普文化产业科学含量往往较高，同时吸纳一些其他文化要素，并

---

① 本文在不特别指明之处，将以广义的"科普文化产业"统称狭义的"科普文化产业"和"科普与文化产业"，但从广义上看，"科普文化"也将"科学文化"包含在内。

② 研究初期曾考虑通过垂直、斜向划分结合的方式来建构二维矩阵，模型如下图，但垂直、斜向划分相结合的方式较为严格地限定了"科学含量""文化含量"的"高""低"界限，不利于刻画"一般文化-科普与文化产业-科普文化产业-科普事业"相互交融的动态格局，且在矩阵中有所空缺，因此，最后采用了斜向划分的方式来刻画科普文化产业的象限格局。

通过影视、网络、书籍等文化产业载体的形式形成科普文化产品，在公众中广泛流通，经济效益往往高于科普事业。例如，探索频道便是科普文化产业的代表之一。探索频道为观众提供了丰富多样的高品质纪实娱乐节目，其纪实片内容涵盖自然、科技、历史、探险、文化和时事等领域。探索频道系列节目的内容不仅具有丰富的科技知识，还融合了诸多人文要素，加以良好的主体创意与视听效果，给观众以美的享受，以公众喜闻乐见的方式实现了科学普及的功能。现在探索频道的所有运营开支都是由观众付费所支付，广告收入则体现为盈利。由于成功的盈利模式，探索频道所属的美国 DCI 公司（即 Discovery 传播公司）的年收益高达约 20 亿美元[14]。又如，伴随着我国几代人成长的科普作品《十万个为什么》。《十万个为什么》仅第一版印数便高达 500 万册，在全国产生了很大的影响，以后又一次次修订，总印数超过 1 亿册，称其为我国历史上最成功的科普著作也毫不为过[15]。《十万个为什么》以生动叙述的方式在有效传播科学知识的同时，激发了青少年对科学的美好憧憬，做到了经济效益与社会效益的双丰收。

（3）科普＋文化产业所包含的其他文化要素更多，科学含量一般。与科普事业相比，科普文化产业往往更具娱乐性，也正因此，通常具有更为广泛的受众群体。日本动漫《铁臂阿童木》便可以归入科普与文化产业。《铁臂阿童木》的日文是"鉄腕アトム"，英文译作 Astro Boy。其中，"阿童木"是日语"アトム"的音译，即英语的 Atom，意即"原子"。故事的主人公阿童木脚底安装有飞翔用的喷气喷射引擎，在太空里可转换为火箭引擎，最大输出功率为 10 万马力；他会使用 60 国语言，能分辨人类的善恶，听力为正常人的 1000 倍，眼睛是强力探射灯，臀部安装了机关枪（电视新版中改成在指头发射的激光）。少年机器人阿童木在 21 世纪里为了人类的福祉而活跃。阿童木传播了对科学的美好想象，广受日本民众喜爱，在世界范围内同样拥有极高的影响力。实际上，《铁臂阿童木》中主人翁阿童木这位爱科学的好少年的形象缘起于中国传统文化，是孙悟空形象的科技版或现代版的演绎，即机器人孙悟空（图 2）。正是中国的传统文化、对科学未来发展的大胆想象以及高明的主体创意成就了日本动漫史上的这一奇迹。阿童木不但向日本社会传递了对科技发展的展望，为日本机器人走向世界宣传开道，更带来了可观的经济收入。自 1963 年 9 月《铁臂阿童木》动画片开始在美国播映后，这部动画片又陆续出口至 40 多个国家。2009 年秋，《铁臂阿童木》已重登银幕，在北美洲、亚洲等各国影院同步上映，广受观众热捧。除影视产品以外，阿童木还充分把魅力延伸到多个领域，如玩具、文具、服装、食品乃至日用杂货。与此同时，日本前首相麻生太郎还在演讲中打出动漫外交的口号，可见"阿童木们"不仅仅可以在经济、文化上为社会创造丰厚的价值，还能为国家的软实力建设做出突出的贡献[7]。

图 2　阿童木与孙悟空——科学与文化

资料来源：《人民日报》（海外版）2019 年 7 月 6 日第 7 版

（4）一般文化或其他文化具有丰富人民群众精神生活的重要作用，是公众文化生活的重要构成，往往蕴含巨大的经济潜能，但科学含量较低。青山绿水、帝王将相、才子佳人、民间传说、异域风情、神话想象乃至奇异魔幻往往是这类文化产品的永恒主题。从文化产品的构成看，第四象限的一般文化产品常常占到了相当大的比重。如能在一般文化中融入一些科学元素，将促使第四象限的一般文化产品向第三象限的科普与文化产业转化。这并不是说需要以科普文化产品代替其他一般文化产品，实际上科学文化不应该也不可能代替其他各类丰富多彩的文化形态。问题的关键是我们应该把科学文化看作整个文化家族的重要一员，推动科学文化与其他文化的有效交融，并以此使科学文化深入到人们的生活世界之中。

图 1 中四个象限间的互指箭头表示四个象限间并没有明确的边界可循，而是一种类边界或模糊边界式的分割。如科普文化产业的发展往往需要来自科普事业、科普与文化产业以及其他文化的支持互动，也正因为许多科普活动不能生硬地安插在某一个象限之中，科普文化产业的构成才能够成其为一个动态的谱系。

谱系的核心或者关键便是动态联结科普事业与一般文化的科普文化产业、科普与文化产业（通常也可以在广义上对科普文化产业、科普与文化产业两者不加以区分，统称为"科普文化产业"）。四象限谱系构建了科普事业、科普文化产业、科普与文化产业及其他文化的动态关联模型，对科普文化产业研究的问题域进行了一定的阐释，但在科普文化产业的发展规律与模式方面，以及它们之间的联系和转化，还有待进一步的实证研究与理论探索。

如果说，科普的文化属性及其与文化产业的关联为科普文化产业的成立提供了基础，通过对《文化及相关产业分类》的分析得到了科普文化产业成立的合法根据，那么通过对科普文化产业的象限分析则明晰了科普文化产业发展的关键与研究的核心。今天的科学与文化，要进一步比翼齐飞，正如张玉台指出的那样，"科学与艺术是相通的，也是两个相辅相成、互为影响的文化领域"，"科普作品应该更多地融入一些人文科学的内涵，给人以科学精神、科学思想、科学方法的启迪和熏陶"[16]。要使科学真正成为中国文化的有机构成，我们需要创造自己的"机器人孙悟空"，需要更好地发展科普文化产业。

（本文原载于《科普研究》，2010 年第 5 卷第 1 期，第 5-11 页。）

参 考 文 献

[1] 全民科学素质行动计划纲要(2006—2010—2020 年). 北京: 人民出版社, 2006.
[2] 董光璧. 探索科普产业化的道路. 求是, 2003, (5): 48.
[3] 胡升华. "大科普"产业时代来临. 中国高校科技与产业化, 2003, (10): 69-70.
[4] 曾国屏. 关注科普与文化产业发展的结合. 中国科技论坛, 2007, (3): 5-6.
[5] 劳汉生. 我国科普文化产业发展战略框架研究. 科学学研究, 2005, (2): 213-219.
[6] 马蕾蕾, 曾国屏. 科普与文化产业间的作用结合机制探析. 科普研究, 2008, (3): 24-28, 49.

[7] 马蕾蕾, 曾国屏. 对科普文化产品经典之作《铁臂阿童木》的回顾和思考. 科普研究. 2009, (3): 44-50.
[8] The Royal Society. The Public Understanding of Science. London: The Royal Society, 1985.
[9] 任勇胜. 科学普及·科学传播·公众理解科学. 中国图书评论, 2005, (9): 21-24.
[10] 马克斯·霍克海默, 特奥多·威·阿多尔诺. 启蒙辩证法(哲学片段). 洪佩郁, 蔺月峰, 译. 重庆: 重庆出版社, 1990: 130-131.
[11] Department for Culture, Media and Sport (DCMS). Creative Industries Mapping Document. 1998.
[12] 李约瑟. 中国古代科学思想史. 陈立夫, 译. 南昌: 江西人民出版社, 1999.
[13] 李醒民. 思想的迷误. 自然辩证法通讯, 1999, (2): 12-13.
[14] 张萍, 蒋宏. 当今科普纪录片运作分析——以 Discovery 探索频道为例. 新闻界, 2007, (5): 104-105.
[15] 吴高盛. 走近叶永烈. 科学 24 小时, 2005, (4): 8-10.
[16] 张玉台. 让科普多一些人文科学内涵——中国科协党组书记张玉台谈科普创作. 学会, 2000, (9): 3.

科学素质与经济增长关系评述

| 邓华，曾国屏 |

21世纪是一个知识经济的时代，知识和创新成为驱动发展的根本动力。随着知识经济的发展，公民科学素质越来越成为影响国家竞争力的重要因素，现代发达国家都把提高公民科学素质置于增进国家利益、实现国家目标的战略地位。

在美国，无论是科学促进协会发起的"2061计划"，还是国家科学院制定的《国家科学教育标准》，都把培养全体公民具有良好的科学素质作为国家的战略目标。在英国，相继出台的3份重要报告，即《公众理解科学》、《沃尔芬达尔报告》和《科学与社会》，为该国的公民科学素质建设提供了行动指南。经济合作与发展组织（OECD）把公民的科学素质与其参与科学事务和劳动力市场的能力关联起来。联合国教育、科学及文化组织将科学素质视为像"人的生存权"那样的天赋权利，是人之发展所必需。

在我国，2006年颁布的《全民科学素质行动计划纲要（2006—2010—2020年）》明确指出："提高公民科学素质，对于增强公民获取和运用科技知识的能力、改善生活质量、实现全面发展，对于提高国家自主创新能力、建设创新型国家、实现经济社会全面协调可持续发展，构建社会主义和谐社会，都具有十分重要的意义。"

目前，关于科学素质对于经济发展有着重要作用的共识已经达成。但是，科学素质与经济增长之间有没有直接的关系？提高公民科学素质能够在多大程度上改善经济增长率？能否用科学素质来解释20世纪中叶以来部分发展中国家对发达国家的追赶现象？这些都是我国公民科学素质建设中亟待解决的理论问题，本文对最近几年国外关于这些问题的研究成果作一简要评述。

一、科学素质影响经济发展的途径

科学素质的英文表述是 science literacy 或者 scientific literacy，众多机构和学者都对其进行了界定，内涵十分丰富。从涵盖的学科领域看，包括数学、技术、自然科学和社会科学等许多方面[1]；从素质的结构看，包括科学知识、科学方法、科学思想、科学精神以及处理实际问题参与公共事务的能力；从能力的层次看，包括识别科学议题、解释科学现象和运用科学证据等[2]。科学素质是公民素质的重要组成部分，是人力资本的重要表现形式，在知识经济时代，更能体现人力资本在质量上的差异，已经成为世界各国衡量人力资本的重要标准。公民科学素质水平影响着经济的增长和发展。

传统的经济增长是指一个国家总体或人均收入和产品的增长，通常用国内生产总值（GDP）或国民生产总值（GNP）及经济增长速度来衡量。经济发展的含义比传统的经济增长广泛。世界银行在其报告《增长的质量》中指出，发展就是改善人民的生活质量，增加人民的福利，提高他们构建自己未来的能力[3]。经济发展，除了人均 GDP 的增加外，还包括产业、人口和消费等更广泛的结构性变化。

经济增长虽然不完全等同于经济发展或人们福利的普遍改善，但是经济发展必须建立在经济增长的基础上。没有经济增长和国民财富的增加，减少贫困人口、提高人民生活水平就会成为一句空话。因此，经济增长依然是经济发展过程中的中心问题，人均 GDP 则是衡量经济发展最重要的指标之一。

世界各国的发展经验表明，人力资本、物质资本和自然资本的协调平衡积累，对于发展具有极为重要的意义。人力资本和自然资本的重要性不仅在于是生产要素，而且还是社会福利的直接决定因素，只有三者保持相对有序的平衡扩张，才能保持经济的稳定增长，实现长期的可持续发展。

从经济形态看，现代经济是以知识为基础的经济。经济社会的可持续发展更加依赖于知识生产、知识扩散和知识应用。经济发展的关键在于注重知识和教育。知识是一些国家发展成功的秘诀，缺乏知识则是许多发展中国家人民生活贫困的根源。人是知识的载体，不断创造新知识，在全球范围内广泛获取和吸收已有的知识，都需要高素质的人力资源。因此，提高人的素质特别是科学素质，有助于缩小知识差距，促进经济社会的发展。

从经济发展的阶段看，现代经济已经发展到由过去依靠要素驱动和效率驱动的阶段转向依靠创新驱动的新阶段。创新成为驱动经济增长的发动机，完善的国家创新体系成为国民经济可持续发展的基础。科研机构、高等院校、企业和政府等各要素之间的联系直接决定了国家创新系统的绩效。国家创新系统的关键目标之一就是促进科学技术知识在一国内部的循环流转。在知识的传播和扩散中，如合作研究、专利共享等都需要以人为中介，人的科学素质的高低对人们利用知识、进行科学思维和提高科技创新能力有着深刻的影响。

从生产要素的角度看，不同于过去主要依靠增加物质资本投入的传统经济，现代经济主要是依靠对人力资本的投资，知识逐渐取代物质资本成为经济增长中最重要的生产要素，提高公民的科学素质正是进行人力资本投资的一项重要措施。这种投资还是面向未来的投资，决定一个国家今后的繁荣程度。国家未来是否长期增长将依赖于现阶段青少年科学素质水平的高低，依赖于青年科研工作者研究能力的强弱，依赖于是否向全体国民提供终身学习的机会，依赖于是否努力地提高全民的科学素质。

二、科学素质在人力资本测量中的作用

经济增长的研究离不开人力资本的测量。关于人力资本测量的主要方式有：基于成本的方法、基于收入的方法、基于教育指标的方法、基于能力的方法等[4]。其中，教育指标在跨国经济增长中的应用非常广泛，主要有成人识字率、学校入学率、在校师生比率、劳动人口教育获得水平和平均教育年限等。这些教育指标优点是数据容易获得、便于国际比较，但也存在着缺陷，无法全面评估各国的教育质量和人口质量。

平均受教育年限是国际上最常用的一种衡量人力资本的指标，特别是在跨国增长回归中应用较多。这种方法由巴罗（R. J. Barro）和李（J. W. Lee）开创，用各级教育获得水平对相应的劳动力人口（15岁以上人口）加权，得到劳动力的平均受教育年数，作为人力资本存量的一个代表指标[5]。

平均受教育年限虽然是一个便利的衡量人力资本的综合性指标，但是该方法也存在一些严重的问题。它没有区分不同国家在同一年级的教育质量上存在的差异。比如，假定加纳和秘鲁的教育质量与芬兰和韩国是一样的，这

明显与事实不符。实际上，在不同的时间、不同的国家，甚至是不同的学校，每年所获得的学校教育的质量是不同的。学校系统有着广泛的跨国差异，因学校的组织结构、资源环境、生源质量的不同而不同。例如，只有小学学历的教师，其水平和那些拥有博士或硕士学位的教师的水平是不能同日而语的。另外，学期的长短也相差很大，从100天到超过200天不等。由于存在这些因素，如果认为学校教育年限是衡量人力资本的一个好的代理变量，明显与事实不符。

由于平均受教育年限只能用来表示对教育的数量投入，而无法衡量教育产出（知识储备、认知能力、社交能力或者一些其他非认知能力），巴罗和萨拉-伊-马丁（Sala-I-Martin）指出，教育质量对经济增长具有更大的解释力，但是质量的量度取决于具有国际可比性的考试成绩，由于这种考试成绩对许多样本而言是无法获取的，因此没有把教育质量纳入跨国比较分析[6]。

汉纳谢克（Hanushek）和魏斯曼（Woessmann）运用国际教育机构历年来针对青少年开展的国际学业测试，开创了一种用科学素质来直接测量人力资本的新方法，构建了一种反映各国人力资本质量的新指标[7]。新指标主要依据科学和数学科目的测试成绩，后来又以国际学生评估项目（PISA）的成绩报告为标准（平均分为500分，标准差为100分），把这些成绩进行折算，为每一个参与国际测试的国家，构建出了一种新的人力资本质量指数。对于有些没有参与测试的国家，则利用其基本的经济、教育和人口数据，通过增长回归分析估计出其人力资本质量指数[8]。

由于其他科目（阅读、外语、公民教育、信息技术等）的成绩的国际可比性较差，在成绩折算时只考虑科学和数学成绩。这些成绩也是对学生认知能力的一种评价，反映了学校教育质量和人力资本存量。实际上，这些测试成绩不仅仅是反映了学生的认知能力，从广义上看，更是对学生科学素质的一种量度，反映了各国青少年科学素质的真实水平。

用科学素质测试成绩作为人力资本的代理变量，具有明显的优势：一是与学校传播知识培养能力的目标一致，并将学校教育产出与今后的经济绩效联系起来；二是影响认知技能的因素是多方面的，包括家庭、学校、个人天赋等，认知技能的测试突出了教育的总效果；三是允许不同的学校拥有不同的教育质量，有助于研究不同的政策设计对学校教育质量的影响；四是用该指数对人力资本存量进行质量调整后，这样人力资本的质量会不断增长，由于没有上限，增长就不会停止[9]。

三、科学素质与经济增长的相关研究

经济增长是众多因素综合作用的结果。这些因素可以是物质资本、人力资本、自然资本和地理位置等经济体的状态变量，也可以是政府的消费率、民主水平、腐败程度、投资率、开放度等控制变量。研究表明，用科学素质衡量的人力资本，对经济增长有着重要作用。

沃尔伯格（H. J. Walberg）早在1983年的文章《国际视野下的科学素质与经济生产率》中，就明确指出科学素质的经济维度[10]。科学是一种特殊形式的"人造"资本，它镶嵌在科学文献、经济生产（如同计算机的内核）和整个人类中。同时，获得更高的科学素质需要消耗更多的稀缺资源——人的时间和精力。在信息社会，科学素质比其他素质更重要，是落后国家的现代化的关键因素。

巴罗和萨拉-伊-马丁基于新的萨默斯-赫斯顿（Summers-Heston）数据集——宾夕法尼亚大学世界表（Penn World Tables）第6.1版（该表包含了截至2000年的数据），对全球112个经济体1960~2000年的人均GDP的增长率进行了跨国增长回归分析[6]。他们将实际人均GDP的增长率与两类变量联系起来：第一类是状态变量的初始水平，如物质资本存量，以及表现为教育程度和健康状况的人力资本存量；第二类是控制或环境变量（或为政府所选择，或为私人行为所选择），如政府消费与GDP之比、国内投资与GDP之比、国家开放程度、贸易条件的变化、生育率、宏观经济稳定性指标、法治水平和民主水平等。两类变量的总数达到11个。

而用教育程度表示的人力资本变量与经济增长强相关，其影响具有很高的稳定性。这里的教育程度用男性所接受的高中及其以上的教育的平均年限来表示，如果男性教育程度增加1个标准差，那么增长率会增加0.005。而且具有更高初始人力资本水平的国家向其稳态收敛的速度更快。

他们还进一步研究了教育质量与经济增长的关系，运用国际可比较的测试成绩，分3个不同的10年期，选择不同的样本数：1965~1975年样本数为39个，1975~1985年样本数为45个，1985~1995年样本数为44个。在此基础上，构建了考试分数的单一横截面，并对每个经济体来说，其增长所考虑的3个时期的系数取值相同。

研究发现，用国际测验成绩量度的教育质量与经济增长呈正相关，尤其是科学分数对增长有显著的影响。与此同时，用男性高等教育程度表示的人力资本变量与经济增长的关系变得不显著了。这从实证的角度证明，教育质量比教育数量更重要。

阿尔蒂诺克（N. Altinok）运用国际上第二级教育数学和科学成绩的平均值作为人力资本代理变量，采用了固定时间效应的 10 年期面板数据回归、固定国家效应的常规最小二乘法和广义矩方法，对 120 个国家 1965~2005 年的实际人均 GDP 增长率（10 年平均）进行了跨国回归分析，研究发现学校教育质量对经济增长有正向影响[11]。

汉纳谢克和魏斯曼以 50 个典型国家/地区为研究样本，以所有不同年龄组在国际数学、科学、阅读测试成绩的平均分为人力资本代理变量，分析了 1960~2000 年实际人均 GDP 的增长率。并采用双重差分法和辅助变量法，比较了在祖国受教育的移民和在美国受教育的移民的工资差异。在考虑各种规范、时间区间、国家/地区样本后发现，科学素质和经济增长之间存在稳定的正向关联，辅助变量法和双重差分模型证实了其因果性[12]。

在可能影响经济增长的 17 个解释变量中，他们发现在回归分析中加入用科学素质测试成绩表示的教育质量后，用教育年限表示的教育数量对增长率的影响大大降低，并且变得不显著。科学素质测试成绩对经济增长的影响，要比以往通常用学校平均教育年限所代表的劳动力数量，对经济增长的影响大。劳动力质量的提高与经济增长有精确的回归关系，并且劳动力质量的提高能够改善对经济增长率的预测，特别是对增长较快和增长较慢的国家/地区更有预测力。

在参与国际比较研究的国家/地区中，测试成绩每提高 1 个标准差，人均 GDP 的年增长率就能提高约 1%；而学校教育数量每增加 1 个标准差，人均 GDP 的年增长率只提高 0.26%。在考虑人口增长的因素后，学校教育质量的作用也只有很小的变化。增长模型在考虑教育质量的因素后，教育数量对经济增长的作用下降了近 30%。当分数足够高时，教育年限甚至对教育质量有反向的影响，如果用对数模型替换线性模型，将得到类似的结果。

四、科学素质对全球经济增长的影响

全球范围的经济增长，发端于 14 世纪和 15 世纪大学教育的传播普及和一系列科学和技术的创新，如印刷出版业、船舶工程的进步、航海工具以及气象学和天文学的发展，这些发展，再加上欧洲的自由贸易，加速了工业革命以前的经济增长[13]。

直到二战以前，世界经济增长仅限于欧洲和北美洲，其他地区的人均收入则停滞不前。二战以来，一些发展中国家/地区[最突出的 13 个经济体是博茨瓦纳、巴西、中国（在讲经济体时，均不包括港澳台地区）、中国香港、印度尼西亚、日本、韩国、马来西亚、马耳他、阿曼、新加坡、中国台湾和泰国]的经济开始高速增长，并加快了追赶工业化国家/地区的脚步，这使得全球 GDP 呈指数增长。

在这 13 个经济体中，东亚经济体有 9 个（中国、中国香港、印度尼西亚、日本、韩国、马来西亚、新加坡、中国台湾和泰国），占据了绝对主导的地位，因此，东亚地区经济持续高速增长的现象，又被称为"东亚奇迹"。从历史上看，东亚各国走过的道路并不平坦。在 1500～1950 年的四个半世纪中，当所有其他地区都在进步时，亚洲却一直处于停滞状态。在 1500 年，亚洲的 GDP 占世界 GDP 的 65%，而到了 1950 年，亚洲的 GDP 只占世界 GDP 的 18.5%[14]。但是，从 20 世纪中期以来的半个世纪中，亚洲成为世界经济增长最快的地区，占世界 GDP 的份额成倍地增加。并且，东亚地区已经有 5 个经济体（日本、韩国、中国香港、新加坡、中国台湾）进入了世界发达国家/地区的行列，2005 年的人均 GDP 都在 12 000 美元以上。

拉丁美洲的发展与东亚地区形成了鲜明的对照。在 20 世纪 60 年代初期，拉丁美洲的人均收入几乎是亚洲人均收入的 2 倍，但在 1980 年后，拉丁美洲进入了"失落的十年"，落入增长陷阱中几乎不能自拔。在 1961～2008 年，世界经济的年均增长率是 3.2%，拉丁美洲的发展速度却非常缓慢，在这近 50 年里，它的平均年增长率徘徊在 1%～2%的低水平。与之相反，由于亚洲拥有较高的人力资本存量，亚洲的人均收入年增长率接近 5%的水平，位于全球各大区域之首。

拉丁美洲和亚洲经济增长差异巨大的一个重要原因就是，教育发展和人力资本质量上的显著不同。在过去的半个世纪中，东亚地区的中等教育取得了令人瞩目的发展。韩国和马来西亚的中等教育的入学率已经超过了 90%，远远超过了其他经济体的入学率。1970 年，东亚和拉丁美洲劳动力平均受教育年限接近。但是，现在东亚劳动力的受教育年限已经超过 9 年，而拉丁美洲只有 5 年多。

与教育数量相比，教育质量在人力资本的形成过程中具有更加重要的作用。把1965~2000年所有国际可比较的学生科学和数学测试成绩综合起来，计算出了世界上这六大区域近40年来学生的科学素质分数，来代替各区域的教育质量，同时计算出各区域的经济增长率（图1），发现四国联合体（COMM，包括美国、加拿大、澳大利亚和新西兰）的科学素质成绩最高，为500分，人均GDP年增长率为2.1%；其次是欧洲（EURO），为492分，增长率为2.9%；亚洲（ASIA）排在第三，为480分，增长率为4.5%，如果不包含日本，也能达到475分；中亚和北非（MENE）412分，增长率为2.7%；拉丁美洲（LATAM）388分，增长率为1.8%；撒哈拉以南非洲（SSAFR）360分，增长率为1.4%。最高区域和最低区域相差140分，亚洲和拉丁美洲相差92分。

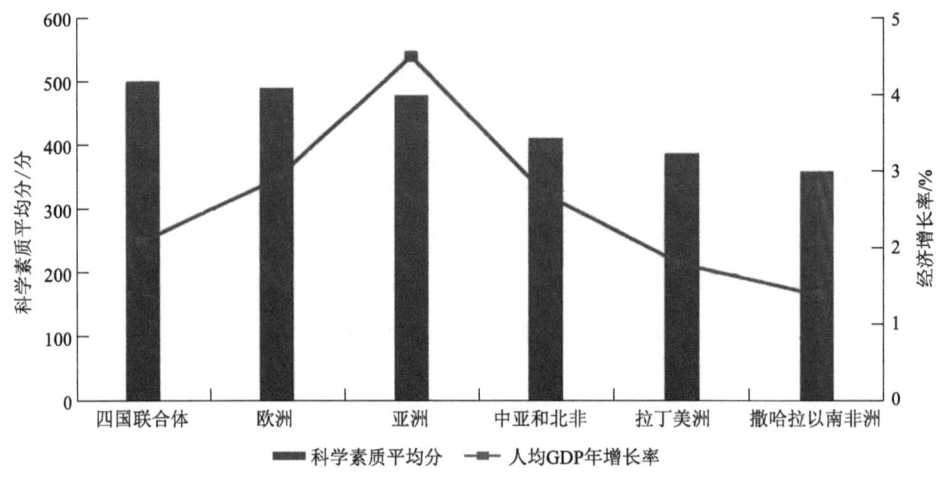

图1 世界六大区域的科学素质平均分和经济增长率

资料来源：根据汉纳谢克和魏斯曼的统计数据绘制

如果以国际学生评估项目为标尺，学生的测试成绩达到400分（低于OECD平均分500分1个标准差），就认为其具有了基本的科学素质。在发达国家中，只有不到5.0%的学生的认知技能测试成绩低于其基本素养的阈值（400分），而巴西有66.0%的学生、秘鲁有88.0%的学生低于阈值。因此，拉丁美洲1965~2000年的发展中，经济落后于世界其他地区，主要原因在于认知技能和科学素质水平偏低。

一个国家/地区的经济增长率与多种因素相关，而用科学素质表示的人力资本与经济增长率强相关，其影响具有很高的稳定性。汉纳谢克和魏斯曼利用1964~2003年的各种国际测试成绩和相关的经济数据，构造了一个由50

个国家组成的分析样本,然后对这些国家 1960～2000 年的增长率进行回归分析。在控制 1960 年初始 GDP 水平和教育年限保持不变后,科学素质对经济增长率具有显著正向的影响。就全球范围而言,科学素质与经济增长率成正比,青少年科学素质水平(40 年平均)每提高 1 个标准差(100 分),人均 GDP 的年增长率将提高约 1.0%[15]。如果把世界分为六大区域,则各区域的年增长率和科学素质成绩的条件回归系数为 0.985,从撒哈拉以南非洲的 1.4%到亚洲的 4.5%都落到了同一条直线上,如图 2 所示。当把学校教育年限(不管是 1960 年的学校教育年限,还是 1960～2000 年的平均学校教育年限)加入回归分析时,对增长率的差异没有显著影响。这表明,在控制初始收入水平等因素的情况下,1965～2000 年的区域增长是可以较好地用科学素质的差异来解释的。

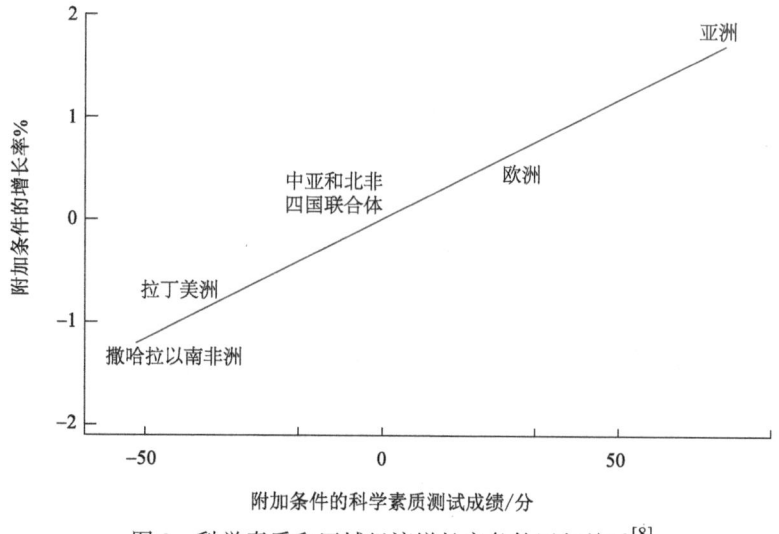

图 2　科学素质和区域经济增长率条件回归关系[8]

在 1965～2000 年,亚洲地区的人均 GDP 年平均增长率大约为 4.5%,位于世界各大区域之首。如果把亚洲地区科学素质平均水平由 480 分提高到日本的水平(531 分),那么年增长率还将增加 0.5%,达到 5.0%的水平。如果拉丁美洲的科学素质由 388 分提高到 488 分,即增加 100 分,那么其人均 GDP 的年平均增长率将由 1.6%增加到 2.6%,上升 1.0%。考虑到增长率的复利效应,增长率上一个百分点的差异,将对经济发展产生极为重要的影响。

五、结论

综上所述，从经济学的角度看，科学素质是一个良好的人力资本代理变量。最近的跨国经济增长研究表明，相对于入学率、平均受教育年限等指标，科学素质水平更能反映一个国家/地区的人力资本存量，与经济增长率有着稳定的正向关系，能够解释世界各区域长期增长率的差异。

从创新和发展的角度看，科学素质是现代社会人的素质的核心，技术创新和社会发展都要建立在大量具有高素质的劳动力之上。科学技术的突破性进展能够极大地提高劳动生产率，推动社会变革，这就需要大量能够做出突破创新的优秀人才，需要杰出的科学家、工程师和管理者。与此同时，社会进步更加依赖于应用已有的科学思想，依赖于服务、生产流程上的渐进变革，依赖于产品性能、质量和类型持续改善，这就需要大量具有科学素质的劳动力，需要他们在学习、应用和传播科学技术中，增进个人、团体和国家的利益，促进经济社会的发展。

因此，加强公民科学素质建设，提高公民科学素质水平，对于增强国家创新能力，促进经济和社会长期可持续发展，具有十分重要的意义。但是，科学素质的提高是一个长期的、渐进的过程，不能一蹴而就。科学素质改善对经济增长的影响也是逐渐发挥出来的，只有累积到一定的程度，才能展现出巨大的威力。这就要求政策制定者更深刻地、前瞻地理解全民科学素质行动和教育改革的紧迫性和重大意义，尤其要高度关注青少年的科学素质发展状况。同时，还需要前瞻地、有足够的耐心来等待改革所带来的巨大收益，有时候这种等待是相当漫长的，需要十几年乃至几十年的时间。

（本文原载于《科普研究》，2012年第7卷第3期，第14-20页。）

参 考 文 献

[1] 美国科学促进协会. 面向全体美国人的科学. 中国科学技术协会, 译. 北京: 科学普及出版社, 2001.
[2] OECD. PISA 2006: Science Competencies for Tomorrow's World, Volume 1: Analysis. Paris: OECD, 2007.
[3] 托马斯, 等. 增长的质量. 《增长的质量》翻译组, 译. 北京: 中国财政经济出版社, 2001.
[4] 王德劲. 我国人力资本测算及其应用研究. 成都: 西南财经大学出版社, 2009: 35.

[5] Barro R J, Lee J W. International comparisons of educational attainment. Journal of Monetary Economics, 1993, (3): 363-394.
[6] Barro R J, Sala-I-Martin X. Economic Growth. 2nd ed. Cambridge: The MIT Press, 2004.
[7] Hanushek E A, Kimko D D. Schooling, labor-force quality, and the growth of nations. American Economic Review, 2000, (5): 1184-1208.
[8] Hanushek E A, Woessmann L. Do Better Schools Lead to More Growth? Cognitive Skills, Economic Outcomes, and Causation. Cambridge: National Bureau of Economic Research, 2009.
[9] Hanushek E A, Woessmann L. Schooling, Cognitive Skills, and the Latin American Growth Puzzle. Cambridge: National Bureau of Economic Research, 2009.
[10] Walberg H J. Scientific literacy and economic productivity in international perspective. Daedalus, 1983, (2): 1-28.
[11] Altinok N. Human Capital Qualityand Economic Growth. https://econpapers.repec.org/paper/halwpaper/halshs-00132531.htm[2007-09-17].
[12] Hanushek E A, Woessmann L. The role of cognitive skills in economic development. Journal of Economic Literature, 2008, 46(3): 607-668.
[13] 世界银行增长与发展委员会. 增长报告: 可持续增长和包容性发展的战略. 孙芙蓉, 张林, 张晓莹, 等译. 北京: 中国金融出版社, 2008.
[14] 安格斯·麦迪森. 世界经济千年史. 伍晓鹰, 许宪春, 叶燕斐, 等译. 北京: 北京大学出版社, 2003: 133.
[15] Hanushek E A, Woessmann L. The High Cost of Low Educational Performance: The Long-run Economic Impact of Improving PISA Outcomes. Paris: OECD, 2010.

科学体制化的文化诉求与文化冲突

——论科学的功利性与自主性

| 李正风，尹雪慧 |

"近代科学除了是一种独特的进化中的知识体系，同时也是一种带有独特规范框架的'社会体制'。"[1]科学的体制化既是历史性的社会变革，也是世界性的文化重塑。要深刻理解近代以来科学与文化的关系，必须从这个影响深远的历史进程出发。本文在分析近代科学体制化的内涵、特征及其意义的基础上，以科学的功利性和自主性的关系为核心，探讨科学体制化过程中的文化诉求和文化冲突。

一、新型科学知识生产方式及其制度化

如果说近代以前科学知识的增长是无规则的和缓慢的，那么近代科学革命改变了这种局面，近代之后科学知识稳定而迅速地发展。如何理解这种变化，著名科学史家梅森认为，这是由于技术传统和精神传统的合流，前者将实际经验与技能延续下来并使之不断发展，后者把人类的理想和思想传承下来并使之发扬光大。这两种传统的汇聚，"产生一种新的传统，即科学的传统"[2]。但在我们看来，这两种传统的结合，本身就意味着一种新的"实验型"科学知识生产方式的确立，这是科学知识生产方式的重大变革[3]。科学的体制化正是这种新型科学知识生产方式的社会化和制度化。

正如梅森所说的，这种"实验型"科学知识生产方式体现了一种新的知识生产"技术"，实现了理性思维和实验方法的结合。实验的方法不但使对

自然现象和事物的定量和精确研究成为可能，而且形成了基于"经验证据"的知识纠错机制；同时，通过利用仪器等技术手段，人们不但在思想上扩展了理解和认识自然的空间，而且在实践上获得了控制和改造自然的力量。

但更重要的是，"实验型"科学知识生产方式是一种新的知识生产"制度"。与传统的"哲学思辨式"知识生产方式和依附于其他实践活动的、零散的"经验型"知识生产方式相比，在"实验型"科学知识生产方式下，科学研究成为具有自身价值和目标的、相对独立的社会劳动，其目的在于通过专门性的而非依附性的实验活动来获得科学知识；科学知识的生产由传统的个人行为转变为集体协作的社会活动，由以往业余的行为转变为专业的、职业化的活动，由随机的、经验性的偶发现象转变为设计的、实验性的系统行为。与之相伴的既是科学知识生产效率的空前提高，也是与这种"实验型"科学知识生产方式相适应的组织体系和制度结构的形成。

一方面，由于"实验型"科学知识生产不再依附于其他实践活动，它所要求的资金、时间、人力和材料等投入失去了转嫁的可能。所以，"实验型"科学知识生产需要专门的"成本"。而且随着科学研究的不断发展，科学研究所需要的成本逐渐超出科学家个人或对科学事业感兴趣的单个资助者能够承担的程度，科学知识生产中的投入和组织问题不再仅仅是知识生产者个人的问题，而且是需要特定的社会组织和社会制度予以保障的社会问题。

另一方面，科学研究具有探索性，研究结果往往不可预期，存在失败的风险。"人们花费时间和已有的资财来获取新知识，以便寻求新的能提高工作效率的方法。他们需要有放弃参加其他活动的决心，也需要有承担失败风险的决心。失败既包括不能取得受社会重视的成果，也包括不能取得科学家和发明家为实现自己的理想正在探索的成果。"[4]为激励科学家的创新活动，既需要一定的补偿机制以降低科学研究的风险，也需要通过一定的产权制度来保障科学家的创新收益。

从某种程度上看来，近代科学革命本质上是科学知识生产方式的变革，新型科学知识生产制度不断完善和不断演进的过程，也就是科学体制化的过程。在《科学家在社会中的角色》中，本-戴维对"体制化"的含义作了这样的界定："这里所说的体制化有如下含义：①社会中的特定活动，因其自身的价值而被承认具有重要的社会功能；②存在着调节特定活动领域中行为的规范，以实现该领域活动的目标和区别于其他活动的自主权；③调整其他活动领域中的社会规范，以与该活动领域的规范相互适应。"[5]本-戴维认为，科学的体制化意味着承认精确的以及经验的科学研究是一种探索方法，它导致了重要的新知识的发现。这些知识靠其他获取知识的途径（如传统、思辨、启示）是不能得到的。而且科学体制化"把一些道德义务加给它的实践者"，最后还需要各种各样的条件，如言论和出版自由、宗教与政治上宽容的态度，以及使社会和文化适应不断变革的某种灵活性等。

在我们看来，科学体制化涉及四个基本方面。第一，在价值观念方面，确立科学知识生产的独立价值，表明科学作为一种社会建制存在的意义。第二，在制度安排方面，形成与科学知识的产生、传播与应用相适应的社会秩序，包括科学家和工程师的行为规范，与科学活动相关联的激励措施等制度安排。第三，在组织设计方面，建立进行科学研究活动的组织系统，包括学会、研究院、工业实验室、国家实验室、大学等组织形式。第四，在物质基础方面，形成科学活动所必需的物质支撑体系，包括科学研究所需要的资金投入，以及仪器设备与基础设施等。

可以说，近代科学的体制化是"实验型"科学知识生产制度及其意义不断展开的历史过程，也是科学的社会功能和文化价值不断被重新发现的过程。这个体制化的过程是科学发展史上的重大变革，更是一场影响深远的社会变革和文化。近代科学体制化的状况不但决定着科学知识生产的能力，而且也决定着科学知识价值的社会实现，并进而深刻影响着国家的综合国力。从近代以来世界历史的发展过程看，近代的工业化进程是和科学知识生产方式的转型相伴而生的，当今的发达国家无一例外都是较早实现了向"实验型"科学知识生产方式的转变并形成与之相适应的社会体制的国家，这种联系并非偶然。正如科学知识社会学家巴里·巴恩斯所说的："科学的兴起是现代工业社会出现的一个组成部分：已知最有效的生产体系和已知最有效的工具性知识体系，并非是由于偶然而在同一时期出现。"[6]

二、"求真知"和"致实用"的两种文化诉求

然而，作为深刻的社会变革，科学的体制化并非易事。事实上，许多国家都是在经受了痛苦的反思和付出了惨痛的代价之后才走上科学体制化的道路的。即便是科学体制化的先行国家，也需要特定的社会和文化条件。默顿对17世纪率先实现科学体制化的英国的研究发现："自十七世纪中期以来，科学和技术日益争得了一份应得的注意……科学已获得〔社会的〕认可并组织起来了。在这一方面，皇家学会的建立就是一个例证。……可是，所

有这一切并不是自发生成的。其先决条件业已深深扎根在这种哺育了它并确保它的进一步成长的文化之中。"[1]

科学的体制化有什么样的文化诉求，需要什么样的文化变革呢？我们认为，恢复对科学知识可靠性的信任，树立对科学知识价值的信念是必要的精神和文化上的准备。换言之，科学体制化隐含着求真知和致实用两个方面的文化诉求，而这两个方面的文化诉求分别为科学的内部体制化和外部体制化提供了主要的支撑。

"求真知"的文化诉求在培根和笛卡儿等人关于传统知识和传统认知方法论的批判中都有充分的体现。培根通过批判亚里士多德的工具论，期求把认识的基础建立在可靠的经验事实与严格的归纳推理之上。笛卡儿则通过"普遍怀疑"试图寻求人类知识的可靠前提或思想的客观性基础。其目的都在于探索追求真正知识的道路，重建人们对知识可靠性的信念。

为保证知识的可靠性，人们努力诉诸一种超越个人主观判断和意愿的方法，认为"正确的规则和程序比洞察力和才智更为重要"。因此，对科学研究程序和方法的探讨是这一时期人们关注的中心问题之一。科学史家科恩对此解释道："方法问题之所以成为科学革命的中心，是因为新的科学或新的哲学主要的创新之处在于数学与实验的结合。旧的知识，是由各个学派、立法部门、学者并借助圣人、神的启示以及《圣经》等的权威通过立法确立下来的，17世纪的科学被认为是以经验和正确的感知为基础的。"[7]

数学和实践结合的意义不仅仅表现在方法上，科恩认为，"任何一位通晓实验技术的人都可以对科学真理进行检验——这正是新的科学与传统知识，无论是旧的科学、哲学或神学，大相径庭的一个因素。而且，方法很容易掌握，从而使任何一个人都可以做出发现或找出新的真理。正因为如此，新的科学成了文明史中最伟大的促进民主的动力之一"[7]。更为重要的是，以这种结合为前提，一种对科学知识的进步行之有效的交流和互动机制得以建立。对实验方法必要性及其程序和结论的可靠性的集体认同，成为人们组成"共同体"，并进行有效交流以推进知识进步的共同理念，如本-戴维所说："如果对实验方法没有一致的意见，可能就永远不会出现一个自主的科学共同体。"[5]

因此，以对这种新型科研方法或科学知识生产"技术"的集体认同为基础，形成了一种摒除个人偏见、共同追求真知的科研文化，塑造了科学共同体内部的行为规范。这种科研文化促进了科学的内部体制化，即默顿所说的"理性活动的制度化"[8]：科学家公开发表研究成果、相互评价科研工作、分配科学共同体内部承认的制度化。这种制度化为共同遵守科研技术和社会准则的科学家之间的互动提供了规范。

科学方法上的革命及其对科学内部体制化的影响无疑是非常重要的,但是仅此仍然不能使科学成为广泛的社会事业,也难以让公众、政府和企业家支持并投资于科学。要实现科学的外部体制化,使科学知识生产纳入整个社会分工体系,形成社会支持科学并高效地利用科学知识的机制和制度,进而实现科学的全面体制化,还需要让人们真正认识到科学知识的社会价值。

回顾近代科学体制化的过程,我们可以发现对科学价值的社会认同是科学全面体制化的关键。事实上,"在科学被当作一种具有自身的价值而得到广泛的接受之前,科学需要向人们表明它除了作为知识本身的价值以外还具有其他的价值,以此为自身的存在进行辩护"[1]。换言之,仅仅依靠科学发现新知识而不认可知识的社会功能难以推动科学成为广泛的社会事业,难以实现科学的体制化。而从科学知识之外寻求对科学及其体制存在必要性的辩护,必然要诉诸科学知识的"功用"。由此,一种突出科学知识的"功利主义"价值观念的确立,便成为近代科学体制化的必要前提。

也正是在这个意义上,弗朗西斯·培根成为近代科学体制化的文化代言人。这种新文化的确立也是对囿于智力游戏的传统学术的批判,在培根看来,传统的学术已蜕变成了一种空洞的智力装饰,学者们编织出学术的蜘蛛网,"网丝和编织之精细令人赞叹,但却是空洞的或无益的"[9]。这种状况应当改变,需要倡导一种使科学服务于人类进步的,并在经验能力和理性能力之间永远建立起"真正合法的婚姻"的新观念:科学的真正合法目标,应该是"把新的发现和新的力量惠赠给人类生活"[10]。通过《学术的进展》《新工具》等著作,培根试图使这种观念成为人们的共识。

培根所倡导的思想无疑是功利主义的科学观,但培根主张的功利主义更多地强调的是科学知识生产对人类或社会的功利性,即"增加人类幸福和减轻人类痛苦""改变人类境况",这种功利主义试图超越个人的立场,立足于"人类的"或社会群体的立场,因此这种功利主义是一种"社会功利主义"。这种"社会功利主义"假定存在一种人类社会共同的利益,科学就是为这种共同利益服务的,在这里隐含了一种未经认真考查的期待:对科学的支持将使每个人从中获益。具体而言,这种"社会功利主义"也指向了一种把科学知识的"功利性"与"公有性"结合起来的制度设计。

这种社会功利主义的思想,在科学体制化的一开始就被非常鲜明地表达了出来。英国皇家学会这一在人类科学技术发展史中具有划时代意义的组织形式的产生，就是这种文化观念的充分体现。英国皇家学会不仅以培根"实验哲学"为理论基础，而且以培根"知识就是力量"的观念为思想前提。这在英国皇家学会成立之初的章程草案中有非常透彻的阐述[11]。可以说，具有实际效用的科学才是社会和政府对科学的要求。

默顿关于清教主义对科学体制化作用的分析，也突出了功利主义科学观在新型文化价值体系中的核心地位。默顿指出，"已经证明了由清教主义促成的正统价值体系于无意之中增进了现代科学。清教的不加掩饰的功利主义、对世俗的兴趣、有条不紊坚持不懈的行动、彻底的经验论、自由研究的权利乃至责任以及反传统主义，所有这一切的综合都是与科学中同样的价值观念相一致的"[1]183。

科恩对科学史的研究也支持了这种观点，他认为："新科学的一个革命性的特点是增加了一个实用的目的……寻求科学真理的一个真正目的必然对人类的物质生活条件起作用。这种信念在16世纪和17世纪一直在发展，以后越来越强烈而广泛地传播，构成了新科学本身及其特点。"[12]

可以说，"致实用"的功利主义科学价值观，为科学的体制化内在的文化诉求。这种科学价值观成功地把现实世界功利化的追求引导为推动科学发展的动力。这种新价值观念的确立，不但为科学的内部体制化提供了社会环境和发展空间，而且为科学的外部体制化铺平了道路，科学体制化的社会过程及其意义由此全面展开。

三、科学"功利性"与"自主性"的文化冲突

分析表明，"求真知"的科研文化和"致实用"的功利主义科学价值观共同构成了近代科学体制化的必要条件。离开"求真知"的科研文化，人们难以恢复对科学知识的信任；离开"致实用"的功利主义科学观，人们难以树立对科学价值的信念，科学的体制化将是不完全的，也是难以持续的。

然而，这两种文化要素之间存在着冲突。这种冲突不同于人们经常讨论的"科学"与"人文"两种文化之间的断裂和日趋紧张的关系[13]，而在于其打破了"科学"和"人文"这种传统的文化分类坐标。从"求真知"的科研文化出发，有人主张应当由掌握科学方法、洞悉科学问题的科学家和科学共同体主导社会的科学事业，即从科学的"自主性"出发来引导、规范和维护科学的进步，科学家是科学知识的贡献者，社会将从他们贡献的科学知识中

获益。从"致实用"的科学价值观出发，有人则认为应该由科学的投资者、科学知识实用价值的需求者主导社会的科学事业，从功利的目标出发来设计和支持科学的发展，科学家和科学共同体只是被雇佣的科学知识生产者。显然，这两种追求并不总是一致的。因此，科学体制化过程中的这种文化冲突便经常表现为科学的"功利性"和"自主性"之间的摩擦与对抗。

默顿认为，在科学体制化的初期，人们"极少考虑到重点强调科学的功利性最终会限制科学想象力的自由发挥这种可能性"。这一方面可能与培根等人提出的"社会功利主义"允诺并凸显了一种具有"人类共同利益"的图景有关。在这种"共同利益"图景下，科学家和政府、社会公众似乎结成了目标一致的联盟，科学家对"自主性"的追求可以与政府、公众对"功利性"的期待奇妙地和平共处。另一方面也可能与人们长期以来对基础研究与应用研究之间关系的认识仍然局限在线性模式的框架下有关。在这种线性模式下，基础研究阶段不涉及应用的问题，科学家可以自主地进行研究，只有在基础研究的成果进入应用研究阶段时，才涉及具体的实用目标问题，而基础研究的成果或早或晚总会以一定的方式体现出功利性的价值，人们可以等待科学的这种功利价值自然地发生。

然而，实际情况并非如此。一方面，培根意义上的"人类共同利益"图景并不全面。事实上，不仅政府、公众和企业家之间存在着利益的冲突，国家之间、公众之间、企业之间也存在着激烈的利益竞争关系。当人们认识到科学可以作为追逐自身利益的有效工具，并在相互竞争的现实实践中巩固了这种信念之后，科学就不完全是增进人类福祉的公器，而变成了增进集团或个人利益、提高其竞争优势的利剑。对科学功利价值的追求在一定范围内改善人们的生活、提高人们的健康水平同时，也在更大程度上进一步导致了社会贫富分化、国家地位失衡。由此，关于科学价值的"社会功利主义"就有可能转变为"集团功利主义"或"个人功利主义"。

另一方面，基础研究和应用研究之间的关系并不总是符合线性模式。应用的目标引导基础研究，并通过科学上的突破实现技术、产业的迅速发展，并由此带来竞争中的巨大收益的案例在科学、技术和产业的发展史上屡见不鲜。这种非线性模式一方面更快捷地实现了科学的功利价值，另一方面也使科学家自主地进行基础研究而不关注其应用目标的期待受到挑战。更重要的是，也带来了一种危险，即一种崇尚科学的功利主义就有可能转向崇尚功利的科学工具主义。

一旦把科学变成了追逐利益的工具，那么当科学家或科学共同体的追求与政治家（政治集团）或企业家的利益相冲突时，当科学自身发展的逻辑与政治运行的轨迹或市场运行的规则出现矛盾时，科学便可能成为强权政治限制或奴役的对象，科学发展的道路便不可避免地被政治或经济的力量所扭曲。从极端功利主义出发，即便是拥有维护公共利益良好愿望的政治家，也可能由于理智上的短视而给科学强加某种限制。这种理智上的短视会导致对那些不能提供直接成果的基础性研究缺乏必要的重视，认为只有科学能够导致直接可见的利益时才是可取的，才是值得支持的。

默顿曾理想化地设想，"在科学获得作为一种社会体制的牢固基础以前，它需要合法化的外部来源。只是到了后来，科学对其他体制化了的价值的这种依赖性才开始缓慢地发生变化。科学逐渐获得一种与日俱增的自主性"。而且"一旦科学得到确立并带有一定程度的功能自主性，基础科学知识的学说作为一种自身独立的价值就成为科学家们的信念的一个组成部分"[1]。

但事实并非如此，在科学体制化之后，科学的自主性并没有与日俱增。当代科学的发展及其对社会的影响，为科学提供了体现自身力量的例证，使科学成为强大的、不断扩张的社会建制，但科学的自主性却日益受到冲击。特别是随着科学研究所涉及的问题渐趋复杂，与社会利益集团的关系日益紧密，所需要的资源不断增加，越来越依靠外部的供给和支持，社会对科学的贡献和绩效的要求日渐强烈，科学的自主性也越来越成为需要不断维护和不断辩解的对象。

更值得注意的是，不加限制、不受约束的功利主义与不断扩张的科学力量的结合导致了新的人类危机，20世纪以来出现的核威胁、环境问题、资源问题等正在提出这样的警示。同时，对科学功利性的追求存在着演变成一种使科学功利化的危险。在科学共同体内部，也有大量科学家把科学研究作为追求自己在科学之外的功利目标的工具，有的甚至不惜采用投机的手段，利用欺骗的方式挑战科学研究诚信、负责的原则，当下屡禁不止、层出不穷的科学不端行为便是鲜明的例证。

显然，科学功利性与自主性之间的矛盾反映了科学体制化内在的文化冲突。对功利主义的科学观的无限扩张需要加以必要的制衡，防止其滑向功利至上的科学工具主义，防止具有功利性的科学变成极端功利化的科学。但这并不意味着要完全摒弃功利主义的科学价值观，回到"为科学而科学"的理想主义科学观，因为这样将动摇科学体制的根基。如何在科学已经广泛体制化，科学体制的形态正在不断演变的新形势下，探讨科学功利性与自主性之间关系的新变化，应对追求科学功利性对维护科学自主性的新挑战成为当前我们必须面对的重要问题。

（本文原载于《科学与社会》，2011 年第 1 卷第 1 期，第 123-132 页。）

参 考 文 献

[1] 罗伯特·金·默顿. 十七世纪英格兰的科学技术与社会. 范岱年, 等译. 北京: 商务印书馆, 2000.
[2] 斯蒂芬·梅森. 自然科学史. 周煦良, 等译. 上海: 上海译文出版社, 1980: 2.
[3] 李正风. 科学知识生产方式及其演变. 北京: 清华大学出版社, 2006: 157-188.
[4] W. W. 罗斯托. 这一切是怎么开始的: 现代经济的起源. 黄其祥, 纪坚博, 译. 北京: 商务印书馆, 1997: 109.
[5] Ben-David J. The Scientist's Role in Society: A Comparative Study. New Jersey: Prentice-Hall, Inc., 1971: 73, 75.
[6] 巴里·巴恩斯. 局外人看科学. 鲁旭东, 译. 北京: 东方出版社, 2001: 17.
[7] 科恩. 科学中的革命. 鲁旭东, 赵培杰, 宋振山, 译. 北京: 商务印书馆, 1998: 184.
[8] 罗伯特·金·默顿. 科学社会学散忆. 鲁旭东, 译. 北京: 商务印书馆, 2004: 11.
[9] 亚·沃尔夫. 十六、十七世纪科学、技术和哲学史. 周昌忠, 苗以顺, 毛荣运, 等, 译. 北京: 商务印书馆, 1985: 708.
[10] 培根. 新工具. 许宝骙, 译. 北京: 商务印书馆, 1984: 58-59.
[11] J. D. 贝尔纳. 科学的社会功能. 陈体芳, 译. 北京: 商务印书馆, 1982: 60-61.
[12] 科恩. 牛顿革命. 颜锋, 弓鸿午, 欧阳光明, 译. 南昌: 江西教育出版社, 1999: 5.
[13] C. P. 斯诺. 两种文化. 纪树立, 译. 北京: 生活·读书·新知三联书店, 1994.

科学技术传播案例研究

日本的 PUS 及其相关概念研究

| 江洋,刘兵 |

一、引言

"公众理解科学"(public understanding of science,PUS),本是起源于英美国家的概念,但近年来随着 PUS 的理论和实践的发展,这一概念也越来越多地出现在我国科普界,以及科学史、科学哲学、科学社会学、科学知识社会学(SSK)、科学技术与社会(STS)等相关领域的理论研究和实践活动当中,相应地,国内关于这一概念本身的起源、发展、理论背景、实践活动、学术意义及影响等相关问题的研究也越来越多。近两三年来,国内学术界陆续引入、介绍了英美国家的情况,但相比之下,对于其他国家和地区的情况,我们依然了解甚少。PUS 是否也如同科学一样,有着向东方文明的移植渗透过程?或者,是否在别的国家,也自发地产生了本土化的 PUS?为了更好地理解这一"新生事物",进而更好地借鉴国外的经验以促进国内科普事业的发展,我们需要对整个国际范围的 PUS 的理论与实践有更深入、更广泛的研究。当我们不再囿于西方国家,而把视野扩大到整个国际范围时,便会很自然地将焦距拉近,关注和我们的文化有着更多联系的东方国家,而其中,我们的邻国日本,一个介于东西方文明之间的发达国家、一个领先于世界的科技强国,是我们无论如何都无法忽视甚至应该首先关注的国家。

20 世纪 90 年代,日本从欧美引入了 PUS 这一特定概念,但这一概念对日本来说,只是一个舶来词。有的日本学者认为,日本的 PUS 可以看作日本原有的本土化概念的一个新的展开,所代表的含义从 50 年代以来一直在变化着[1]。

本文所指的 PUS，其实在最宽泛的意义上，包括一切涉及公众与科学的互动关系、二者的交互影响的一系列相关概念，是对以 PUS 为代表的科学普及、科学传播等相关领域的广泛关注。

在这个意义上，纵观日本二战历史的演变过程，随着时代的发展变化，相应的概念也不断地发生着变化。这些概念之间既有继承延续，也有变革突破，其相互关系是微妙复杂的。对这些概念做一个系统的辨析和梳理，可以从一个特殊的视角考察出日本二战后公众和科学关系的演变史。

二、科学的公众接受

在公众与科学的关系这一领域中，日本最早的传统概念实际上是"科学的公众接受"（public acceptance of science，PAS）。这一概念产生于二战后的 20 世纪 50 年代，当时，日本第一次出现了科学在公众中的信任危机。政府努力想要改变这一现状，从而以政府为主导进行了一种以提高科学在公众中的接受程度为目的的活动。

在此活动中，一个很具代表性的例子就是核能发电的问题。20 世纪 50 年代，利用核能发电的技术开始发展起来，也越来越多地被应用，但是公众对于核能的工业应用心存恐惧，这也与二战当中，日本国民亲身见证了原子弹爆炸所引起的巨大灾难有一定关系。日本中央政府为了消除公民的恐惧以及由此产生的对核能应用的阻力，采取了一系列措施。例如，在建核电站的时候，一方面给周围的住民发放高额补偿金；另一方面派专门人员对住民进行科学技术的普及教育，让他们在一定程度上了解从而接受，这就是早期的 PAS。

虽然 PAS 只是早期的一个概念，但实际上，在日本，PAS 这一传统一直没有中断。日本学者金森修认为，20 世纪 90 年代以后，日本从英国引入了 PUS 这一新的概念，虽然 PUS 与 PAS 不可以完全等同，但某种意义上，二者的指向大体是一致的。也就是说，今天日本的 PUS，依然有一部分保留了这种 PAS 的传统。[2]

这一传统的主要表现形式就是，中央政府为了获得公众对国家的科技政策的支持，向公众进行科学普及。这种科学普及是一种启蒙意义上的、单方向的、自上而下的传播。其前提假设是公众的科学理解水平很低，所以要进行启蒙性的普及。虽然这在客观上为普及国民的科学知识起到了一定的作用，但在主观上，主要是为了消除国民的不安和恐惧，从而进一步消除由不安和恐惧而产生的对国家科技政策的质疑和反对。金森修认为，这种传统有一种发展成怀柔政策的危险[2]。

可以说，这样一种 PAS，是处在政府的立场上，让公众被动地接受科学技术及其给社会带来的影响。这与比较成熟的那种真正的 PUS 运动的前提立场和发展方向，是有着很大的区别的。

三、科学的普及

在英语中，"普及"（popularize）一词的基本含义是"使……通俗"，它有两层意思，一是"使……被喜欢或被羡慕"，二是"用普遍可理解的或者有趣的形式描述出来"。在欧美国家，"普及"的后一种定义是"科学普及"一词被人们普遍接受。

日语中"科学的普及"（科学の普及）这个词语，基本与英语中的 popularization 对应，接近于汉语中的"科普"。传统的科学普及事业，主要是指向大众特别是科学的弱势群体普及科学知识。这种普及侧重的是科学内容的传播，更多的是一种实践性的活动。

日本文部科学省科学技术政策研究所的一份研究报告《日本科普概况》中具体考察了日本科学普及的历史、发展及现状。日本的科普历史更为久远，最早可以追溯到明治维新时期打破锁国主义开始，至今已有一个多世纪的时间。这 100 多年来的科普历史大致可分为三个阶段：第一阶段为明治维新至二战，属于启蒙阶段，科普事业主要是正确翻译和向公众普及西方的科学术语；第二阶段为二战战败后，日本在 20 世纪 50 年代初确立了"贸易立国"的战略方针，以迅速恢复国家经济；第三阶段是 80 年代初，日本经济已名列西方世界第二，于是日本提出了"技术立国"的新口号，其精髓是重视知识分子，重视科技。日本 80 年代以来的科学技术发展一直处于世界领先地位，早在 1985 年在日本东京筑波科学城举办的规模巨大的科学技术世界博览会就是最好的证明。日本政府认为，日本在科技与经济上的高速发展，与其高度重视科学普及是分不开的[3]。

这种意义上的科普，是建立在"科学技术立国论"的前提下，以提高国民科学技术素质、增强国家科学技术实力、振兴科技为目标的。日本在这个意义上的"科学的普及"，从规模、种类、多样化、活性化等各种角度来看，都是世界领先的。这种科学的普及主要是科学家、政府向公众的单向传播，即由掌握科学知识的人群向没有掌握科学知识的人群传播的过程。公众在这里是以缺乏科学知识的形象成为被动的传播对象，没有公众的主动参与，更没有二者的互动。

值得注意的是，虽然同样是政府主导的、由科学家向公众的单向传播活动，但"科学的普及"与 PAS 又有所不同。前者的出发点是"科学技术立国"，通过发展科技富强国家，即一种把科学技术视为主角的活动，而后者是政府为了实现特定目的的一种仅仅在形式上付诸科学普及手段的活动。

四、普通市民的科学理解

"普通市民的科学理解"（一般市民の科学理解）是一个具有鲜明日本风格的词语，最早起源于 20 世纪 60 年代的"科学的市民运动"。此前，日本参与科学事务与决策主要是三方面力量，即我们常说的产、学、官。进入 60 年代，日本出现了一系列公害问题，其中以水俣病为典型代表。这些事件导致公众对科学技术给社会可能带来的危害有了重新的认识，公众对于科学及科学家的信任度大大降低，并且开始关注科学的风险和不确定性。由此，日本兴起了"科学的市民运动"，公众参与科学事务的主动性大大增强，开始要求在科学决策中具有一定的权力。随着"科学的市民运动"的兴起，在影响科学的三方力量中，又加入了一大力量，即"民"。而"市民"要想在科学事务中拥有一定的话语权，能够真正影响科学决策，发挥"市民"的作用，必须首先建立在"理解科学"的基础上，由此就有了"普通市民的科学理解"运动，从 60 年代以来，日本一直在进行并发展着这项运动。这种意义上的"科学理解"，更多的是对科学本性及其社会影响的认识、理解，而弱化了对科学知识本身的关注。

对于在 20 世纪 60 年代科学和公众的关系当中市民所起到的作用，在日本学界也存在着不同的看法。东京工业大学的学者中岛秀人认为：日本的 60 年代，是一个反科学的时代。当时的公害问题是科学家引起的，最后也是由科学家来解决的。所以在一定程度上，这更多的是一种精英层面的活动。在那个时代，相对来说，政府对科学的影响要更重要一些，当时精英分子努力地跟政府合作，为科学普及做了一些工作，在今天看来，他们在历史上对科学的普及起了重要作用[4]。

无论这场运动是精英主导的，还是市民主导的，有一点是毋庸置疑的，就是在这场运动当中，公众以前所未有的规模和力度参与到了公共科学事务当中，后来沿此方向，又有了许多相应的活动和发展，所以在某种意义上，"普通市民的科学理解"可以说是独具日本特色的、日本本土化的 PUS。

五、公众理解科学

在日本，对国际上比较通用的 PUS 概念的统一、公认的翻译名称一直没有确定下来，因而 PUS 在日本是一个多义的、综合的概念，其具体所指要根据语境及使用者而定。仅就 public（公众）而言，日语当中就没有一个合适的词语能够直接与其对应，"公众"这一词语在日本经过历史的演化，现在使用较多的场合竟是公用厕所。所以，日本学者在翻译这个概念的时候，很是为难。

在日本，最早翻译介绍 PUS 这一概念的人，是岩波书店的若松征男。若松征男在 20 世纪 80 年代末向日本介绍这一概念的时候，初衷是借助英国的经验，改善日本的理工科教育，也就是说不是要搞公众的科学运动，而是要传播科学。

当时英国的情况是，科学家们意识到民众对科学的兴趣不够，于是采取加强改善理科教育、建立科学博物馆、奖励科普作者等一系列措施，同时对公众科学素养进行调查。结果很快就出现问题，政府及科学家们发现单向的普及是起不到作用的，必须进行双向的交流。也就是说，著名的英国学者杜兰特的缺失模型遭到了失败。在这样的背景下，一个表象的概念传到日本，只是作为一个词被使用起来，但是当时对于日本并没有太大的实际意义。日本的理科教育改革，的确从与其他国家的经验模式比较借鉴当中受益，但是几乎没有从 PUS 这一角度来进行。[4]

六、科学传播

"科学コミュニケーション"是英文的 science communication 的对译词，即"科学传播"，这是近年来在国内外都讨论较多的一个概念。国内有学者认为，科学传播起源于传播学理论对科学活动的研究，特点是多主体互动，其对象不仅包括公众，也包括在科学共同体内部的交流，强调的是传播过程及内在机制如何传播的问题[5]。也有学者认为，科学传播指一定社会条件下，科技内容及其元层次分析和探讨在社会各主要行为主体（如科学共同体、媒体、公众、政府及公司和非政府组织）之间双向交流的复杂过程，它指除了科技知识生产之外与科学技术信息交流、传达和评价有关的所有过程[6]。这些分析与定义，和日本学者使用的"科学传播"的含义基本一致。以渡边政隆为首的日本文部科学省科学技术政策研究所第2调查小组进行了一系列关于加强"科学传播"的活性化的调查分析。从这些报告中可以明显看出，日本学者使用"科学传播"时，较多侧重科学传播的过程、机制和方式，强调多元、平等、开放、互动，尤其是科学传播主体的多元和丰富性。日本学者认为，广义的科学传播主体，应该包括一切"可以填补科学技术专家和普通公众之间鸿沟的人"，如大学、研究机构、企业、社会团体中的科学技术宣传员，报纸、杂志、电视、广播等媒体的科学记者，电视、广播的科学节目制作人，科学著作、科学杂志的作者和编辑，科学馆的工作人员，学校里教授科学的老师，等等。尤其值得注意的是，"科学传播"特别地包含了科学家之间的信息互动，强调不同学科、不同专业的科学家内部应该进行有效的交流[7-9]。

在日本，开始广泛地使用"科学传播"，是最近三四年的事情。一个重要的背景是，近年来，日本出现了国民对科学的兴趣逐渐降低的问题，这个问题引起了政府的关注和重视。政府在讨论如何对应的时候，使用的词语不再是"科学的普及"或者PUS，而是"科学传播"[4]。

目前，在相关的概念当中，不论是官方的报告，还是学者的著述，使用频率最高的都是"科学传播"。

七、增进科学技术理解

20世纪90年代，随着经济的发展和科技的日益进步，在日本，科学普及的概念、内容和形式都发生了巨大的变化，相应地，日本人赋予它新的名称是"增进科学技术理解"（科学技術理解増進），在过去的单纯普及科学知识的基础上，更多的是增进国民对科学技术的理解。尤其是20世纪90年代后期，日本更加重视科学技术、社会与人类相互关系的研究。

关于增进国民对科学技术的理解，1998年日本科学技术部召开研讨会，主题是"传播者的重要性"，指出今后必须形成一个任何人都理解科学技术的社会，科学技术不仅仅是专家的，而应属于所有人。日本政府认为，无疑科学技术象征着20世纪，然而科学技术有着极其复杂的含义。在19世纪末，当问及对 20 世纪的期望时，许多人回答期待科学技术的发展、期望"3 个小时就可以从东京到达大阪""可以和地球另一面的人对话""人类登上月球""在家里看电影"等。这些在当时看来无异于天方夜谭，在今天都实现了，而且许多已成为家常便饭。但是，在 100 年后的今天，我们需要更好地了解宇宙、地球、生物，要创造"21 世纪型的科学技术"，一种可以建立人人都能自由生活的社会的科学技术。21 世纪科学技术面临转折，新型科学技术必须和体育、音乐、艺术一样对所有人都具有魅力，必须建立一个"人人关心科学技术，并且能够以自身具备的对科学技术的理解和知识判断什么样的科学技术是我们所需要的"社会。"增进理解科学技术"的内涵不是有知识的专家以自己已有的知识教育、启蒙国民，而是专家和国民积极互动，形成全社会对科学技术负责的局面。对于专家和国民积极互动，日本政府认为，专家的责任是努力研究、开发社会需要的科学技术，并为此与全社会合作、交流；国民的责任是关心科学技术，理解政府的科技计划并提出建议，正确判断科学技术，自如运用科学技术，认识科学思维方式的重要性，经常以志愿者的身份参加调查、研究等[3]。

从日本政府的官方报告和学者的研究论文中都可以看出，"增进科学技术理解"，是对"科学的普及"的发展和拓宽，其对象既不是与专家相对的"公众"，也不是由运动产生的"市民"，而是"国民"，即日本的所有公民，这更多的是在国家战略意义上的一种活动。目前日本与 PUS 相关文献中，很大一部分都在使用"增进科学技术理解"这一词语，有时日本学者把它直接对应成英语的 public understanding of science。"增进科学技术理解"确实与 public understanding of science 有很大的一致性，二者都强调科学技术对社会的影响，强调专家与公众的互动，强调全社会对科学事务的参与。可以说，这是科学技术发展到今天，世界各国在对待科学、社会与公众问题上的一种不谋而合，是时代潮流的大势所趋。但是，这两者毕竟是在不同的国家中各自产生出来的，都根源于本国的政治、经济、文化、社会背景，带有鲜明的本国特色，所以不能把这两个概念直接完全等同，但我们可以在另一种意义上，以国际化的视野，对其进行对等的比较研究。

八、结语

从上文对在日本使用的 6 个相关概念的分析中可以看出，在日本，这些在广泛意义上涉及公众与科学的交互关系的系列概念，有的是在日本特有的社会文化背景里诞生出来的本土化概念，有的是直接从西方翻译引进的舶来词，还有的是把外来名词与本国现状、特点相结合而创造出来的嫁接性概念；另一方面，这些概念当中，有的是在学术研究的过程中产生的理论名词，有的是在历史上的运动、实际工作以及对理论的实践活动过程当中渐渐形成的词语。它们之间的明确定义及其相互关系本身就很难说清，加之日语中独有的"暧昧文化"，更使得它们之间的关系错综复杂。本文尝试对这些概念产生的背景、发展的过程、应用的范围做一个梳理、分析和说明，希望从这里面可以折射出日本公众与科学的关系这样一个更大领域里的理论和实践的演化过程。

（本文原载于《科学技术与辩证法》，2009 年第 3 期，第 97-101 页。）

参 考 文 献

[1] 井山弘幸, 金森修. 现代科学论. 东京: 新曜社, 2000.
[2] 江洋, 刘兵. 对金森修的访谈. 2005-07-26.
[3] 文部科学省科学技術政策研究所. 日本における科学コミコニク-シヨン的现状. 文部科学省科学技術政策研究所调查资料, 2001.
[4] 江洋. 对中岛秀人访谈. 2005-09-04.
[5] 刘兵, 侯强. 国内科学传播研究: 理论与问题. 自然辩证法研究, 2004, (5): 80-85.
[6] 刘华杰. 整合两大传统: 兼谈我们理解的科学传播. http://www.kepu.gov.cn/kpdt/file/0568.htm.
[7] 渡辺正隆, 今井寛大. 科学技術理解増進と科学コミュニケーションの活性化について. 文部科学省科学技術政策研究所调查资料, 2003.
[8] 文部科学省科学技術政策研究所. 科学館等における科学技術理解増進活動への参加が参加者に及ぼす影響について. 文部科学省科学技術政策研究所调查资料, 2003.
[9] 文部科学省科学技術政策研究所. 学校教育と連携した科学館等での理科学習が児童生徒へ及ぼす影響について. 文部科学省科学技術政策研究所调查资料, 2003.

关于文化产业成为主导产业的投入产出分析

| 高秋芳，曾国屏，杨君游 |

一、引言

在一些发达国家，文化产业已经成为支柱产业。例如，美国的音像业仅次于航天工业，居于出口贸易的第二位，占据了40%的国际市场份额；预计2015年美国的休闲产业（文化产业作为其中一部分）将占其全部产业的50%；在英国，文化产业已成为其第二大产业；日本娱乐业的年产值早已超过了汽车工业的年产值；韩国政府1998年正式提出了"文化立国"的战略，将文化产业作为21世纪发展国家经济的战略性支柱产业。

那么，我国文化产业到底处于什么发展水平，距离成为主导产业进而成为支柱产业还有多远？显然，不停留于定性分析层面，而深入到定量角度考察我国文化产业的发展水平，对于更准确地认识和把握我国文化产业发展的状况，具有重要的参考价值。

二、文化产业的投入产出分析

要判断文化产业能否成为主导产业，首先需要明确主导产业的判定指标。普遍认为，主导产业是指那些产值占有一定比重、采用了先进技术、增长率高、产业关联度强、对其他产业和整个区域经济发展有较强带动作用的产业。人们经常混淆主导产业与支柱产业。事实上，支柱产业着重强调产业的净产出占国民经济或地区经济的比重，主导产业着重强调产业的带头作用；支柱产业强调现在，主导产业则看好不久的将来。主导产业的选择有定量的标准，较有代表性的基准主要有赫尔希曼基准、罗斯托基准、筱原基准、相对比较优势度基准、过密环境基准和丰富劳动力内容基准等。其中，产业关联效应，即赫尔希曼基准是主导产业的选择必要参考条件之一。本文即利用投入产出表作为工具，测算产业关联度与产业波及效果，考察我国文化产业的当前发展状况以及距离主导产业还有多远的问题。

（一）文化产业及相关产业分类

要计量文化产业的产业关联效应，首先要弄清哪些是文化产业。

由于目前全国统计部门只有行业统计，没有产业统计，关于文化产业的统计指标体系至今尚没有建立起来。文化产业在《国际标准产业分类》（ISIC/Rev.3）和《国民经济行业分类》（GB/T4754—2002）（表1）及投入产出表中都没有独立的分类，各地关于文化产业的统计也是口径各异，因此要对文化产业进行计量，可以根据国家统计局统计设计管理司于2004年4月1日印发的《文化产业及相关产业分类》的标准在各部类中提取。《文化产业及相关产业分类》规定文化及相关产业的活动包括核心层、外围层、相关文化产业层。其中，核心层包括：①新闻服务；②出版发行和版权服务；③广播、电视、电影服务；④文化艺术服务。外围层包括：①网络文化服务；②文化休闲娱乐服务；③其他文化服务。相关文化产业层包括：①文化用品、设备及相关文化产品的生产；②文化用品、设备及相关文化产品的销售。含有部分文化活动的行业类别包括：①包装装潢及其他印刷；②记录媒介的复制；③知识产权服务；④卫星传输服务；⑤专业性社会团体；⑥野生动植物保护；⑦其他计算机服务；⑧商业服务；⑨贸易经济与代理；⑩机制纸及纸板制造；⑪手工纸制造；⑫信息化学品制造；⑬文化、办公用机械制造；⑭专业技术服务；⑮通信和广播电视设备批发；⑯家用电器批发；⑰家用电器零售。

表1 《国民经济行业分类》与《国际标准产业分类》

《国民经济行业分类》				《国际标准产业分类》			
门类	大类	中类	小类	门类	大类	中类	小类
A 农、林、牧、渔业	5	18	38	A 农业、狩猎和林业	2	6	9
B 采矿业	6	15	33	B 渔业	1	1	1

续表

《国民经济行业分类》				《国际标准产业分类》			
门类	大类	中类	小类	门类	大类	中类	小类
C 制造业	30	169	482	C 采矿和采石	5	10	12
D 电力、燃气及水的生产和供应业	3	7	10	D 制造业	23	61	127
E 建筑业	4	7	11	E 电、煤气和水的供应	2	2	4
F 交通运输、仓储和邮政业	9	24	37	F 建筑	1	5	5
G 信息传输、计算机服务和软件业	3	10	14	G 批发和零售贸易：机动车辆、摩托车和私人及家用商品的修理	3	17	29
H 批发和零售业	2	18	93	H 饭店和餐馆	1	2	2
I 住宿和餐饮业	2	7	7	I 运输、仓储和通信	5	10	17
J 金融业	4	16	16	J 金融媒介	3	5	12
K 房地产业	1	4	4	K 房地产、租赁和商业活动	5	17	31
L 租赁和商务服务业	2	11	27	L 公共教育和防卫：强制性社会保险	1	3	8
M 科学研究、技术服务和地质勘查业	4	19	23	M 教育	1	4	5
N 水利、环境和公共设施管理业	3	8	18	N 卫生和社会工作	1	3	6
O 居民服务和其他服务业	2	12	16	O 社区、社会和私人的其他服务活动	4	9	22
P 教育	1	5	13	P 有雇工的私人家庭	1	1	1
Q 卫生、社会保障和社会福利业	3	11	17	Q 域外组织和机构	1	1	1
R 文化、体育和娱乐业	5	22	29				
S 公共管理和社会组织	5	12	24				
T 国际组织	1	1	1				
合计	95	396	913	合计	60	157	292

资料来源：《国民经济行业分类》《国际标准产业分类》。

根据国家统计局制定的《文化及相关产业分类》，结合国内学者对我国文化产业内涵和外延的观点，在此把文化及相关产业分为两大类——文化品制造业和文化服务业，分别属于第二产业和第三产业（表2）。

表2　文化产业分类

编号	文化品制造业	编号	文化服务业
1	造纸及纸制品业	7	信息传输、计算机服务和软件业
2	印刷业和记录媒介的复制业	8	旅游业
3	文教体育用品制造业	9	研究与试验发展业
4	家用视听设备制造业	10	专业技术服务业
5	文化、办公用机械制造业	11	科技交流与推广服务业
6	工艺品及其他制造业	12	教育业
		13	文化、体育和娱乐业

资料来源：根据国家统计局2004年4月颁布的《文化及相关产业分类》整理。

（二）基于投入产出分析的文化产业

使用投入产出表的数据有其优越性，因为投入产出表是按照"纯产品"原则分类的。即以产品为对象，把具有某种相同属性（产品用途相同、消耗结构相同、生产工艺基本相同）的若干种产品组成一个产业，然后根据产业的资料编制。相比之下，统计年鉴是按"中国标准行业分类"进行产业划分，产业内难免掺杂了一些非该产业生产的产品。因此，投入产出表的数据与统计年鉴相比有差异，但更能准确地反映国民经济的投入与产出的数量关系。本文使用投入产出表的统计数据。中国的投入产出表主要由国家统计局公布，每5年公布一次。目前最新的表是《中国2007年投入产出表》。

1. 投入产出表的简化

为便于分析我国文化产业与其他关系密切部门之间的产业关系，在我国2007年135×122部门投入产出表的基础上对其进行计算和合并，把国民经济的135个部门的投入产出表合并成一张只有5个部门的投入产出表。这5个部门分别是：①第一产业；②剔除文化产业的第二产业；③剔除文化产业的第三产业；④文化品制造业；⑤文化服务业。这样得到5部门投入产出表（表3）。

表3 《中国2007年投入产出表》——5×5部门基本流量表（按当年生产者价格计算）

（单位：万元）

产业	中间使用						最终使用合计	总产出
	第一产业	剔除文化产业的第二产业	剔除文化产业的第三产业	文化品制造业	文化服务业	中间使用合计		
第一产业	68 771 565	209 946 571	24 361 025	12 128 289	1 139 423	343 439 679	146 190 534	488 930 000
剔除文化产业的第二产业	101 613 749	2 259 819 886	311 676 908	117 193 121	60 933 353	4 061 638 971	1 120 519 663	5 513 066 176
剔除文化产业的第三产业	9 357 997	466 709 437	272 142 542	20 282 818	55 965 472	816 386 525	801 100 766	1 588 596 397
文化品制造业	982 750	61 935 243	40 535 573	51 640 006	16 808 116	170 924 594	107 500 654	262 742 304
文化服务业	6 186 636	70 754 956	37 727 661	2 174 030	18 918 458	135 761 739	210 865 540	335 254 742
中间投入合计	202 338 262	42 27 437 416	741 192 746	203 418 263	153 764 822	5 528 151 509	3 382 039 495	8 188 589 620
增加值合计	286 591 738	1 285 628 761	847 403 653	59 324 041	181 499 919	2 660 438 111		
总投入	488 930 000	5 513 066 176	1 588 596 397	262 742 304	335 254 742	8 188 589 620		

资料来源：根据《中国2007年投入产出表》整理。

2. 测算与分析

产业关联度是国民经济各个产业部门之间以投入和产出为纽带的技术经济关联程度。如果产业关联度大于零，则两个产业部门存在关联；如果产业关联度大于平均值，则两个产业部门密切相关。

从关联方向来看，产业关联度可分为前向关联度和后向关联度，又称分配系数与消耗系数。前向关联度是指某一产业与需求本产业产品或服务的产业部门的技术经济关联程度；后向关联度是指某一产业与向本产业提供产品或服务的产业部门的技术经济关联程度。从关联程度来看，产业关联度可分为直接关联度和完全关联度。直接关联度是指反映某一产业与相关产业部门的直接供给和需求关系的技术经济关联程度；完全关联度是指反映某一产业与相关产业部门的全部供给和需求关系的技术经济关联程度。

据测算结果（表 4）可知，我国各产业之间关联的直接分配系数平均值为 0.109 696，文化产业中只有文化品制造业对其本身的直接关联程度大于平均值。

表 4　文化产业对各个产业的直接分配系数

产业	第一产业	剔除文化产业的第二产业	剔除文化产业的第三产业	文化品制造业	文化服务业
第一产业	0.14	0.43	0.05	0.03	0.00
剔除文化产业的第二产业	0.02	0.41	0.06	0.02	0.01
剔除文化产业的第三产业	0.01	0.29	0.17	0.01	0.04
文化品制造业	0.00	0.24	0.15	0.20	0.06
文化服务业	0.02	0.21	0.11	0.01	0.06

资料来源：根据表 3 用 Excel 软件计算得出。

就完全分配系数（表 5）来看，我国各产业之间关联的完全分配系数平均值为 0.233 138，文化产业中仍然只有文化品制造业对其本身的完全关联程度大于平均值。

表 5　文化产业对各个产业的完全分配系数

产业	第一产业	剔除文化产业的第二产业	剔除文化产业的第三产业	文化品制造业	文化服务业
第一产业	0.19	0.97	0.15	0.07	0.02
剔除文化产业的第二产业	0.04	0.83	0.14	0.05	0.03
剔除文化产业的第三产业	0.02	0.69	0.27	0.04	0.06
文化品制造业	0.03	0.71	0.30	0.27	0.11
文化服务业	0.04	0.51	0.19	0.03	0.07

资料来源：根据表 3 用 Excel 软件计算得出。

据测算（表 6）可知，我国各产业之间关联的直接消耗系数平均值为 0.104 159，其中文化品制造业对剔除文化产业的第二产业的直接消耗系数最大，其次是对文化品制造业本身；文化服务业方面对剔除文化产业的第二产业及剔除文化产业的第三产业的直接消耗系数大于平均值。

表 6 文化产业对各个产业的直接消耗系数

产业	第一产业	剔除文化产业的第二产业	剔除文化产业的第三产业	文化品制造业	文化服务业
第一产业	0.14	0.04	0.02	0.05	0.00
剔除文化产业的第二产业	0.21	0.41	0.20	0.45	0.18
剔除文化产业的第三产业	0.02	0.08	0.17	0.08	0.17
文化品制造业	0.00	0.01	0.03	0.20	0.05
文化服务业	0.01	0.01	0.02	0.01	0.06

资料来源：根据表 3 用 Excel 软件计算得出。

就完全消耗系数（表 7）看来，我国各产业之间关联的完全消耗系数平均值为 0.222 524，其中文化品制造业对剔除文化产业的第二产业的完全消耗系数最大，其次是对文化品制造业本身，再次是对剔除文化产业的第三产业；文化服务业方面对剔除文化产业的第二产业及剔除文化产业的第三产业的完全消耗系数大于平均值。

表 7 文化产业对各个产业的完全消耗系数

产业	第一产业	剔除文化产业的第二产业	剔除文化产业的第三产业	文化品制造业	文化服务业
第一产业	0.19	0.09	0.05	0.12	0.04
剔除文化产业的第二产业	0.46	0.83	0.49	1.09	0.50
剔除文化产业的第三产业	0.08	0.20	0.27	0.24	0.28
文化品制造业	0.01	0.03	0.05	0.27	0.08
文化服务业	0.02	0.03	0.04	0.03	0.07

资料来源：根据表 3 用 Excel 软件计算得出。

产业波及是指在国民经济产业体系中，某一产业部门的变化所引起的另一产业部门的变化不断地向其余产业部门传递且影响作用递减的过程。如果产业波及效果大，则它可以起到很好的推动和拉动国民经济其他部门的作用，因此适合作为主导产业。

产业波及效应的测算指标包括影响力系数和感应度系数两个指标，产业感应度系数又称为产业推动系数，表示某个产业受其他产业的影响程度，也就是其他产业发展对该产业的诱发程度。产业影响力系数又称为产业带动系数，表示某个产业影响其他产业的程度。当影响力系数>1时，表明第j个生产部门对其他部门所产生的影响程度超过社会的平均影响力水平，影响力系数越大，说明第j个部门对其他部门的拉动作用越大；当感应度系数>1时，表明第i个生产部门所受感应程度高于社会平均感应度水平，感应度系数越大，说明第j个部门对其他部门的依赖性越强。据测算结果（表8）可知，我国文化产业的影响力系数与感应度系数都小于1，也就是说，文化产业的推动力与拉动力作用都不强。

表8　文化产业对其他产业的波及系数

分类	第一产业	剔除文化产业的第二产业	剔除文化产业的第三产业	文化品制造业	文化服务业
影响力系数	0.61	2.18	0.95	0.67	0.60
感应度系数	0.70	2.07	0.98	0.69	0.57

资料来源：根据表3用Excel软件计算得出。

剔除文化产业的第二产业影响力系数是所有产业中影响力系数最大的，其对国民经济的影响也最大。在文化产业中，文化品制造业的影响力系数和感应度系数相对文化服务业较大，这说明文化产业中的制造业对国民经济有较大影响。加大对这类行业的投资，将促使国民经济发展更快速；同时我国国民经济发展对文化服务业的需求程度较低，国民经济对文化服务业的带动作用较弱。

三、结果讨论

本文的分析表明，我国在与文化产业存在关联关系的各产业部门中，与文化产业前向直接关联度和前向完全关联度高的产业部门集中在文化品制造业，即我国文化产业推动力主要作用在第二产业；与我国文化产业后向直接关联度和完全关联度高的产业部门集中在第二产业及剔除文化产业的第三产业，即我国文化产业的拉动力作用在第二产业及剔除文化产业的第三产业。可见，我国文化产业尚处于起步阶段或初步阶段，国民经济的发展对文化产业的带动作用较差，而文化产业对国民经济的推动作用也较小，与其他部门的关联性较弱。

分析可见，我国文化产业的后向关联度大于前向关联度，这是由于整个社会在文化产品方面的消费还比较少。但是，文化产业已经表现出对其他相关产业能够产生较大的辐射作用，就文化产业内部来看，这种辐射带动作用主要是在文化制造业方面，而文化服务业方面的辐射带动作用的潜力还远远没有发挥出来。如何更好地发挥文化产业的辐射带动作用，促进我国文化产业更快更好地发展，还有大量的工作要做。

进一步说，只有产值占 GDP 的 10%以上，才能判断该产业是支柱产业。文化产业在发达国家已经成为支柱产业，占 GDP 的比重都已超 10%，美国、意大利等甚至超过了 20%。有关的统计数据表明，我国北京、上海、广东、湖南、云南等省市文化产业增加值占地区生产总值的比重才 5%；比重较高的深圳 2009 年末文化产业增加值占 GDP 的比重也才 6.48%。由此可见，我国文化产业要成为国民经济的支柱产业还有一段距离。但相比支柱产业，主导产业的重要性体现在它的技术领先性和扩散效应，也就是具有较强的产业关联度，能使产业结构高级化，代表产业结构演变的方向或趋势。因此，文化产业发展为主导产业是合理且有希望的，只是还需较长时期的持续努力。

最后，尽管投入产出分析法只是一种考量方式，不可做绝对参考，但其中透露的信息是值得我们注意的。由于文化产业有着光明的发展前途，在经济危机与后危机时代，文化产业受到的冲击较小，表现出了强劲的发展优势，况且随着我国人民生活水平的提高，文化消费需求也会越来越旺盛，准确地把握这些情况，将有利于改进文化产业的发展策略和政策规划。

（本文原载于《统计与决策》，2012 年第 1 期，第 111-114 页。）

生物技术与公众理解科学
——以英国为例的分析

| 李正伟，刘兵 |

生物技术因其自身的特点，在"公众理解科学"的理论与实践中占有非常独特的地位。一方面，公众对于生物技术的理解，直接影响着公众理解科学运动的展开与发展；另一方面，公众理解科学运动的实践与发展，同样影响着公众对于生物技术的理解。

一、生物技术的战略性地位与公众作用的提升

继20世纪五六十年代的核武器和七八十年代的信息技术之后，现代生物技术已成为二战后第三代战略性技术。1979年，欧洲共同体在一份题为《生物社会》(The Biosociety)的报告中[1]，就把生物技术看作是21世纪经济竞争力的关键因素之一，因而科学共同体、工业界、国家政府和国际机构都以不同形式直接参与了生物技术创新的发展和应用。

然而，同其他战略性技术以至任何技术一样，广义上的现代生物技术对于社会也具有双重作用。新的诊断技术和治疗手段可以被用来消除疾病，新的作物种类也可以在减少饥饿上发挥作用；新技术还可以改善环境……这些都说明了现代生物技术在给人类福利带来好处上发挥了积极作用。但与此同时，公众却对生物技术具有恐惧感，如担心优生学卷土重来、生物多样性和生态完整性受到威胁等。

基于生物技术的双重性质，人们——包括科学家和公众——对于生物技

术发展的看法各不相同：生物技术专家及其支持者看到的往往是生物技术应用中的进步，而其反对者则认为生物技术专家"打开了潘多拉盒子"。因此持续地引发有关生物技术的争论也就不足以为奇了。

早在20世纪70年代，这场争论就在科学家、技术专家、经济学家以及投资者和决策者之间展开了。然而随着"民主"的发展，公众在科学技术的社会应用中的地位越来越明显，各国政府特别是西方国家政府对公众参与科学技术政策也越来越关注。公众是他们——政府和科学家——的顾客、消费者、使用者和投资者，所以争论的解决主要依靠那些决定当选并且表达出自己的关注与观点的公众。除此而外，民主机构的出现也为公众参与提供了很好的机会。公众在生物技术发展中的作用，因生物技术的战略性地位以及由此带来的社会问题而显得更为突出。

二、英国政府促进生物技术公众评议的举措

公众在生物技术的政府决策中的作用，是通过参与、评议、对话来实现的。公众的这种作用在近几十年发生了较强的波动：自20世纪70年代以来，科学技术决策的公众参与逐渐多了起来，但到了80年代却急剧下降。不过到了90年代，政策团体再次对公众评议产生了兴趣。英国植物生物技术国家舆论研讨会（The UK National Consensus Conference on Plant Biotechnology，UKNCC）的召开，明显加强了科学共同体与公众之间就有关生物技术问题的交流和互相理解。

1. 英国有关生物技术的首次舆论研讨会

早在20世纪80年代，把行外公众包括进来的舆论研讨会就在丹麦出现了[2]。根据丹麦的舆论研讨会模式，英国农业和食品研究委员会[即现在的生物技术与生物科学研究委员会（BBSRC）]于1994年宣布，它打算资助伦敦科学博物馆，组织英国第一个有关植物生物技术的国家舆论研讨会（即UKNCC）。科学博物馆愉快地承担了这次会议的组织工作，并以"促进公众对于科学、医学、技术与工业的历史和当代实践的理解"为使命。UKNCC的目的在于，根据公众对于农业和食品生物技术的看法（perception），来帮助公众在争论和决策制定中发挥作用。它的召开无疑有利于科学家与非科学家之间就具有高度社会敏感性的科学与技术问题展开对话。在UKNCC中，行外人士专门小组展开了调查，并就具有强烈社会敏感性的科学技术领域做

了报告，以减小科学家与非科学家之间在评估科学问题上产生的难以避免的不平衡，由行外公众负责调查并做出关于具体科学或技术问题的报告。

　　长期以来，公众理解科学被看作是科学家向公众传播他们的知识和专长的单向过程。而在 UKNCC 中，公众理解科学则把科学家同行外公众引入一个互相对话的领域，由此形成了科学家与公众之间的双向交流，其最终意图就是要促进他们之间的相互理解。

　　也正是在这次研讨会上，有关生物技术与转基因食品的舆论研讨会的最终报告首次由公众来做。会议内容包括诸如生物技术带来的利益和风险、生物技术对于环境消费者和发展中国家带来的影响以及其存在的道德影响问题。行外公众向专家们提出有关有争议的科学或技术问题，并评估专家对此做出的回答，最后在相关问题上达成一致意见后，在新闻发布会上报告其结论。

　　在研讨会上，行外人士专门小组对植物生物技术领域给予了合理的支持。该小组得出结论说：人们能够通过干预的方式使生物技术给人类带来利益，而且能使人们不必再因这些进展太快却从来不计后果而担心。然而这并不意味着公众认为生物技术不会带来道德的、社会的或者政治上的问题。所以，该小组要求提供给消费者更加有效的信息：他们建议应该严密监控转基因组织扩展自己的领域；他们打算制定关于知识产权的专利体系；他们意识到加强国际法规的有效性的迫切需求。行外人士专门小组还提出了一些提议，诸如严格制定法规来监督转基因植物进入环境、建立机制让消费者能够得到有关新生物技术产品清晰易懂的信息等。行外人士专门小组的其他建议，同样值得科学家、实业家、零售商、决策者等不同利益群体以及其他直接或间接参与植物生物技术发展的人士认真考虑。当然，决定公共政策的最终责任不能交给舆论研讨会的行外公众专门小组，但由于这样一个专门小组与植物生物技术领域内的部门利益没有什么纠葛，所以有学者认为，它的判断比较有根据且客观，应该受到那些声称为了公众利益的人所关注。

　　这次研讨会设计了以下问题：现代植物生物技术的关键利益和风险是什么？植物生物技术可能会给消费者带来什么影响？植物生物技术可能给环境带来哪些影响？植物生物技术产生了什么道德问题？公众对以上这些问题的回答说明，公众对于生物技术（这里专指植物的生物技术问题）的思考并不比科学家、专家少，甚至考虑的因素还更多、更复杂：具有不同背景的群体对同一项具体技术的观点可能很不一样；同一群体对于不同技术的观点也不一样，即使对于同一具体生物技术的态度也有不同，甚至是模棱两可的。这就需要对这些众多差异做具体分析，重要的是在其社会语境下进行分析。

所以，越来越多的学者都意识到，把政策建立在"公众观点都是千篇一律的"这样一种猜测的基础上肯定会起到误导的作用。

众多政府组织或国际组织重视公众在生物技术中的作用，其目的在于提高政治支持并弥合科学与公众之间的鸿沟，因为这是任何创新系统发展的基础。换句话说，政府和国家非政府组织的最终意图考虑的还是各自的利益，比如，它们认为减小这个鸿沟不仅能产生更多的科学知识、获得更好的信息结构，而且有利于保证科学知识能得到很好的利用。让公众了解并评价科学技术专家的工作，就是这种弥合工作的一个环节。

有鉴于此，英国还在 1997~1999 年开展了生物科学发展的公众评议（Public Consultation on Developments in the Biosciences），以开辟一个向公众开放的双向途径，其最终目标是建立生物科学的公众评估，使国家的法规和政策得以实施。这项评议是由政府科学部门发起的，英国科学技术办公室委托英国最知名的市场研究公司 MORI 来具体操作[3]。

2. 生物科学发展的公众评议计划

这项动议起源于科学、能源与工业部前部长巴特尔（Battle）的想法。他曾经发现，他每天收到的有关生物科学问题的大量信息几乎全都是所谓专家的先入之见。然而他相信，有关生物技术的争论还应该包括那些没有这样的先入之见的公众的观点。

1997 年 11 月，他宣布了开展公众评议的决定：评议允许对更广泛的生物科学发展中的伦理问题进行深入研究，并为一般公众提供参与的机会。其意图是让行外公众清楚地认识到并明确提出自己的期望和关注，并打算在决策中考虑他们的这些期望和关注。

巴特尔主持了 1998 年 3 月 10 日的预备会议。为了加强民主争论，参与者是从具有不同背景的群体中邀请来的。会议的主要内容涉及决策者和一般公众所获得的有关生物科学的信息，以及人们利用这些信息做出有关风险和信任判断的方式。这次会议结束之后，1998 年 6 月顾问团（Advisory Group）成立了，其基本作用就是为政府提供经验和专长知识。1998 年夏天，接任巴特尔部长职位的塞恩斯伯里勋爵（Lord Sainsbury）继续坚持这项详细的工作计划。这项结合了定性研究与定量研究的动议从 1998 年 12 月开始启动，最终报告由 MORI 拟定并上交给各部部长，以期对生物技术的决策有所帮助[4]。

与公众评议相比，公众舆论研讨会更加偏重公众的积极主动性，甚至报告都是由行外公众专门小组来拟定的。不过两个动议都突出了公众在生物技术发展及其政策制定过程中的重要地位，在一定程度上实现了科学共同体与公众之间关于生物技术话题的互动，加深了两个不同群体之间的理解。之所以要采取这样的措施，与欧洲委员会对欧洲共同体各国公众就生物技术所持有观点所进行的调查以及英国自身所做的相关调查有关。这些调查一般包括生物技术的知识调查和态度调查两大类，例如"常规欧洲晴雨表"（Standard Eurobarometer）①的系列调查就是一例。"欧洲晴雨表"有关生物技术的公众知识和观点的调查，是迄今有关这项技术的公众观点规模最大的调查。该调查于 1991 年首次在整个欧洲共同体内展开，以后每年举行两次。这项系列调查的结果发现，在对于生物技术的问题上，公众所掌握的知识与其态度之间并没有稳定的关系，需要通过进一步的调查分析才能得出结论。这就更加说明：不能把有关生物技术的公共政策建立在对公众知识和观点的猜测基础上。换句话说，只有对公众有了科学的理解（scientific understanding of public），才能谈得上公众理解科学（public understanding of science）。

三、科学理解公众——公众的知识与态度

1. 制定生物技术决策的基础

有关生物技术的公众观点的一系列调查表明，公众对于生物技术的理解其实并不像各位专家所假设的那样简单。"欧洲晴雨表"所进行的调查就发现，在很多国家，包括英国在内，与缺乏一定科学知识的公众相比，那些具备了某种程度上的科学知识的受访者更加有可能对生物技术持有明确的观点。这些明确的观点可能是积极的，也可能是消极的，却不像政府和科学共同体等相关利益群体过去相信的那样，以为公众对于生物技术掌握的知识与其支持率成正比相关，即知识越多，其支持的可能性就越大。

因此，有关生物技术的政策，不能建立在对公众如何看待生物技术的猜测基础上，而应该通过调查公众对生物技术的理解来完成。这也正是致力于公众理解科学的学者们所要做的一个重大转变，即从传统的"公众理解科学"转变到"科学理解公众"。从"公众理解科学"角度来看，主要问题在于公众的无知、消极；而从"科学理解公众"的角度来看，主要问题不是要教育

---

① "常规欧洲晴雨表"调查，自 20 世纪 70 年代年开始，由欧盟委员会（European Commission）组织实施。"常规欧洲晴雨表"关于现代生物技术与生命科学的系列调查于 1991 年、1993 年、1996 年、1999 年、2002 年先后开展过 5 次（https://europa.eu/eurobarometer/surveys/detail/347）。

和告诉公众一些正确的科学事实，而是需要科学专家以及政府决策者对现有的社会理论、实践关系和机构，也即对生物技术将要被引入的具体社会语境有所理解。如果说公众对于生物技术所掌握的知识与其对待生物技术的态度之间有某种关系的话，这种关系是离不开社会语境的，更不是简单的正比关系。

2. 公众知识与态度之间的复杂关系

学者们越来越注意到，公众掌握的生物技术的知识与其对待生物技术的态度之间的复杂关系的研究要考虑社会语境。这需要了解公众对科学解释所处的社会语境的意识，并了解他们的社会地位和文化地位。学者们认为，公众对于生物技术所掌握的知识与其所持态度之间的差异之所以会产生，可以归结为以下原因。

第一，由于缺少完整的生物技术信息，甚至专家自己在这方面的信息也并不完备，所以带来了生物技术信息的不确定性，这种不确定性给公众带来了不安和怀疑。

第二，公众对待具体问题的态度，将取决于所获信息的方法以及这些信息被描述的方式。

第三，公众之所以倾向于某种意识形态，可能是受到了对于生物技术知识掌握和理解程度的影响，或是受到了新技术发展所带来的影响，而媒体的报道进一步强化了公众的这种意识形态。由于公众没有看到过原始科学报告，也没有接受过理解这些报告的训练，所以他们会因为新闻媒体采用耸人听闻的报道方式和突出易引起恐慌事件的倾向而感到恐惧。有学者认为，公众不能思考问题、不能得出自己的结论[5]，这加剧了公众对生物技术的误解，同时也招致了公众对生物技术的怀疑。

有学者认为，有关具体的生物技术（如转基因食品）的争议，进一步打击了公众对生物技术的乐观态度[6]。公众在决定生物学发展的对错问题上经常考虑的是安全性，即是否能从中得利、用起来是否安全。当然也有其他考虑因素：好处是否大于风险、它是否干预了自然、动物是否受到了伤害等。从整体上看，公众都从直觉上表达了对转基因食品的不安，有人对此甚至表示强烈反对。

所以，整体来看，科学家所认为的那种公众的知识越多就越能接受生物技术的观点没有得到事实的支持。以转基因为例，有学者认为，那些获得有关转基因科学信息最多的人，恰恰最反对转基因食品[7]。"欧洲晴雨表"有关公众对生物技术所持有的观点的调查说明，反对意见主要源于转基因食品所带来的不确定的风险问题与道德问题。首先，公众感觉到专家知识本身具有不确定性。其次，公众对于科学的合理界限有着自己的思考。对于很多人来说，科学给公众带来了一种对未知的恐惧，即担心科学普遍缺乏对社会影响的考虑。公众无法接受转基因本身的非自然性，因此批评科学家、工业界和政府目光短浅，认为他们不考虑转基因对于环境和人体健康的长期影响。最后，对转基因动物的福利的考虑，也是反对转基因食品的重要因素之一。利用转基因技术在动物身上做实验，被人们认为是残酷的、错误的。对转基因技术的反对力量，主要集中在该技术在动物和人类身上的应用，而不是其在植物领域中的应用。

因转基因技术有种种社会问题而持反对态度的公众，不全是那些被认为不具备科学知识的人，他们甚至还不是反对方中的主要力量。英国"公众理解科学"学者约翰·杜兰特（John Durant）在参与领导的一系列社会调查中就发现，科学知识比较丰富的公众对科学与科学家的一般态度也是比较积极的，但在涉及具体科学以及与科学有关的公共政策问题时，其态度就不一定是如此了。他还发现，知识水平的高低与公众的取舍态度有关系，也就是说，知识水平较高的人对于科学技术更加具备辨别能力，他们不会盲目支持或者反对所有科学技术。尽管知识水平较高的公众比较支持一般的科学研究，但与知识水平较低的公众相比，他们却不太支持在道义上有争议的研究。例如，尽管知识水平较高的公众的观点可能更加支持某些科学研究，但是他们却希望对诸如人类胚胎之类的研究加以限制[8]。

所以，可以看出，尽管知识与态度的形成之间有关系，但这个关系并不简单。那些知识水平比较高的人的反对态度使得知识与态度之间的关联度降低了。杜兰特的分析证明，知识在决定对于科学技术的态度问题上的作用极其微弱。不过情况甚至可能比这还要复杂而且更加有趣：知识是对观点的形成起着作用的途径之一，但是这些观点可能是积极的，也可能是消极的。因为对于某些利益群体来说，了解生物技术信息的目的在于寻求对生物技术的支持，而另外一些利益群体却是为了证明他们对于生物技术的反对是有道理的[9]。这再次证明：公众对于生物技术所掌握的知识和其所持有的态度绝对不像学者专家和政府官员所想象的那样简单。

四、疯牛病事件与公众信任的重要性

以上分析说明，对于生物技术的态度并不能由掌握了多少生物技术知识来决定。之所以如此，除了与具体生物技术的性质相关外，还与公众对于科学共同体、政府、产业界以及各种非政府组织的信任程度，以及这些机构所提供的相关生物技术信息的可靠性有很大关系。疯牛病事件为此提供了一个绝好的论证。

1. 疯牛病危机引发的信任危机

自 1988 年以来，英国政府曾多次重申，牛肉对于人体是安全的，牛海绵状脑病（bovine spongiform encephalopathy，BSE）不可能传递到人体内。然而，1996 年暴发的疯牛病危机证明，政府官员的这种保证是无法兑现的。政府遭到了怀疑，公众对政府的信任消失了，转而到其他地方寻求正确的信息和建议。公众也因此与他们的公共机构（包括政府机构和科学共同体）出现了从未有过的传播断裂。这个传播断裂被称为"公民错位"（civic dislocation），意指这些机构在为公众做什么与它们实际上做了什么之间并不协调，而这种不协调是由于公众对政府产生了不信任。实际上，公众几乎同专家一样能合理决定如何避免 BSE 的风险。然而科学共同体和政府对公众的信任太少，同时却过于信任正规分析（即科学分析）的客观性。因此，一方面是公众对于科学共同体和政府的不信任，另一方面却是科学共同体和政府对公众的不信任。希拉·亚桑诺夫（Sheila Jasanoff）认为，正是这种不信任关系最终产生了公民错位[10]。

1996 年 3 月，英国官方终于发布了有关 BSE 在人体被发现的消息。然而这个消息足以让人震惊，并不仅仅因为牛肉能够被污染甚至致命，而且因为自 1988 年以来，政府及其科学顾问一再重申：牛肉是安全的，BSE 从牛体内传到人身上是不可能的。换言之，公众发现，政府以前的承诺都是假的，他们对此感到困惑，感到迷失了方向，继而产生了对于科学共同体和政府机构的不信任和愤怒。毕竟，长期以来，在发达的工业社会里，政府机构，如司法机构、政府内阁、法规机构以及科学顾问委员会在使公众免受现代环境下复杂的不确定性影响中起着极其重要的作用。公众指望政府高官以及他们的专家顾问将有关健康、安全和环境方面所面临的风险的最新信息传递给他们。所以，信息的可靠性对于公众来说非常重要。

然而在疯牛病这样一个非常关键的事件当中，官方政府和科学共同体的信息对于公众来说却缺失了。这种信息的缺失可能要归咎于两方面的原因：一方面，农林渔业部（Ministry of Agriculture，Forestry and Fisheries，MAFF）非常不愿意披露为科学家、政治家所掌握的信息。另一方面，问题出在英国科学共同体身上。尽管 MAFF 早就指定对疯牛病进行内部研究并上交报告，但是直到 1996 年 8 月，牛津的科学家才发表了有关疯牛病传染的权威性研究报告。英国科学家在面临危机时已明显不能做出精确分析。到 1996 年 12 月，疯牛病的阴影还笼罩着英国公民，但是政府官员和科学家好像再也没有能力作出判断了，因为疯牛病已经传播到人身上的事实已然摧毁了他们信誓旦旦的诺言。

索斯伍德委员会（Southwood Committee）在 1989 年的报告①中说：这种疾病好像来自现代农业中非自然的饲养方式[10]。这里"非自然的"与"现代"结合在一起，明显体现了人们对现代状况的忧虑。在现代社会中，非自然性给社会带来了太多的风险和不确定性。公众已经在怀疑，现代性所依靠的技术建构的成就是不是任何人都能控制的。而最近几年兴起的风险社会理论就是为了探寻公众越来越多的疑虑的缘由②。公众对于他们过去曾经信赖的政府和科学共同体这两大权威组织失去了信任，而这种信任的失去是致命的，因为这种信任一旦失去就很难挽回。我们知道，在英国，公众所信赖的是人或者机构自身。一旦他们对某个人或机构有了信任，他们就很少从理性角度来判断一个人说的话是真还是假[10]。例如，上议院能够影响国家最合法的政策决定，而英国公众素来相信，上院议员的特定经历和技术专长是毋庸置疑的。他们认为，只要让那些最优秀的人来作出评价并得出合理结论就已经足够了，这无疑大大减少了英国政府开展的与公众进行合理交流的机会。

2. 英国生物技术政策的封闭倾向

英国的政策文化倾向于封闭式运作，在疯牛病中表现出来的就是排斥公众参与的封闭决策过程，直到政府对于人类将面临危险的否认被推翻为止。而科学家也是采取类似的方式帮助政府让公众蒙在鼓里。顾问团体内部的讨论是私密的，尽管一般来说其范围广泛而且不受限制。就算是有一般公众参加评议的话，公众也仅仅是作为被邀请的对象，因此不拥有"主人"拥有的权力。评议过程的设计也排除了那些看起来比较激进的、非理性的或缺少科学支持的观点，因为有关人士认为公众过多参与往往会扩大风险，并且可能

---

① 1988 年 5 月，为研究与动物健康和任何可能的人类健康风险有关的 BSE 的影响，并给政府提供有关必要措施的建议，英国政府指定成立了一个专题调查委员会。这个有关 BSE 的专题调查委员由索斯伍德（Richard Southwood）领导，1988 年提出了一些中期建议，并于 1989 年 2 月提交了报告，即索斯伍德委员会报告。

② 本文论述的重点是公众对政府和科学共同体的信任问题，所以关于风险的社会理论这里不做论述。

会带来经济和科学上的非理性的后果。这么小心谨慎的做法，其目的是防止决策环境受到破坏，因为冲突中可能出现偏激的观点从而妨碍了评议。在这样的气氛下，公众对于事物的不确定性的担忧就很难被公开表现出来了。

不过还是有人认为，这种观点不但夸大了专家知识的范围和作用，而且非常不信任公众处理复杂性问题的能力。他们指出，尽管外行所提出的质疑有时候可能是无知的或者没有根据的，但外行同样也可能会深刻认识到专家知识的局限性。认识到对疯牛病的不同的控制方法的不确定性，将会促进公众、科学家与政府的合作。如果在一开始国家机构就承认它们面临的不确定性，那么它们最终就可能赢得更多的信任。所以，疯牛病危机的重要教训之一就是，如果专家与公众及早交流与合作，那么风险的特点更容易得到理解，而且可能已经针对这些风险制定了多种现实的政策。

3. 政府和科学共同体的信任危机

英国公众对于政府和科学家所提供的信息已经产生了戒备心理。而且，仅仅提供给公众信息并不意味着公众就会接受这些信息。总结以往调查的结果，学者们认为保证信息被接受必须具备一些条件。首先，这些信息的资源机构应该可靠。信息来源机构的特点可能会影响到信息接受者对所得信息的反应。如果一个资源机构被认为是不值得信任的，那么其提供的信息就得不到信任，也难以被接受。其次，这些可靠的信息来源机构所提供的具体信息应该精确，因为一个被认为值得信任但不能正视真实问题的信息来源机构所提供的信息同样也不会得到人们的信任。

调查发现，在越来越提倡信息必须由那些没有偏见的来源来提供的背景下，工业界与政府经常缺乏公众信任。政府官员被认为对公众的信息需求和关注不敏感。可以信任的信息来源则包括消费者组织和医疗专家，他们在公众眼中既有学问，对于信息提供具有前瞻性，而且对于公众福利也特别关注。不过调查还发现，不被信任的来源所提供的信息也有可能被公众所接受。不过，要想得到公众对于它们所提供信息的信任，重要的是这些过程应该是透明的。如果不这样，公众可能会认为，有一些信息出于某些集团的利益问题而被遮盖起来了[11]。

可是，专家们过去并不重视公众的不信任问题，并且错误地把这种不信任当作是源于公众对科学事实的无知。科学家们不断呼吁加强科学方面的公众教育，向他们传播遗传学等生物技术知识，这反而更加掩盖了公众对新遗传学的抵触态度。因为这种传播过程实际上企图说服公众与本领域的技术专家的观点一致，而这也正是公众所反感的地方。所以，要想恢复公众对于类似新遗传学的生物技术的支持，政府需要解决的一个基本问题是公众的信任问题。

产业界和科学共同体多数人现在都已经意识到公众信任的重要性，因此促进科学与公众之间的对话和互动的方案得以发展并扩展至很多国家。各国政府和产业界已经意识到，提高政治支持和弥合科学与公众之间的鸿沟是所有创新系统发展的基础。同时他们认为，弥合这个鸿沟不仅能产生更多的科学知识并获得更好的信息结构，而且有利于保证科学知识得到不同团体的很好利用。欧文（A. Irwin）引用第三报告中的话，说明上议院国会特别委员会（The House of Lords Select Committee）已经意识到了不信任的存在及其严重性。该报告是这样开头的：

> 科学与社会的关系处于一个关键时期。今天的科学令人振奋，充满机遇。但是公众对于科学界向政府提出的建议的信任已经因为 BSE 问题而受阻；很多人对于诸如生物技术与 IT 产业的迅速发展表现出不安……这个信任危机对于英国社会和科学来说都非常重要。[3]

第三报告强调了对话的重要性。如果对话能够在突出技术带来的好处的同时，也指出其本身的风险，公众就能够决定到底是接受还是拒绝，并因此有可能恢复对科学共同体和政府的信任。

五、社会语境下公众对生物技术的感知

"欧洲晴雨表"关于生物技术公众观点的系列调查一再说明，对于公众理解生物技术，不同国家、不同文化甚至亚文化都是不同的，没有理由把从某一具体的社会群体中得出的结论强加到另外一个具有不同经历和价值取向的群体中去。面对不同的社会群体，我们需要调查新遗传学被引进的具体社会语境，并且考虑到社会和文化的多样性。我们再也不能将一个国家、宗教、文化或者民族的结论推广到所有其他群体中去，也不能认为公众对于一般科学的态度就是对于具体技术（如生物技术）的态度。

不论从知识与态度之间的或明或暗的关系来看，还是从公众对政府与科学共同体作为信息来源的信任与否来看，在欧洲，现代生物技术同决策机制、大众媒体以及一般公众之间的关系具有多样性。这种多样性要求我们把公众

对于现代生物技术的理解与描述置于广阔的文化背景之中[12]。多数情况下,公众围绕新遗传学和健康问题进行讨论的方式比较复杂,但这种复杂性在很大程度上与掌握大量的技术专长不甚相干,因为外行公众解决复杂的社会和伦理问题的方式并不是通过理解大量具体的技术过程得出的。而且,如果把焦点放在公众对技术知识的缺乏上,就会忽略外行公众其他方面的知识。所以,有学者提出疑问:到底是"公众理解科学",还是"科学理解公众"?相应地,他们认为,有必要研究个人、家庭和社会机构实际上对于新遗传学知道了什么、感觉怎么样以及做了什么,而不是把政策建立在我们猜想他们可能会知道些什么的基础上[13]。人们对于新遗传学的解释与他们的健康、阶级地位、年龄和性别有关。所以,为充分研究人们理解新遗传学的不同方式,就不仅需要了解公众所具有的不同类型的知识,包括技术的、方法论的、机制的以及文化的知识,同样重要的是要了解公众自身所处的社会地位。人们在他们自己的生活中都是专家,而且作为社会角色,公众成员与其他成员和机构共事,从而形成了独一无二的知识体系。

然而,公众自己的知识体系在培养和发展过程中确实遇到了困难。导致这些困难的原因首先是外界对他们所掌握的知识的贬低。公众的专长与专家的知识可能是相互冲突的,而同医学专家打交道的方式使公众更感觉到自己被物化、被非人化了,同时也与个人身份或日常生活相脱节了。如此一来,对外行知识的任何一种开发只会是受到压抑。鉴于此种状况,英国另外一位致力于公众理解科学的学者布赖恩·温(Brian Wynne)认为,公众在某些语境下不得不表现出对机构或者专家的信任,而在其他一些情况下,他们可能会对某些传统观点表现出模棱两可甚至怀疑的态度。

导致这些困难的另外一个原因是,政府和科学共同体错误地认为公众是无知的,没有能力或是不愿意参加有关新遗传学的争论,所以它们强烈呼吁更多消息灵通的公众参与到这场争论中来。但是实际上,公众能通过讨论和争论形成并正确表达他们的观点。公众理解科学领域的学者们强调,重要的是要鼓励医学专家等权威人士在制定政策时充分考虑公众的观点,而不能仅仅是为了要消除公众的不安[14]。

总之,从英国来看,在生物技术中,需要从公众的角度来思考公众理解科学这个问题,而不应该预先对公众关于生物技术的了解及其对于生物技术所持有的态度做出某种假定。如果是那样的话,做出的科学决策只能是不合理的,而且无法赢得公众的信任。要达成公众与科学共同体的信任,就需要在科学与公众之间开辟交流的渠道。只有在相互沟通的情况下,信任才有可能形成。

六、总结

在英国，1985年的《公众理解科学》皇家报告标志着公众理解科学作为一项运动正式登上了历史舞台。然而，在生物技术领域，术语"公众理解科学"好像更应该被称为"科学地理解公众"——至少，要达到"公众理解科学"，首先是要"科学地理解公众"。

疯牛病危机之前，英国的政府政策一直倾向于不信任公众，向公众隐瞒生物技术的一些事实。经过了疯牛病事件，政府和科学共同体在取得公众信任方面深受打击，从而意识到公众对于生物技术决策上的重要性，因此开始关注在生物技术方面公众的知识和态度问题，并开展了一系列公众与科学共同体直接对话的活动。从这些活动以及公众对于生物技术的感知调查中发现，在生物技术方面，公众所掌握的知识与其所持的态度之间没有确定的联系。实际上，公众所持的态度与其所具有的社会背景以及具体的生物技术种类有关，所以需要在社会语境的框架下对公众所掌握的生物技术知识及其所持的态度进行研究。只有这样，才能保证政府所做的生物技术决策不是建立在猜测的基础之上，而是建立在调查研究的基础之上。

（本文原载于《科学文化评论》，2004年第2期，第61-74页。）

参 考 文 献

[1] Gaskell G, Bauer M W, Durant J. The representation of biotechnology: policy, media and public perception//Durant J, Bauer M W, Gaskell G. Biotechnology in the Public Sphere. London: Science Museum, 1998: 3.

[2] Joss S, Druant J. The UK national consensus conference on plant biotechnology. Public Understanding of Science, 1995, 4: 195.

[3] Irwin A. Constructing the scientific citizen: science and democracy in the biosciences. Public Understanding of Science, 2001, 10: 2, 4.

[4] 上议院科学技术特别委员会. 科学与社会. 张卜天, 张东林, 译. 北京：北京理工大学出版社, 2004: 24.

[5] Zimmerman B K. The use of genetic information and public accountability. Public Understanding of Science, 1999, 8(3): 223-240.

[6] Bauer M W. Controversial medical and agri-food biotechnology: a cultivation analysis. Public Understanding of Science, 2002, 11(2): 96.

[7] Shaw A. "It just goes against the grain." Public understandings of genetically modified

food in the UK. Public Understanding of Science, 2002, 11: 278.

[8] Evans G, Durant J. The relationship between knowledge and attitudes in the public understanding of science in Britain. Public Understanding of Science, 1995, 4(1): 57.

[9] Gaskell G, Bauer M W, Durant J. Public perceptions of biotechnology in 1996: Eurobarometer 46.1//Durant J, Bauer M W, Gaskel G. Biotechnology in the Public Sphere. London: Science Museum, 1998: 200.

[10] Jasanoff F. Civilization and madness: the great BSE scare of 1996. Public Understanding of Science, 1997, 6(3): 221-232.

[11] Frewer L J, Howard C, Hedderley D, et al. Reactions to information about genetic engineering: impact of source characteristics, perceived personal relevance, and persuasiveness. Public Understanding of Science, 1999, 8(1): 47.

[12] Bauer M W, Durant J, Gaskell G. Biology in the public sphere: a comparative review//Durant J, Bauer M W, Gaskell G. Biotechnology in the Public Sphere. London: Science Museum, 1998: 218.

[13] Macintyre S. The public understanding of science or the scientific understanding of the public? A review of the social context of the "new genetics". Public Understanding of Science, 1995, 4(3): 223-232.

[14] Kerr A, Cunningham-Burley S, Amos A. The new genetics and health: mobilizing lay expertise. Public Understanding of Science, 1998, 7(1): 58.

蒙古族公众理解中的"赫依"
——一项有关蒙医的公众理解科学定性研究

| 包红梅，刘兵 |

一、问题的提出

  医学是密切联系公众日常生活的领域，公众对医学的理解直接影响着他们日常生活的方方面面，如饮食、行为、生活习惯甚至是日常语言等。但由于公众未接受过专业的训练以及其认知水平等，他们对医学的理解与医学理论本身和医学专业人士的理解不一定完全相同，甚至有时可能会有很大差异。但不管怎么样，那是公众生活的真实状态，也是他们医学文化的重要部分。

  以蒙古族传统医学为例，对于蒙医的某些知识或概念，蒙医学理论体系内部有自己专业的解释，而蒙古族公众在长期的生活实践和就医过程中同样形成了自己的一套理解。本文就是一项与对蒙医的公众理解有关的公众理解科学领域的具体研究，当然，由于研究对象的特殊性，本研究也与非主流医学文化、少数民族医学普及（这本来也应是公众理解科学的一个子领域）等领域相关，而且本研究也部分地借鉴了人类学的研究方法与观念，尽管由于水平、条件和研究主要目标的限制，对这些来自人类学的方法与观念的使用并不十分严格，但基本上是一项定性的研究。

  公众理解科学是一个近些年来在国内外受到重视且发展迅速的研究领域，已有诸多的研究工作，但还远未形成统一的研究范式，研究工作大多与其他相关学科领域有较强的交叉性，而且在如何看待"科学"的立场上，也还存在着诸多的分歧与争议[1]。本文就是在比较宽泛的立场上来理解"公众理解科学"中的"科学"概念的，因而蒙医的普及就自然地被包括在公众理解科学的范围内。与此相对应的是国内过去常用的少数民族科普和少数民族医学科普的说法。关于少数民族科普，任福君和张晓梅的《我国少数民族地区科普状况调查研究初探》[2]一文，基于2006年的全国少数民族科普状况调查，对全国少数民族地区的基层科普组织建设情况、基层科普队伍建设情况、科普投入和科普基础设施建设情况等进行了全面的考察和分析，并指出了存在的问题和进一步工作的建议。但总体来说，针对少数民族地区科普的研究大多比较笼统而显得不够深入，少数民族医学科普类研究也是类似的情况，而在涉及本文所关注的以医学的公众理解为对象的少数民族公众理解科学方面的研究文献则近乎于空白。

与此相关的还有另外两类研究，它们也构成了与本工作间接相关的背景，第一类是对蒙医的社会文化角度的研究。在已有的少量文献中，值得一提的是来自蒙古国的学者 Sharav Bold 的《蒙古传统医学的历史与基础》[3]和《洞悉蒙古族健康生活方式的奥秘》[4]两部著作。前者从发展历史和基础理论等方面对传统蒙医进行了历史文化研究，后者更多的是从蒙古族日常生活中去挖掘他们健康生活的秘诀。国内的有斯·参普拉敖力布的《蒙古族养生文化》[5]，其中作者系统介绍了蒙古人日常生活当中的各类养生保健的文化传统。《蒙医志略》[6]则将蒙医的历史和文化巧妙地糅合在一起，为读者提供了较为系统而全面的蒙医历史文化画卷。第二类是对传统蒙医的人类学研究。代表性的有乌仁其其格的博士论文《蒙古族萨满医疗的医学人类学阐释——以科尔沁博的医疗活动为个案》[7]，该论文从医学人类学的视角考察了萨满医疗实践。

基于这样的背景，本文从公众理解科学的角度，以蒙医理论体系中的重要概念"赫依"为例，系统考察了蒙古族公众理解中的"赫依"，比较了蒙医理论中的赫依和公众理解中的赫依之异同，在此基础上通过针对这一特殊案例的对资深蒙医的深入访谈进一步总结出公众理解中的正确与错误之处，以及这种理解的整体特征和对医生行医实践的提示和借鉴。

以本文这种以蒙古族（或其他少数民族）公众对民族医学的理解的研究，我们尚未看到直接相关的文献。我们认为，这种公众理解科学的特殊的案例研究不但可以为我们了解蒙古族公众医学文化甚至是蒙医文化的整体提供有效的一手资料，还可以帮助我们了解目前的公众理解科学工作中的某些现状和存在的问题等，更进一步地说，也对我们理解某一特定文化群体中的地方性知识及其价值提供了某些新的视角。

二、蒙医理论中关于赫依的知识

蒙医是蒙古族人民在长期的实践活动中积累起来的一套独特的诊疗实践和医学理论体系。千百年来，它在蒙古族人民的生存和发展中发挥了不可替代的作用。到目前为止，它仍在广大蒙古族公众的生活中有着广泛的认可度和信任度。

蒙医理论在蒙古族自身实践经验的积累基础上，还不同程度地借鉴和吸收了藏医学、印度医学和中医学理论等，从而形成了以阴阳、五元学说为哲学基础，以寒热理论、三根、七素、脏腑理论和六因说为主要内容的对疾病的诊断、治疗、解释等具有自身特色的一整套的医学理论体系。其中三根学说是整个理论体系中的核心内容之一，也是其理论特色所在。所谓的三根指的是赫依、希拉、巴达干三者。蒙医认为这三者是构成人体的主要物质基础，也是人体生命活动的重要能量和动力。三根之间相互依存，相互制约，保持平衡，但当三根中的任何一方出现偏盛或偏衰的状态，三者失去平衡，人体将会产生疾病，原本维持生命活动的三根变成"三邪"，成为疾病的根源。

在三根中，赫依被认为是"一切疾病的起因与帮凶"，因此，这一概念"在蒙医学理论当中占的比重很大，蒙医临床治疗中很重视赫依的变化"[8]22。"赫依"是从蒙古语中音译过来的词，其在蒙语中的意思类似于汉语中的"气"，但蒙医理论中"赫依"概念与一般汉语中的"气"和中医理论中的"气"又不完全一样。众多蒙医书籍对赫依这一重要的概念也都没有太确切的界定，大都只是对其特性等的描述性解释或较为含混的比喻性说明。例如，《四部医典》中对赫依的描述如下："赫依属于寒热均性，与阳光相遇就会成为燃烧的条件；与月亮相遇则会变成冷却的条件，散布于胸下、臀部与体内外，因此，是一切疾病的起因与帮凶。"[9]93《哲对宁诺尔》的说法更宏观而神秘："赫依是一切疾病的起因，它引导一切疾病，也是一切疾病的末尾。"[10]1 除这些蒙医经典书籍中的上述描述之外，现代蒙医学家对赫依的解释更多的是从其秉性和功能方面入手的。例如，赫依是"人体三根之一，以轻、糙为主的六种秉性的要素为'赫依'，阴阳方面为中性，五元方面属气，正常情况下发挥着动力和支配生理的功能，对'协日'、'巴达干'起着调节作用"[11]77。"赫依：汉意为'气'，与中医学的气和风有些相似，但其内涵更广泛。""它具有轻、糙、动、凉、微、坚六种特性，是人体呼吸运动、血液循环、新陈代谢机能和心理活动与肢体活动等一切生命运动的一种内在动力。"[12]11 还有一些著作是从赫依的存在形式方面进行解释的，如"由于不是实体物质，所以再细小的孔道都能渗入、流通"[13]85。"总的来说，赫依依赖于腰胯部而居于下半身，是以一种气化的形式存在于体内。"[8]31 "赫依本是蒙语，直译是'气'，这是根据其性质而命名的，而不是指空气的气，因此它不是同于气体式的扩散，其运行乃有通路，这样才能有序不乱的，有规律而有范围的发挥各种'赫依'的特有功能。""'赫依'是大脑支配人体生理活动和人体运动的传导介质，也是参与精神活动的物质。"[14]

关于蒙医对赫依的解释和描述，我们可以通过简明的表1进行更清楚的说明总结。

表1　蒙医对赫依的解释和描述

项目	内容
属性	寒热均性，五元属气元素
秉性	轻、糙、动、凉、微、坚
位置	依赖于腰胯部居于下半身
分类	上行赫依、司命赫依、普行赫依、调火赫依和下清赫依
形式	类似风或气，但和风、气又不完全一样
功能	维持生命活动，推进血液运行，调节呼吸，分解食物，运输精华与糟粕，增强体力，使五官功能正常，意识清晰，支配肢体活动功能反射等[8]30

三、蒙古族公众对赫依的认识

上文已简略介绍了"赫依"一词在专业蒙医里的意思，但是作为这一蒙医概念最广泛的接受者和应用者，广大的蒙古族公众是如何认知和理解的，以及这种认知又是如何影响他们的日常生活和行为习惯的呢？带着这样的问题，我们利用两个月的时间走访了内蒙古的多个地区，以深度访谈为主、参与观察为辅的形式收集了很多一手资料。

我们本次田野调查的对象是内蒙古赤峰市、通辽市和呼伦贝尔市的三个蒙古族聚集的村庄。之所以选择这几个地方作为田野调查点，首先是因为这些地区都有很多蒙古族聚集的村落，而且相对来说蒙古族的比例较高。其次是这三个地方基本代表了内蒙古地区蒙古族公众的三种不同的生活模式，即以农业为主的半农半牧生产模式、以牧业为主的半农半牧模式以及纯牧区。这三个不同的地区，目前在保留蒙古族传统文化方面是有差异的，其中以农业为主的半农半牧地区为最差，而以纯牧区为最好。

这样可以对生活在不同生产生活模式下并且对自身的传统文化具有不同程度和不同角度的继承和保留的人群进行分别的调查，避免了只选择一个地方而不具有代表性的缺陷。本次调查以以上 3 个点为基础，共走访了 73 户人家，总访谈人数为 129 人。其中赤峰 25 户，36 人，年龄均在 30 岁以上，以 40~60 岁的人居多，大约占到总访谈人数的 2/3，80 岁以上的老人有 3 位，男女比例差距不明显。在呼伦贝尔组织了 3 次座谈会，参加人数 26 人。第一次共 7 人，全部为男性，最大年龄 63 岁，最小年龄 37 岁，平均年龄为 48 岁，有牧民、现任和曾任的基层干部，也有海拉尔市电视台的退休干部。第二次共参与 8 人，其中 2 位男性，6 位女性，最大年龄 68 岁，最小年龄 36 岁，平均年龄为 52 岁。除 1 位男性乡镇干部外，其余全部为当地牧民。第三次座谈会参加人数 11 人，全部为男性，人员组成主要是当地牧民和防疫站工作人员，20 多岁的有 2 位，30 多岁的有 1 位，50 多岁的有 1 位，其余均为 40 多岁。此外，在呼伦贝尔还走访了 24 户蒙古族牧民家，共访谈 34 人，年龄分布也主要集中在 40~60 岁的人群，最小年龄 34 岁，最大年龄 94 岁。男女比例无太大差距。通辽走访了 24 户，共 33 人，因赶上秋收季节，农活非常忙，家里的年轻人和男劳力均在地里干活，因此，访谈人群中 50 岁以上的女性居多，占总人数的 70% 以上。总体来说，此次调查，受访者以 40~60 岁的年长者为主，30 岁以下的年轻人少。这是由于年轻人比较普遍地忙于工作或其他劳动而无闲暇，而且随着教育和文化传播现代化的影响，对蒙医文化传统相对了解较少，甚至对此话题不感兴趣从而不愿谈论。

在调查中我们发现，作为蒙医理论中的重要概念，"赫依"一词在蒙古族公众中有很高的使用率。很多蒙古族公众在日常生活中都会用赫依来解释一些常见的身体不适或某些疾病。比如在访谈中我们经常会听到一些人描述自己头疼的时候，经常会自然而然地加一句："这是赫依的缘故。"这些蒙古族公众在日常生活中对一些疾病的不经意间的描述，使我们更加深刻地认识到"赫依"这个概念在蒙古族文化和公众生活中的普及程度和重要程度。

在讨论蒙古族公众对赫依的认知之前，还有必要先对"赫依"一词在蒙语中的意思进行简要的介绍。其实在蒙语中"赫依"一词并非蒙医的专有名词，它除蒙医理论里的特定概念之外，在日常生活中也有着自己独立的意思，即等于汉语日常语言中的"气"（并非中医所特指的气）。如空气、气体等中的气均可用蒙语中的赫依来表示。在我们的访谈中公众用赫依这一词的时候也是在这两个层面上来使用的。因此，在分析公众对赫依的表达时我们会特别注意通过其上下文的语境来判断出这两个层面的含义，即看他们究竟是在日常语言的意义上使用赫依一词的，还是在医学术语的意义上使用的。在澄清了这些区分之后，以下我们将对调查所获的有关"赫依"概念的资料做整理和分析，进一步展现公众理解的现状。

（一）关于赫依的本体

1. 赫依是什么

在访谈中，我们和大部分被访者都会有或多或少有关赫依的对话，其中我们提的最多的一个问题就是"赫依是什么？"，想了解在公众心目中所谓的赫依到底意味着什么。公众对于这个问题的回答可谓五花八门，而归纳起来，大致可分为以下几类。

（1）赫依就是气。关于这句话，蒙古族公众有两种表述，一部分人会用蒙语说"赫依就是赫依"，当然，从当时的语境来分析，这样的表述并不是无意义的同语反复，在这句话中前一个赫依是指蒙医基础概念，而后一个赫依则是日常语言中的赫依，即汉语日常语言中的气。而另一部分人则会将后一个赫依一词直接用汉语的气这个词来表述，即会说"赫依就是气"。这两种表述的意思是一样的。这是很多人对于蒙医赫依概念的第一反应，也是有关赫依的理解中最多、最普遍的一种回答，在我们走访的三个地区情况均为如此。公众用来支撑此解释的例子大多是胀肚子，"赫依这个东西，就是有时候胀肚子了，不通气了，呼吸困难等都是赫依"（某男，50多岁）。"前几年总是肚子胀，咕咕叫，有东西上下流动那就是赫依，能感觉到肚子里有赫依。"（香玉，女，61岁）即胀肚子就是肚子里面有气出不来导致的，这个气就是他们所指的赫依。

以上所指的气是在日常最普遍的意义上所用的气，即空气或气体的气。除此之外，也有和气有关的"元气"一词被蒙古族公众用来解释赫依概念。例如，在谈到做手术时，蒙古族公众普遍有一种抵触情绪，究其原因他们认为人做手术、开刀会导致原本在人身体里的热赫依散到体外，从而影响身体的各项机能。有被访谈者指出，"赫依其实也可以说是气，就是热'赫依'的那个气。所以一般做手术人家不是说嘛，肚子里的赫依跑了，说是不好"（香玉，女，61岁）。对于这句话，我们可以从两个方面来理解，一方面这里所指的赫依即通常的气；另一方面此处又提到做手术从肚子里出来的赫依，这个也可以理解成上面所说的元气。这里需要说明的一点是，蒙古族公众中也有与"赫依是气"这一观点完全相反的看法。比如在访谈中有好几个人虽然说不出赫依到底是什么，但他们却很肯定地说赫依至少不是他们在日常生活中通常所说的那个气的意思。例如，"心脏赫依的赫依，不可能是空气一样的气，心脏能有气吗，其他（器官）也不可能有啊，我就是觉得不可能是空气的气，这个可以研究，研究这赫依能不能用仪器检查出来，人有这种病，仪器怎么就检查不出来啊"（宝山，男，50多岁）。

（2）赫依是热。寒和热也是蒙医中经常使用的专业术语，蒙医通常将疾病分为寒、热两大类。除医学上的特指之外，蒙古族公众在日常生活中也常常会将某些疾病的产生与治疗等和冷、热等日常的概念联系起来。而在赫依的解释上也有人直接用"热"这个字。例如，呼伦贝尔的一位年轻人的说法很有代表性："按我的理解，赫依是热多了（热过剩），就是一个什么器官的热多了，比如，心脏不好，有心脏赫依，那就是热进了心脏（意思就是心脏的热多了）。头疼了就是热走到（进入到）头里了。比如正常情况下你的肝、心脏，应该是多少摄氏度，比正常温度高了，就会失去正常功能，我就是这么理解的，我也不是学医的，就是自己这么想的。"（色登扎布，男，37岁）当然"赫依是热"这一说法相对来说不具有普遍性，只有在呼伦贝尔有几位年轻男士如此表述过，但这至少表明了公众的一种理解视角。

可以看出，这里人们说的热，并不是蒙医理论里所特指的那类热的概念，而是日常生活中常用的和温度联系起来的那种热。这也是公众对赫依的一种理解。

（3）赫依是人体的基本要素之一。有些人认为赫依是组成人体的基本要素之一，正常的情况下人体中一定有赫依，没有赫依的话，人基本上就丧失了生命活动的能力。而且在人体中，赫依有一定的量，和其他几个要素保持平衡，如果赫依多了或少了的话，各要素之间的平衡会被打破，人体就会产生疾病。

经笔者观察，给出这种回答的人基本都是一些和普通农牧民相比文化水平高点的或眼界稍显开阔的人，从地区分布来看，赤峰地区的人居多，呼伦贝尔次之，通辽只有一人。例如，乌力更便是一位赤峰市的有中专文化水平，退休的老干部，他认为"赫依是专业术语，像赫依、楚斯（血）之类的，都是人体的基本要素，这个东西不能紊乱，人体里必须得有赫依，但是不能混乱，正常的话就好，赫依和楚斯（血）都是人体组成的要素。它们不正常，人体就不舒服……那就是身体一部分不好。赫依占一定的比重，调节你的身体功能，你要是没有一定的赫依，多了或者少了，混乱了，就会引起疾病"（乌力更，男，60多岁）。据他描述，通常自己会看一些养生保健方面的书籍或电视节目，因此对人体、疾病等观念一定程度上受到了书本上的医学知识的影响。持此观点的另一个人则是曾在村里当过多年的村主任，这期间相对来说和外界的接触多一些，听的和看的比普通村民要多一些。他说："其实说人的病根是赫依、希拉和楚斯（血）。就有这三种的原因。这三者之间平衡了就没什么事，不平衡就会生病。"（苏格德尔扎布，男，72岁）他介绍说在过去交往的朋友当中有几个喇嘛大夫，他的这些知识是从喇嘛大夫那里学到的。

2. 赫依的分类

赫依在蒙医当中有五种类型，每一种类型的赫依都有自己主要依赖的场所、活动的范围以及自己独特的功能。而公众对赫依的分类更直观和简单。根据不同的人提供的不同的说法，站在客观的立场上，我们可以将公众对赫依的大致分类归纳为以下三种。

（1）根据出现病症的器官来划分，赫依可分为心脏赫依、肾赫依、胃赫依等多种。有代表性的，像一位呼伦贝尔地区的长者就说："阑尾炎就不是赫依的原因，那个肺也不是赫依，就是心脏、肾、胃等能产生赫依（病），所以有心脏赫依、肾赫依、胃赫依等多种类型。"（陶克涛，男，60多岁）据他们的解释，什么脏器的赫依病就是什么脏器出了毛病，有了病变，功能就衰退了。反过来说，赫依落在什么脏器上，那个脏器就会出现不适或病变。

三个地区均有不少人持这一观点，其中呼伦贝尔公众比较明确地从分类的角度说明，通辽和赤峰公众相对来说没有明确的分类意识，只是在谈话中提到各类赫依。

（2）根据赫依的来源，可分为内部赫依和外部赫依两种。内部赫依通常说的是人体内与生俱来的赫依，就是上面所说的作为人体基本要素的、不可或缺的那种赫依；而外部赫依则是指那些因为某种外部原因，如饮食不当、行为不当等产生的体内多余的赫依。大部分公众通常不会有意识地给赫依分这么细的类别，但从他们只言片语的表述当中我们可以捕捉到这样的信息，如以下这段就是一种较为模糊的描述："实际上，直接的赫依就是放屁，因为饮食不当或肚子不舒服等导致的屁。这是最直接的赫依。再就是间接的话，我认为在人的血脉神经里头有一部分赫依，比如在血液里头，没有赫依不行，没有的话流动就不通畅，就不舒服。"（乌力更，男，60多岁）

所谓直接的赫依就可以理解为上面所说的外部赫依,而间接的赫依就是内部原来就有的,即人体必需的内部赫依。当然也有个别人在与其进行深入的交流之后逐渐可以将这种思想清晰地表达出来:"我觉得这个气应该是有两种,一个是你身体里原来就有的,一个是外来的。"(吉日嘎啦,男,30多岁)这里,就较清楚地表达了内部赫依和外部赫依的意思。这一说法在赤峰市的田野点中比较突出,而且能有意识地进行这么清楚的区分的人也都是一些相对来说在农村算是文化水平较高的人,比如其中有两位是高中学历,有一位是中专学历。

(3)根据赫依的正常与否可分为正常赫依和非正常赫依两种。有些蒙古族公众认为正常情况下人体内部本来就是有赫依的,没有外部饮食和环境等因素的干扰,通常这些赫依是人体必需的,维持人体生命活动的要素,但是一旦身体受到某些不利影响之后,体内的正常赫依就会开始紊乱,出现过多或过少的情况,这个时候的赫依就是公众所说的非正常赫依。这一划分和上面的内部赫依和外部赫依的划分有些相似之处。内部赫依通常多数是正常赫依,而外部赫依通常都是非正常赫依。当然两者也不是完全对应的,有时候内部赫依紊乱之后也会变成非正常赫依,所以这两类赫依的划分应该处于一种相互交叉的状态。

除这几种较为明确的分类之外,在三个地区的访谈者中几乎80%以上的人都会很自然地提到"辉腾赫依"这个词,"辉腾赫依"的汉语意思是冷赫依或凉赫依。其中大多数被访者描述这种赫依通常只用来形容妇科疾病,如宫寒、尿频或其他一些妇科疾病大都和这个凉赫依有关。但也有少数几个人反对这种说法,他们觉得赫依不分男女,男性也可以有凉赫依,比如肾赫依就是凉赫依。

3. 赫依的来源

赫依的来源也是在公众当中分歧比较大的一个问题。其中相对集中的有两种说法:一是"赫依就是从冷来的。我们这里住蒙古包,夏天受潮、冬天受冷等都得赫依病"(额尔顿,男,51岁)。如果长期处于寒冷的环境,人们得赫依病的概率就大,偶尔的受冷、受寒也会导致人体内的赫依不正常从而产生疾病。二是饮食不当也会引发赫依紊乱。例如,通常吃一些生冷的食物会导致赫依偏盛胀肚子。在蒙古族公众看来,平常的饮食中也有赫依多的食物,如荞麦面、黄豆等,如果在不适当的时候或身体本身有些不适,尤其胃有毛病的人吃这些食物也会导致体内赫依不正常。"比如,吃荞麦面,荞

麦面本身就产生赫依，吃荞麦面的人好放屁嘛，这是外来的（赫依）。"（乌力更，男，60多岁）

除此之外，关于赫依的来源问题，在蒙古族公众中还有很多不同的说法，这里不再一一列举。

（二）赫依存在的表现

不管蒙古族公众对赫依的理解有多少种，也不管这些理解和解释有多么不一致，总体来说，赫依在人体内的存在对他们来说是一个不争的事实。既然存在，一定有它存在的表现，但由于人们对于赫依本身的理解不尽相同，在不同的人那里对赫依影响之表现的体验和体会都会有所不同。这里举例说明如下。

1. 胀肚子

在访谈中，几乎所有的被访者，无论他们是哪个地区、什么年龄段、什么性别的，提到赫依的表现形式最直接的反应都是胀肚子。比如，"胀肚子，不通气，憋气都是赫依"（田晓，女，40多岁）；"那就是气的意思，胀肚子嘛，就是赫依"（娜仁，女，30多岁）。在他们看来，胀肚子等身体表现毋庸置疑、无须解释就是与赫依有关。与此相关的打嗝和放屁当然也就顺理成章地成为赫依的体现："打嗝，着急、生气之后有东西往上走，心脏加速跳，就是赫依上升了。"（呼伦贝尔一位妇女，60多岁）这些有关赫依的表述显然与他们对赫依就是气的理解相吻合，也相互印证。他们之所以认为赫依就是通常意义上的气，就是因为在胃胀或肚子胀的时候感受到里边流动的气，而通过排气更加深信胃里的和肚里的就是赫依，即气。

2. 发疯

蒙语中经常会用"赫依疯"来形容某人性格古怪、没有定性、疯疯癫癫。这看上去风马牛不相及的赫依和疯两个词如此组合在一起看来并非偶然。因为赫依除和胃、肚子等消化器官有直接关联之外，也有不少人认为"赫依跟神经有关……心脏赫依严重了之后人会发疯"（凤兰，女，50多岁）。也就是说，他们认为赫依偏盛也会通过心脏影响到人的神经系统，严重者会发疯。这是在蒙古族公众中普遍流行的一种说法，无论是在赤峰、通辽等半农半牧地区，还是在呼伦贝尔的纯牧区，大家都曾描述过类似的事情，可见在他们看来发疯是赫依出现问题的表现之一。

3. 高血压、脑血栓

西医中的高血压和脑血栓等疾病在一些蒙古族公众看来也都和赫依有直接的联系，都是人体中赫依不正常的表现。有人就很自信地说："其实，我们现在说的高血压并不都是什么血的问题，而是赫依盛的缘故。"（乌力更，男，60多岁）有些人对此的解释是"赫依通过胃，进入血管（血脉），进入血脉就会挡住血液流动。人的脉有血的脉，有赫依的脉。赫依的流动多了就会阻碍血的流动"（来喜，男，64岁）。也就是说，人体内赫依偏盛之后影响和阻碍血液的流动，从而引起血压的升高。

4. 耳鸣、耳聋

有人认为"耳朵听不见就是赫依大的原因"（正月玛，女，60多岁）。喝浓茶（红茶）会导致赫依大，而赫依大的一个突出表现就是耳鸣，长期饮浓茶的人"严重者会导致耳聋"（香玉，女，61岁）。这一说法在日常生活中喝浓茶居多的通辽地区更为普遍，其他两个地区没有人提过类似的说法，而在通辽地区这种说法的接受者和信奉者似乎又是以女性为主。在访谈中有一半以上的女性说到赫依的时候会主动提到赫依与茶叶的关联以及由此导致的耳鸣或耳聋的问题，但却很少有男性主动提到这一点。在我们的追问之下，大部分男性也会表示同意这一说法，但在实际生活当中男性依然爱喝稍浓一些的茶。女性，尤其是 40 岁以上的女性则很忌讳喝浓茶，甚至到了四五十岁之后很多妇女就基本不喝茶了，改为喝白开水。这也许和另一个有关赫依的说法相吻合，即有些人觉得女性得赫依病的居多，甚至有人曾说基本每一个女人都有凉赫依病。

5. 其他

除上述说法之外，其他一些个别人提到的赫依不正常的身体表现有头晕、眼花、腰腿疼、手脚抽筋、半身不遂、浑身乏力、四肢麻木、五官变形、手脚冰凉、发抖等。更有甚者有人认为"赫依跟人的劲儿有关系，有力气的人赫依非常充足，有劲儿，没劲的人就是缺赫依"（乌力更，男，60多岁）。

（三）针对赫依的日常治疗

既然赫依（这里指的是病变的赫依）会导致人体的不适甚至是疾病，那么就应该采取相应的措施进行调整和治疗。而这种治疗除使用药物之外，在日常生活中蒙古族公众也积累了很多自治的经验，如饮食调整和传统疗术等，他们觉得这些方法在没有医生和药物的情况下也能很有效地缓解由赫依不正常而导致的身体问题。

1. 赫依与饮食

在蒙古族公众看来，赫依和饮食有着直接而紧密的联系，就如上面所提到的，饮食不当会直接导致体内的赫依增多，而一些特定的食物或饮品被一些地区的蒙古族公众定义为是赫依多的食品。在我们走访的三个地区中，通辽和呼伦贝尔的公众中持这一观点的人居多，而且这些人大部分是50岁以上的长者。"吃的东西里就有赫依多的，荞麦面、黄豆都是赫依多的食品。"（图们昌，男，67岁）总体来说，赫依多的饮食有"红茶、玉米面、荞麦面、黄豆等"（玉兰，女，62岁）。在他们看来，人们吃了这些赫依多的食物之后，正常情况下除在消化过程中比平时多排气之外不会有其他特殊的反应，对人体也没有什么伤害；但如果是身体本身有些疾病（肠胃不好）的人、某些容易受赫依影响的脏器有毛病的人或者体内赫依不正常的人，吃了这些赫依多的食品之后很容易引起身体不适，出现一些与赫依有关的疾病或症状。

一旦出现赫依型的身体不适症状，蒙古族人也有一套自己的饮食疗法来缓解和治疗疾病。用来调整赫依的饮食通常被叫作"压"（镇）赫依的饮食，这些饮食包括羊肉、黄油、盐水等。如他们认为"赫依多了就会打嗝⋯⋯喝羊肉汤、黄油能'压'赫依"（呼伦贝尔一妇女，60多岁）。盐水也被认为可用来"压"赫依。

羊肉除熬汤之外还可用黄油翻炒，"将黄油放在锅里加热化开以后，放入羊肉翻炒，吃了之后能'压'赫依"（布德，男，37岁）。黄油加热之后单独食用，也能达到调整赫依的目的。在蒙古族公众那里，这些在一般人看来是很平常的食物，经过一些加工之后就会变成能够"压"赫依的神奇"药品"。

2. 赫依与自治疗法

对付因赫依导致的身体不适，除饮食调理之外，蒙古族公众还有一套自治疗法。在这些疗法当中，热敷因简单方便和疗效显著而备受推崇。因为在蒙古族人看来多数赫依型疾病都和受冷有关，热敷能够以热克寒，起到将上升的赫依压制住以及将过于聚集在某处的赫依驱散开来的作用。用来热敷的物品可以是热水、热毛巾，以及加热的黄米、高粱米糠和粗盐等。热水和热毛巾一般情况下用来对付胃胀和肚子受凉等不太严重的情况。黄米疗法则是通常用于正要生孩子的妇女身上，"将黄米煮熟放点儿黄油，趁热让她们坐在上面，这样的话在生孩子的时候就能祛除凉赫依"（萨仁桃露玛，女，40多岁）。高粱米糠也能治疗胀肚子等，"把高粱米糠弄热之后敷上去，胀肚子就能缓解"（图们昌，男，67岁）。粗盐疗法主要是针对赫依型头疼病的。

除用热敷疗法治疗他们认为的赫依型疾病之外，有时候还有一些更为复杂的方法也被蒙古人使用，如火针疗法、瑟必素疗法等。瑟必素疗法主要是针对有凉赫依的人，尤其是妇女，"将刚刚宰杀的羊的瘤胃拿出来，趁热让人坐在上面或将脚伸进去"（萨仁桃露玛，女，40多岁）。据说这样可以祛除凉赫依。但是像这些稍复杂些的疗法现在蒙古族公众自己使用得很少了，大多是由专业的蒙医来操作。

这些都是蒙古族人民在长期的生活实践中总结出来的经验，这些经验至今为止世代相传在蒙古族公众中间，成为其文化的不可分割的一部分。当然，对于这样的文化，不同地区、不同年龄段的人传承和保留的程度是不一样的，在笔者的调查点中，对这些自治疗法，呼伦贝尔的牧区保留得最多，其次是通辽，最后是赤峰。按年龄段来说，年长者比年轻人更加信奉。

（四）赫依与科学

虽然在本次访谈中我们并没有特别提出有关赫依与科学之关系的问题，但有些人无意中表达的一些相关看法，似乎很有代表性，能够从一个侧面表现出蒙古族人对于赫依、对于科学或二者之关系的一些思考，这对我们更深入地了解他们的医学文化乃至整个民族文化都有一定的促进作用，也为我们了解公众对科学的理解等问题提供了可借鉴的资料。

赫依和科学的话题主要集中在两个方面：一个是赫依与在牧民眼中代表科学的西医、仪器，即医学上用于诊断疾病的各类仪器之间的关系问题；另一个是蒙医中的赫依之提法有没有科学道理的问题。对于第一个问题，蒙古族公众存在的更多的是困惑，在他们眼中，医疗检查仪器代表着西医，同时代表着科学，当这种科学遭遇他们同样坚信确定存在的赫依时矛盾就出现了，因为作为科学的仪器竟然查不出实实在在存在的赫依，于是他们便开始有了疑惑，从其模糊的表达中可以看出一些对科学的失望。

对于第二个问题，即赫依有没有科学道理这个问题，虽然大家没有给出太直接的有或没有的准确答案，但也没有人提出赫依的说法不对、没道理、不科学这样的观点，这表明多数人还是认可赫依的说法的，而当赫依的说法和西医、仪器等的判断不一致时,他们更信任的似乎是赫依,最起码两个都觉得有道理,而不会轻易地抛弃对赫依的信念。这也体现了他们对自身文化的支持、尊重和信任程度。

以上我们整理和分析了蒙古族公众对蒙医术语"赫依"的认识和理解。据统计,在我们所访谈的129人中明确表示在身体和疾病的问题上听说过赫依这一说法的人有108人,占总访谈人数的83.7%,明确表示没听过疾病用赫依来形容的有16人,占总访谈人数的12.4%,有5人我们在访谈中没有向他们提出有关赫依的问题,他们也没有主动提出赫依这一概念,因此,他们知不知道蒙医的赫依概念还不确定,这类人占总访谈人数的3.9%。这些数据充分地表明"赫依"一词在蒙古族公众中被广泛使用的程度。

但公众的理解和蒙医理论中的解释有很多的不同之处,公众当中每个个体的认识也都不完全相同。他们通过老一辈的传承、自身的体验和周围人的经历等总结出了关于赫依的概念、表现和治疗等方面的一整套的实践经验,形成了有关赫依的公众自身的独特的知识体系。这一知识体系来源于他们的生活,也在时刻指导着他们的生活实践,在蒙古族公众的日常生活中起着不可代替的作用。

由于本研究调查的局限以及定性的特点,对于以上问题的总结,只是表明了在公众对赫依的认识上,存在上述这些有代表性的看法,但还无法以精确的抽样调查统计方式确定各种不同的看法在不同地区、不同年龄及不同文化背景的蒙古族公众中各自所占的精确比例。此外,在对看法的分类上,更倾向于一种客位的立场。对于这些欠缺,就只有等在以后以更进一步的深入研究来加以弥补了。

四、专业蒙医与公众对赫依理解的差异

在对"赫依"一词的公众理解情况做出系统梳理的基础上,再和蒙医理论中的赫依概念相比较之后我们发现,公众的理解和蒙医理论中的赫依其实并不完全一致。为了更深入地比较二者之异同,解读公众理解形成的深层背景,我们又专门访谈了几位从事诊疗实践的蒙医,请他们从作为医生的多年的经验出发,从专业的角度对我们关于公众理解赫依的访谈情况做一个评论,谈一谈他们对公众理解现状的看法。访谈共涉及4位蒙医,其中2位年龄在50岁以上,有多年的从医经验;一位40多岁,兼某医药杂志的编审工

作；另一位则是刚走上医生工作岗位不久的 30 多岁的年轻蒙医。在访谈中，这些蒙医对公众理解赫依概念的状况以及更宽泛的公众理解医学、医生和患者的互动以及蒙医的传播和普及等问题谈了各自的看法。这些看法和评论的具体内容归纳如下。

（一）关于具体内容的具体评论

几位医生都指出了不少公众理解中错误或不妥之处，同时也肯定了他们的部分经验。总体来讲，否定的部分集中在有关赫依的理论层面的理解上，如赫依的本体和赫依之存在的表现两部分。而肯定的部分则主要集中在有关赫依的经验层面的总结上，如赫依失常的表现和赫依的日常治疗等方面。具体来说有以下六个方面。

（1）关于"赫依是气"这一看法，几乎所有被访的医生都表示此理解不够恰当。他们认为，实际上蒙医所说的赫依和另外两个要素（希拉和巴达干）合起来被称为构成人体的三个基本要素，即三根。它是一个抽象的概念，很难用一个实体存在物去对应。这三个要素来源于印度五元学说，印度医学中的五元分别指水、火、土、气、空。巴达干属水和土，希拉属火，赫依属气，空是另四个元素活动的空间。自然界的各种现象都用这五元学说来解释，各种活动都归结为这五种要素。实际上，这是一种朴素的哲学概念。从这个角度来看，"赫依是气"这个说法太具体，太狭窄。

（2）关于"赫依是热"这一看法，受到医生们的一致否定，他们认为这一理解完全是错误的，三根中希拉是热性的，巴达干是寒性的，赫依则是中性的（或中性偏凉的）。赫依和希拉、巴达干的哪个相结合就会加强哪个的寒热属性。因此，直接说"赫依是热"是不恰当的。

当然，医生是站在专业的角度进行评论的，因此，当他们看到公众提到寒和热时想到的自然是蒙医术语里的寒热属性，从而认为"赫依是热"的说法不正确。但从前面的公众表述中我们可以推断公众所说的热，实际只是从日常生活中的温度的高低角度来说的。虽然这种说法同样不符合蒙医学理论，但从这个例子中我们也可以看出公众和专家之间的差异以及他们需要沟通的必要性。

（3）关于赫依的分类，医生们强调在医学上赫依分为上行赫依、司命赫依、普行赫依、调火赫依和下清赫依五种，这五种赫依有各自的不同功能。而公众在无意中给出的一些赫依的分类虽不够专业，但也有他们的某些道理。如将赫依分为心脏赫依、肾赫依和胃赫依等多种。而内部赫依和外部赫依以及正常赫依与非正常赫依的说法，虽然也有一些道理，但具体解释和理解还是不够准确。在正常情况下，赫依促进和指导人体的各项生理活动，但由于某些原因导致赫依的功能紊乱时赫依就会"变脸"，成为疾病的根源。"赫依有两种，正常的和'变脸'（非正常）的，正常的赫依参与人体正常生理活动，'变脸'的赫依就是正常赫依变成了疾病。所以说正常赫依是'变脸'赫依或疾病赫依的来源。"（旺楚嘎，男，50多岁）

（4）在赫依的来源部分中，专业的医生们表示，应该把正常赫依的来源和引起赫依失调的因素区分开来，公众的说法中有把二者混淆起来的嫌疑。另外，有两位医生同时指出，公众所说的人生气之后赫依会增多的说法不对，实际上在医生看来生气会导致希拉而非赫依增多。

（5）在赫依失常的表现中，医生们肯定了公众的部分观点，如胀肚子、高血压、耳聋、耳鸣以及头昏、眼花等。但同时有医生特别强调虽然这些症状是赫依失常的表现，但这些表现并不专属于赫依病，其他疾病也可以出现这些症状。

（6）赫依的日常治疗中大部分内容也得到了医生们的肯定。

（二）关于整体情况的评论

除对公众理解赫依的具体内容和细节上的评论之外，医生们还对公众理解蒙医这一大的背景和现状谈了自己的看法。

（1）总体来讲，公众关于赫依的认识有正确的地方，也有错误的地方。正确的地方集中在公众经验内容部分，即对赫依的自治疗法。错误的理解集中在对赫依的本性、分类等理论内容部分；公众的理解比较直观、具体，是一些零碎的、片面的、不完整的、不系统的知识；公众当中对同一个问题的理解也都有很大的区别。

（2）公众之所以会出现对蒙医的这种认知状态，是因为，首先，公众不是专业的医生，也没看过多少蒙医方面的书籍，甚至对于很多蒙古族农牧民来说从来没有接触过蒙医方面的专业书籍，因此对理论有很多误解是难免的。其次，公众虽然没有系统地学习过蒙医，但在日常生活中经常会听到一些相关概念和看到一些相关的治疗等。让医生看病的时候，医生给他们说一些蒙医的概念，他们在旁边听，脑子里形成自己的理解，久而久之形成了他们目前的这种知道一些但又不够准确和全面的认知状态。再次，蒙医自古以来便和公众紧密相连，最早的疾病和治疗的知识也都是从民间来的。"蒙医最初就是从公众生活中的实践经验积累起来变成系统知识的。在一个民族几千年的实践中积累形成，最终系统化、理论化为现在的知识。所以民间的经验可以说是我们蒙医的最初来源。"（包照和斯图，男，60多岁）因此，公众的有些经验有合理之处是理所当然的。最后，"蒙医是实践医学，理论方面相对来说还是比较欠缺，对于很多疾病的原因、诊断、治疗等方面还没有达成太多的共识，对于同样的病10个医生也许有10种解释和治疗的方法，因此老百姓有很多不同的理解那也是可以理解的"（海燕，男，31岁）。

（3）面对公众认知的这种状态，作为专业的医生应该如何去应对，对此他们也纷纷表示了自己的观点。首先，他们认为，公众的理解当中也有很多古老的经验内容，有时候对医生也有借鉴的作用，"医生也得在公众中收集有用的经验资料，取其精华，去其糟粕。不能觉得老百姓什么都是不对的、不专业的而不理睬"（包照和斯图，男，60多岁）。其次，知道了公众理解的现状之后，医生也了解到公众在哪些方面对蒙医有曲解。这也可以很好地指导他们的行医实践，知道在给患者看病的过程中，应该如何和他们进行沟通，在哪些方面应该进行更多的解释和引导等，促进医生和患者之间的相互沟通和理解。

（4）由公众理解蒙医的现状想到的关于蒙医普及的问题。几位医生都认为蒙医的传播和普及工作做得不够好，公众对蒙医理解的误区也有这方面的原因。但是这种传播单靠医生在看病过程中的解释是远远不够的，如果能把蒙医以通俗易懂的方法有效地向公众进行传播和普及，等到医生再给他们用蒙医理论解释病情、病因时，公众会更容易明白和理解医生讲的东西。对于普及的形式主要还是以书籍为主，也可以考虑普及性讲座的形式。

五、结果与讨论

虽然由于受各种条件的限制我们的此次调查中存在着一些缺陷和不足，但总体来讲，通过有关蒙古族公众理解蒙医概念赫依的调查，我们还是了解到了蒙古族公众医学文化的诸多方面，以及他们的这种医学文化与主流医学文化之间的冲突和交融状态，从而也对公众理解科学的理论和实践有了更深层的认识。

（一）不同地区、不同年龄及不同文化背景的蒙古族公众在认识上的差异

虽然我们的初衷是要寻找和体现蒙古族公众这一集体对赫依概念理解的共性和多样性，但调查过程中我们也深深地感受到，公众并不是一个无差异的整体，不同的地区、不同的人群对同一个问题的理解是很不一样的，甚至是在同一个地区不同的人的理解也会有所不同。这些差异主要表现在如下几个方面。

（1）对于地区差异而言，呼伦贝尔地区公众对"赫依"概念的了解和认同较之另两个地区更多一些，对赫依的自治疗法的使用也更加普遍，与之相应地，对于整个蒙医的热情和认同情况也是如此。这一现象也许和这些地区对本民族传统文化及生活方式的保留程度有直接的关系。

（2）对于年龄差异而言，情况更加明显，年青一代的蒙古族公众对赫依的了解较少，甚至有些人完全没有听说过赫依在医学上的说法，年龄越大的人对赫依的了解越多，听说的越多，也更相信蒙医关于赫依的理论解释，生活当中也经常以此理论（当然是他们所理解的赫依理论）为指导。这应该和年轻人受全球化、现代化影响较大，容易接受新鲜事物，以及在传承自身传统文化方面较弱等因素有很大关系。

（3）对于性别差异而言，女性更多的是将赫依与自己身体的某一状况联系起来说明，而男性则更多的是将它和自己所理解的身体的整体结构和运行等结合起来说明。

（4）对于文化水平和文化背景而言，文化水平高一点的人对赫依的理解更加接近蒙医理论本身的解释，文化水平低的人们的理解更加直观和形象，其理解更贴近他们身体的真实感受。究其原因，应该是文化水平高一点的人，接触蒙医或其他相关书籍的机会多，受到书本上的正规理论影响的机会多，而文化水平低的人很少看书，甚至看不懂书，因此，受到专业书籍的影响少，更多的是根据自己的切身体会来说明问题。

（二）蒙古族公众的医学文化和专业的蒙医之间的差异

很显然，蒙古族公众对赫依的理解和专业蒙医的理解是有差异的，如前文所述，这种差异主要体现在对赫依理论层面的理解上，即公众理解的最大的特点是对抽象概念的直观化、具体化和形象化。当普通公众听到某个抽象

的科学概念或医学概念时，他们的第一个反应就是将它和自身所处环境中的某一物质实体相对应或往往和自己的直接身体体验联系起来。因此，公众的医学文化是在专业医学的某些概念和说法的基础上加上自己的体验和想象来形成的，所以它通常表现为既有专业医学的影子，又不完全吻合专业医学，有浓厚的个人理解的色彩、变了形的甚至是被歪曲的专业的医学。如果不了解此状况，医生和公众之间会产生很大的误解。医生在用赫依的说法解释病情的时候公众会表示赞同，双方彼此都认为相互理解了，但实际上说者说的和听者想的根本不是一回事。针对这一情况，医生应该多了解公众对医学的理解，只有了解了公众对医学的理解，才能更好地进行医生和患者、公众之间的沟通，增进彼此的了解，为医学更好地普及提供有力的保障，同时也可以根据公众的实际情况进行更有针对性的医学普及和传播。

因此，公众理解科学并非只是让公众理解科学，而还应该理解公众理解的科学、公众理解科学的方式和模式。只有了解了公众对科学的理解和需求，科学才能为公众提供更好的产品和服务，进而也能促进科技的进一步发展。

（三）公众理解过程中本土医学文化和主流医学文化的相遇和互动以及由此出现的冲突与交融的状态

在本次有关蒙医概念"赫依"的蒙古族公众访谈中，笔者还明显地感受到了公众理解蒙医中存在的另一个现象，即几种医学在公众对疾病的理解中的冲突和融合状态，以及此种状态对公众日常生活习惯和行为方式的影响。在公众的很多表述中我们看到的不仅是蒙医对他们的影响，还有西医和中医的影响，经常体现出一种三者互动混杂的结果。例如，赫依即元气和妇女宫寒的说法以及经常随口冒出的上火等字眼，显然是受到了中医的影响。而很多蒙古族公众对"血"一词的使用则表现出了在他们的理解中蒙西医学混合交融的状态。蒙医用蒙语"楚斯"来表示"血"一词，虽然所指的物体在某种意义上和西医的血是一致的，但两种医学体系对其解释的理论系统是很不一样的。蒙医是从三根学说、寒热理论和五元素理论等来解释血的相关内容，而西医则是从现代医学的角度对其进行解释。同时，蒙医中的楚斯和赫依的概念一样，有时也表示一种抽象的概念。在蒙古族公众有关血的表述中，我们能感受到这两者相混合的状态。例如，当他们说脑血栓是因为赫依和血（楚斯）不合（相互碰撞）的结果时，其中的血带有明显的蒙医学的意味，而并不和它们直译过来的汉语词"气"和"血"的内涵完全一致。反过来，有时候公众所使用的血（楚斯）就是指西医意义上的血。如当他们说到血脉、血液的流动以及放血等时所指的那个血则具有更多西医学的意义。显然，在蒙古族公众那里，这几种医学知识已经和医学文化混合在一起了，没办法截然分开。

（四）公众的"外行知识"和专家的专业知识之关系

通过医生的评论我们也发觉公众并非完全是医学知识的外行，他们也有很多经验是值得专业的医生去学习和借鉴的。就像有医生所说蒙医最初就是来自民间的经验，而理论化、系统化后的医学同样不能忽视来自民间的、普通公众的最真实的经验和感知。医学和人的身体直接相连，一种医学理论或医学技术最终都是通过人的身体来实施的，而其效果如何也只有患者的身体才能告诉你答案。因此，来自普通老百姓的各种疾病体验和治病经验绝不是没有任何价值的外行知识。来自公众经验的"地方性知识"有它自身的价值，这种价值是那些"普遍性的"科学知识往往无法代替和比拟的。作为地方性知识的主体，公众不应该只是"普遍的"科学知识的被动接受者，他们也应该是主动的补充者和改造者。在科学传播活动中，当科学知识遭遇地方性知识的时候不应该一味肯定已有的科学知识，而全盘否定地方性知识，在医学领域，尤其是传统医学领域更是如此，掌握专业知识的专家也应该不断地吸收和借鉴来自公众的身体体验和实践经验。科学知识和地方性知识是相互补充甚至是可以相互竞争的。

（本文原载于《广西民族大学学报（哲学社会科学版）》，2011年第4期，第37-45页。）

参 考 文 献

[1] 刘华杰. 科学传播读本. 上海：上海交通大学出版社, 2007.
[2] 任福君, 张晓梅. 我国少数民族地区科普状况调查研究初探. 科普研究, 2008, (1)：36-43.
[3] Bold S, Ambaga M. History and Fundamentals of Mongolian Traditional Medicine. Ulaanbaatar, 2002.
[4] Bold S, Power L A. Insight into the Secrets of a Mongolian Healthy Lifestyle. Ulaanbaatar, 2007.

[5] 斯·参普拉敖力布. 蒙古族养生文化(蒙). 赤峰: 内蒙古科学技术出版社, 2000.
[6] 胡斯力, 郑泽民. 蒙医志略. 呼和浩特: 远方出版社, 2007.
[7] 乌仁其其格. 蒙古族萨满医疗的医学人类学阐释——以科尔沁博的医疗活动为个案. 中央民族大学博士学位论文, 2006.
[8] 色·哈斯巴根, 张淑兰. 生命的长调: 蒙医. 桂林: 广西师范大学出版社, 2008.
[9] 玉妥·元旦贡布, 等. 四部医典: 藏文 蒙古文. 北京: 民族出版社, 1991.
[10] 罗布桑却因丕勒. 哲对宁诺尔(蒙). 呼和浩特: 内蒙古人民出版社, 1974.
[11] 崔箭, 唐丽. 中国少数民族传统医学概论. 北京: 中央民族大学出版社, 2007.
[12] 安官布, 金玉. 蒙医学概述. 赤峰: 内蒙古科学技术出版社, 1995.
[13] 宝音图, 赵百岁. 医学(上)——基础理论与治则治法研究(蒙). 呼和浩特: 内蒙古教育出版社, 2003.
[14] 胡日查. 关于蒙医"三根"之一"赫依"的探讨. 蒙医药(汉文版), 1993, (C0): 7-9.

科学传播应用者的局限性及内省性
——对内蒙古某县测土配方施肥技术推广的案例研究

| 牛桂芹，刘兵 |

一、导言

在西方，自20世纪80年代就开始了"公众理解科学"（public understanding of science，PUS）运动，其内容及理念逐渐得到优化，但是作为其背景的相关权力机制并没有得到根本改变，正如费尔特所言："公众还是必须提高科技意识，而没有要求科学家提高对公众所期望问题的意识。"[1]伴随PUS理念的优化，科学传播模型也在发生着演变，从早期的缺失模型（deficit model）到布赖恩·温（Brian Wynne）的"内省模型"（reflexivity model）。布赖恩·温基于对坎布里亚羊事件的案例分析，将科学和科学家本身也一并问题化，认为科学由于自大及与政府的共谋缺失了内省性，而公众对自己的"地方性知识"和自己在社会网络中的地位具有一定的内省性。布赖恩·温还指出："科学对自身条件的内省性认识是获得更多公众认可和支持的先决条件。"[2]

对于中国，在当前的政治体制环境中，科学传播与应用的方式始终没有离开政府主导模式的框架。因而本文基于布赖恩·温的"内省模型"理论，通过对内蒙古某县"测土配方施肥"技术推广应用的案例研究，分析具体社会语境下多个科学传播应用者相互博弈的复杂关系以及各自的局限性和内省性，而且将更加关注中国官方运作者的内省状况。

二、测土配方施肥技术推广概况

众所周知,农业生产需要施肥,而如何施肥,既有农民传统的经验,也有基于科学理论指导的实践。在国内面向农村的科学传播实践中,关于测土配方施肥技术的推广也是重要的核心问题之一。

这里所说的测土配方施肥(soil testing and formulated fertilization),是指以肥料田间试验、土壤测试为基础,根据作物需肥规律、土壤供肥性能和肥料效应,在合理施用有机肥料的基础上,提出氮、磷、钾及中、微量元素等肥料的施用品种、数量、施肥时期和施用方法[3]。这一技术在20世纪70年代从美国兴起,在中国,基于1979年开始的全国第二次土壤普查,自2005年才真正开始开展"测土配方施肥试点补贴资金项目"[4],使之成为科技入户工程的第一大技术,在全国示范,近几年开始逐步转向整建制推进模式。

为此,国家专门制定了《测土配方施肥技术规范》。这一规范虽然指出了各地区可以根据实际情况参照执行,但还是在很大程度上为"测土配方施肥"的实践操作赋予了一套标准的"科技知识包"和"推广普及程序包"。与其他现代科技一样,"测土配方施肥"具有很强的标准化和程式化特征,仅一套技术规范就达几十页,对各项技术原理、实验设计及操作程序给予了明确规定,涉及多项技术指标和参数,提出了对多项先进科技的应用要求,如遥感(RS)、全球定位系统(GPS)以及地理信息系统(GIS)等,各地相关工作部门基本是在政府主导下按照这些规范组织实施的。目前这一工作已经取得了很大进展,但整体而言还不算是很成功,许多地区依然存在着公众不愿意接受的现实矛盾。

作为本文具体案例研究对象的内蒙古某县(以下简称为A县)于2006年被确定为全国第二批测土配方施肥重点示范县,承担实施了国家项目。2008年,该县按照国家新的政策目标转向了整建制推进的方式,但依然以重点推广和示范推广为主,主要围绕"测土、配方、配肥、供肥、施肥指导"五个环节开展了九项工作。通过对土样测试分析、田间试验示范、农户施肥调查等大量数据的分析研究,确立了施肥指标体系和肥料配方,建立了测土配方施肥项目数据库,完善了耕地资源管理信息系统和平衡施肥专家系统,形成了"一张图、一张表、一张卡、一袋肥"①模式。

---

① 这些内容均指的是"测土配方施肥分区图、作物施肥推荐表、测土配方施肥建议卡和配方肥"。

A 县在技术层面依照国家统一《测土配方施肥技术规范》标准实施，同时，其实施方案也与国家的统一方案如出一辙。然而，笔者的调查显示，该县配方肥的实际效果并不明显，总体上并没有获得农民较高的认可度。究其原因，不同被访者的说法存在着很大的分歧：官方运作者多数将之归咎于农民科技素质差、不良施肥习惯等因素，只有个别人与多数农民观点一致，认为测土配方施肥技术及运作者本身存在着问题。

三、公众的态度及信任危机的出现

在 A 县测土配方施肥技术与公众交往的实践中，公众的态度是怎样的？他们的态度究竟源于哪些因素？似乎在多重因素中，公众对官方运作者的信任危机是至关重要的。但这种信任危机的出现又是因为什么？这也正是本文所关心的问题。

1. 公众的态度

笔者在对 A 县农民的访谈中发现，农民一般不喜欢使用配方肥，理由主要包括价格高、用量大、有风险和效果不好等。他们的陈述是："我们有时自己兑，配方肥一般人都不用，价格高"[①]；"按说挺好的，缺啥补啥，他们讲的也挺好，可那玩意实际用上却没见多大效果"；"平常我们上肥就一垧地两三袋二胺什么的，说配方肥得上五袋，秋天收不收还不一定"。有的农民还谈道："一般达不到量，农民都算经济账，一垧地一千多块钱，投入高，又没保障，当地气候不行。"对于我们的追问"若按标准下，虽然投入高，产量不也高吗？"农民的回答是："也按那个量试过，高不了多少，到秋后折合，也没多收入"；"看不出明显效果，肥依赖水，咱当地靠天吃饭，旱、涝灾都有"。

关于肥料的选择渠道，农民倾向于选择乡镇上非官方背景的"农资店"。不过，以前另外一些与官方介入有关的农作物种植经历，也在农民的心理上留下了阴影。他们的态度在以下说法中可以反映出来："我们肥料都到当地小店[②]里买，或者自己配，造价低，效果也不错，反正都得亲自试"。

[①] 此处及后续部分引用的农民的说法，均来自笔者于 A 县针对农民对测土配方施肥技术所持态度的访谈。

[②] 指的是乡镇小型私营"农资店"。

另外，我们在对参与测土配方技术推广培训与指导方面人士的访谈中还发现，农民更加认可自己的实践经验。他们得到的培训机会很少，现场技术指导更是欠缺。归结起来，农民的回答大体是："有些讲得也挺实际，有些理论太多，要是多亲自下地指导就好了"；"没听说过有培训啊？要是知道咋不去啊"；"种地这东西，得凭经验，雨前雨后、苗前苗后施肥都不一样，这不是硬教出来的，得不断摸索""现在的培训课上，俺们不干听了，有问题就问，可种地碰上的难题，有的他们也解决不了"。

当然农民的看法也是多样的，但在观点上还是基本一致的，90%以上的农民不愿接受配方肥，他们的不认可态度源自多方面因素，如效果不好、价格高、量大、"农资店"的冲击以及农民更相信自己的实践经验等。

2. 信任危机

信任（trust）应该是关乎公众对待科学态度的重要维度。20 世纪 80 年代的"公众理解科学"的理念认为，公众对科学感兴趣却又不支持科学，是因为公众缺乏对科学的理解而导致科学陷入了公众的信任危机[5]。布赖恩·温也曾经指出："批判地考察一下信任的基础是必要的，因为这个维度决定性地影响着公众对科学的领会。"[6]其实，不仅仅是信任，依赖也会产生公众对科学的选择，因而公众即使选择了科学，也不代表公众就持有对科学的信任，只有公众对科学的接受是在信任和愿意的基础之上，科学才可能在实践中发挥出应有的效果。

在 A 县，农民对科学本身基本上还是持中立态度的，但是对官方运作者却似乎丧失了信任。这种信任危机的出现致使该县在科技推广中遇到一些阻力，其中原因至少有三个方面：其一，在历史上，该县政府部门在科学传播过程中曾经出现过一些重大问题，给农民留下了根深蒂固的不良印象。比如，十几年前曾经出现过对于亚麻、甜菜等推广的下派指标方式，但最终丰收之际或者协议不了了之，或者收购时过分限制条件，使农民蒙受了巨大损失。其二，当下，推广配方肥过程中依然存在逐级下派任务现象，将配方肥的推广与农村"低保"不合理地结合起来，这更加激化了矛盾。其三，农民风险承受力低，自然会"一朝被蛇咬，十年怕井绳"，对过去事件耿耿于怀，不再轻信。①

---

① 本文研究案例取自 2010 年左右，如今该县情况已发生极大改善。

四、科学及其传播应用者的局限性

笔者在本案例研究中所突出关注的是,公众对科学的不认可的重要来源之一,即科学及其传播应用者的局限性。这里,科学当然是指正统的、标准化的科学,其局限性指的是,由于"地方性"因素而带来的不同社会语境下的科学的失效;科学传播应用者的局限性指的是,科学传播应用者的立场、理念、知识水平、能力、运作方式、对当地各方面条件的把握以及传统习惯等诸要素在微观社会情境中的限制,会导致科学传播与应用不能发挥出理想效果。

测土配方施肥技术与其他现代科技一样,遵循着严密的科学逻辑,按照标准的知识包和程序包运作,涉及多个技术参数。科学是具有实践性和地方性的,即使操作者严格遵守操作规范,能够达到理想状态,但科学自身的实践性和地方性特征也决定了科学的推广与应用是具有一定局限性的。科学离开实验室之后,总要经历转译、编码等过程,最终走入不可能完全相同的社会语境当中,就会导致一定程度的失效。更何况,在现实中这种假定的理想化条件是不存在的。不仅科学自身,科学的传播应用者都是具有一定局限性的,加之社会中的其他因素,共同构成了科技运作的复杂的社会语境网络。这一网络结构极其复杂,边界是模糊的,包括了多重要素,如自然环境、背景理论、社会政治、经济、文化等。在 A 县独特的土壤、气候、地形地貌、耕作制度、人文环境、农民施肥技术及习惯问题等具体环境下,只有测土配方施肥技术及其推广应用的多重因素达到很好的契合,不同环节与各项工作构成有效连接的机制,才可能达到较理想的效果。然而,目前在现实中这种契合与有效链接何以可能?该县在测土配方施肥实践中还存在着很多问题,具体地讲,主要包括以下几个方面。

(1)测土配方施肥技术与农机、农艺的结合问题。配方肥的施用需要较高的施肥技术水平和大型精量、半精量播种施肥机。可是在 A 县,农地以丘陵坡地为主,大型农机具不适用,同时,农民的农机具操作及施肥技术水平也不能达到标准,传统施肥习惯难以改变,基层农技人员的综合业务素质和服务能力都非常有限,严重影响了配方肥的肥效。

(2)肥、热、水的关系问题。只有在相应的水、热等条件下,肥料才可能发挥出应有的肥效。可是,A 县年平均气温仅 3.6℃,且南北、年月、昼夜的温差较大。同时,该县是典型的旱作农业区,年降水量低,且集中在 6~

8月,在施肥的关键季节春季尤其干旱,人工灌溉又有限。因此,对于多数农地,根本达不到配方肥水量的需求。

(3)运作者在采土环节中的偏差问题。农业部《测土配方施肥技术规范(2008)》要求:"平均每个采样单元为100~200亩(丘陵区、大田园艺作物每30~80亩采一个样……)。"[7] A县基本是平均每200亩地采集一个土样,主要针对较发达乡镇和农户的地块,在3个重点乡镇取样占50%,其余6个乡镇占50%。继2006年项目实施第一次采土之后,连续三年的补充采集依然选择了试验示范及典型地块。显然,对于偏远乡镇,虽然多为山坡地,但土样采集并没有加密达到规范要求的标准。另外,采土用具是不锈钢铁锹,也难以达到采土的均一深度。那么,采土的这些不合理势必会导致配肥的不合理。

(4)在配方、配肥与供肥环节连接中存在的社会机制方面的现实问题。在A县,按照国家要求,由农资企业按照农业中心提供的配方完成配肥与供肥。这种分离化的合作导致责权不明,配方肥的质量和价格难以保障。其原因如下:第一,上级对配方肥的价格没有保护措施,农资企业几乎有了最终的价格决定权;第二,农资企业并不使用原材料,而是从还没有达到规范的市场中选择成品肥料进行混配;第三,配肥企业仅1家,缺乏竞争,引发了一定程度的垄断性;第四,农业部门抽检与监督的力度和效度都非常有限;第五,配方肥的生产与保存都需较高条件,加大了成本。那么在不够完善的市场经济条件下,纯粹以盈利为目的的企业的信誉度是难以保障的。

(5)在对测土配方施肥技术核心原理的应用中存在的问题。国家《测土配方施肥技术规范》具有一套严密自洽的专业化标准,包含了多个参数和多元方程。主要是在肥料效应田间试验、土壤与植物测试等基础上进行肥料配方设计:"肥料用量的确定方法主要包括土壤与植物测试推荐施肥方法、肥料效应函数法、土壤养分丰缺指标法和养分平衡法。"[7]

肥料效应田间试验——国家"3414"试验方案是基础,对应着该技术的核心原理。"3414"是指氮、磷、钾3个因素,4个水平[①],14个处理。该方案可进行氮、磷、钾元素中的三元、任意二元或一元效应方程的拟合,求得不同的相对产量。对试验结果,可根据需要进行回归分析、方差分析或施肥参数计算等。其中,回归分析的主要目的是建立产量与施肥量之间的二次

---

① 4个水平的含义:0水平指不施肥;2水平指当地推荐施肥量;1水平(指施肥不足)=2水平施肥量×0.5;3水平(指过量施肥)=2水平施肥量×1.5。

回归方程，确定最大施肥量和最佳施肥量及其对应的预测产量。然而，在 A 县，该技术操作是存在一定问题的。比如，该县针对大豆、玉米等"3415"[①]试验建立了三元二次效应方程 $y=b_0+b_1X_1+b_2X_2+b_3X_3+b_4X_1X_2+b_5X_1X_3+b_6X_2X_3+b_7X_1^2+b_8X_2^2+b_9X_3^2$（$y$ 为产量，X_1、X_2、X_3 分别为 N、P_2O_5、K_2O 施用量，b_0～b_9 为回归系数），采用肥料效应函数法进行拟合来求得最符合生产实际情况的结果。实际上，回归系数 b_0～b_9 是随着试验点的条件动态变化的，与具体语境下的作物品种、土壤、气候、耕作制度等都有着强关联性。该县气候易变，一般农地的生产条件与试验示范地块差距很大，这样，不但效应回归方程拟合成功率无法保障，肥料配方也不能达到很好的适用性。内蒙古自治区土壤肥料工作站的奥静平专家也指出：肥料效应函数法更适用于生产条件良好的地区。在内蒙古旱作区，农业生产条件恶劣易变，三元二次肥料效应回归方程拟合时，许多受灾严重的试验点是作为报废点处理的，最佳施肥量没有包含农业生产风险因素，因而结果往往比农民的预期施肥量要高[8]。这就出现了悖论：试验示范越是标准化，与普通农户的地块条件差异就越大，就越是无法满足普通农户的差异性需求。在 A 县测土配方施肥技术的推广恰是以试验示范为主渠道，那么对普通农户的最终效果便不得而知。

总之，在具体地方语境下，科学及其传播应用者都是具有一定局限性的，恰是这些局限性降低了科技应用中的实际效果。

五、内省性

这里要讨论的是，在中国科学传播与应用的具体社会权力机制中，运作者是否具有内省性的问题：这些运作者是否了解科学的局限性、他们自身在科学传播应用中的局限性以及这些自身局限性对科学传播应用带来的负面影响。

自步入后学院时期以来，科学已经作为一种人类实践活动，其传播与应用是通过具体社会语境中的权力关系来实现的。这里的"权力"（power），主要是指科学运作的社会情境性控制条件。美国新一代科学哲学家约瑟夫·劳斯（Joseph Rouse）曾经指出："权力并非仅仅是某个人、某个机构或某个群体所拥有或运用的能力。行动者总是在多少确定的情境中行动，对他们而言什么行动是可能的，取决于他们所处的情境。"[9]

[①] A 县增加了一项微量元素"钼、锌"的处理。

布赖恩·温的"内省模型"也将科学活动置于具体社会情境之中,认为内省的能力应该是社会各方面因素共同作用的结果,公众具有一定的内省性,明白自己的处境,知道自己对某些"科学"或团体的依赖,因而有时在不情愿中也会表现出某种程度的信任,而科学及科学家则不具有更高的内省性[2]。

笔者认为,在中国,除了公众、科学之外,更重要的层面应该是科学传播的运作者。在微观社会权力机制中,不同运作者站在不同的利益立场处理着科学事务,而表现出了内省性的缺失。

这些科学传播与应用者主要涉及政府、学术界、官方运作机构和企业。他们的权力关系大体是:上级政府根据国际和国内的宏观形势、运作机构的经验总结、学术研究领域的理论成果,制定不同时期的战略目标和中心任务;官方运作机构主要执行上级任务;学术研究,除了学科发展的目标之外,要为实践提供指导作用,也为党和国家政策的制定与调整献计献策;公众在当下虽然有了一些话语权,但科技选择的自主性和科技活动的参与性是非常有限的,会受到权力网络中各种无形条件的约束。

其一,政府相关部门和一些学术研究者要关注本国在国际中的地位,应该也大体明确国内各方面状况,面对"三农"问题,新时期自然要进行新型农业科技的研发、推广与应用,来提高农业收入和总体 GDP,虽然也有农民增收的目标,但当国家目标与之矛盾时,从农民的视角考量其工作局限的可能性就大大降低了;相关学术研究者,作为传播理念和国家发展方略的"智库",也应该了解当下的利益机制。在后学院科学观的影响下,科研资助和功利化现象兴起,作为资助者的代言人,研究者不大可能完全反映公众的心声与处境,实际效用大打折扣,进而影响了科技理念、科技运作方式和最终效果。曾有西方学者提到:"当前商业化的学术研究的受益者很可能会损害为他们生出金蛋的鹅。"[10]

其二,地方科技运作者(包括官方运作机构和企业),似乎也是缺乏内省性的。他们在微观社会情境中,为着自身利益而努力分析着自己在复杂权力网络中的优势与劣势,保护或争取着不同形态的利益。在 A 县配方肥的技术推广应用中,各运作者的关系是:农牧局将配方肥的推广作为乡镇农业服务中心考核指标之一,由它统计数量并上报;农业服务中心提供配方给企业,派化验人员抽检和监督;农资企业按方生产、定价;小型"农资店"挂靠于农资企业,进行各种肥料的经营销售;科技示范户得到优惠"配方肥"并对农民示范。在实际运作中,地方机构基本是在完成上级布置的工作任务,虽然也关注农民的反映,但是面对农民不认可、工作业绩需求以及其他利益驱动和压力,依然采用了"强制化"的手段。然而,由于20世纪90年代的基层体制改革,农业部门失去了生产与经营肥料的职能,配方肥的生产与供应环节进入了企业。农资企业既与政府合作,又是紧密联系市场的商业实体,它会考虑乡镇"农资店"的便民优势,使之成为自己的代理商。这样,农资企业的销路就有两条,一条是配方肥的销售,另一条是"农资店"广泛农资的代理销售。由于农资企业了解自己"两条腿走路"的生存空间,也了解双方合作的利益机制,那么肥料的质量和价格必然难以保障。乡镇"农资店"知道自身不具备大型农资企业和其他相关机构的优势,清楚自己获取更高利润的渠道是依靠公众需求拉动,因而也就愿意为农民提供更多的科技服务和方便条件,以博得农民的信赖。可见,乡镇"农资店"对测土配方施肥技术的推广造成了很大的冲击,然而却由于它们与农资企业的挂靠关系,农资企业亦随之获利。如此推理,似乎政府机构更加缺乏盈利空间。

可见,在中国具体社会语境下,不同层面的科学传播者都表现出了内省性的缺失。他们基本都为着各自不同的利益目标而在复杂的权力网络中进行着选择。同时,由于先进的科学观念及科学传播理念的缺失,也由于急功近利而对农民需求及特点的忽视,从而违背了科学和科学传播的本质规律及特点,最终导致在实践中有时与其理想目标相去甚远。

那么,生存于博弈多方夹缝中的农民,在产量和效益的期待与观望中,最终大部分"理性"地选择了乡镇"农资店"。当然这并不代表他们对"农资店"的高度信任,史蒂文·耶利(Steven Yearley)认为,"在关于科学的一些问题难以判断的时候信赖会被放大"[11]。农民的这种选择是在官方推广渠道被否定时,平衡各方面利弊之后做出的,在看似自由表面的背后盘旋着纷繁交织的无形约束网络,如价格、风险、经济状况、隐性行政压力、科技操作水平以及其他人际关系因素等。因而农民应该是具有一定内省性的,他们了解自己的处境,目前有了更高的警惕性,同时也具有一定的"地方性知识"①。这些"地方性知识"虽然不能用"科学标准"进行检测,却在具体环境中具有一定的有效性。当然农民的内省性也是有限的,由于科技素质不高、多年被动的习惯以及"参与权"和"知情权"的缺失等,有时不能将地方性知识与现代科技很好地融合,也就存在着盲目吸收或排斥现代科技的现象。

---

① 这里指的是人类学视野中的"地方性知识"概念。

六、结语

虽然内蒙古某县的测土配方施肥技术的推广只是个案，但是也至少可以从某些方面反映出中国科学传播与应用中的一些现实矛盾和理论问题。在现有模式下，科学的传播与应用是难以实现其理想化目标的，不单科学与公众，更重要的是科学传播的官方运作者也具有很多局限性。在中国特殊的政治体制和不完善的市场机制作用下，科学传播与应用的具体社会语境是政府主导下的极其复杂的权力网络和利益机制，各个运作者基本都比较关注自身所处的利益局势，对科学局限性、自身局限性以及这些局限性对科学传播应用的效果和公众利益的影响，都表现出了内省的盲点。公众对科学本身的认可度在提高，但对官方运作者的态度却表现出了不满情绪。然而在中国，恰恰是官方运作者的推广方式与态度对公众对于新科技的态度及应用的效果一直起着十分重要的影响作用。因此，官方运作者必须要增加对具体社会语境中的公众需求和自身局限性的内省维度，加强与公众的对话，以期科技在实际应用中达到较理想的效果。

（本文原载于《自然辩证法通讯》，2013年第2期，第92-97页。）

参 考 文 献

[1] 费尔特, 等. 优化公众理解科学——欧洲科普纵览. 本书编译委员会, 译. 上海: 上海科学普及出版社, 2006: 2.

[2] Wynne B. Misunderstood misunderstanding: social identities and public uptake of science. Public Understanding of Science, 1992, 1: 281-304.

[3] 中华人民共和国农业部. 测土配方施肥技术规范(2011年修订版), 农业部关于印发《测土配方施肥技术规范(2011年修订版)》的通知(农农发[2011]3号). http://www.moa.gov.cn/ztzl/ctpfsf/gzdt/201109/t20110922_2293389.htm[2011-09-22].

[4] 中华人民共和国农业部办公厅, 中华人民共和国财政部办公厅. 关于下达2005年测土配方施肥试点补贴资金项目实施方案的通知(农办农[2005]43号). 中华人民共和国农业部公报, 2005, (9): 16-19.

[5] A Royal Society Ad Hoc Group. The Public Understanding of Science. London: The Royal Society, 1985: 12-16.

[6] 布赖恩·温: 公众理解科学//希拉·贾撒诺夫, 杰拉尔德·马克尔, 詹姆斯·彼得森, 等. 科学技术论手册. 盛晓明, 孟强, 胡娟, 等译. 北京: 北京理工大学出版社, 2004: 276-297.

[7] 中华人民共和国农业部. 测土配方施肥技术规范(2008). 农业部关于印发《测土配方施肥技术规范》的通知(农农发[2008]5 号). https://hk.lexiscn.com/law/content.php?provider_id=1&isEnglish=N&origin_id=1761925[2008-03-11].
[8] 奥静平. 对内蒙古旱作区测土配方施肥工作中几个问题的思考. 现代农业, 2011,(12): 92-93.
[9] 约瑟夫·劳斯. 知识与权力. 盛晓明, 邱慧, 孟强, 译. 北京: 北京大学出版社, 2004: 2.
[10] Mirowski P, Sent E M. The commercialization of science and the response of STS//Hackett E J, Amsterdamska O, Lynch M, et al. The Handbook of Science and Technology Studies. 3rd ed. Cambridge: The MIT Press, 2008: 635-690.
[11] Yearley S. What does science mean in the "public understanding of science"//Dierkes M, Grote C V. Between Understanding and Trust-The Public, Science and Technology. The Amsterdam: Harwood Academic Publishers, 2000: 217-236.

关于中药"毒"性争论的科学传播及其问题

| 岳丽媛，刘兵 |

一、研究背景

近些年来，随着三聚氰胺事件、苏丹红事件及各种药品不良反应报道等涉及健康的问题频发，人们对食品、药品不安全感的增加，加之网络媒体广泛的传播和微信朋友圈的兴起，对于中药"毒"性的问题与争论也成为公众关注的热点。在百度上，以"中药"和"毒"作为关键词来检索，得到的相关结果达3530多万条。涉及的话题从传统中药"鱼腥草"到家喻户晓的"龙胆泻肝丸""六味地黄丸"，再到国家绝密配方"云南白药"等。可见，围绕中药疗效和毒副作用的争论存在已久，持续引发舆论对中药安全性的担忧与讨论。其中近期的"马兜铃酸事件"就是一个非常典型的例子。

马兜铃酸曾几次引起争议。20世纪90年代，比利时女性服用含有马兜铃酸的减肥药导致肾衰，引发"中草药肾病"事件。2003年，有关龙胆泻肝丸配方中的关木通所含的马兜铃酸成分导致肾病的报道不断涌现，当年关木通被中国国家药品监督管理局取消了药用标准[1]。前不久"马兜铃酸致肝癌"的说法再次传得沸沸扬扬，源于2017年10月18日《科学-转化医学》杂志发布的题为《台湾及更广亚洲地区的肝癌与马兜铃酸及其衍生物广泛相关》[2]的论文，杂志编辑以"一种草药的黑暗面"为题推荐了这篇论文，文章认为马兜铃酸与肝癌之间存在"决定性关联"。尽管随后召开的中医专家研讨会一致认为，"该文章提示了马兜铃酸可致肝癌发生的强烈风险信号，但两者之间的相关性尚缺乏有力的直接证据"[3]。此论文一出，一些媒体和网站从中推波助澜，再次引发了公众对中药安全性的质疑，掀起了中药药效和毒副作用的广泛争议。

最近，随着《舌尖上的中国（第三季）》节目的热播，中药"鱼腥草"上了微博热搜榜，同时，一篇题为《做饭乱加这些东西会中毒，每年都有人出事》的科普文章在公众号上获得了超过 10 万的阅读量，这些事件再次引发了关于中药毒性的热议。从这些面向公众媒体的争论中，普遍存在的一种观点是，认为中医缺乏现代西方医学那种客观的、实验验证的科学依据，中药的临床效应和副作用都很不明确。而"近代随着西药毒理学研究的深入，学术界一度把药物的毒性认为是'药物对机体的伤害性能，是引起的病理现象，一般与治疗作用无关'。由此导致的结果是人们对有毒中药退避三舍，甚至夸大中药毒性的现象"[4]189。于是有舆论呼吁禁止有毒中药的使用，甚至有上升到"废医存药"的极端说法。

以上案例反映出人们对食品药品安全的持续关注和普遍焦虑，以及因此引发的传统医学与现代西方医学之争，但这些争论又聚焦到一个核心的概念上，也就是"毒"。如果我们深入研究现代西方医学和其他替代医学对"毒"的认识，如中医中"毒"的概念，就会发现实际上并没有一个统一的"毒"的概念，在不同医学体系中，对于"毒"的理解并不一致，进而使用毒、利用毒、解决毒的理念和方式也存在很大差异[5]。进一步分析公众对"毒"的认识和理解，就涉及了科学传播领域的相关研究。以科学传播的研究视角来看上述现象，涉及"毒"的问题的传播具有其独特性，有别于其他单一的、明确的、没有争议的科学知识的传播。这些争议也反映出公众对"毒"普遍存在着误读和误解，这些关于"毒"的信息传播其实是存在着很多问题的，然而相关问题并没有得到学者们的重视。在中国知网以"中药"和"毒"为主题进行检索，得到 3050 篇文章，几乎都是医药学相关领域的专业研究，科学传播领域对这一现象和问题的关注极少。

从科学传播的视角来看，在当下有关"毒"的传播背后，其实涉及关于科学（医学）哲学的许多问题。包括：什么是"毒"？从媒体的报道及网上、生活中人们讨论的内容来看，人们好像默认有这样一个共同的"毒"概念。实际上，却并不是所有人都对这一概念有详尽的、充分的和深入的思考。比如，不同医学理论和实践中如何看待"毒"？像中医、蒙医、藏医、维吾尔族医、壮医，他们对毒是怎样认识的？如果说这些非西方医学的其他替代医学已经被国家卫生安全标准认可，那么非西方当代医学的其他医学中对"毒"的认知有无合理性？进一步还可以推导出，是否只有一种统一标准来界定

"毒"？人们对于不同学科体系医学知识的理解和态度，更深层面涉及对"身体"和"医与药"的解读的立场问题，即对医学持有的是一元论还是多元论的哲学观等许多问题。如果这些基本问题得不到有效的分析和解决，关于"毒"就有可能在混乱中一直争论下去。

二、关于"毒"的概念与认识

（一）什么是"毒"

"毒"是一个复杂概念。在人类的历史长河中，生命与毒物始终相伴相随。据史料记载，人类最初是在采集寻找食物的过程中偶然发现的"毒"，在远古时代，辨识和避免食用毒物是人类能够生存和繁衍下来的一个重要条件。"毒"的发现很快衍生出多种社会取向和文化取向[6]397。当有识之士开始收集、整理使用某些植物的经验教训时，一些有毒的植物开始成为药物，动物药、矿物药等也有类似的形成与发现过程。《淮南子·修务训》记载神农"尝百草之滋味……令民知所避就……一日而遇七十毒"。《帝王世纪》也有类似记载：炎帝神农氏"尝味草木，宣药疗疾，救夭伤人命，百姓日用而不知，著本草四卷"。这些都生动而形象地记载了从中毒现象中发现"毒"进而萌生药物知识的实践过程[6]397-398。其他国家如印度、希腊和埃及也都相应地有使用毒物的古老文化。因此，"毒"与药的起源，是人类长期生产、生活实践与医疗实践的总结[6]399。正如有学者所总结的："毒质作为一种典型代表，象征了地球上生物所具有的令人匪夷所思的复杂适应能力。在所有时期出现的各种文化中，它们都是一种值得崇拜甚至敬畏的力量。"[7]148

（二）中医和中药认识中的"毒"

中国的中医药学具有丰厚的人文底蕴，对"毒"的认识，历经各代医家的经验和学理发展，形成了内涵及外延复杂多变的概念——"毒"[8]。《说文解字》释义："毒，厚也，害人之草。"即"毒"的本义指毒草。《五十二病方》作为最早医学方书，记载了毒药的采集和炮制及用于治疗毒箭的中药，朦胧提出了病因之"毒"。从《黄帝内经·素问》开始，"毒"的概念有了很大的发展，从单纯的有毒的草药，引申到病因、病机、治法、药物性能等多个方面[9]。先秦各家从不同角度总结归纳了"毒"的含义，毒还分阴阳、缓解、内外等。随着中医的发展，中医对毒的认识不断丰富，包含复杂而广泛的含义，总结来看主要有以下几类：一指病因之毒，泛指一切致病因素，即有毒的致病物质，特指"疫毒"。二指病症之毒，主要涉及传染性或感染性疾病，包括许多直接以"毒"命名的病症，如湿毒、温毒、丹毒等。三指病理产物，也称内生之毒，即"由于机体阴阳失和，气血运行不畅及脏腑功能失调导致机体生理代谢产物不能及时排出或病理产物蕴积体内而化生"[10]，如六淫化毒，即风、寒、暑、湿、燥、火六淫邪盛，危害身体。四指药物之毒，这也是讨论的重点。"毒"是中药性效理论体系的重要组成部分，大致说来，中药中的"毒"的内涵，主要包括以下三个方面。

其一，"毒药"是中药的统称。如《周礼·天官》说"医师掌医之政令，聚毒药以共医事"，《黄帝内经·素问·移精变气论》说"毒药治其内，针石治其外"，即药、毒不分，药即是"毒"。正如张景岳在《类经》也提出的"凡可避邪安正者皆可称为毒药"，认为"中药之所以能够治疗疾病，正是因为其不具备日常食物所拥有的相对平和、稳定的性质"[11]。因而，中医学古典中"毒"的含义就是药物的泛称。

其二，"毒性"是指药物的特殊偏性。张景岳《类经·五脏病气法时》云："药以治病，因毒未能，所谓毒者，以气味之有偏也。"传统医学认为，人之患病，病在阴阳之偏胜或偏衰；要治其病，则须借助药物之偏以纠其阴阳之偏，使之归于平和。即药物"以毒攻毒"的能力。

其三，药物的毒性或副作用。即多服或久服等不当可能对身体造成的不良反应。依据中药偏性和不良反应等性质，历代本草著作学者以"大毒""常毒""小毒"等标注进行毒性分级，并记述对乌头、半夏等有毒药物中毒反应及处理方法。同时，"经过不断探索实践，古代医家积累了丰富的预防毒性中药中毒的经验，认为只要用药对症，剂量合理，炮制和配伍正确，毒药可为良药；若用之不当，即使一般药物也可害人"[12]。

（三）西医与药物毒理学中的"毒"

在西方医学的发展史上，"在古希腊，中毒是相当普遍的现象，因此，治疗中毒和解毒剂的使用就变得十分重要。第一个对中毒者采取合理治疗的人是希波克拉底斯（Hippocrates，公元前460～公元前377年），大约在公元前400年，他已经知道，在治疗或减轻中毒症状方面，最重要的是要减少胃肠道对有毒物质的吸收"[6]410。文艺复兴时期的医生帕拉塞萨斯

(Paracelsus，1493—1541）认识到了对"毒"的概念不能做绝对理解，剂量对毒性起决定作用，毒物与药物的区别仅在于剂量[13]1-2。帕拉塞萨斯的论断和人们对毒物的全新认识开创了建立在西方科学基础上的毒理学时代。

现代毒理学认为，毒性（toxicity）是指某种化学物引起的机体损害的能力，用来表示有毒（toxic）之物的剂量与反应之间的关系。化学物毒性的大小与机体吸收该化学物的剂量、进入靶器官的剂量和引起机体损害的程度有关[14]2。也就是没有绝对的界限来区分毒物与非毒物，只要剂量足够大，任何外源化学物均可成为毒物。例如食盐，一次服用15克以上将损害健康，一次服用200克以上，可因其吸水作用和离子平衡严重障碍而引起死亡。甚至一次饮用过多的水，也会导致体内缺钠，造成水中毒[6]3。

反映在药物上则更加典型，西医药物毒理学是一门研究药物对生物体产生毒性作用的科学，"任何药物在剂量足够大或疗程足够长时，都不可避免地具有毒性作用"[15]6，狭义的中药毒性与之相近，但仍与此毒性概念有所区别[16]。中药的副作用与这一意义上的毒性有不同之处，就在于中医讲求辨证用药，以偏纠偏。在临床应用中，如果中药炮制适宜、配伍和剂量得当，"毒性"可用来治病祛邪，转变为药性，达到"药弗瞑眩，厥疾弗瘳"①的用药境界[17]。反过来，错误的炮制、配伍及剂量会导致辨证失当，普通的药物也会因偏性太胜而变成损害健康的毒物。中医这种辩证思维下的宽泛的毒性理论更符合临床用药的实际情况[16]。

三、不同医学理论下"毒"的认识的多元性

（一）不同医学理论下"毒"的概念之差异

通过前述分析，我们发现，首先，中西医体系在对"毒"的认识上，有一明显的相似之处，即"毒"的相对性问题。虽然对"毒"的界定和对待方式上，中西医存在较大差异，但一致认同"毒"是一个相对概念。是否有毒、毒性作用的大小，取决于毒物自身的性能、摄入的剂量和时间，以及个体的生理和病理状态等。若"毒"的用法得当，可以用来治疗和预防疾病；而使用不当，即便是非毒物质也可能会致病。两者虽然有这种基本认知上的相通

---

① 来源于《尚书·说命篇上》"若药不瞑眩，厥疾弗瘳"，意思是说一个病重的人，如果在服用完中药之后，没有出现不舒服的现象，那就不能彻底治愈这个病。

性,但具体到操作层面上依然有着明显的差异。这主要体现在以下几个方面。

一是在界定"毒"的方面,西方现代医学中对"毒"的研究主要是实证研究,西医的毒基本上是指可以通过实验手段进行检测的物质,这些物质能够被用来分析其化学成分和含量。而中医中的"毒"的概念,内涵和外延则宽泛得多,在类别与认知上也不与西医对等。其中除了和西医类似狭义的药物之毒,还有致病之毒、病因之毒和病理之毒等不同类型。

二是在利用"毒"的方面,西医更倾向于对"毒"敬而远之,尤其在西药上,对于被界定为毒性的物质及元素,尽量避开使用[5],但在用药实践中,却又无法避开毒的问题。中医则以相对包容的态度看待和使用毒,很多被认为有毒的药材被广泛应用,而不会被完全抛弃。中国古代就有善于使用毒药物的医家。例如,扁鹊用"毒酒"麻醉患者后进行手术;张仲景则善于使用剧毒中药,他在《伤寒杂病论》中,有超过 1/3 的方剂(119 首)以有毒中药为主或含有毒中药,如附子汤、乌头汤、麻黄汤等[6]546。也就是说,西医总的来说也承认"毒"的相对性,但在医学实践中偏向于将"毒"与"害"画等号,试图尽力避免或不直接使用。中医中"毒"的概念的狭义理解部分,虽然与西医有相近之处,但并不将有"毒"与有"害"画等号,即便被划定为有"害",中医也有恰当的手段来祛除、调整或降低毒副作用。

三是在解决"毒"的方面,基于以上对毒的认识和态度,中医注重对毒进行辨证使用,通过炮制、配伍等方法限制毒副作用。就拿含有"马兜铃酸"的关木通来说,现有研究表明,醋炙、碱制及盐炙 3 种炮制品中马兜铃酸 A 的含量较生品均有所降低,其中碱制后的降低率最高[18]。此外,也有大量研究表明[19],龙胆泻肝丸、导赤散配伍复方相对单味药有减轻关木通肾毒性的作用。而西医则强调对"毒"进行控制,避开直接使用或对剂量进行限定,即便被迫使用,也以标注副作用的形式详细列出其可能造成的各种影响。因而在西医的观念下,主张废止含"马兜铃酸"等有争议的中药,也就不难理解。

(二)中医等非西方当代医学对"毒"的认知的合理性

人类学领域的研究发现并指出,"我们根深蒂固地认为我们自己的知识体系反映了自然秩序,认为它是一个经由实验积累得以不断进步的体系,认为我们自己的生物学范畴是自然的、描述性的,而并非根本上是文化的和'类别性的'"[20]。所以,我们习惯于以自己的知识体系为中心,评判甚至否定其他的知识体系，中西医之间的长期争论亦是如此。事实上，中医对中药"毒"与"效"的认识源远流长，内涵非常丰富，是中华民族在长期与疾病作斗争的临床实践中，形成的控毒增效方法，具有辨证的特色和优势[21]。其他如蒙医、壮医、维吾尔族医等都是国家认可的民族医学，医学理论与实践也类似地都有其各自的文化背景和地方性特点，即都具有自身理论体系的自洽性和合理性。

对于地方性的民族医学采取一种宽泛视角下的认知和接受态度，也是国际上科学史和科学哲学研究领域的主流观点。在中国医学史研究上具有权威地位的日裔哈佛大学教授栗山茂久的著作《身体的语言：古希腊医学和中医之比较》[22]，就是对不同医学知识体系的比较研究。他选择了触摸的方式、观察的方式和存在的状态这三个颇有趣味的视角。例如，第一章讲脉搏，中医有切（把）脉的传统，古希腊医学也关注脉搏，但关注点在脉搏跳动的速率、强度。同样对象都是脉搏，中医因为背后的理论承载不同，以及经验的实践方式的不同，关注的要点与古希腊医学有极大的差别。同样，从诊脉的三个手指来看，与希腊医学仅仅是反映心脏跳动的频率、速度情况很不一样，中医可以判断出更多的信息。这些信息里除了可编码的，还有很多不可编码的。比如，形容脉搏的滑与涩，中医从这些信息里面连带地解读人们的身体状况；以及中医中"虚"的概念，"虚"要进补的处理方式，西方则另有一套疗法，如"放血疗法"，放血是意味着"盈"，是多。一个是担心少，一个是担心多，这样就变成了完全不同的诊疗方式。这些都与人们当地的传统文化相关联，此书用非常精彩的案例，展示了不同文化以及不同文化下的医学对身体的认识是多元的，有各自的道理。

类似地，"毒"这一复杂概念，不仅是医学体系中的一种理论依赖概念，同时也是一种文化依赖的概念。恰恰是由于"毒"的概念之理论依赖和文化依赖，"人们对'毒'这样一个在不同的语言中（包括在医学、药学的表述中和在日常语言中）表面上似乎有某种相近的指称对象的概念的认识，从来也都是多样的，彼此不同的"[5]。这反过来也说明了不同医学背景下的"毒"都有其合理性。

四、争议与分歧背后的哲学立场

我们已经看到，在对"毒"的认识上，不同的医学体系，对毒的理解是不一样的，进而使用毒、利用毒、解决毒的方式也不一样。进一步分析，就涉及前面提到的一个核心问题：是否有一种不依赖于具体的理论体系，而抽象出来的唯一的"毒"的概念？依据我们的前述分析，其实这个问题的答案是否定的。换句话说，在不同医学背景下，对这一问题的回答、认识和实践都是不一样的。在不同的文化传播和医学理论的背景下，"毒"概念的内涵和所指都不一样。在有关中药毒性的争议中，之所以存在着不同的传播视角和说法，从根本上看，实际上背后是有一个哲学立场的问题。如果从多元论的医学立场出发，"毒"的概念与"药"和"症"一样，有理论依赖和文化依赖的多元属性，只因其不同概念之间存在的交叠内容，在被广泛传播和解读的过程中，造成了似乎存在一种抽象的、普遍的，也就是一元论的"毒"的假象[5]。实际上，并不存在超越不同文化、不同医学理论体系的唯一标准的"毒"的概念和理解，因此也就不能简单地以西医理论中的概念理解、评价和处理中医等其他医学体系中的问题，自然，更不能因为从西医理论出发认为某中药含有毒成分，就禁止该中药，甚至连带地将其理论体系一同废除。

在现实社会中，之所以有些人对中药药方抱有怀疑态度，除了对中医的炮制、配伍减毒等知识陌生外，其实也有一些其他社会因素影响。一是有关多元科学（医学）立场的缺省教育环境。自西学东渐后，西医进入中国，从最初中强西弱，到两者均衡，到现在，西医逐渐成为主流医学[23]3，对西方医学的普遍信赖和推崇，在正规的学校教育及大众媒介传播中都有所体现。二是对中药的滥用和误用现象造成的不良影响。常见的如自行组方、迷信偏方，以及前面提到的将中药作为日常食材等，原本不符合中医理论和用药原则而引发不良后果或毒性反应，却被强加在中医理论及药物身上，将其当作这些中医中药处理毒性方面固有问题的证据来看待。三是用西医的理论和标准衡量中医药。西药的副作用其实也属于"毒"，但西医毒理学对毒性发生和作用的机理的研究（如依据双盲实验等）非常详细，论证逻辑清晰，而中药的辨证配伍及复杂的多靶点药物模式尽管有其临床疗效，却难以用现代科学（医学）的理论进行验证和解释。因此，如果持有西方科学（医学）一元论的立场，认为"真理"只有一个，而西方科学（医学）中关于毒的认识就是这种"真理"，其他与此不同的看法都是谬误，便会认为无法用西医理论和标准来解释的中医体系是有问题的，甚至是错误的。

从科学哲学的范式理论来看，中医与西医属于不同范式下的不同的理论体系，具有一定的不可通约性。中药的形成与发展，是长期实践经验积累的产物，与中华民族的传统社会文化紧密相关，是与中医理论体系不可分割的。

中药如果脱离了中医理论的指导，就成为毫无药用价值的"草根树皮"，不再是传统意义上的中药。当下许多对于中药毒性的指责及"废医存药"的极端说法，归根结底是错误地采用了西方医学的范式和理论来理解和评价中医范式内的问题。而在这种一元论的立场下，"中医等传统医学永远不可能被恰当地对待，也不可能得到理想的发展。因而，迫切需要改变的，实际上首先是一个立场的问题"[5]。

五、科学传播视角下争议的可能解决思路

综合以上以"毒"为切入点的分析来看，从科学传播视角来关注、分析这一现象具有重要的现实意义。首先，这些争论揭示了媒体和公众对于"毒"的认识普遍存在的西方科学一元论的立场，即认为只有西医这种符合现代科学理论和检验标准的医学才是唯一正确的立场，并因此否定和排斥无法用西医理论来解释和检验的其他医学体系，这种看法和态度是有问题的，甚至是错误的。这其实与我们当下社会中关于科学的、医学的缺省教育环境有很大关系。

其次，对这些争论的分析提示我们，不能够只是在单一学科（西方医学）的系统内强调关于"毒"的知识，应该采取多元论的医学观，平等地看待不同医学中"毒"的概念与实践。按照科学传播研究发展趋势来看，要促进公众理解科学，理解的不仅仅是科学知识，甚至首要的不是知识，而是传播一种宽泛意义上的多元的科学观，促进人们对科学这种人类文化的、社会的活动的整体理解，理解科学（医学）也有其文化属性和社会属性。

最后，对于科学传播的研究者和实践者来说，除了对相关各种知识有比较全面的了解，不轻易地无视自己并不熟悉的知识系统之外，还应该调整在哲学立场上的观念，"尤其是需要改变那种科学主义的、一元论的医学观、药物观、毒性观"[5]。如果能充分认识到，科学传播只以西方科学一元论的立场进行是存在问题的，科学传播不只需要知识的传播，还需要传播相关的哲学观点，关注与日常生活密切相关的问题，强调"地方性知识"等概念在科学传播中的重要性，并注意科学传播在不同文化语境下的差异。那么，就这样的争议的解决，科学传播者的这种思路和立场的改变，将会成为一种可能的解决方案。

（本文原载于《科普研究》，2018年第5期，第15-21页。）

参 考 文 献

[1] 林小春. 马兜铃酸致肝癌事件来龙去脉. 小康, 2017, (32): 80-81.
[2] Ng A W T, Poon S L, Huang M N, et al. Aristolochic acids and their derivatives are widely implicated in liver cancers in Taiwan and throughout Asia. Science Translational Medicine, 2017, 9(412): 6446.
[3] 刘志勇. "马兜铃酸致肝癌"无直接证据. 健康报, 2017-11-03(2).
[4] 于智敏. 中医药之"毒". 北京: 科学技术文献出版社, 2007.
[5] 包红梅, 刘兵. 蒙医视野中的"毒": 兼论民族医学的发展问题. 广西民族大学学报(哲学社会科学版), 2017, (5): 71-78.
[6] 史志诚. 毒物简史. 北京: 科学出版社, 2012.
[7] 理查德·贝利沃, 丹尼斯·金格拉斯. 活着有多久: 关于死亡的科学和哲学. 白紫阳, 译. 北京: 生活·读书·新知三联书店, 2015.
[8] 吴文博. 中医之"毒"新议. 中国中医药报, 2018-02-26(4).
[9] 朱爱松, 吴景东. 论隋唐前中医"毒"的研究. 医学信息, 2009, 22(6): 960-962.
[10] 李丛丛, 薛一涛. 识"毒"浅析. 吉林中医药, 2008, (1): 1-2.
[11] 刘鹏, 张成博. 中药"毒"的内涵解析. 中国中医基础医学杂志, 2015, 21(7): 787-788.
[12] 石一杰, 高三德. 小议毒性中药. 国医论坛, 2004, (6): 17-18.
[13] 约翰·亭布瑞. 毒物魅影: 了解日常生活中的有毒物质. 庄胜雄, 译. 桂林: 广西师范大学出版社, 2007.
[14] 金泰廣. 毒理学基础. 上海: 复旦大学出版社, 2003.
[15] 楼宜嘉. 药物毒理学. 3版. 北京: 人民卫生出版社, 2011.
[16] 原思通. 对"中药中毒病例攀升"问题的思考. 中国中药杂志, 2000, (10): 579-582, 588.
[17] 李伟. 药弗瞑眩厥疾弗瘳. 中医药学报, 1988, (5): 19-20.
[18] 张颖梅, 李一珊, 孙伟旭, 等. 关木通及其炮制品马兜铃酸A含量对比研究. 中国中医药现代远程教育, 2012, 10(6): 154-156.
[19] 周娟娟, 潘金火. 关木通研究进展. 医药导报, 2009, 28(5): 620-622.
[20] 拜伦·古德. 医学、理性与经验: 一个人类学的视角. 吕文江, 余晓燕, 余成普, 译. 北京: 北京大学出版社, 2010: 4.
[21] 彭成, 肖小河, 李梢, 等. 中药"毒与效"整合分析的研究进展和前沿分析. 中国科学基金, 2017, 31(2): 176-183.
[22] 栗山茂久. 身体的语言: 古希腊医学和中医之比较. 陈信宏, 张轩辞, 译. 上海: 上海书店出版社, 2009.
[23] 雷毅, 李正风, 曾国屏. 自然辩证法: 案例与思考. 北京: 清华大学出版社, 2011.

中美科幻电影数量比较及对我国科幻电影发展的几点思考

| 王一鸣，黄雯，曾国屏 |

按照维基百科的解释，科学幻想（science fiction），简称科幻，即以科学为题材并发挥幻想，内容一般为虚构性质。科幻作品通常包括科幻小说、科幻电影、科幻音乐、科幻动画、科幻漫画、科幻游戏等不同的类别[1]。《简明不列颠百科全书》对科幻作品给出的定义为："一种关于现实或幻想的科学对社会或个体的影响的小说体裁，或更一般地，是一种以科学因素作为基本导向的幻想类文学题材。"[2]这两种释义都强调了科幻作品与科技之间的联系。其中对社会和大众影响最大、经济文化效益最显著的是科幻电影（science fiction film，Sci-Fi Film）。维基百科对科幻电影给出的解释是：有一定科学依据的幻想类电影，也分为动作、喜剧、恐怖、灾难等多种类型[3]。世界上最早的科幻电影《月球旅行记》（*A Trip to the Moon*）诞生于 1902 年的法国，被誉为科幻电影史上的一座里程碑，科幻电影自此步入了快速发展的轨道。比如，1977 年上映的《星球大战》（*Star Wars*）系列电影，全球票房已超过 30 亿美元，仅其中一部《星球大战 I：幽灵的威胁》（*Star Wars Episode I: the Phantom Menace*）的全球票房就超过了 9 亿美元[4]。此外，与电影相关的主题玩具、书籍、T恤等衍生品也具有巨大的商业价值，而且这一系列电影还培养了一大批喜爱科幻电影的影迷，对社会产生了巨大的影响。

一、中美科幻电影数量比较（1995~2008年）

科幻小说和科幻电影舶来于西方。在电影生产大国——美国好莱坞的电影中，有相当一部分是科幻题材的电影。而中国（不包括中国台湾地区，下同）目前的科幻电影数量屈指可数，已有的仅有20世纪80、90年代的《珊瑚岛上的死光》《大气层消失》《霹雳贝贝》等，以及2006年上映的中外合作的《魔比斯环》（Thru the Moebius Strip）[①]。同时，美国1995~2008年的科幻电影数量可以从维基百科的科幻电影列表（list of science fiction films）网页上统计出[5]，整理后如表1所示。

表1 中美1995~2008年科幻电影数量比较　　（单位：部）

年份	中国	美国
1995	0	17
1996	0	14
1997	0	10
1998	0	18
1999	0	14
2000	0	17
2001	0	16
2002	0	25
2003	0	12
2004	0	13
2005	0	19
2006	1	15
2007	0	14
2008	0	18
总计	1	222

资料来源：根据参考文献[5]整理。

由表1比较中美1995~2008年14年间的科幻电影数量，中国占总数的百分率仅只有0.4%，仅为美国科幻电影数量的1/222。这是一个巨大的差距，不能不引起我们的关注。

---

① 《魔比斯环》是深圳环球数码科技有限公司和深圳电影制片厂投资拍摄的一部科幻3D动画电影，主要讲述一个穿越时空隧道"魔比斯环"到达另外一个距离地球数百万光年的星球的历险故事。

二、科幻电影对现实科技的激励和启发

中美科幻电影数量的巨大差距，反映着中美对待科幻的不同态度。那么，如何看待科幻呢？进而言之，如何看待科幻与科普之间的关系呢？

让我们从科技创新与想象力的关系谈起。在科技创新的过程中，除了逻辑思维外，还存在着非逻辑思维。非逻辑思维的一种突出表现方式就是形象思维。形象思维是在形象地反映客观具体形态的感性认识基础上，通过意象、联想和想象来揭示对象的本质及其规律的思维方式。比如，在科技史中，卢瑟福的原子模型就是将其与行星结构进行联想、想象而创造的一种新意象[6]。想象力是新意象得以产生的关键。

事实上，想象力对于科技创新来说常常是一个突破性的关键因素。爱因斯坦更指出："提出一个问题往往比解决一个问题更重要，因为解决一个问题也许仅是一个数学上或实验上的技能而已。而提出新的问题……却需要有创造性的想象力，而且标志着科学的真正进步。"[7] 正是借助想象力，使科学家的思想纵横驰骋，不受逻辑思维的约束，透过各种分散零乱的经验材料，去自由想象其间可能存在的相互联系和相互作用；透过那些被感知的经验现象，去想象人们无法感知的那些现象背后的隐蔽机制和内在本质，通向了新颖而奇特的技术发明、科技创新和科学真理。想象也可以使人们突破已有经验材料的局限，去探求事物的底蕴，开辟新视野，拓展新境界，探索科学的新领域，从而引发科学技术的新突破[8]。在这样的意义上，也可将科幻电影看作是在一定科学基础上的发挥创造性的想象力的结果，对于培养人们的科学想象力具有特殊的重要作用。

而且，科幻电影的制作水平及其使用的科技手段，从一个侧面反映了一国当下的科技能力和制作技能。没有一定的科技水平和制作技能作支撑，是很难拍出一部精美的、栩栩如生的科幻电影的。当代的科幻电影更多地使用了高科技的制作手段，如计算机图形学（computer graphics）的应用。计算机图形学的主要研究内容就是研究如何在计算机中表示图形以及利用计算机进行图形的计算、处理和显示的相关原理与算法。计算机图形学的一个主要目的就是要利用计算机产生令人赏心悦目的真实感图形。当年，卢卡斯为拍摄《星球大战》这部科幻电影，特地成立了一个主要使用计算机特效技术的电影公司——工业光魔公司（Industrial Light & Magic），其在不经意中成了计算机特效技术的开山鼻祖。《星球大战》用计算机特效技术设计了影片中

宇宙飞船的运动轨迹，制作出摄影机无法拍出的外星世界，并展现了大量外星人格斗的特技镜头，令观众大饱眼福、叹为观止。当代制作的科幻电影中有不少采取了 3D 技术，主要使用的是光学物理中的偏光原理。比如 2008 年的科幻电影《地心历险记》（*Journey to the Center of the Earth*）和 2009 年底上映的科幻电影《阿凡达》（*Avatar*）中都使用了 3D 技术，后者的 3D 视觉效果更是达到了登峰造极的高度。

由此看来，发展科幻电影，对于激发人们的科学想象力、提升有关科技能力和制作技能，从而对科技创新和创意产业的发展，都具有积极的促进作用。事实上，科幻电影中的一些预期产品不断对科技创新进行启发，最终在科幻电影发布后的未来一段时间里创造出了类似的实际产品或在现实世界里得到了应用。以下对科幻史上的若干案例进行一些简要分析。

（一）赛博格（Cyborg）

赛博格又称电子人、机械人或改造人，是指一种混合了有机体与机械体的人类。在 1977 年的《星球大战》中，黑武士达斯·维德（Darth Vader）即是一个赛博格。在背叛绝地圣殿投入黑暗面后，被恩师斩断双腿及一只手臂，并被岩浆烧毁全身皮肤，但最后被黑暗大帝带回治疗，重新成为一个穿戴黑色笨重的盔甲和维生系统的机械化人。在 1987 年的《铁甲威龙》（*Robocop*）中，主角警员梅菲（Alex J. Murphy）在一次剿匪行动中，被凶徒杀死后被改造成所谓的铁甲威龙，其实是一个由真人组织和电子机构组合的改造人，有刀枪不入的体魄，充当了反罪恶的先锋。在现实生活中，1998 年，英国雷丁大学（University of Reading）的控制论教授凯文·沃威克（Kevin Warwick）[9]首次在自己体内植入了"人体芯片"，成功与计算机"合体"。在他的办公室里，所有由计算机控制的房间都能识别他，大门会为他的到来自动敞开，灯具会自动为他点亮。如今，人工心脏、人工关节、人工肾脏等早已发明，这些人工设备早已与患者合为一体，为患者带来了福音。

（二）隐形人

早在 1897 年，英国小说家赫伯特·乔治·威尔斯就发表了一篇关于人类隐身的科幻小说《隐形人》（*The Invisible Man*）。在 2000 年，改编自这篇小说的科幻电影《透明人》（*Hollow Man*）被搬上银幕。隐形人的幻想，有意无意地促进了有关的科研中的追求，终于到了 2004 年，日本东京大学教授推出了一款外衣，人只要穿上这件外衣，就会难以用肉眼观察到。其原理是在整件衣服上涂上反射性物质，衣服上同时装配了摄像机，摄像机拍摄下衣服后面的场景，然后显示在衣服表面的放映机上，再将影像投射到这件特殊衣服上，就实现了隐身[10]。2009 年，美国杜克大学及中国东南大学的科学家宣布，他们已研制出一种可以扭曲微波的隐身斗篷，该成果于 2009 年 1 月 16 日刊登在顶尖期刊美国《科学》上[11]。

（三）克隆技术

克隆是指生物体通过体细胞进行的无性繁殖，以及由无性繁殖形成的基因型完全相同的后代个体组成的种群。通常是利用生物技术由无性生殖产生与原个体有完全相同基因组织后代的过程。在 1982 年的科幻电影《银翼杀手》(Blade Runner) 中，泰勒（Tyrell）公司生产出复制人（replicant），复制人和人类完全相同，被人类用于危险的探险工作或从事奴隶劳动。在1993 年的《侏罗纪公园》(Jurassic Park) 中，科学家使用恐龙化石中的 DNA 片段克隆出了恐龙。在现实科技活动中，世界上第一个基因工程的产物——克隆羊多莉于 1996 年 7 月在研究所问世，1997 年 2 月正式推向公众。如今，关于动物和人类干细胞克隆技术研究仍是生命科学的前沿，各国都给予了极大的关注，但这也涉及了一些科技之外的社会、伦理和法律问题。

（四）机器人

最早的机器人形象出现于 1927 年的科幻电影《大都会》(Metropolis) 中，其后各种形象万千、用途不同的机器人在科幻电影中层出不穷：有《星球大战》里长得圆头圆脑、可爱的机器维修型机器人 R2D2，有《机械公敌》(I, Robot) 中各种服务型智能机器人，有《终结者》(The Terminator) 中剽悍的战斗型 T-800 机器人，甚至还有完全非人类制造的来自外星球的机器人《变形金刚》(Transformers)，等等。这也开创了后来科技研究中一直方兴未艾的机器人研究方向。考察和回顾日本的经典动漫《铁臂阿童木》的成长之路，也可以清晰地看出科幻作品带动相应的机器人等产业的研究和发展的脉络[12]。人们对于机器人的想象多种多样，而在现实世界中，人们也正在致力于开发多种多样的特种机器人，从水下机器人，到空间机器人，再到核工业用机器人、地下机器人、医用机器人、建筑机器人、军用机器人和微型机器人；目前，美国橡树岭国家实验室（ORNL）正在研制和开发 Abrams

坦克、爱国者导弹装电池用机器人等各种用途的军用机器人，如此等等[13]。"科学离不开幻想，艺术离不开真实。"（纳布可夫）关于机器人的想象力，促进了机器人的研发，世界上在定期和不定期地举行一些国际性或地区性的机器人大赛，旨在促进机器人的发明和改进。可以预期，将有更多不同类型和功能的机器人会在科幻电影银幕上出现并继而被发明出来。科幻电影中的科技，有些是根据当时的科技基础推测而来的，有些则是新奇的想法、构思激发了相关科研人员的兴趣，从而最终有了这种创新的科技产品。

诚然，关于科幻电影，人们常常是颇有异议的。有学者认为科幻电影最重要的一点是要包含"科学"的内容，不能有丝毫魔幻的影子。而有的学者认为魔幻电影，比如《指环王》（*The Lord of the Rings*）也可以和科幻电影统归于"幻想电影"，在魔幻与科幻之间没有明显的界限[14]。目前的实际情况是，科幻的电影中也部分包含或可能包含有魔幻的成分；魔幻在放飞想象力的同时，也可能导致一些非科学或伪科学的观念干扰真正的科学的视听。这些是需要谨慎对待的。在促进科幻作品的发展过程中，如何加强正面的科普功能的引导，促使科幻成为主流科普、促进自主创新的一种补充，是要高度重视的。

三、中国科幻电影现状的原因和未来

我国科幻电影的发展现状是难以令人满意的，除了科技和制作技能方面的原因，更需要从社会文化方面进行考虑。

（一）传统文化的影响

科技创新本身就是特定社会文化的产物，任何科技创新活动都打上了它所处的特有文化的时空烙印。日本技术论专家森谷正规甚至提出了"技术风土"概念，在他看来，每一个国家的科技创新都是该国文化的产物，总是反映了该国的文化特点[15-16]。冯之浚教授也指出，我国传统文化对科技创新的负面影响主要有四类原因：①长期农业社会的影响；②传统文化中的保守倾向；③科举制度压抑创新精神；④封建君主制度的桎梏[17]。在种种原因的综合作用下，中国的旧文人学者大都埋首于故纸堆中不断考证，做学问只是"代圣人言"，无视现实，忽视未来。

这种几千年传承下来的文化氛围根深蒂固，至今还没有被完全打破。这种文化氛围表现在电影艺术界中，就是我们的大量影视剧都是不断地从历史中找题材，拍摄的大多是历史剧、古装剧等，如此，畅想未来的影视剧，包括科幻类影视剧也就少得可怜了。

（二）东西方思维的差异

如同有作者所指出的那样，当前中国科幻片匮乏，而西方的科幻电影却风靡了近一个世纪，这种差别的一种解释就是东西方思维的差异：西方是超越性思维，其最大特点是对隐藏着的思维前提进行突破；中国是惯性思维，指思维沿着前一思考路径以线性方式继续延伸，这种思维使中国习惯于寻根，而不愿意突破性地涉足科幻片的制作。因为李小龙在好莱坞打开了功夫片的局面，中国目前的导演已经习惯于惯性思维去拍功夫片[18]。同时，中国的历史悠久，在惯性思维的影响下，他们也乐于一直循规蹈矩地拍历史片。更不要说我们现在的一些导演还喜欢把祖宗的老古董、名人的小说不断地拿来翻拍再翻拍。

（三）对想象力的认知

从人们社会心理的养成上看，我们的传统教育理念主要是一种应试教育，主要是对一些已经存在的东西、知识的反复灌输，而对想象力、创新能力关注不够。长此以往，社会大众更加关注于现实中瞧得见、摸得着的东西，对于未来的前瞻性思考普遍不足。表现在影视艺术中，就是在认知上存在一种对科幻作品先入为主的轻视态度，而止步于关注对现实的描写和艺术化。

（四）大众的科学素养

科幻电影毕竟是具有一定的科学技术基础和对于科学技术的向往，观看并发展为爱好也是需要一定的科学素养和科学憧憬的。而西方的近代科技对我国来说是一个舶来品，即使从五四运动时高呼"赛先生"（science）算起，我国的科技发展也只有短暂的100年左右时间，其间还有一些断层。而对于西方来说，它们的科技发展已经有几百年的历史，整个社会大众的科学素养普遍高于发展中国家。当前，发达国家仍然在高度重视科学素质的提高，我国也在奋起直追，并逐步取得了显著成效。特别是我们进入了一个大力倡导自主创新和创新精神培养的新时期，这些使得我们有理由期待，我们将会逐步打破我国的科幻作品包括科幻电影缺位的这样一种状态。

（五）科幻中的科学和幻想

尽管科学与想象力之间有内在的紧密联系，但是我们也不能不承认，在科学与幻想之间也可能存在着张力。对于科幻作品，如何处理好科学与幻想的关系是一个重要的问题。完全不顾科学性，幻想就可能滑向"魔幻"或"空想"。没有科学基础的幻想，难以发挥科普功能；没有想象力的科普，当然也谈不上科幻问题。事实上，国内一些科幻作品目前主要还是科学知识的堆砌，更多的是一种生硬的科学知识的再现，缺乏想象力，没有经过细致的艺术再加工。这种科幻作品对大众的吸引力是不够的，也是国内科幻作品普及程度不高的原因之一。

四、关于我国发展科幻电影的几点思考

如果预期在不久的将来，我国的科幻电影将有一个较大的发展，那么，需要注意一些什么？如下是一些抛砖引玉的初步思考。

（一）从影视传播主体角度着手

首先，需要大力提高科幻电影创造者的科学素养，只有他们的科学素养提高了，才能拍出高质量的、精美的和富有想象力的科幻电影，从而间接地对提升科幻电影广大受众的科学素质起到积极的、有效的推动作用。整个社会，通过有关的部门，应该重视培养科幻电影编剧的队伍、提高创作者的相关科技基础知识。中国的导演队伍应该重视科幻电影的广大市场及对全民科学素养提高和创新意识加强的作用，在新生代导演中努力培养具有一定科学基础素养的队伍。

（二）从影视传播受体角度着手

科幻作品要面向观众，只有具有一定科学素质基础的观众才能更好地欣赏科幻电影，只有随着公民科学素质的不断提高，才会有更多的喜爱科幻题材电影的观众。因此，提高科幻电影受众的科学素养也是一个关键因素，这

样才会对科幻电影的创作和收益起到积极的促进作用，从而形成一个创作和观看的良性循环。

（三）从教育和研究课题的角度着手

最一般地讲，学校教育应该从传统的"应试教育"转为"素质教育"，鼓励未来一代放飞自己的想象力、发散自己的思维，加强对他们的想象力、创新能力的培养。

更具体说来，综合性大学和电影学院应该开创和加大对科幻电影类人才的培养，增加对相关课题的研究投入。我们已经看到北京师范大学开设了国内首个科幻文学研究生专业，中国科学技术协会也支持了类似于"科幻与自主创新能力开发"的课题研究[19]，相信这些基础性的工作必然会对我国的科幻事业起到积极的推动作用。

（四）从资金支持角度着手

我们对国产的科幻电影资助过于菲薄。2009年上映的科幻大片《阿凡达》的制作费用超过了2亿美元，这还不包括宣传费用等。美国在20世纪70年代之前，投资公司也是认为科幻电影投资风险高，一般不敢轻易大笔投资，导致科幻电影的粗制滥造也是司空见惯。直到乔治·卢卡斯的《星球大战》的上映，全球票房超过7亿美元，这才彻底改变了科幻电影的命运。从此，投资巨大、制作精良的科幻电影成为美国好莱坞的首选，而且这些科幻电影基本都有比投资多出几倍的丰厚回报。

（五）从产业链角度着手

仅仅重视资金投入是远远不够的，要逐步发展完善整个科幻电影产业链，从剧本编剧、电影拍摄、数字特效处理一直到后期的市场宣传发行。与美国的科幻影视产业化运作模式相比，我国的科幻电影产业链还处于起步阶段，需要大力培养产业链上的每个环节。我们相信，通过逐步加大对科幻电影的重视和资金投入，特别是文化创意产业、科普与文化产业相结合的产业的产业链的成长和完善，我国也会有类似好莱坞科幻电影一样的传奇。

五、结语

通过中美科幻电影数量的比较分析，可以看出二者之间存在巨大差距。通过科幻史的案例分析，我们可以清晰地看到科幻电影中体现的科技实力和对现实世界的科技创新的启发和促进作用。在初步揭示了中国科幻电影现状的原因之后，提出了几点思考。

在如今的信息传媒时代，欲开发、鼓励全民的创新能力，推广科普知识、运用科幻电影这个大众媒介也是一个值得尝试的手段，同时也是一种有效的且为社会大众喜闻乐见的形式。科幻电影是一个很好的催化剂，它可以催化一种正视现在、放眼未来的文化氛围，在全社会孕育一种鼓励思想、鼓励创新的大环境。同时，科幻电影也是电影文化产业中的重要一环，它的经济效益和社会效益是不容忽视的。热切地期盼我国的科幻电影事业能蓬勃发展起来。

（本文原载于《科普研究》，2011 年第 6 卷第 1 期，第 27-32、57 页。）

参 考 文 献

[1] 科幻. https://zh.wikipedia.org/zh-hans/%E7%A7%91%E5%AD%B8%E5%B9%BB%E6%83%B3[2023-03-05].

[2] Britannica Concise Encyclopedia. Chicago: Encyclopedia Britannica, INC, 2006: 1704.

[3] 科幻电影. https://zh.wikipedia.org/wiki/%E7%A7%91%E5%B9%BB%E7%94%B5%E5%BD%B1.

[4] 最高电影票房收入列表. https://zh.m.wikipedia.org/wiki/%E5%85%A8%E7%90%83%E6%9C%80%E9%AB%98%E9%9B%BB%E5%BD%B1%E7%A5%A8%E6%88%BF%E6%94%B6%E5%85%A5%E5%88%97%E8%A1%A8.

[5] List of science fiction films. http: //en.wikipedia. org/wiki/List_of_science_fiction_films.

[6] 曾国屏，高亮华，刘立，等. 当代自然辩证法教程. 北京：清华大学出版社，2005: 196-197.

[7] 爱因斯坦，英费尔德. 物理学的进化. 周肇威，译. 上海：上海科学技术出版社，1962: 66.

[8] 张之沧. 论新世纪科技创新中的思维革命. 湖南社会科学，2006, (3): 1-5.

[9] Professor Kevin Warwick. https: //en.wikipedia.org/wiki/Kevin_Warwick.

[10] 隐身衣. http: //zh.wikipedia.org/zh-cn/%E9%9A%90%E8%BA%AB%E8%A1%A3.

[11] 浙江大学竺可桢学院. 《科学》杂志刊登 06 届混合班刘若鹏院友成功实验实现宽频带隐身篷. http: //ckc.zju.edu.cn/DDE5140F-45F9-4FAB-9F5B-7A7EDC97E2EC.htm.

[12] 马蕾蕾，曾国屏. 对科普文化产品经典之作《铁臂阿童木》的回顾和思考. 科普研究，2009, (3): 44-50.

[13] 李贻斌. 现代科技革命与机器人的发展. 山东交通学院学报, 2002, (4): 53-57, 74.
[14] 江晓原. 好莱坞科幻电影主题分析. 自然辩证法通讯, 2007, (5): 1-7, 110.
[15] 森谷正规. 日本的技术. 徐鸣, 等译. 上海: 上海翻译出版公司, 1985: 48-50.
[16] 张扬, 易显飞. 我国科技创新的文化障碍及其消解机制. 科学技术与辩证法, 2007, (3): 66-70.
[17] 冯之浚. 技术创新与文化传统. 科学学与科学技术管理, 2000, (1): 10-19.
[18] 李守龙, 宋广文. 从东西方思维的差异看中国科幻片的匮乏. 贵州大学学报(艺术版), 2006, (2): 54-56.
[19] 吴岩, 金涛. 科幻与自主创新能力开发. 科普研究, 2008, (1): 50-54.